高等学校简明通用系列规划教材

模拟电子技术简明教程

主　编　孙肖子
副主编　赵建勋
参　编　朱天桥　顾伟舟　王新怀

西安电子科技大学出版社

内容简介

本书共分为11章，内容包括：绪论、集成运算放大器的基本应用电路、半导体物理基础及晶体二极管、双极型晶体三极管和基本放大器、场效应管原理及场效应管放大器、集成运算放大器内部电路简介、放大器的频率响应、反馈、波形的变换和产生电路、低频功率放大电路、电源及电源管理等。

本书将反馈的概念贯穿全书，更注重系统和应用，有些章节加入了工程应用实例，在加强基本概念及分析方法的基础上，更贴近工程实际，内容更丰富、更新颖且更广泛。

本书将纸质教材与在线开放课程相结合，尝试向新形态数字化课程的目标努力。

本书可作为高等学校通信工程、电子信息工程、电气与自动化工程、测控技术与仪器、生物医学工程、微电子、电子科学与技术等有关专业的本科生或专科生“电子线路基础”、“电子技术基础”等课程的教材或教学参考书，也可作为广大工程技术人员的参考书。

图书在版编目(CIP)数据

模拟电子技术简明教程/孙肖子主编．—西安：西安电子科技大学出版社，2019.4

ISBN 978-7-5606-5244-3

Ⅰ.①模…　Ⅱ.①孙…　Ⅲ.①模拟电路—电子技术—高等学校—教材　Ⅳ.①TN710

中国版本图书馆CIP数据核字(2019)第023900号

策划编辑　刘玉芳　云立实

责任编辑　张　玮

出版发行　西安电子科技大学出版社(西安市太白南路2号)

电　　话　(029)88242885　88201467　　邮　　编　710071

网　　址　www.xduph.com　　电子邮箱　xdupfxb001@163.com

经　　销　新华书店

印刷单位　陕西天意印务有限责任公司

版　　次　2019年4月第1版　2019年4月第1次印刷

开　　本　787毫米×1092毫米　1/16　印张　15.5

字　　数　362千字

印　　数　1～3000册

定　　价　38.00元

ISBN 978-7-5606-5244-3 / TN

XDUP 5546001-1

如有印装问题可调换

前　言

“模拟电子技术简明教程”是电子、电气、信息工程类专业的主干课程，是最重要的学科技术基础课之一。该课程的教学宗旨是“打好基础，学以致用，突出实践，突出应用”。一方面该课程要为后续课程的学习打好基础；另一方面该课程的概念性、实践性、工程性强，很多内容与工程实际密切相关，“直面应用”是本课程的特点之一。本书以模拟电子技术的重要知识点和知识链为载体，注重加强学科理论基础，旨在培养创新意识、科学思维方法，提高分析问题和解决问题的能力。

结合多年的教学与科研实践，本书力图做到“基础更扎实，内容更实用，视野更开阔，编排更合理”，在叙述风格上尽量体现简洁明了、通俗易懂、深入浅出。

为便于掌握应用，本书将重点前移，将集成运算放大器与有源 RC 滤波器安排在第 2 章；为了降低教与学的难度，将电压比较器和弛张振荡器后移，归入第 9 章；在有些章节中还加入了工程应用实例。

为了使读者更容易学习，本书分散难点，将半导体原理及晶体二极管作为一章，将双极型晶体三极管与放大器基础合为一章，将场效应管与场效应管放大器合为一章；加强小信号模型及解析法，淡化图解法。

本书将反馈及其应用贯穿全书，在绪论中就提出反馈的概念，在放大器基础、电流源和差分放大器等章节中，均不回避“负反馈”在稳定工作点、提高输入电阻、提高放大倍数稳定度、提高共模抑制比等方面所发挥的作用。其中，第 2 章归纳电路结构的实质是“运放加反馈”；第 8 章全面回顾和总结负反馈的特性、分类及深反馈条件下增益的估算方法，并讨论反馈稳定性及相位补偿的基本概念与原理；第 10、11 章中也大量应用“负反馈”来改善电路性能。可见，“反馈”的概念和应用在模拟电子技术中是何等重要。

本书由西安电子科技大学“丝绸之路云课堂”教学团队编写，其中，孙肖子教授编写了第 1、2、5、6 章及第 8 章的 8.5 节；赵建勋教授编写了第 3、4、9 章和部分习题参考解答；朱天桥老师编了第 7 章和第 8 章的 8.1～8.4 节；顾伟舟副教授编写了第 10 章；王新怀副教授编写了第 11 章。孙肖子教授和赵建勋教授负责修改定稿；江晓安教授审阅了本书的全部内容，并提出了许多宝贵意见。本书在编写中，得到了西安电子科技大学出版社的大力支持。在此，一并致以最衷心的感谢！

由于时间和水平所限，书中难免存在不足之处，望尊敬的老师、同学和广大读者批评指正。

编　者

2018 年 10 月于西安

目　录

第1章　绪　论

1.1　“模拟电子技术简明教程”课程简介

“模拟电子技术简明教程”是电气类、电子信息类、计算机类、自动化类、仪器仪表类、生物医学工程类、机械制造类专业的主干专业基础课之一，同时又是一门直面实际工程的重要课程，与工业界有着密切的联系。

“信号”是“信息”的载体。“信号”有非电物理量信号与电信号之分，光、温度、压力、流量、位移、速度、加速度等属非电物理量信号，而电信号一般指的是随时间变化的电流或电压，也包括电容器的电荷、线圈的磁通以及空间的电磁波等。非电物理量信号可借助“传感器”转换为电信号，以便于信号的加工、处理或传输。

电信号可分为“模拟信号”和“数字信号”。所谓“模拟信号”，就是在时间和数值（幅度）上都连续变化的信号，如图 1.1.1 所示。自然界绝大部分信号都属于“模拟信号”。

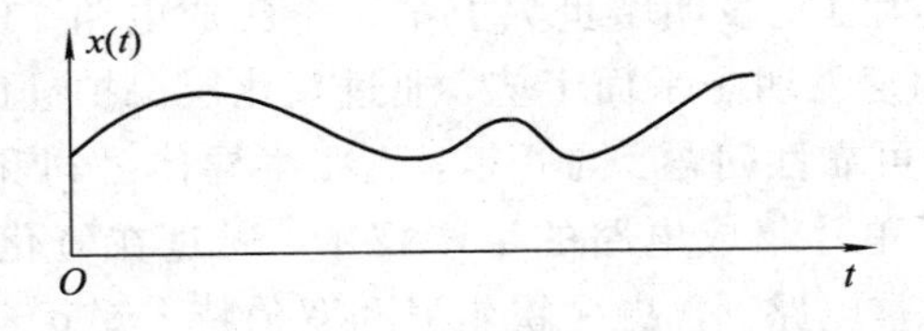

图 1.1.1　模拟信号

如图 1.1.2 所示，一般电子系统的信号处理都是从物理世界获取信息进行处理，再将

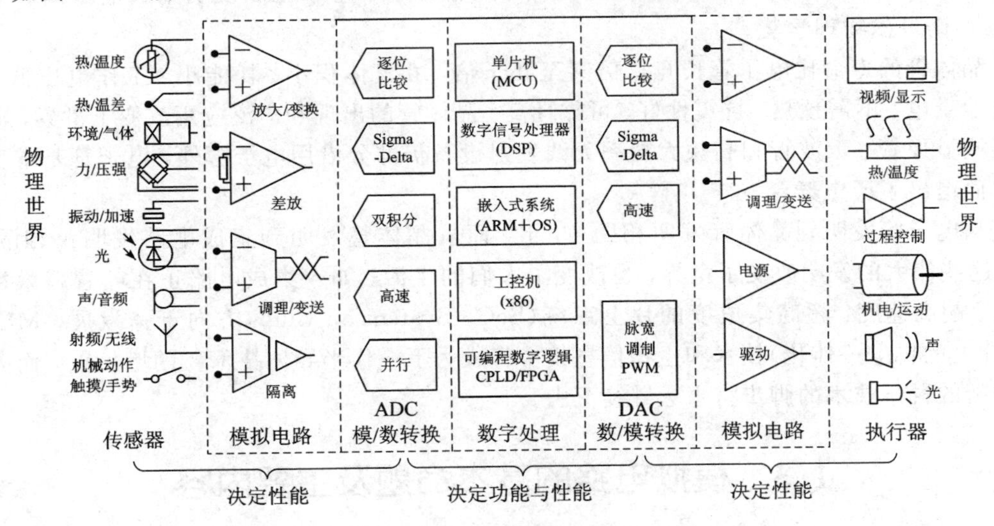

图 1.1.2　一般电子系统信号处理的组成框图

信息返回物理世界的过程。真实的物理世界的本质是模拟的，模拟电路是电子设备与真实物理世界交互的重要桥梁。

"模拟电子技术简明教程"就是一门研究电子器件原理及由电子器件组成的电子电路性能及其应用的课程。

1.2 电子器件与电子电路的发展概况

在"电路分析基础"课程中，曾经介绍过耗能元件电阻(R)和储能元件电容(C)、电感(L)以及受控源模型等，人们一直在寻找具有能量转换和功率放大能力的新器件、新元件，即真实的、可用于工程实际的受控源。

1904年英国物理学家和电气工程师弗莱明发明了电子管(真空管)，并获得了发明专利权。电子管的应用大大推动了科学技术的发展。然而，电子管存在许多难以克服的缺点：体积大、功耗大、发热严重、寿命短、电源利用率低、结构脆弱、可靠性差、需要高电压电源，等等。

20世纪中期，人们对电子器件研究的兴趣由真空环境转向物体内部，特别是半导体内部。1947年，贝尔实验室的威廉·肖克利、约翰·巴丁和沃尔特·布拉顿发明了世界上第一个点接触型晶体管，将其应用于助听器中，标志着人类从此进入电子时代。1958年，德州仪器公司的工程师杰克·基尔比在计算机微型组件的设计中，把三个电阻、一个电容和一个晶体管制作在一块硅片上，发明了世界上第一个集成电路。1959年，飞兆(Fairchild)半导体公司的吉恩·霍尔尼发明了平面工艺，通过氧化层保护硅面不受污染，解决了硅面上电阻、电容和晶体管的可靠性问题。同一年，飞兆半导体公司和英特尔公司的创始人之一罗伯特·诺伊斯设计了单片集成电路的生产技术，通过在氧化层上蒸镀铝线连接元器件，在硅片上制作出了完整电路。吉恩·霍尔尼和罗伯特·诺伊斯的工作使得集成电路的量产成为可能，标志着半导体产业从"发明时代"进入了"产品时代"。肖克利、巴丁、布拉顿三人因发明晶体管而获得了1956年诺贝尔物理学奖。基尔比因发明集成电路而获得了2000年诺贝尔物理学奖。

晶体管的寿命比电子管长几百倍甚至几千倍，并且体积小、耗能小、工作电压低、可用电池供电、不需预热、抗震性好、可靠性高。晶体管的出现和广泛应用改变了世界，此后除某些显像管、示波管和高频大功率无线发射设备仍部分沿用电子管外，电子管基本上被淘汰而退出了历史舞台。

从电子管发明到晶体管发明相距43年，而从晶体管发明到集成电路发明仅相隔11年。这些伟大的发明改变了世界，也改变了人们的生活。如今集成电路正在朝着超微精细加工、超高速度、超高集成度的片上系统(SoC，System on Chip)方向迅速发展，MEMS(硅片上的机电一体化)技术和生物信息技术将成为下一代半导体技术新的增长点，而人类探求新的科学技术的脚步将永远继续下去。

1.3 模拟电路的基本命题及主要内容

凡是能够处理、加工模拟信号的电路统称为模拟电路，模拟电路的基本命题及主要内容如图 1.3.1 所示。由于放大器是所有模拟电子电路的基础，因此本书将重点介绍放大器的工作原理、分析方法和设计要点。另外，“电源”是所有电子设备不可或缺的组成部分，本书也将针对此内容有所加强。

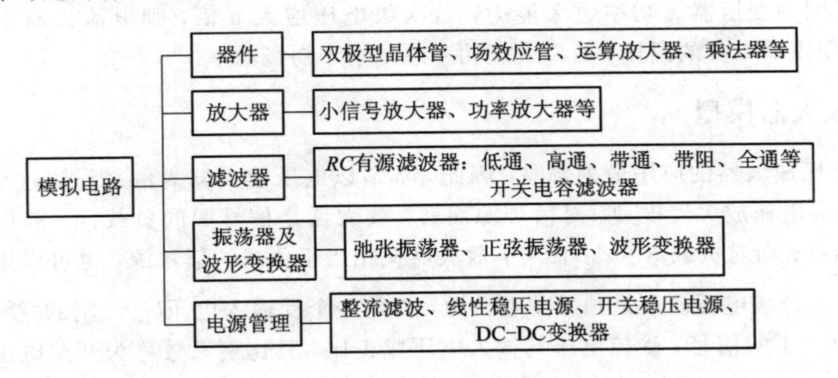

图 1.3.1 模拟电路的基本命题及主要内容

1.4 放大器模型及主要性能指标

放大器是本书的重点。为什么需要放大器呢？通常模拟信号都十分微弱，如生物电信号(心电、脑电、肌电等)仅为微伏～毫伏量级，许多传感器(压力传感器、温度传感器等)转换得到的电信号也为毫伏量级，天线接收到的无线电信号一般为－90 dBm 左右，这样小的信号在 50 Ω 电阻上产生的电压约为几微伏，而数字化或进一步加工处理的信号强度为几百毫伏乃至“伏”量级，所以要将信号放大几十、几百、几千甚至几万倍。放大器的作用就是将信号按比例不失真地进行放大。

放大器可以等效为一个有源二端口网络，如图 1.4.1 所示，放大器的输入端口连接待放大的“信号源”。其中，$\dot{U}_s$ 为信号源电压(复相量)，R_s 为信号源内阻，$\dot{U}_i$ 和 $\dot{I}_i$ 分别为放大器的输入电压和输入电流。放大器的输出端口接相应的负载电阻 $R_L(Z_L)$，$\dot{U}_o$ 和 $\dot{I}_o$ 分别为放大器的输出电压和输出电流。通常输入端口和输出端口有一个公共的电位参考点，称之为“地”。输入端口的$\dot{U}_i$ 或 $\dot{I}_i$ 作为网络的“激励”信号，那么输出端口的$\dot{U}_o$ 或 $\dot{I}_o$ 则为“响应”信号，信号传输方向通常是从输入到输出。

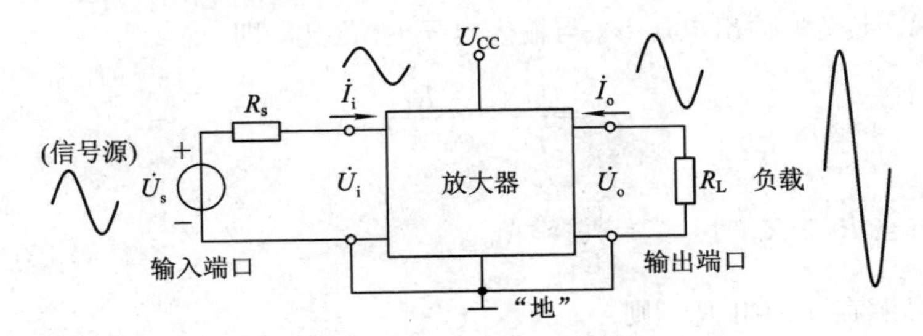

图 1.4.1 放大器等效为有源二端口网络

放大器的基本任务是不失真地放大信号，其基本特征是具有功率放大功能，也就是功率放大倍数大于 1，即

$$\frac{U_o \times I_o}{U_i \times I_i}=\frac{U_o}{U_i}\times\frac{I_o}{I_i}=A_u\times A_i>1 \tag{1.4.1}$$

式中，A_u 为电压放大倍数，A_i 为电流放大倍数(都是无量纲的比例系数)。注意：变压器不是放大器，因为变压器无功率放大能力，若次级电压增大 n 倍，则电流必减小为原来的 $1/n$，加之变压器本身的损耗，所以次级功率总是小于初级功率。

1.4.1 放大器模型

由于电压放大器的应用最为普遍，因此，本节以电压放大器为例来讨论这个问题。图1.4.2所示为电压放大器模型。对信号源而言，放大器是信号源的负载，一般用输入阻抗 $R_i(Z_i)$来等效；而对负载 $R_L(Z_L)$而言，放大器又相当于负载的信号源，也可以用一个电压源来等效。不过该电压源不是独立的电压源，而是一个受输入电压$\dot{U}_i$ 控制的"受控源"，为负载提供放大了的信号。受控电压与输入电压成正比，其比例系数称为开路电压放大倍数 $\dot{A}_{uo}$，受控源的内阻称为放大器的输出电阻 R_o，电压放大器的受控源相当于电压控制电压源(VCVS)。

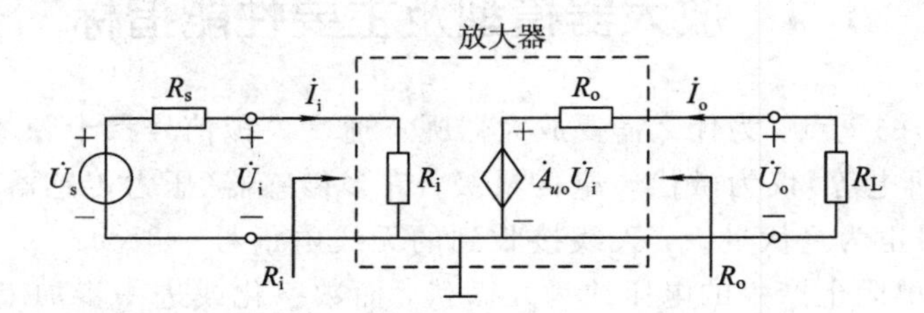

图 1.4.2 电压放大器模型(VCVS)

1.4.2 放大器的主要指标

1. 电压放大倍数$\dot{A}_u$

由图1.4.2可见，由于放大器输出端存在输出电阻 R_o，因此输出电压$\dot{U}_o$是$\dot{A}_{uo}\dot{U}_i$在输出电阻和负载上的分压值，即

$$\dot{U}_o=\frac{R_L}{R_L+R_o}\dot{A}_{uo}\dot{U}_i \tag{1.4.2}$$

电压放大倍数$\dot{A}_u$ 定义为输出电压 $\dot{U}_o$ 与输入电压 $\dot{U}_i$ 之比，即

$$\dot{A}_u=\frac{\dot{U}_o}{\dot{U}_i}=\frac{R_L}{R_L+R_o}\dot{A}_{uo} \tag{1.4.3}$$

可见，只有当 $R_L \gg R_o$ 时，$\dot{A}_u=\frac{\dot{U}_o}{\dot{U}_i}\approx\dot{A}_{uo}$。

又由于信号源存在内阻 R_s，则

$$\dot{U}_i=\frac{R_i}{R_s+R_i}\dot{U}_s \tag{1.4.4}$$

因此真正加到放大器输入端的信号$\dot{U}_i$ 比信号源电压$\dot{U}_s$ 小。

如果同时计入 R_o 与 R_s 的影响，则可以得到**源增益** $\dot{A}_{us}$：

$$\dot{A}_{us}=\frac{\dot{U}_o}{\dot{U}_s}=\frac{\dot{U}_i}{\dot{U}_s}\times\frac{\dot{U}_o}{\dot{U}_i}=\frac{R_i}{R_i+R_s}\times\frac{R_L}{R_L+R_o}\dot{A}_{uo} \tag{1.4.5}$$

可见，只有当 $R_i\gg R_s$，$R_L\gg R_o$ 时，有

$$\dot{A}_{us}\approx\dot{A}_{uo} \tag{1.4.6a}$$

因此，对电压放大器而言，放大器的输入阻抗越大，输出阻抗越小，则增益损失越小。

放大倍数有时用对数表示。例如 $|\dot{A}_u|=1000$，用对数表示为

$$|\dot{A}_u|(\text{dB})=20\lg|\dot{A}_u|=60\text{ dB} \tag{1.4.6b}$$

2. 输入电阻 R_i

如图 1.4.2 所示，放大器的输入电阻是从放大器输入端看进去的等效电阻，其定义和计算方法为

$$R_i=\frac{\dot{U}_i}{\dot{I}_i} \tag{1.4.7}$$

为了减小信号源内阻 R_s 对输入信号的衰减作用，希望 $R_i\gg R_s$。

3. 输出电阻 R_o

如图 1.4.3 所示，输出电阻 R_o 是从放大器输出端看进去的等效电阻，其定义和计算方法是

$$R_o=\left.\frac{\dot{U}_o}{\dot{I}_o}\right|_{U_s=0,\ R_L=\infty} \tag{1.4.8}$$

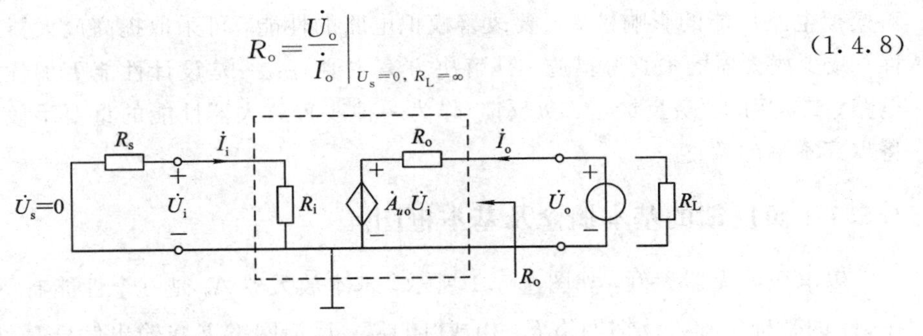

图 1.4.3 输出电阻 R_o 的定义

输出电阻 R_o 的大小决定了放大器带负载的能力，只有当 $R_o\ll R_L$ 时，$\dot{U}_o\approx\dot{A}_{uo}\dot{U}_i$，$\dot{A}_u\approx\dot{A}_{uo}$，负载电阻 R_L 的变化对输出电压及电压放大倍数的影响越小，输出电压及电压放大倍数才越稳定。

4. 频率响应

理想放大器的放大倍数应该是一个与频率无关的常数，但由于器件和电路中存在电抗元件（主要是电容），导致放大器的放大倍数是频率的函数。频率响应用来描述放大倍数与频率之间的关系，即

$$A_u(j\omega)=|A_u(j\omega)|\angle\varphi(j\omega) \tag{1.4.9}$$

放大倍数的模值 $|A_u(j\omega)|$ 与频率之间的关系称为幅频特性，放大倍数的相位 $\varphi(j\omega)$ 与频率之间的关系称为相频特性。

通常待放大的信号不是单频信号，而是占有一定频谱的多频复合信号，如果各频率的信号分量的放大倍数和相位是不同的，就会导致放大后的信号产生“失真(畸变)”。由于电抗元件存在导致频率响应不理想，由此而引起的失真称为**线性失真**。关于频率响应的问题这里暂不展开讨论，将在第7章详细介绍。

5. 总谐波失真系数(非线性失真系数)THD

由晶体管、场效应管的非线性特性引起的失真称为非线性失真。这种失真的特征是输出信号中出现了许多输入信号中所没有的、新的谐波分量。通常用总谐波失真系数(即非线性失真系数)THD来衡量由器件的非线性特性所引起的非线性失真的严重程度。

$$\mathrm{THD}=\frac{\sqrt{U_{2m}^2+U_{3m}^2+\cdots+U_{nm}^2}}{U_{1m}}=\frac{\sqrt{\sum_{n=2}^{\infty}U_{nm}^2}}{U_{1m}} \tag{1.4.10}$$

式中，分母U_{1m}为放大器输出信号的基波分量振幅，分子为各次谐波功率总和的开方(因为功率与电压平方成正比)。可见，谐波分量越大，THD就越大，说明非线性失真越严重。

1.5 模拟电路的难点及主要解决方案

模拟电路设计要在速度、功耗、增益、精度、电源等多种因素间进行折中，模拟电路对串扰、噪声等远比数字电路敏感，特别是器件的非线性特性、温度不稳定特性、频率特性对模拟电路性能的影响极大。要改善模拟电路的性能，可采取提高放大器放大倍数的稳定性、减少放大器的失真等措施，其解决方案主要有：一是设计性能更加优越的新器件、新电路；二是引入“负反馈”。“负反馈”作为一种改善放大器性能的重要手段，其概念及方法将贯穿本书的始终。

1.5.1 负反馈的基本概念及基本框图

以电压放大器为例，如图1.5.1所示，基本放大器A_u是一个性能有待改进的放大器，在A_u的基础上加入反馈网络F，构成“闭环”。反馈网络F将输出信号U_o的部分或全部返回到放大器的输入端，形成反馈信号U_f，并与输入信号U_i相减，使真正加到基本放大器输入端的净输入电压U'_i减小，即“净差”为

$$U'_i=U_i-U_f<U_i \tag{1.5.1}$$

此种反馈称为**负反馈**。

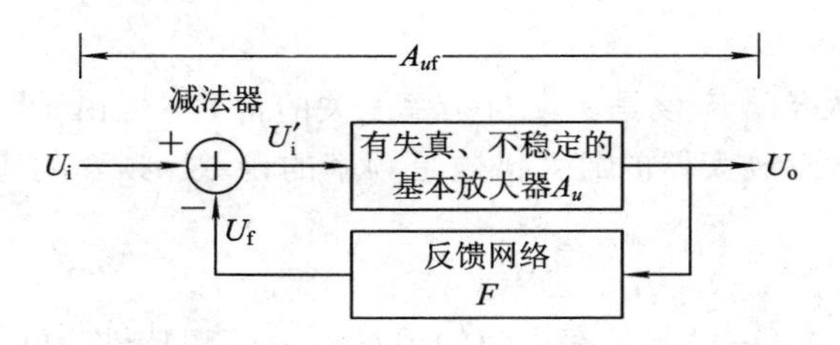

图1.5.1 负反馈放大器框图

负反馈具有自动调节作用，例如环境温度升高，导致放大器增益 A_u 增大，从而使输出电压增大，于是将发生如图 1.5.2 所示的过程。

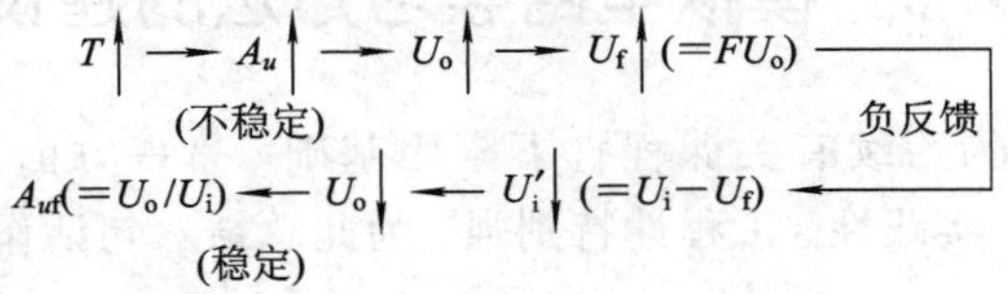

$T\uparrow \longrightarrow A_u\uparrow \longrightarrow U_o\uparrow \longrightarrow U_f\uparrow(=FU_o)$

（不稳定） 负反馈

$A_{uf}(=U_o/U_i) \longleftarrow U_o\downarrow \longleftarrow U_i'\downarrow(=U_i-U_f)$

（稳定）

图 1.5.2 负反馈的自动调节作用稳定 A_{uf} 的示意图

可见，外界因素使基本放大器放大倍数 A_u 不稳定，而负反馈可使反馈放大器放大倍数 A_{uf} 趋于稳定。在负反馈条件下，可导出负反馈放大器放大倍数 A_{uf} 与原放大器放大倍数 A_u 的关系为

$$A_{uf}=\frac{U_o}{U_i}=\frac{A_u}{1+A_uF} \tag{1.5.2}$$

式(1.5.2)称为负反馈方程，F 为反馈系数。可见，负反馈具有减小放大器增益的作用。

1.5.2 负反馈的意义

在式(1.5.2)中，分母 $1+A_uF$ 称为反馈深度，若满足：

$$1+A_uF\gg 1 \tag{1.5.3}$$

即

$$A_uF\gg 1$$

则有

$$A_{uf}=\frac{A_u}{1+A_uF}\approx\frac{1}{F} \tag{1.5.4}$$

式中，$1+A_uF\gg 1$ 称为深度负反馈条件。可见，在**深度负反馈**条件下，反馈放大器放大倍数 A_{uf} 与基本放大器放大倍数 A_u 几乎没有关系，而完全取决于反馈网络 F。那么，问题简化为：只要设计一个增益很高而线性与稳定性不十分好的基本放大器，再外加负反馈网络，就可达到构造一个高性能放大器的目的。集成运算放大器就是将相减器和高增益基本放大器集成在一起的通用器件，其原理框图如图 1.5.3 中虚线所示。

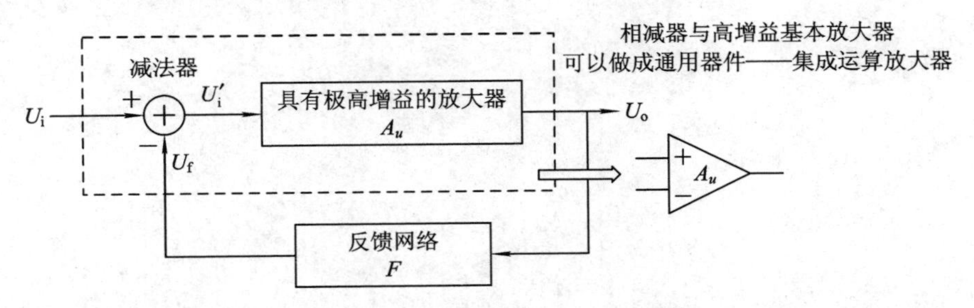

图 1.5.3 具有相减功能的高增益放大器——集成运算放大器原理框图(虚线所示)

集成运算放大器中引入负反馈后，可以实现信号的比例放大、相加、相减、积分、微分、滤波，以及对数、反对数、限幅、整流、检波等功能。集成运算放大器在电子技术各领

域的应用是本书的重点内容。

1.6 模拟电路学习方法的建议

“模拟电路”一方面为后续有关课程打下牢固基础，另一方面又是一门直面应用的课程，其特点是：概念性、实践性、工程性特别强。为此总结八句话作为模拟电路学习方法的建议，以供读者参考：

注重物理概念，采用工程观点；
重视实验技术，善于总结对比；
理论联系实际，注意应用背景；
寻求内在规律，巧用仿真技术。

在学习过程中，要特别重视该课程中的基本概念、基本原理和基本分析方法，善于总结对比，找出不同电路的异同点，发现电路的内在规律，很好地梳理思路，融会贯通，举一反三；掌握工程处理方法，在不影响大局的前提下，抓住主要矛盾，尽量简化电路和指标计算；要掌握虚拟仿真技术，开展研究型实验方法，注意电路和理论的应用背景、应用条件，提高解决复杂工程问题的能力。

第 2 章　集成运算放大器的基本应用电路

集成运算放大器(简称"运放")是将电子元器件及连线都集成在同一硅片上所构成的放大器，早期用于实现"模拟运算"，但是作为一类独立的通用有源器件，其功能和应用范围早已远远超出"运算"范畴。随着微电子技术的发展，集成运算放大器的性能越来越完善，应用也越来越广泛。本章主要介绍集成运算放大器的模型、电压传输特性及基本应用电路，其中同相比例放大器和反相比例放大器是所有应用的基础。

2.1　集成运算放大器特性简介

2.1.1　集成运算放大器的符号与模型

集成运算放大器的一般符号如图 2.1.1 所示，文字符号则用"A"表示。通常运放有两个输入端，一个称为"同相输入端(+)"，另一个称为"反相输入端(−)"。图 2.1.1 中：u_{i+} 表示同相输入端对"地"(电压参考点)的输入电压；u_{i-} 表示反相输入端对"地"的输入电压；U_{CC}表示正电源电压；U_{EE}表示负电源电压；u_o 表示输出电压。

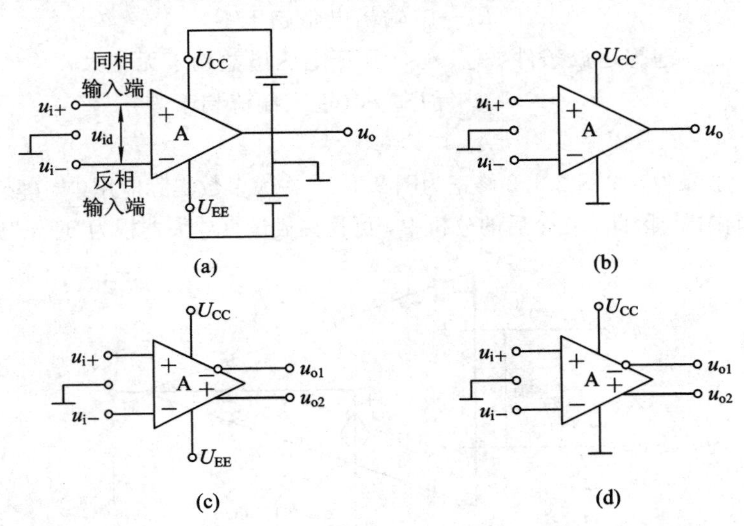

图 2.1.1　不同类型的集成运算放大器符号

(a) 双电源供电，单端输出；(b) 单电源供电，单端输出；
(c) 双电源供电，双端输出；(d) 单电源供电，双端输出

所谓"同相输入端"，是指该端输入信号与输出信号(u_o)的相位相同；而"反相输入端"，是指该端输入信号与输出信号(u_o)的相位相反。图 2.1.1(a)、(b)均为单端输出，且分别为双电源供电和单电源供电，图 2.1.1(c)、(d)均为双端输出。其中，图 2.1.1(a)、(b)所示

的电路是应用最为普遍的一类集成运算放大器电路。

集成运算放大器的受控源模型如图 2.1.2 所示，图中：R_i 为集成运放的输入电阻；输出可等效为一个电压控制电压源(VCVS)；R_o 为受控源的内阻，又称为集成运放的输出电阻。该受控源的电势为

$$A_{uo}(u_{i+}-u_{i-}) \tag{2.1.1}$$

式中，A_{uo} 为集成运放的开环电压放大倍数，$u_{i+}-u_{i-}=u_{id}$ 为输入差模电压。受控源的电势正比于两输入电压之差，可见运放具有信号相减功能。

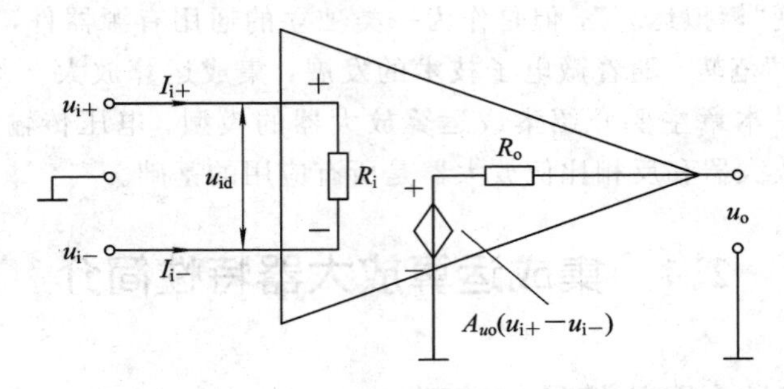

图 2.1.2 集成运算放大器的受控源模型

2.1.2 理想运算放大器的条件

随着微电子设计与工艺水平的提高，集成运算放大器的指标越来越趋于理想化，即

$$\text{理想运放条件}\begin{cases} R_i\rightarrow\infty\text{(输入电阻趋于无穷大)}\\ R_o\rightarrow 0\text{(输出电阻趋于零)}\\ A_{uo}\rightarrow\infty\text{(开环电压增益趋于无穷大)}\\ I_{i+}=I_{i-}\rightarrow 0\text{(输入偏流趋于零)}\\ A_{uo}\text{与频率无关}\end{cases}$$

根据理想运放条件，将图 2.1.2 修正为图 2.1.3。在大多数实际应用中，理想运放模型的计算误差在允许范围内，因此，在今后的分析中，可将集成运算放大器视为“理想”运算放大器。

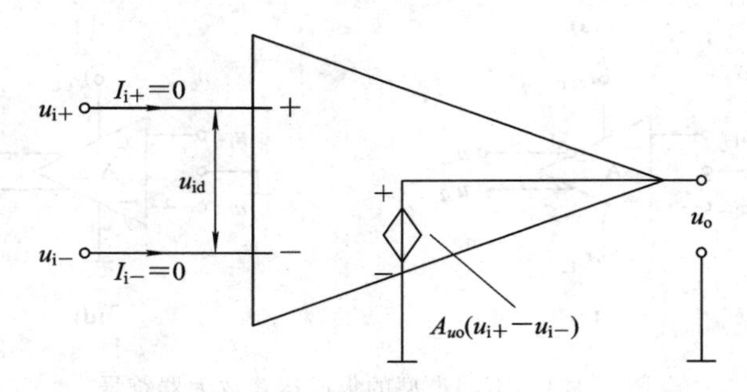

图 2.1.3 理想运放模型

2.1.3 集成运算放大器的电压传输特性

根据集成运算放大器的理想模型和理想运放条件，其输出电压 u_o 正比于同相端和反相端的电压之差，即

$$u_o = A_{uo}(u_{i+} - u_{i-}) = A_{uo} u_{id} \tag{2.1.2}$$

由此绘制的运算放大器传输特性曲线如图 2.1.4 所示。运算放大器的最大输出电压受正、负电源电压的限制。通常运放的电源电压为±15 V、±12 V 等，为了降低运放的功率损耗，当前的电源电压越来越低，有±5.5 V、±3.3 V，甚至更低(1.8 V)。运放输出电压最大值必小于 $U_{CC}(|U_{EE}|)$，记为 U_{oH} 和 U_{oL}。由于输出电压最大值有限，而运放开环放大倍数 A_{uo} 却很大，因此最大输出电压对应的输入差模电压非常小。例如，$|U_{omax}| = 10$ V，$A_{uo} = 10^6$(即 120 dB)，那么，为保证线性放大，最大输入差模电压为

$$u_{id(max)} = (u_{i+} - u_{i-})_{max} = \frac{u_{o(max)}}{A_{uo}} = \frac{10}{10^6} = 10\ \mu V$$

若输入超过 10 μV，则输出不再增大(等于+10 V 或−10 V)，即出现“限幅”现象，如图 2.1.4 所示。图中，线性放大部分的斜率是运放的开环放大倍数 A_{uo}，A_{uo} 越大，特性曲线越陡峭，输入线性范围越窄。所以，工作在**线性放大区**的运算放大器的同相端电压 U_{i+} 几乎等于反相端电压，$u_{id} \approx 0$(即 $u_{i+} = u_{i-}$)，这称为“**虚短路**”，简称为“**虚短**”。

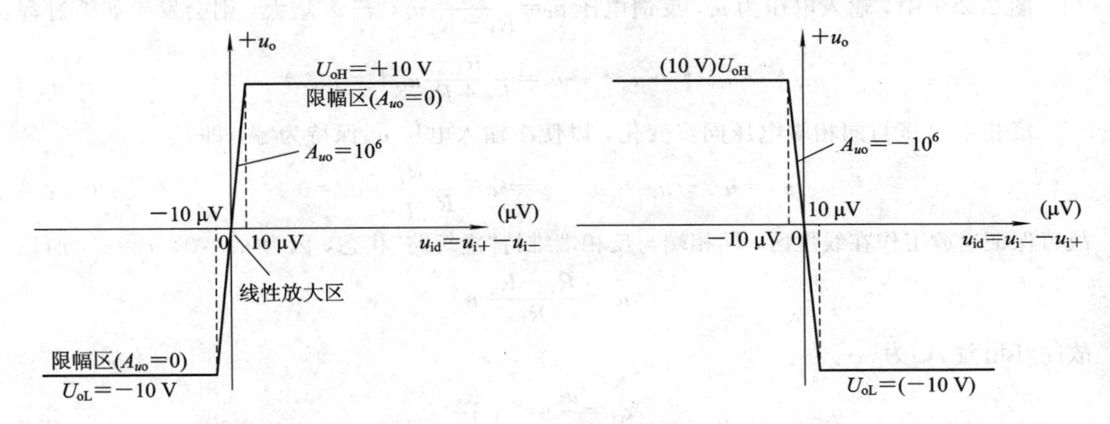

图 2.1.4　运算放大器的同相电压传输特性曲线　　　图 2.1.5　运算放大器的反相电压传输特性

若输入差模电压反相，即

$$u_{id} = u_{i-} - u_{i+}$$

则电压传输特性曲线的斜率为负，如图 2.1.5 所示。图 2.1.6 为理想运放的传输特性曲线。可见，在线性放大区，$u_{i+} = u_{i-}$，两输入端可视为“虚短路”；在正限幅区，$u_{i+} > u_{i-}$；在负限幅区，$u_{i+} < u_{i-}$；在限幅区，运放的输入端不能视为“虚短路”(即 $u_{i+} \neq u_{i-}$)。

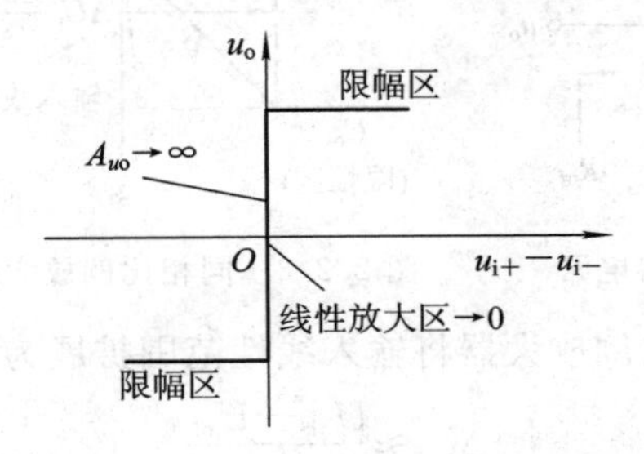

图 2.1.6　理想运放的同相传输特性曲线

另外，理想运放条件 $I_{i+} = I_{i-} \to 0$，$R_i \to \infty$，意味着两个输入端开路，这一现象称为“**虚断**

路”，简称为“**虚断**”。所谓“虚断”，是指集成运放的两个输入端电流趋于零，但又不是真正的开路。“**虚短**”和“**虚断**”是理想运放两个最重要的特征，也是求解运放电路的重要依据。

实际上，当 A_{uo} 很大时，线性范围极小且很不稳定，如果内部电路有微小偏差，就会使运放偏离线性区而进入限幅区。所以说，运放开环工作是不能作为放大器来使用的。为了展宽线性范围和保持稳定工作，运放需通过**深度负反馈**来构成闭环。

2.2　比例运算电路

2.2.1　同相比例放大器

如图 2.2.1 所示电路中，运放为基本放大器，信号先从运放同相端输入，输出电压 u_o 经电阻 R_2 再反馈到运放反相端，从而构成深度负反馈。

图 2.2.1 中，输入电压为 u_i，反馈电压 $u_f=\dfrac{R_1}{R_1+R_2}u_o$，若 u_i 增大，则会发生如下过程：

$$u_i\uparrow\rightarrow u_{i+}\uparrow\rightarrow u_o\uparrow\rightarrow u_f=\frac{R_1}{R_1+R_2}u_o\uparrow=u_{i-}\uparrow$$

反相端电压与同相端电压同步变化，以使净输入电压 u_{id} 保持为零，即

$$u_{id}=u_{i+}-u_{i-}=u_i-u_f=u_i-\frac{R_1}{R_1+R_2}u_o=0 \tag{2.2.1}$$

故可保证运放工作在线性区，同相端与反相端维持“虚短路”状态，因为 $u_{id}=0$，$u_i=u_f$，所以

$$u_o=\frac{R_1+R_2}{R_1}u_i$$

故闭环增益 A_{uf} 为

$$A_{uf}=\frac{u_o}{u_i}=1+\frac{R_2}{R_1} \tag{2.2.2}$$

同相比例放大器的闭环电压传输特性曲线如图 2.2.2 所示。

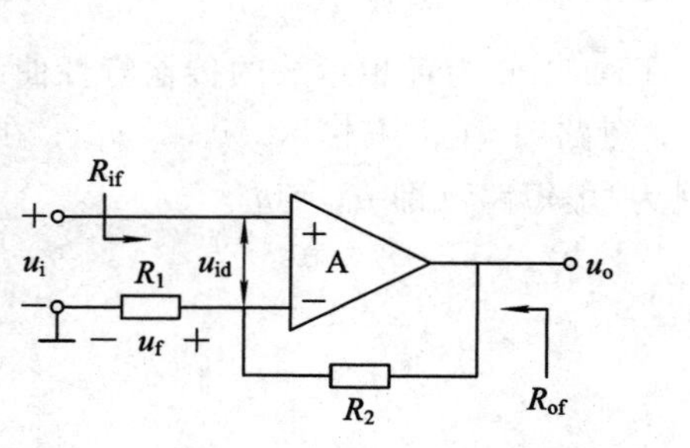

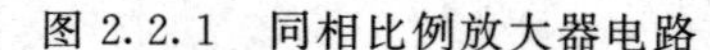
图 2.2.1　同相比例放大器电路

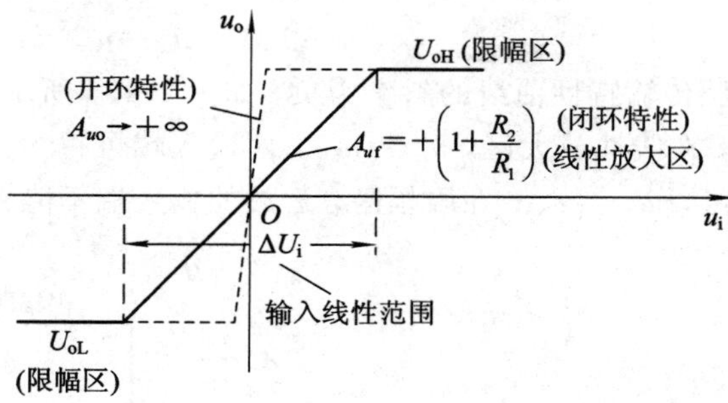

图 2.2.2　同相比例放大器的闭环电压传输特性曲线

由图 2.2.2 可见，同相比例放大器将输入线性范围扩展为

$$\Delta U_i\approx\frac{U_{oH}-U_{oL}}{A_{uf}} \tag{2.2.3}$$

同相比例放大器的放大倍数 $A_{uf}\geqslant1$，图 2.2.1 中，若 $R_1\to\infty$，$R_2=0$，则 $A_{uf}=1$，$u_o=u_i$，则运放构成“电压跟随器”，如图 2.2.3 所示。

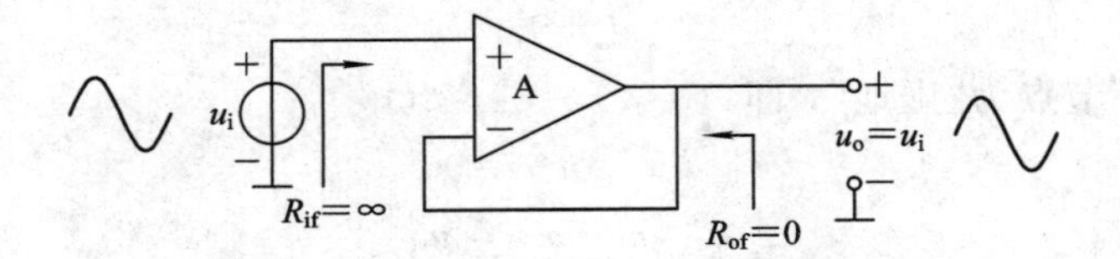

图 2.2.3　电压跟随器

理想运放构成的同相比例放大器的输入电阻 $R_{if}=\infty$，输出电阻 $R_{of}=0$。

2.2.2　反相比例放大器

1. 闭环增益与电压传输特性

由运放组成的反相比例放大器电路如图 2.2.4 所示，将运放输出电压 u_o 经电阻 R_2 引向运放反相端构成深度负反馈。当 u_i 升高时，会发生下列过程：

$$u_i\uparrow \rightarrow u_\Sigma\uparrow \rightarrow u_o\downarrow \rightarrow u_\Sigma\downarrow$$

以使反相端电压维持零，即 $U_-(U_\Sigma)=U_+=0$（"∑"点称为"虚地点"），运放输入端呈"虚短路"状态，从而保证运放工作在线性放大区。

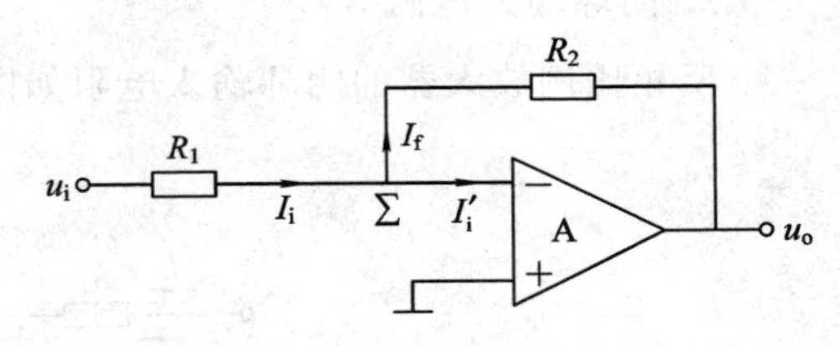

图 2.2.4　反相比例放大器电路

由图 2.2.4 可知：

$$\begin{cases} u_o=A_{uo}(u_{i+}-u_{i-}) \\ u_{i+}=0 \\ u_{i-}=\dfrac{R_2}{R_1+R_2}u_i+\dfrac{R_1}{R_1+R_2}u_o \end{cases} \tag{2.2.4}$$

因为 $A_{uo}\rightarrow\infty$，为保证运放工作在线性区，则必有

$$u_{i+}-u_{i-}=0,\ u_{i-}=u_{i+}=0$$

故反相比例放大器输入和输出电压关系式为

$$u_o=-\frac{R_2}{R_1}u_i \tag{2.2.5}$$

闭环增益即放大倍数为

$$A_{uf}=\frac{u_o}{u_i}=-\frac{R_2}{R_1} \tag{2.2.6}$$

反相比例放大器的电压传输特性曲线如图 2.2.5 所示。

反相比例放大器的线性输入范围扩展为

$$\Delta U_i=\frac{U_{oH}-U_{oL}}{|A_{uf}|} \tag{2.2.7}$$

反相比例放大器的另一种求解方法是根据"∑"节点电流为零：如图 2.2.4 所示，输入电流为 I_i，反馈电流为 I_f，净输入电流为 I_i'，且有

$$I_i'=I_i-I_f=0 \tag{2.2.8}$$

因运放输入端不吸收电流，即"虚断路"，故

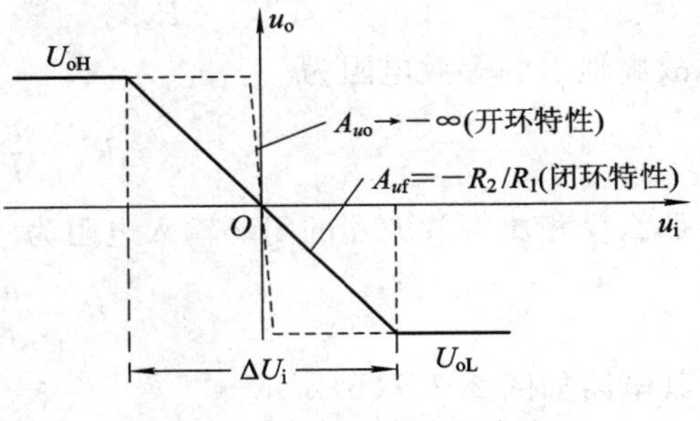

图 2.2.5　反相比例放大器的电压传输特性曲线

$$I_i = I_f \tag{2.2.9}$$

又因反相端的“Σ”节点为“虚地”，即

$$u_{i-} = u_{i+} = 0 \tag{2.2.10}$$

$$I_i = \frac{u_i - u_-}{R_1} = \frac{u_i}{R_1} \tag{2.2.11}$$

$$I_f = \frac{u_- - u_o}{R_2} = -\frac{u_o}{R_2} \tag{2.2.12}$$

故
$$I_i = I_f = \frac{u_i}{R_1} = -\frac{u_o}{R_2}$$

$$A_{uf} = \frac{u_o}{u_i} = -\frac{R_2}{R_1} \tag{2.2.13}$$

反相比例放大器的闭环增益为负，说明输出电压 u_o 与输入电压 u_i 的相位相反，闭环增益绝对值等于电阻 R_2 与 R_1 的比值，故可大于 1（$R_2 > R_1$）、小于 1（$R_2 < R_1$）或等于 1（$R_2 = R_1$）。

2. 闭环输入电阻 R_{if}

反相比例放大器的闭环输入电阻如图 2.2.6 所示。

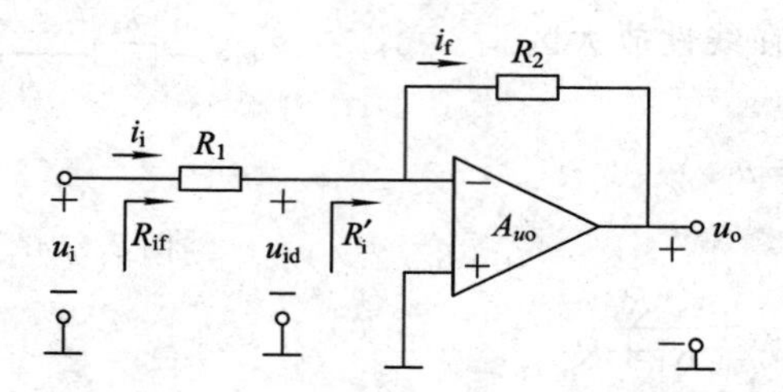

图 2.2.6　反相比例放大器的闭环输入电阻

如图 2.2.7(a)所示，反相比例放大器的闭环输入电阻为

$$R_{if} = \frac{u_i}{i_i} = R_1 + R'_i \tag{2.2.14}$$

式中：

$$\begin{cases} R'_i = \dfrac{u_{id}}{i_f} \\ i_f = \dfrac{u_{id} - u_o}{R_2} = u_{id}\dfrac{1 - u_o/u_{id}}{R_2} = u_{id}\dfrac{1 - (-|A_{uo}|)}{R_2} \end{cases} \tag{2.2.15}$$

故虚地点的等效电阻为

$$R'_i = \frac{u_{id}}{i_f} = \frac{R_2}{1 + |A_{uo}|} \approx 0 \tag{2.2.16}$$

那么反相比例放大器的闭环输入电阻为

$$R_{if} = \frac{u_i}{i_i} = R_1 + R'_i = R_1 \tag{2.2.17}$$

其电路如图 2.2.7(b)所示。

反相比例放大器的闭环输出电阻仍为零，即 $R_{of} = 0$。

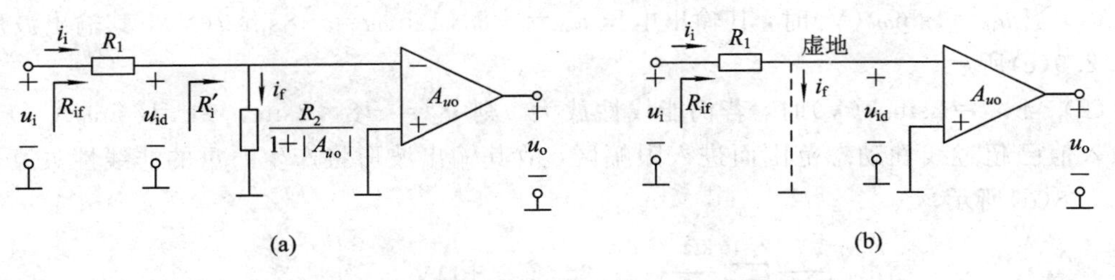

图 2.2.7　反相比例放大器的闭环输入电阻近似等于 R_1

2.2.3　同相比例放大器与反相比例放大器的比较

同相比例放大器与反相比例放大器的比较如表 2.2.1 所示。

表 2.2.1　同相比例放大器与反相比例放大器的比较

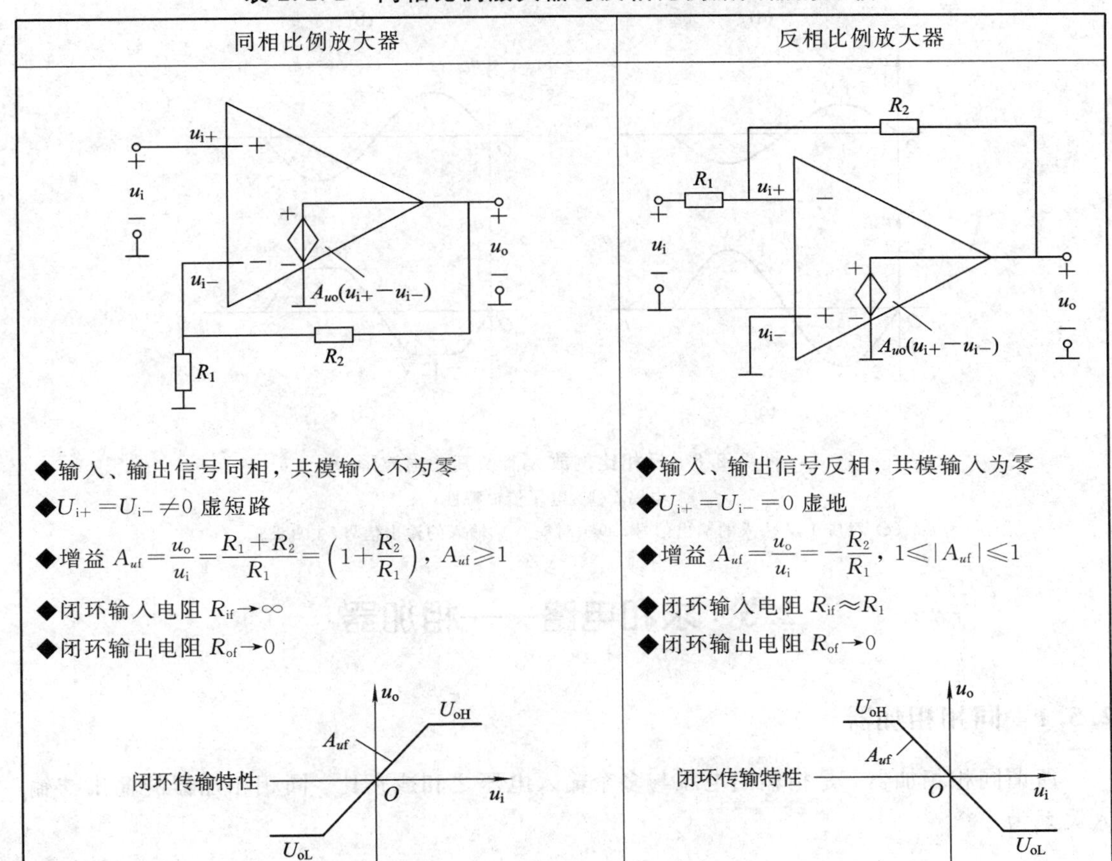

同相比例放大器	反相比例放大器
◆输入、输出信号同相，共模输入不为零	◆输入、输出信号反相，共模输入为零
◆$U_{i+}=U_{i-}\neq0$ 虚短路	◆$U_{i+}=U_{i-}=0$ 虚地
◆增益 $A_{uf}=\frac{u_o}{u_i}=\frac{R_1+R_2}{R_1}=\left(1+\frac{R_2}{R_1}\right)$，$A_{uf}\geqslant1$	◆增益 $A_{uf}=\frac{u_o}{u_i}=-\frac{R_2}{R_1}$，$1\leqslant\lvert A_{uf}\rvert\leqslant1$
◆闭环输入电阻 $R_{if}\to\infty$	◆闭环输入电阻 $R_{if}\approx R_1$
◆闭环输出电阻 $R_{of}\to0$	◆闭环输出电阻 $R_{of}\to0$

【例 2.2.1】　由一运放组成的反相比例放大器如图 2.2.8(a)所示，电源电压 $U_{CC}=\lvert U_{EE}\rvert=12$ V，求输入信号分别为 $u_{i1}=1\sin\omega t$(V)和 $u_{i2}=2\sin\omega t$(V)时的输出波形图。

解　由图可知，该放大器的闭环电压增益为

$$A_{uf}=-\frac{R_2}{R_1}=-\frac{16\ \text{k}\Omega}{2\ \text{k}\Omega}=-8$$

其电压传输特性曲线如图 2.2.8(b)所示。

(1) 当 $u_{i1}=1\sin\omega t(\text{V})$时，其输出电压 $u_{o1}=-8\times1\sin\omega t=-8\sin\omega t(\text{V})$，其输出波形如图 2.2.9(c)所示。

(2) 当 $u_{i2}=2\sin\omega t(\text{V})$时，若仍能线性放大，则 $u_{i2}=-8\times2\sin\omega t=-16\sin\omega t(\text{V})$，但该输入值已超过线性动态范围而进入限幅区，故其输出波形将产生严重的非线性失真，如图 2.2.8(d)所示。

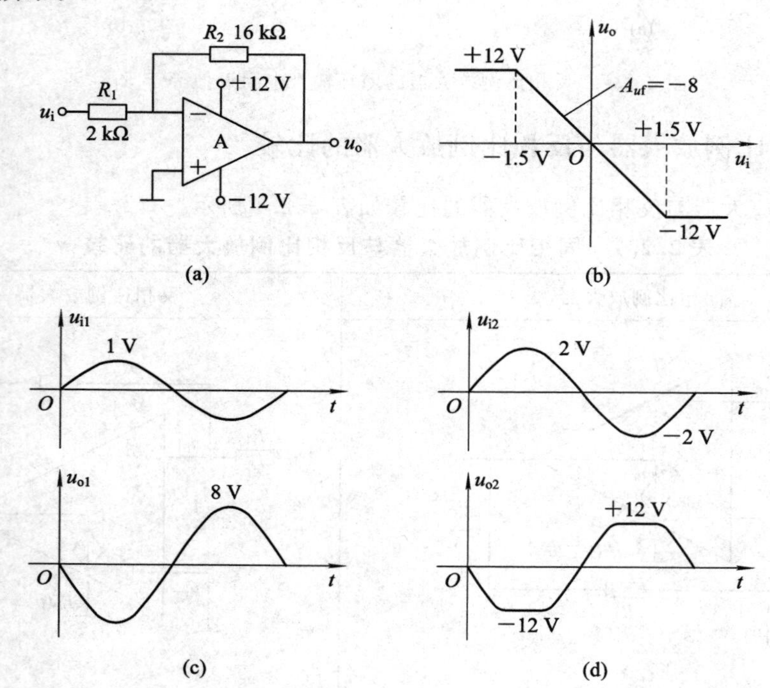

图 2.2.8 反相比例放大器及其输出波形

(a) 电路；(b) 电压传输特性；

(c) 对应 1 V 输入的输出信号；(d) 对应 2 V 输入的输出信号(失真波形)

2.3 求和电路——相加器

2.3.1 同相相加器

所谓同相相加器，是指输出电压与多个输入电压之和成正比。同相相加器的输出与输入关系为

$$u_o=au_{i1}+bu_{i2}+\cdots \tag{2.3.1}$$

若 $a=b=k$，则

$$u_o=k(u_{i1}+u_{i2}) \tag{2.3.2}$$

同相相加器电路如图 2.3.1 所示，信号通过分压电阻加到运放同相端，反馈加到反相端。

根据同相比例放大器的原理，运放同相端与反相端可视为“虚短路”，即

$$U_+=U_-$$

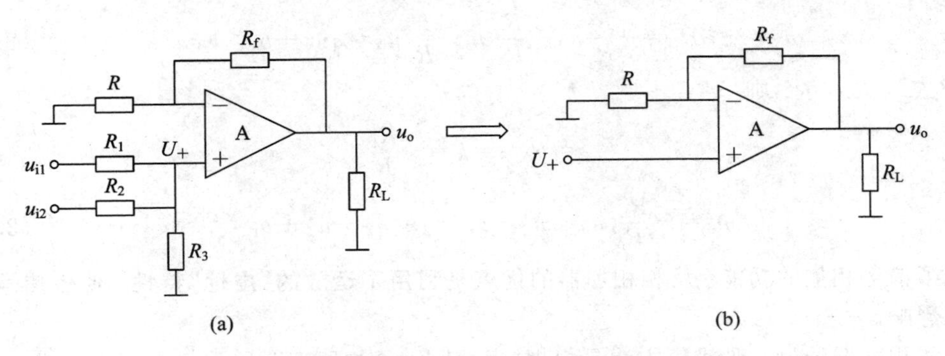

图 2.3.1　运算放大器构成同相相加器电路

其中，U_+ 等于各输入电压在同相端的叠加，U_- 等于 u_o 在反相端的反馈电压 U_f，见图 2.3.1(b)。

$$U_+=\frac{R_3/\!/R_2}{R_1+R_3/\!/R_2}u_{i1}+\frac{R_3/\!/R_1}{R_2+R_3/\!/R_1}u_{i2},\quad U_-=\frac{R}{R+R_f}u_o=U_f$$

所以

$$u_o=\left(1+\frac{R_f}{R}\right)U_+ \tag{2.3.3a}$$

$$u_o=\left(1+\frac{R_f}{R}\right)\left(\frac{R_3/\!/R_2}{R_1+R_3/\!/R_2}u_{i1}+\frac{R_3/\!/R_1}{R_2+R_3/\!/R_1}u_{i2}\right)=au_{i1}+bu_{i2} \tag{2.3.3b}$$

若 $R_1=R_2$，则

$$u_o=\left(1+\frac{R_f}{R}\right)\left(\frac{R_3/\!/R_1}{R_2+R_3/\!/R_1}(u_{i1}+u_{i2})\right)=k(u_{i1}+u_{i2})$$

$$a=b=k=\left(1+\frac{R_f}{R}\right)\left(\frac{R_3/\!/R_1}{R_2+R_3/\!/R_1}\right) \tag{2.3.4}$$

同相相加器 U_+ 端的叠加值与各信号源的串联电阻(可理解为信号源内阻)有关，各信号源互不独立，存在信号源互相干扰的问题，这是同相相加器的缺点。

2.3.2　反相相加器

由反相比例放大器构成的反相相加器如图 2.3.2 所示。因为运放的开环增益很大，且引入深度电压负反馈，"Σ"点为"虚地"点，所以

$$i_1=\frac{u_{i1}-u_\Sigma}{R_1}\approx\frac{u_{i1}}{R_1}$$

$$i_2=\frac{u_{i2}-u_\Sigma}{R_2}\approx\frac{u_{i2}}{R_2}$$

$$i_3=\frac{u_{i3}-u_\Sigma}{R_3}\approx\frac{u_{i3}}{R_3}$$

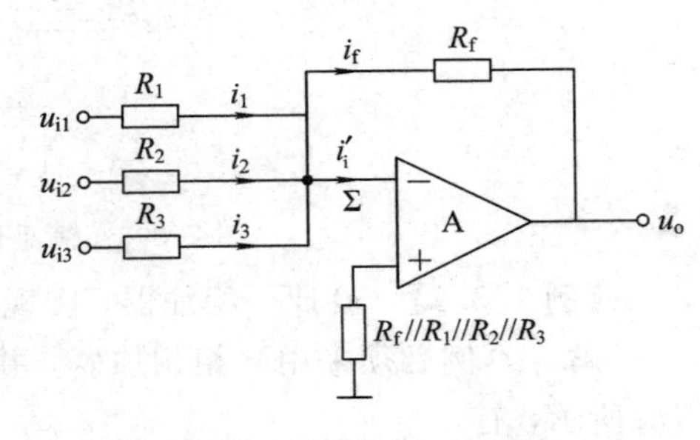

图 2.3.2　反相相加器电路

又因为理想运算放大器，$i_i'=i_-=0$，即运放输入端不索取电流，所以反馈电流 i_f 为

$$i_f=i_1+i_2+i_3$$

输出电压为

$$u_o=-i_fR_f=-\frac{R_f}{R_1}u_{i1}-\frac{R_f}{R_2}u_{i2}-\frac{R_f}{R_3}u_{i3}=au_{i1}+bu_{i2}+cu_{i3} \tag{2.3.5}$$

若 $R_1=R_2=R_3=R$，则

$$a=b=c=k=-\frac{R_f}{R}$$

故

$$u_o=-\frac{R_f}{R}(u_{i1}+u_{i2}+u_{i3})=k(u_{i1}+u_{i2}+u_{i3}) \tag{2.3.6}$$

即实现了信号相加的功能。反相相加器的优点是**利用了运放的“虚地”特性，使各信号源之间互不影响。**

反相相加器的另一种求解方法是根据“虚地”及“叠加原理”：

$$\begin{cases} u_{i2}=u_{i3}=0,\ u'_o=-\dfrac{R_f}{R_1}u_{i1} \\ u_{i1}=u_{i3}=0,\ u''_o=-\dfrac{R_f}{R_2}u_{i2} \\ u_{i1}=u_{i2}=0,\ u'''_o=-\dfrac{R_f}{R_3}u_{i3} \\ u_o=u'_o+u''_o+u'''_o=-\dfrac{R_f}{R_1}u_{i1}-\dfrac{R_f}{R_2}u_{i2}-\dfrac{R_f}{R_3}u_{i3} \end{cases} \tag{2.3.7}$$

【例 2.3.1】 试设计一个相加器，完成 $u_o=-(2u_{i1}+3u_{i2})$ 的运算，并要求对 u_{i1}、u_{i2} 的输入电阻均大于等于 100 kΩ。

解 采用反相相加器电路，为满足输入电阻均大于等于 100 kΩ，选 $R_2=100\ \text{k}\Omega$，根据要求有

$$\frac{R_f}{R_2}=3,\quad \frac{R_f}{R_1}=2$$

所以选 $R_f=300\ \text{k}\Omega$，$R_2=100\ \text{k}\Omega$，$R_1=150\ \text{k}\Omega$。

实际电路中，为了消除输入偏流产生的误差，在同相输入端和地之间接入一直流平衡电阻 R_p，并令 $R_p=R_1/\!/R_2/\!/R_f=50\ \text{k}\Omega$，如图 2.3.3 所示。当今运放性能越来越好，输入偏流可以做到很小，故该平衡电阻可以不要，同相端可直接接地。

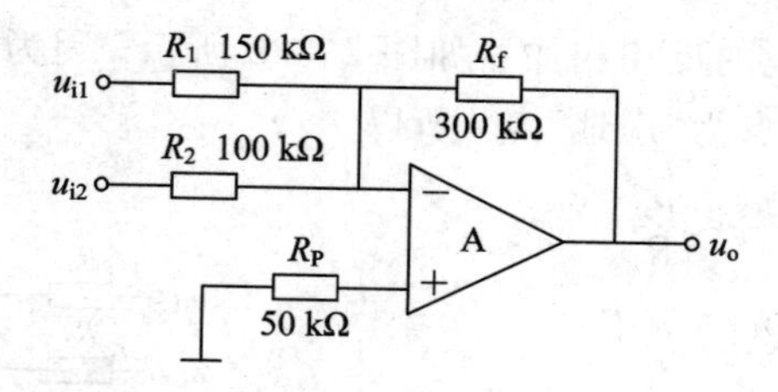

图 2.3.3　满足例 2.3.1 要求的反相相加器电路

【例 2.3.2】 设计一相加器，实现 $u_o=9(u_{i1}+u_{i2})$。

解 本例必须采用同相相加器，并省去图 2.3.1(a)中的 R_3，令 $R_1=R_2$，如图 2.3.4(a)所示，有

$$u_o=\frac{1}{2}\left(1+\frac{R_f}{R}\right)(u_{i1}+u_{i2})=9(u_{i1}+u_{i2})$$

故取 $R_f=170\ \text{k}\Omega$，$R=10\ \text{k}\Omega$，$R_1=R_2=20\ \text{k}\Omega$，电路如图 2.3.4(b)所示。

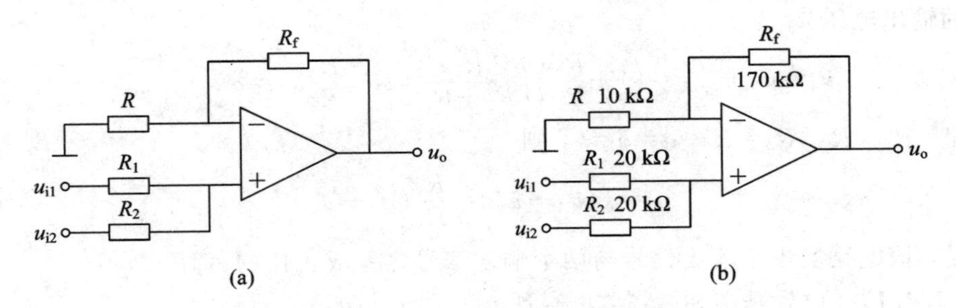

图 2.3.4　例 2.3.2 电路图

2.4　求差电路——相减器

2.4.1　基本相减器电路

相减器(差动放大器)用于实现输出信号与两个输入信号之差成正比的功能，即

$$u_o = au_{i1} - bu_{i2} \tag{2.4.1}$$

通常令 $a=b=k$，于是有

$$u_o = k(u_{i1} - u_{i2}) \tag{2.4.2}$$

若要实现信号相减，就必须将被减信号送入运放同相端，而减信号送入运放反相端，如图 2.4.1 所示，应用叠加原理来计算。

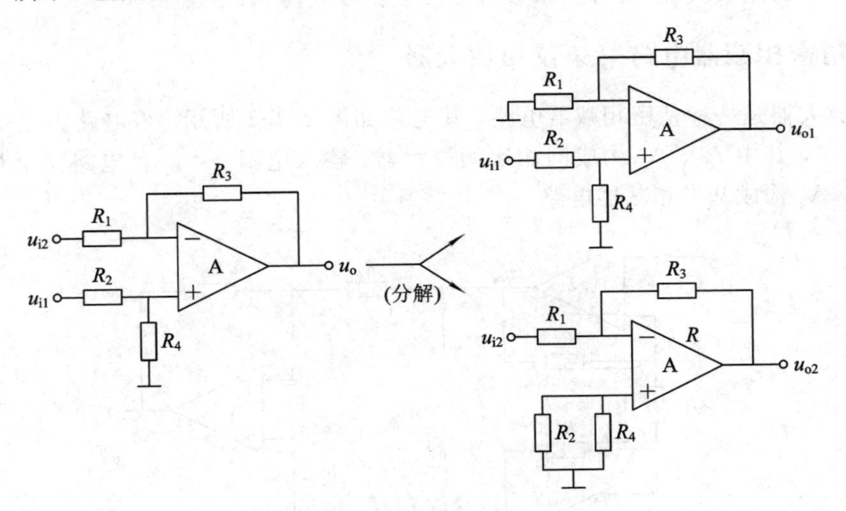

图 2.4.1　相减器电路

首先令 $u_{i2}=0$，则电路相当于同相比例放大器，得

$$u_{o1} = \left(1+\frac{R_3}{R_1}\right)U_+ = \left(1+\frac{R_3}{R_1}\right)\left(\frac{R_4}{R_2+R_4}\right)u_{i1} \tag{2.4.3a}$$

其次令 $u_{i1}=0$，则电路相当于反相比例放大器，根据理想运放“虚断”概念，R_2、R_4 无电流流过，同相端相当于接地，故有

$$u_{o2} = -\frac{R_3}{R_1}u_{i2} \tag{2.4.3b}$$

总的输出电压 u_o 为

$$u_o = u_{o1} + u_{o2} = \left(1+\frac{R_3}{R_1}\right)\left(\frac{R_4}{R_2+R_4}\right)u_{i1} - \frac{R_3}{R_1}u_{i2} = au_{i1} - bu_{i2} \tag{2.4.4}$$

如果满足：$R_1=R_2$，$R_3=R_4$，$a=b=k$，则

$$u_o = k(u_{i1}-u_{i2}) = \frac{R_3}{R_1}(u_{i1}-u_{i2}) \tag{2.4.5}$$

可见，该电路实现了输出信号与两个输入信号之差成正比的运算。

【例 2.4.1】 设计基本相减器，可实现 $u_o=5(u_{i1}-u_{i2})$。

解 由 $a=b=k=5$，$u_o=5(u_{i1}-u_{i2})$ 可以取 $R_1=R_2=10\ \text{k}\Omega$，$R_3=R_4=50\ \text{k}\Omega$。相减器电路如图 2.4.2 所示。

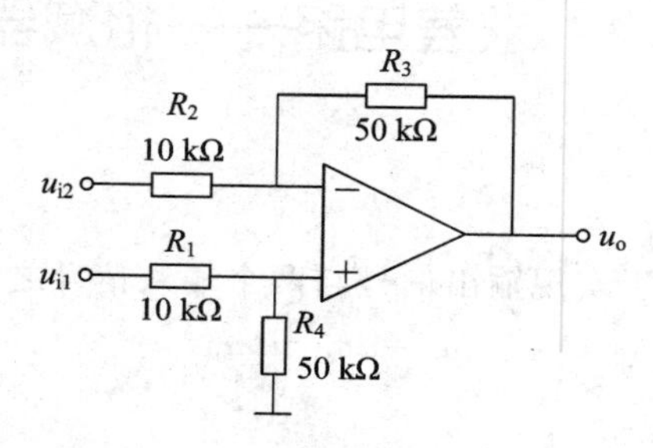

图 2.4.2 例 2.4.1 电路图

基本相减器电路虽然简单，但增益调节困难，输入阻抗偏小，为此又设计出了精密相减器电路——仪用放大器(又称测量放大器或数据放大器)。

2.4.2 精密相减器电路——仪用放大器

仪用放大器是一种精密相减器电路，其电路如图 2.4.3 所示。该电路由三个运放 A_1、A_2、A_3 组成，其中 A_1、A_2 构成同相比例放大器，输入电阻→∞，且电路完全对称，共模抑制比高；A_3 构成基本相减器电路。

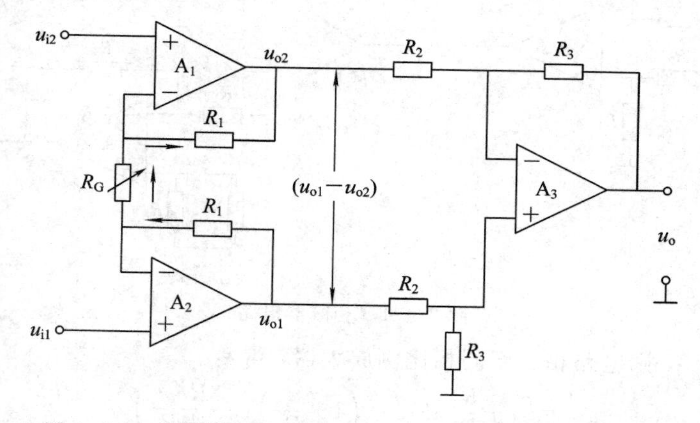

图 2.4.3 仪用放大器(或称“测量放大器”或“数据放大器”)

图 2.4.3 中，输出电压 u_o 为

$$u_o = \frac{R_3}{R_2}(u_{o1}-u_{o2})$$

因为 $u_{o1}-u_{o2}=2u_{R1}+u_{RG}$，利用“虚短”和“虚断”概念，有

$$u_{RG}=u_{i1}-u_{i2}，I_{RG}=\frac{u_{i1}-u_{i2}}{R_G}=I_{R1}$$

所以

$$u_{o1}-u_{o2}=2\times R_1\times I_{R1}+u_{RG}=\left(\frac{2R_1}{R_G}+1\right)(u_{i1}-u_{i2})$$

故总放大倍数为

$$A_u=\frac{u_o}{u_{i1}-u_{i2}}=\frac{R_3}{R_2}\left(1+\frac{2R_1}{R_G}\right) \tag{2.4.6}$$

一般 R_1、R_2、R_3 用固定电阻，R_G 为可调电位器，通过调节 R_G 即可调节增益，十分方便。仪用放大器广泛用于工业现场、生物信号及其他仪器仪表的数据采集、信号放大中。图 2.4.4 给出一个增益分别为 1000、100、10、1 的仪用放大器电路，对应的 R_G 分别为 200 Ω、2.02 kΩ、22.22 kΩ 及 $R_G=\infty$(开路)。目前已有许多单片集成仪用放大器产品投入使用。

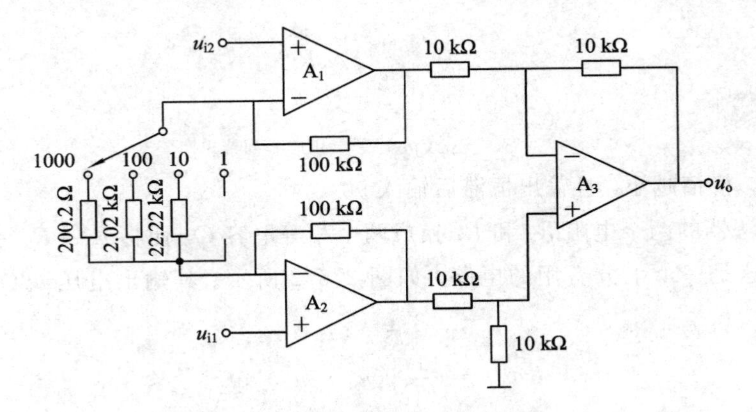

图 2.4.4　仪用放大器电路

2.5　积分器和微分器

2.5.1　积分器

积分器的功能是完成积分运算，即输出电压与输入电压的积分成正比。

$$u_o(t)=\frac{1}{\tau}\int u_i(t)\,dt \tag{2.5.1}$$

图 2.5.1 所示的电路就是一个理想反相积分器。以下将从时域和频域两个方面对该电路进行分析。

从时域角度分析，设电容电压的初始值为零($u_C(0)=0$)，则输出电压 $u_o(t)$为

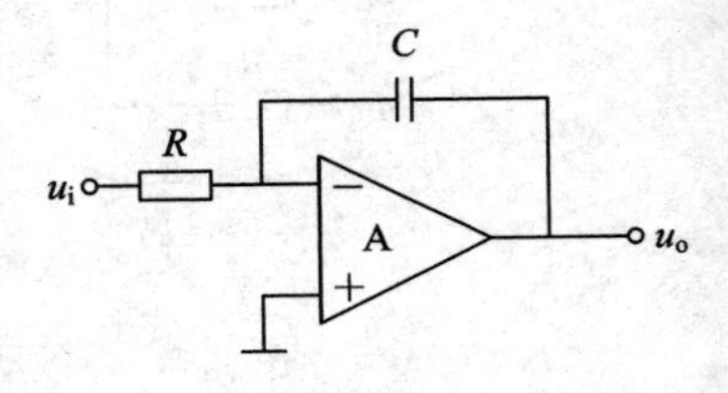

图 2.5.1　理想反相积分器电路

$$u_o(t)=-u_C(t)=-\frac{Q_C}{C}=-\frac{\int i_C(t)\ dt}{C}$$

式中，电容 C 的充电电流 $i_C=\dfrac{u_i(t)}{R}$。所以

$$u_o(t)=-\frac{1}{RC}\int u_i(t)\,\mathrm{d}t=-\frac{1}{\tau}\int u_i(t)\ \mathrm{d}t \tag{2.5.2}$$

式中，$\tau=RC$，称为积分时常数。可见该电路实现了积分运算。

从频域角度分析，根据反相比例放大器的运算关系，该电路输出电压的频域表达式为

$$u_o(\mathrm{j}\omega)=-\frac{\frac{1}{\mathrm{j}\omega C}}{R}u_i(\mathrm{j}\omega)=-\frac{1}{\mathrm{j}\omega RC}u_i(\mathrm{j}\omega) \tag{2.5.3}$$

积分器的传输函数为

$$A_u(\mathrm{j}\omega)=\frac{U_o(\mathrm{j}\omega)}{U_i(\mathrm{j}\omega)}=-\frac{1}{\mathrm{j}\omega RC} \tag{2.5.4}$$

传输函数的模为

$$|A_u(\mathrm{j}\omega)|=\frac{1}{\omega RC} \tag{2.5.5a}$$

附加相移为

$$\Delta\varphi(\mathrm{j}\omega)=-90^\circ \tag{2.5.5b}$$

可见频率越高，模值越小，且输出恒滞后输入 90°。

如果将减法器的两个电阻 R_3 和 R_4 换成两个相等电容 C，而将 $R_1=R_2=R$，则构成了**差动积分器**。这是一个十分有用的电路，如图 2.5.2 所示。其输出电压 $u_o(t)$的时域表达式为

$$u_o(t)=\frac{1}{RC}\int(u_{i1}-u_{i2})\ \mathrm{d}t \tag{2.5.6}$$

频域表达式为

$$u_o(\mathrm{j}\omega)=\frac{1}{\mathrm{j}\omega RC}[u_{i1}(\mathrm{j}\omega)-u_{i2}(\mathrm{j}\omega)] \tag{2.5.7}$$

单个积分器由于没有直流负反馈通路，因而其工作不稳定，为此实验电路中往往在积分电容上并联一个大电阻 R_f，通常 $R_f\geqslant 10R$，如图 2.5.3 所示。图中 R_f 构成直流负反馈通路，当 R_f 很大时，电路性能仍近似为理想积分器。

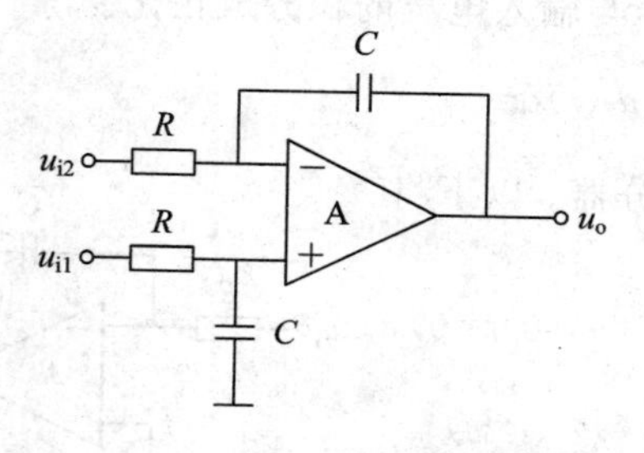

图 2.5.2　差动积分器

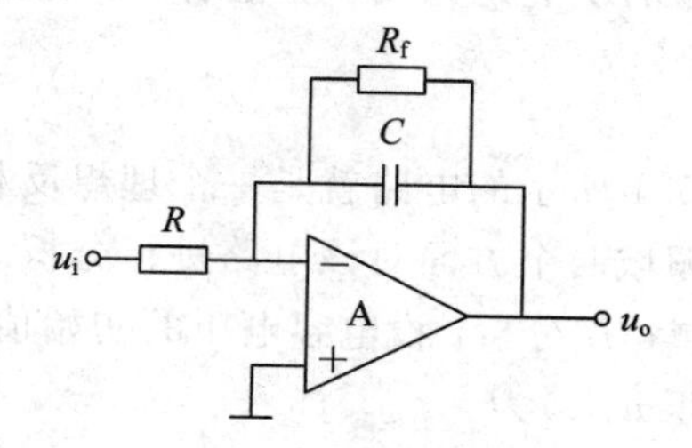

图 2.5.3　单个积分器的实际实验电路

$$A(\mathrm{j}\omega)=\frac{U_o(\mathrm{j}\omega)}{U_i(\mathrm{j}\omega)}=-\frac{R_f}{R}\left(\frac{1}{1+\mathrm{j}\omega R_F C}\right)\Bigg|_{|\omega R_f C|\gg 1}\approx-\frac{1}{\mathrm{j}\omega RC} \tag{2.5.8}$$

2.5.2　微分器

积分运算与微分运算是对偶关系，如果将积分器的积分电容和电阻的位置互换，就构成了微分器，如图 2.5.4 所示。微分器的输出电压 $u_o(t)$和输入电压 $u_i(t)$的时域关系式为

$$u_o(t)=-i_f R$$

式中：

$$i_f=C\frac{du_C(t)}{dt}=C\frac{du_i(t)}{dt}$$

所以

$$u_o(t)=-RC\frac{du_i(t)}{dt} \tag{2.5.9}$$

可见，输出电压和输入电压的微分成正比。

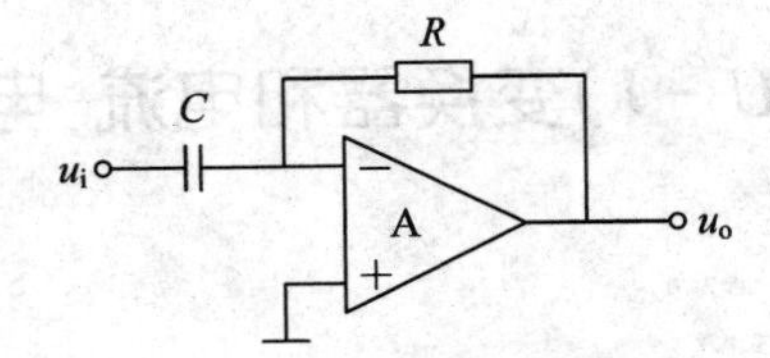

图 2.5.4　微分器电路

微分器的传输函数频域表达式为

$$A_u(j\omega)=-j\omega RC \tag{2.5.10}$$

传输函数的模为

$$|A_u(j\omega)|=\omega RC \tag{2.5.11a}$$

附加相移为

$$\Delta\varphi(j\omega)=90° \tag{2.5.11b}$$

可见频率越高，模值越大，且输出恒超前输入 90°。

微分器的高频增益较大。如果输入中包含高频噪声，则输出噪声也将很大；如果输入信号中包含大的跳变，就会导致运放处于饱和状态，且微分电路的工作稳定性也不好。所以很少直接使用微分器，即使需要进行微分运算，也尽量用积分器来代替。

积分器和微分器的虚拟实验分别如图 2.5.5 及图 2.5.6 所示。

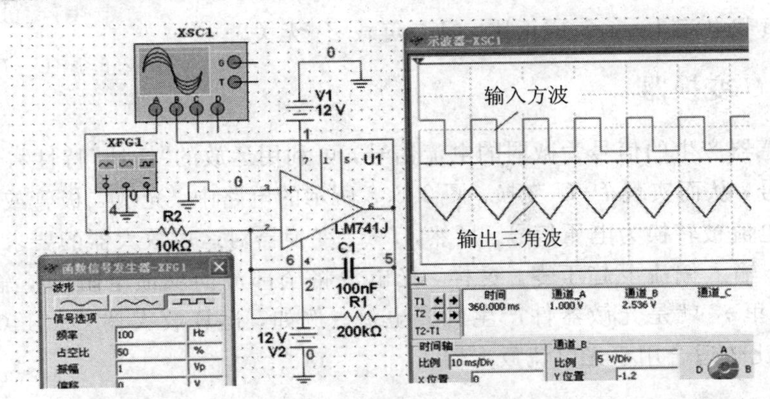

图 2.5.5　实际积分器电路及其虚拟仿真波形(C1 并联大电阻 R1 构成直流负反馈，使电路稳定工作)

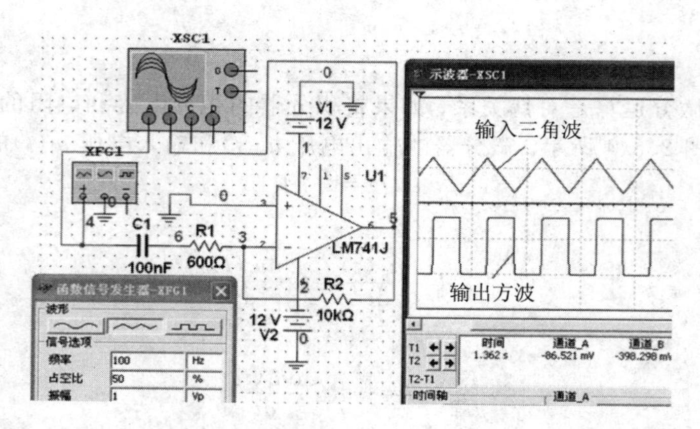

图 2.5.6　实际微分器电路及其虚拟仿真波形(C1 串联小电阻 R1,减少高频增益,使电路稳定工作)

2.6　电压-电流($U-I$)变换器和电流-电压($I-U$)变换器

2.6.1　$U-I$ 变换器

在某些控制系统中，负载要求由电流源驱动，但实际的信号却可能是电压源。如何将电压源信号变换成电流源信号，并且不论负载如何变化，电流源电流只取决于输入电压源信号，而与负载无关。这可以通过 $U-I$ 变换器来实现。另外，在信号的远距离传输中，由于电流信号不易受干扰，因此也需要将电压信号变换为电流信号来传输。图 2.6.1 给出了一个 $U-I$ 变换器的例子，图中的负载为“接地”负载。

由图 2.6.1 可知：

$$U_+=\left(\frac{u_o-U_+}{R_3}-I_L\right)R_2$$

$$U_-=\frac{R_4}{R_1+R_4}u_i+\frac{R_1}{R_1+R_4}u_o$$

由 $U_+=U_-$，且设 $R_1R_3=R_2R_4$，则变换关系可简化为

$$I_L=-\frac{u_i}{R_2} \tag{2.6.1}$$

可见，负载电流 I_L 与 u_i 成正比，且与负载 Z_L 无关。

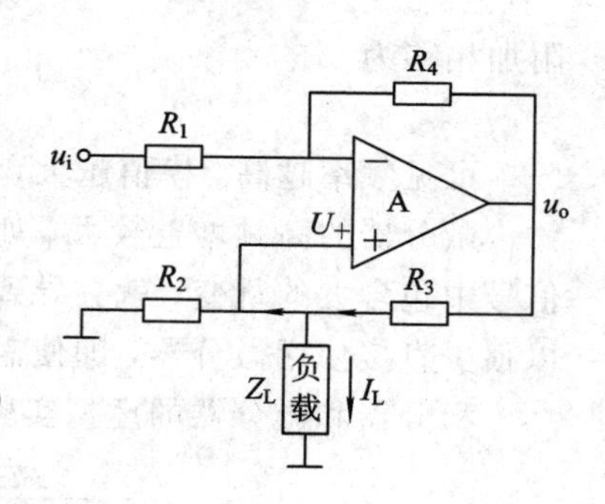

图 2.6.1　$U-I$ 变换器举例

2.6.2　$I-U$ 变换器

许多传感器产生的信号为微弱的电流信号，可利用运放的“虚地”特性将该电流信号转换为电压信号，从而实现 $I-U$ 变换。图 2.6.2 所示的电路中，光敏二极管或光敏三极管产生的微弱光电流被转换为电压信号。显然，$I-U$ 变换器对运放放大器的要求是输入电阻要趋向无穷大，输入偏流要趋于零。这样，光电流将全部流向反馈电阻 R_f，输出电压 $u_o=-R_f\cdot i_1$。这里 i_1 就是光敏器件产生的光电流。例如，运算放大器 CA3140 的偏流 $I_B=10^{-2}$ nA，故比较适合用于光电流放大器。

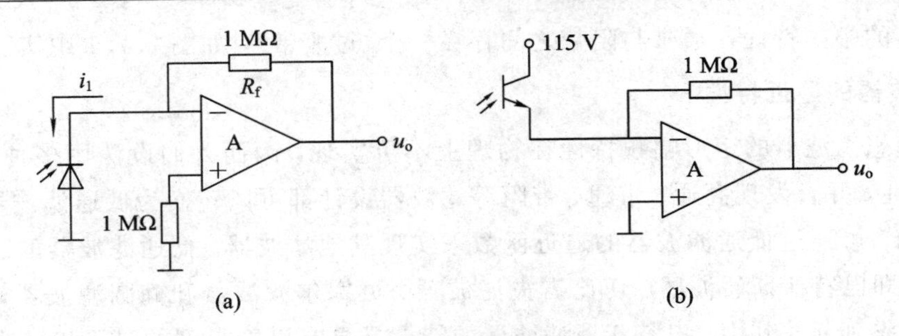

图 2.6.2　将光电流变换为电压输出的电路

2.7　有源 *RC* 滤波器

滤波器是具有频率选择功能的一类电路，它只允许所需频率范围内的信号通过，而对该频率范围以外的信号进行有效的抑制和衰减，主要用于小信号的处理和加工。有源滤波器一般由集成运算放大器和 *RC* 反馈网络组成，应用时应根据有用信号、无用信号和干扰等信号所占频段来选择滤波器的类型。

2.7.1　滤波器的概念

1. 滤波器的分类

滤波器可分为以下几类：

低通(Low Pass)：允许低频信号通过，而将频段外的高频信号衰减；

高通(High Pass)：允许高频信号通过，而将频段外的低频信号衰减；

带通(Band Pass)：允许某一频段内的信号通过，而将频段外的信号衰减；

带阻(Band Reject)：允许某一频段内的信号衰减，而让频段外的信号通过；

全通(All Pass)：允许所有信号通过，但各频率分量信号的相移不同，故又称“移相器”。

理想滤波器的幅频特性呈矩形，如图 2.7.1 中虚线所示，但它们是物理不可实现的。

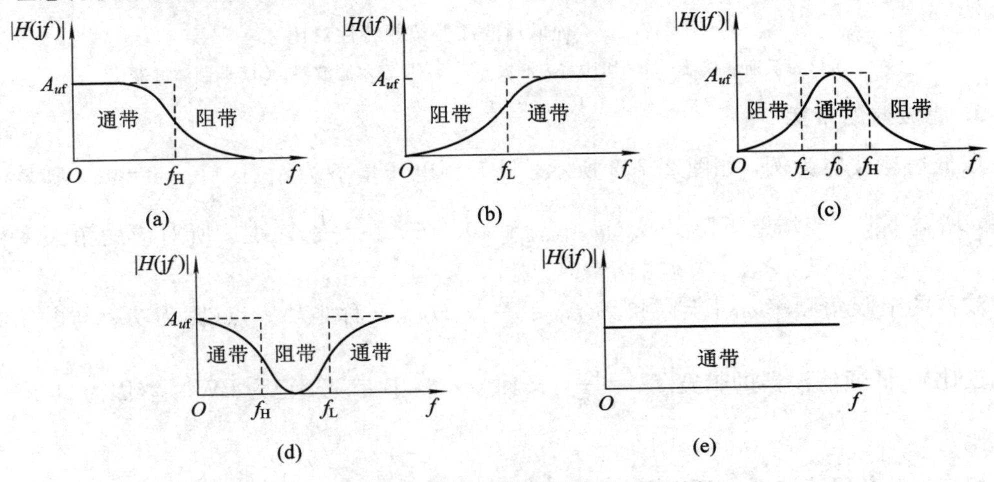

图 2.7.1　理想和实际滤波器的幅频特性

(a) 低通滤波器；(b) 高通滤波器；(c) 带通滤波器；(d) 带阻滤波器；(e) 全通滤波器

实际滤波器的幅频特性在通带与阻带之间存在一个“过渡带”，如图 2.7.1 中实线所示。

2. 滤波器的逼近特性

由于理想滤波器的矩形幅频特性在物理上不可实现，因而人们设法用多种函数来“逼近”矩形特性，并且发现高通、带通、带阻等滤波器设计都可以转换为低通滤波器设计，由此得到结论：可通过低通滤波器的逼近函数来实现其他滤波器。低通滤波器的逼近函数通常有 4 种，即巴特沃斯滤波器、切比雪夫滤波器、贝塞尔滤波器和椭圆滤波器，其幅频特性如图 2.7.2 所示。其中，巴特沃斯滤波器的特点是具有可能得到的最平坦的带内幅频特性，但不足是过渡带衰减较为缓慢；切比雪夫滤波器的特点是带内有等起伏波动，但过渡带衰减较快；贝塞尔滤波器的特点是过渡带衰减最慢，却具有线性相移特性，相频失真小；椭圆滤波器的特点是通带和阻带内均有起伏，而过渡带最为陡峭。不同逼近方式的滤波器适用于不同的应用场合，其中巴特沃斯滤波器的应用最为普遍。

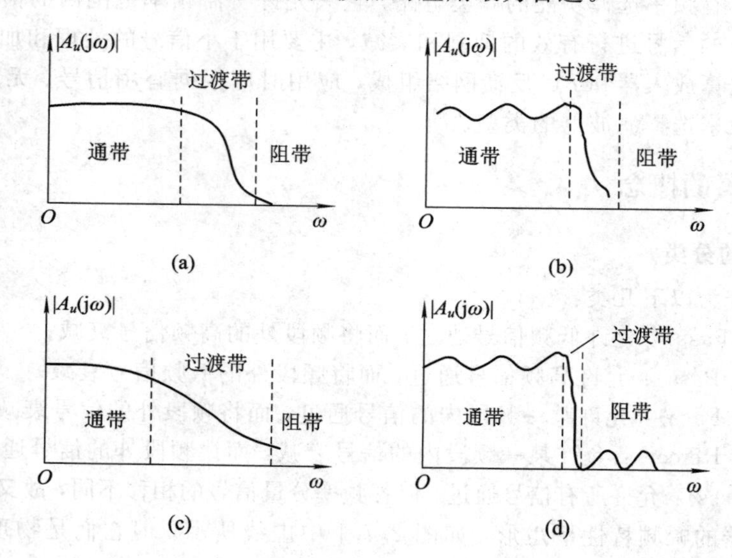

图 2.7.2 4 种低通滤波器幅频特性对比

(a) 巴特沃斯滤波器；(b) 切比雪夫滤波器；(c) 贝塞尔滤波器；(d) 椭圆滤波器

3. 滤波器的带宽

以低通滤波器为例，如图 2.7.3 所示，设低频电压增益为$A_u(j\omega)|_{\omega=0}=A_{uo}$，随着频率升高，增益下降，当增益下降到$A_u(j\omega)|_{\omega=\omega_H}=0.707A_{uo}=\frac{1}{\sqrt{2}}A_{uo}$时，所对应的角频率称为该滤波器的上限角频率 $\omega_H$$\left(\text{上限频率 } f_H=\frac{\omega_H}{2\pi}\right)$，$H$ 点又称半功率点(因为功率与电压的平方成正比)。低通滤波器的带宽 $f_H=\frac{\omega_H}{2\pi}$，又称为$-3$ dB 带宽，记为 $BW_{-3\,dB}$(因为 $20\lg\frac{1}{\sqrt{2}}=-3$ dB)。

相应地，高通滤波器的下限频率定义如图 2.7.4(a)所示。带通滤波器中心频率增益$A_u(f_0)$及频带宽度定义($BW_{-3dB}=f_H-f_L$)如图 2.7.4(b)所示。

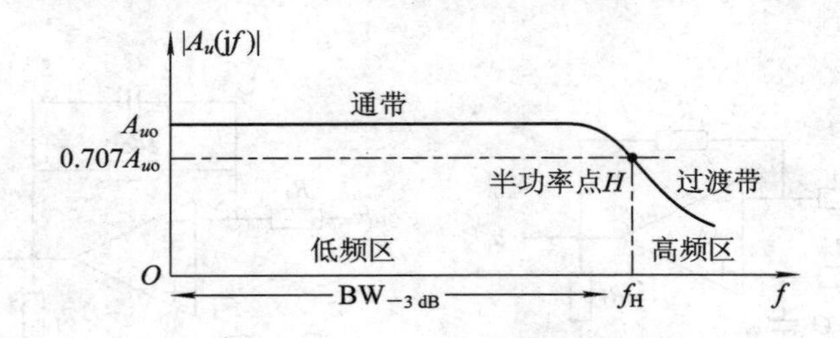

图 2.7.3　低通滤波器带宽定义

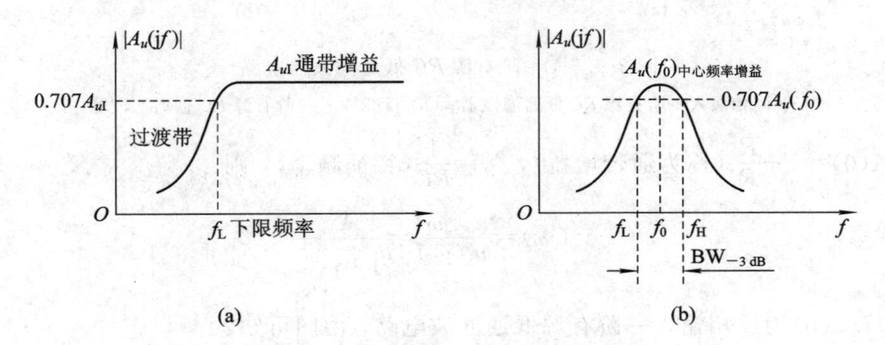

图 2.7.4　高通滤波器和带通滤波器的频率特性示意图

(a) 高通滤波器的下限频率定义；(b) 带通滤波器中心频率增益 $A_u(f_0)$ 及频带宽度定义

4. 滤波器的电路实现

用 R、L、C 无源元件可构成“无源滤波器”，但无源滤波器存在信号不能放大只能衰减、带负载能力差、多级级联时互相有影响等缺点；此外其集成工艺不适合制造电感，只能用电阻、电容而造成 Q 值很低($Q\leqslant 0.5$)。上述不足，可通过集成运算放大器构成有源滤波器来克服。运放有放大功能，且输入阻抗高，输出阻抗低，输入、输出之间具有优良的隔离性能，所以各级之间还存在阻抗匹配的问题；其带负载能力强，由于引入反馈，因而大幅提高 Q 值。然而，有源滤波器也存在自身的缺点。首先，有源滤波器需要电源。其次，有源滤波器不适用于很高的频率范围，目前其实用范围大致在 100 kHz 左右。随着高速宽带运放的发展，有源滤波器的频率范围可扩展到 10 MHz 左右，当频率高于 10 MHz 时，由电感、电容、电阻构成的无源滤波器则更显优越性。

2.7.2　一阶有源 *RC* 滤波器的电路实现

“一阶”指的是电路中只有一个独立的储能元件(电容或电感)，其滤波器传递函数分母只有一个根。常用的一阶有源 RC 滤波器电路如图 2.7.5 所示。

图 2.7.5(a)为同相输入一阶有源低通滤波电路，相当于一阶无源 RC 滤波器加一级同相比例放大器。由图可知：

$$u_o(j\omega)=\left(1+\frac{R_2}{R_1}\right)u_+=\left(1+\frac{R_2}{R_1}\right)\frac{\dfrac{1}{j\omega C}}{R+\dfrac{1}{j\omega C}}u_i(j\omega)=\frac{1+\dfrac{R_2}{R_1}}{1+j\omega RC}u_i(j\omega) \tag{2.7.1}$$

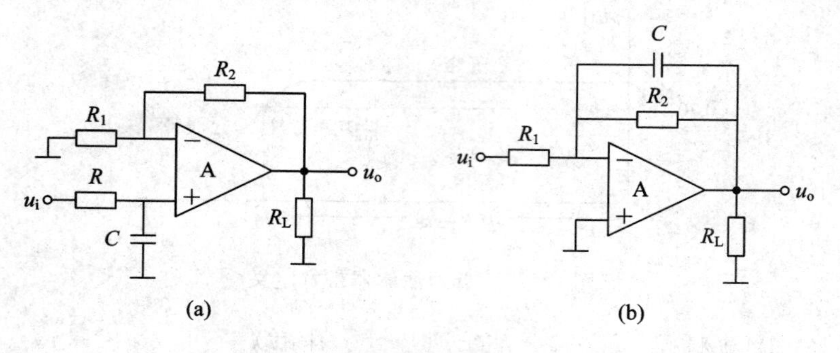

图 2.7.5　一阶有源 RC 低通滤波器电路

(a) 同相输入一阶有源 RC 低通滤波器；(b) 反相输入一阶有源 RC 低通滤波器

设 $A_{uo}=A(0)=1+\dfrac{R_2}{R_1}$(称为通带增益)，$\omega_0=\dfrac{1}{RC}$(特征频率)，则

$$A_u(\mathrm{j}\omega)=\frac{u_o(\mathrm{j}\omega)}{u_i(\mathrm{j}\omega)}=\frac{A_{uo}}{1+\mathrm{j}\,\dfrac{\omega}{\omega_0}} \tag{2.7.2}$$

图 2.7.5(b)为反相输入一阶有源低通滤波电路。由图可知：

$$A_u(\mathrm{j}\omega)=\frac{u_o(\mathrm{j}\omega)}{u_i(\mathrm{j}\omega)}=-\frac{R_2\,/\!/\,\dfrac{1}{\mathrm{j}\omega C}}{R_1}=-\frac{\dfrac{R_2}{R_1}}{1+\mathrm{j}\omega R_2 C}=\frac{A_{uo}}{1+\mathrm{j}\,\dfrac{\omega}{\omega_0}} \tag{2.7.3}$$

增益的模值即幅频特性为

$$|A_u(\mathrm{j}\omega)|=\frac{|A_{uo}|}{\sqrt{1+\left(\dfrac{\omega}{\omega_0}\right)^2}} \tag{2.7.4a}$$

式(2.7.4a)中，$A_{uo}=A(0)=-\dfrac{R_2}{R_1}$为 $\omega=0$ 时的增益，$\omega_0=\dfrac{1}{R_2 C}$为特征频率，当 $\omega=\omega_0$ 时，$|A_u(\mathrm{j}\omega_0)|=\dfrac{|A_{uo}|}{\sqrt{2}}$，所以 ω_0 就是上限角频率 ω_H，上限频率为

$$f_H=\frac{\omega_H}{2\pi}=f_0=\frac{1}{2\pi R_2 C}$$

增益的相位即相频特性为

$$\varphi(\mathrm{j}f)=-180°-\arctan\frac{f}{f_H} \tag{2.7.4b}$$

式(2.7.4b)中，由 R_2C 引入的附加相移为

$$\Delta\varphi(\mathrm{j}f)=-\arctan\frac{f}{f_H} \tag{2.7.5}$$

图 2.7.5(b)所示电路的幅频特性和相频特性如图 2.7.6 所示。图 2.7.5(b)所示电路的用途比图 2.7.5(a)更为广泛。

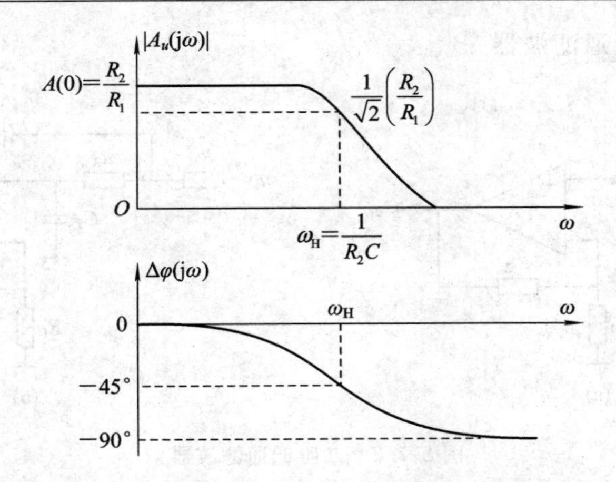

图 2.7.6　一阶有源低通滤波电路的幅频特性和相频特性

【例 2.7.1】　设计一个图 2.7.5(b)所示的一阶有源滤波器，要求上限频率 $f_H=f_0=$ 5 kHz，增益 $A_{uo}=A(0)=10$ 倍(20 dB)。

解　上限频率：

$$f_0=\frac{\omega_0}{2\pi}=\frac{1}{2\pi R_2 C}=5\ \text{kHz}$$

取 $C=1000$ pF，则

$$R_2=\frac{1}{2\pi f_0 C}=\frac{1}{2\pi\times5\times10^3\times1000\times10^{-12}}\approx31.83\ \text{k}\Omega$$

取 $R_2=32$ kΩ，又有

$$A(0)=10=\frac{R_2}{R_1}$$

故

$$R_1=\frac{R_2}{A(0)}=\frac{32}{10}=3.2\ \text{k}\Omega$$

设计完成的一阶有源滤波器电路如图 2.7.7 所示。

一阶有源滤波器的缺点是从通带到阻带衰减太慢，过渡带太宽，与理想矩形幅频特性差距较大，改进的方案是采用二阶有源 RC 低通滤波器。

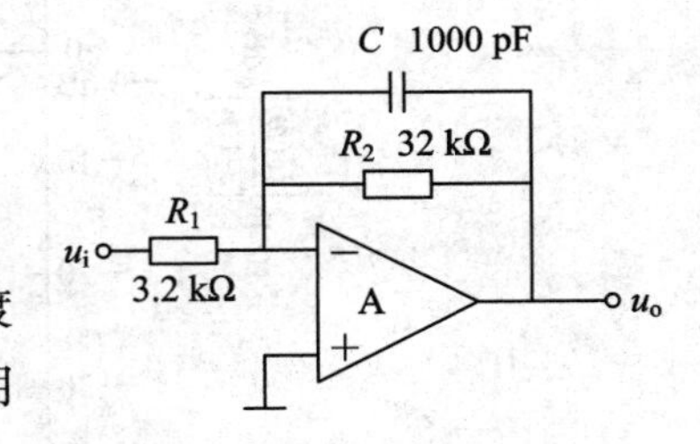

图2.7.7　一阶有源低通滤波器电路

2.7.3　二阶有源 *RC* 滤波器的电路实现

“二阶”指的是电路中有两个独立的储能元件(电容或电感)，其滤波器传递函数分母有两个根。

1. Sallen－key 二阶低通滤波器

为了加快过渡带的下降速度，在图 2.7.5(a)的一阶基础上增加一级 RC 低通滤波器，成为二阶 RC 滤波器(有两个独立电容，如图 2.7.8(a)所示)，并且为了增大品质因素 Q 值，将 C_2 不接地而接至运放输出端，以构成反馈(如图 2.7.8(b)所示)。该电路称为 Sallen - key 二阶低通滤波器。

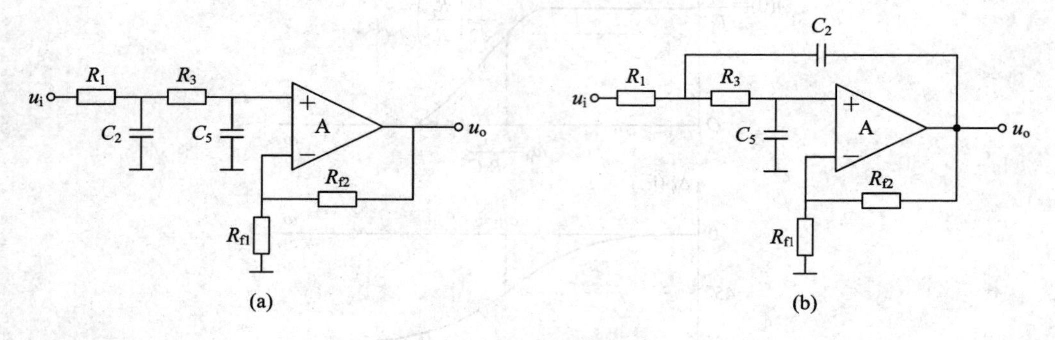

图 2.7.8 二阶低通滤波器

(a) 二阶 RC 滤波器；(b) Sallen - key 二阶低通滤波器

该电路的低频增益(又称通带增益)$H(0)$、特征角频率 ω_0 和品质因数 Q 分别为

$$\begin{cases} H(0)=A_f=1+\dfrac{R_{f2}}{R_{f1}} \\ \omega_0=\dfrac{1}{\sqrt{R_1R_3C_2C_5}} \\ Q=\dfrac{\sqrt{R_1R_3C_2C_5}}{C_5(R_1+R_3)+R_1C_2(1-A_f)} \end{cases} \tag{2.7.6}$$

据分析可画出不同 Q 值时电路的归一化幅频特性，如图 2.7.9 所示。

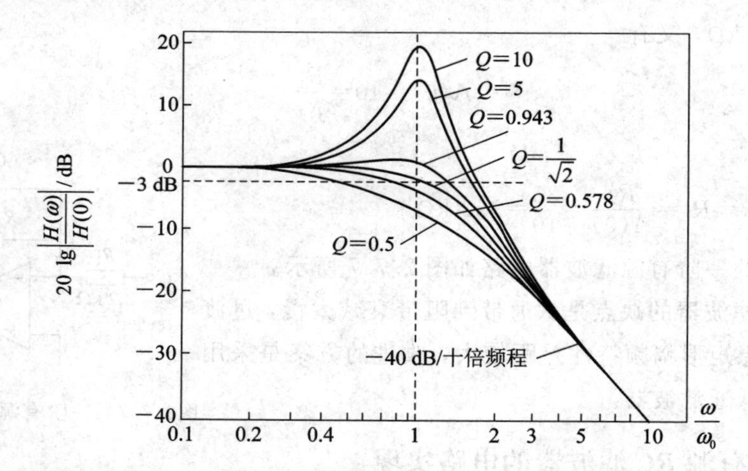

图 2.7.9 Sallen - key 二阶低通滤波器的归一化幅频特性

由图 2.7.9 可看出，Q 值对特征频率 ω_0 附近的幅频特性影响较大，当 $Q=1/\sqrt{2}$ 时，幅频特性曲线最平坦，称为巴特沃斯滤波器，此时特征频率与上限频率相同，即 $\omega_H=\omega_0$，通常音频滤波器采用这种形式。$Q\leqslant 0.578$ 时称为贝塞尔滤波器，$Q\geqslant 0.934$ 时称为切比雪夫滤波器。当 $Q=1/\sqrt{2}$ 时，特征频率与上限频率相同，即 $\omega_H=\omega_0$；当 $Q>1/\sqrt{2}$ 时，则 $\omega_H>\omega_0$；当 $Q<1/\sqrt{2}$ 时，则 $\omega_H<\omega_0$。Q 值越大，峰值越高，若 Q 值过大，则电路不稳定且发生自激。一般 $Q\leqslant 10$。变换图 2.7.8 中电阻和电容的位置，便可构成 Sallen - key 高通和带通

滤波电路，如图 2.7.10 所示。

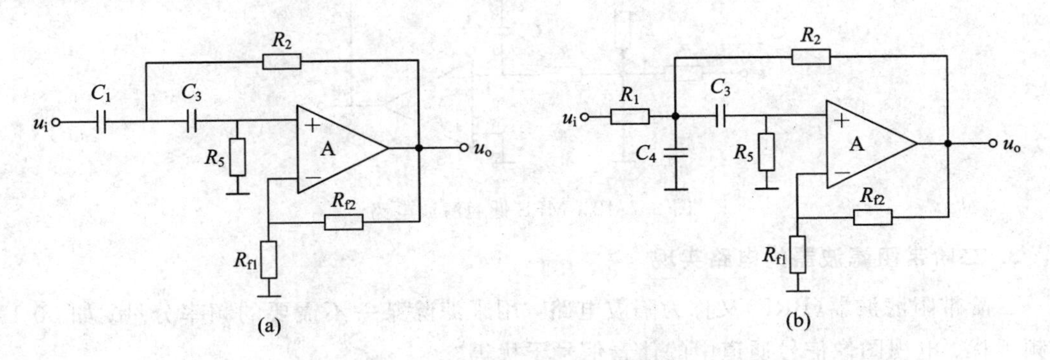

图 2.7.10　Sallen - key 高通和带通滤波电路

(a) Sallen - key 高通滤波电路；(b) Sallen - key 带通滤波电路

2. 二阶多路反馈(MFB)滤波器

二阶多路反馈(MFB)滤波器的特点是运放反相端接 RC 网络，运放同相端接地，并且有两个反馈支路。图 2.7.11(a)为二阶 MFB 带通滤波器电路，图 2.7.11(b)为该电路的幅频特性曲线。该电路的中心角频率 ω_0、带宽 $\mathrm{BW}=\dfrac{\omega_0}{Q}$、中心频率对应的增益 $H(\omega_0)$与电路元件值的关系如下：

$$\begin{cases}\omega_0=\dfrac{1}{C}\sqrt{\dfrac{1}{R_5}\left(\dfrac{1}{R_1}+\dfrac{1}{R_4}\right)}\approx\dfrac{1}{C}\sqrt{\dfrac{1}{R_5R_4}} \qquad (R_1\gg R_4)\\ \dfrac{\omega_0}{Q}=\dfrac{1}{R_5}\left(\dfrac{1}{C_3}+\dfrac{1}{C_2}\right)=\dfrac{2}{R_5C}\\ H(\omega_0)=\dfrac{R_5}{2R_1}\end{cases} \tag{2.7.7}$$

式(2.7.7)表明，调节 R_4 可改变中心角频率 ω_0，但对带宽和中心频率增益却没有影响，即改变 R_4 将使幅频特性曲线平移而形状不变。该电路的这一特点使其得到广泛应用。

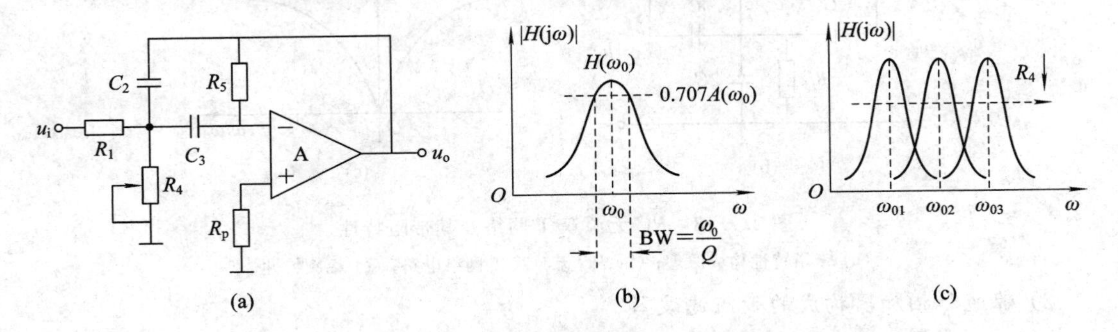

图 2.7.11　二阶 MBF 带通滤波器电路及幅频特性曲线

(a) 电路；(b) 幅频特性；(c) 调节 R_4 使幅频特性曲线平移

变换图 2.7.10(a)中电阻、电容的位置，可得到 MFB 低通滤波电路，如图 2.7.12 所示。

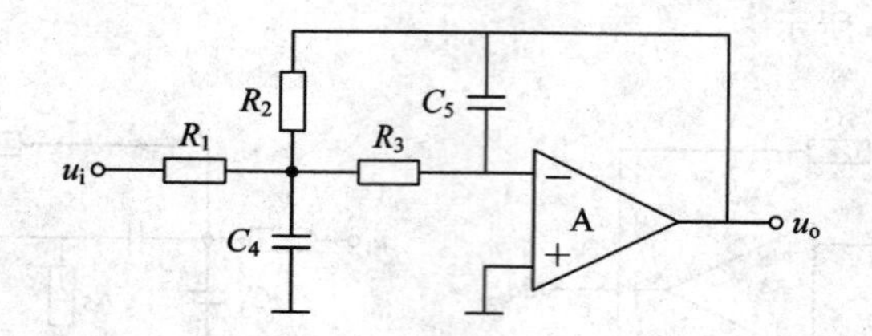

图 2.7.12　MFB 低通滤波电路

3. 二阶带阻滤波器的电路实现

二阶带阻滤波器(BRF)又称为陷波电路，用来滤除某一不需要的频率分量。如 50 Hz 工频干扰、电视图像信号通道中的伴音信号干扰等。

1) 有源双 T 网络带阻滤波器

一种有源带阻滤波器可由低通和高通电路并联构成，其原理如图 2.7.13(a)所示。*RC* 无源双 T 网络就是根据这个原理构成的带阻滤波器电路(如图 2.7.13(b)所示)，其幅频特性如图 2.7.13(c)所示。该滤波器电路的 *Q* 值太低，陷波效果差，在引入运放和反馈后，性能大为改善，其改进后的电路及幅频特性如图 2.7.14 所示。改变图中的 R_1 和 R_2 的比值，即可调节 *Q* 值的大小。

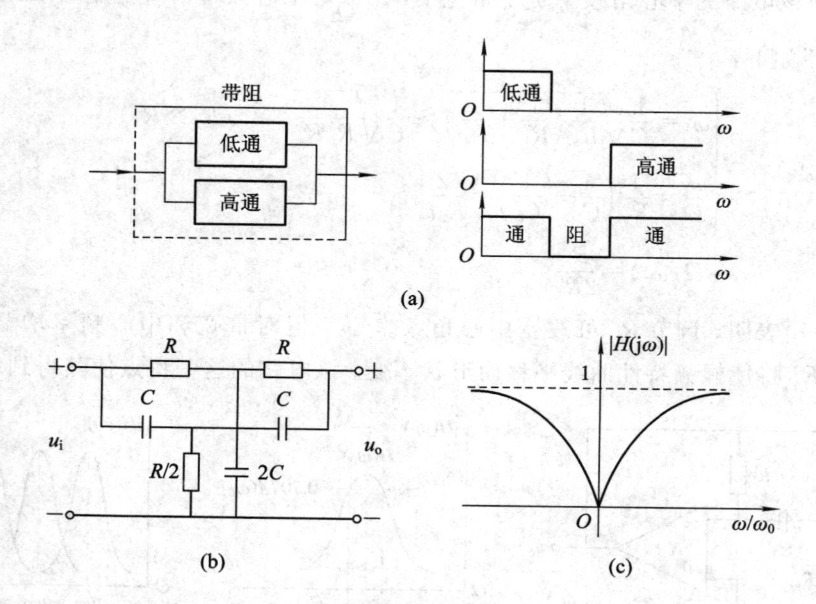

图 2.7.13　*RC* 无源双 T 网络及其带阻特性

(a) 带阻特性构成原理；(b) *RC* 无源双 T 网络电路；(c) 幅频特性

2) 带通和相加器构成的带阻滤波器

由带通和相加器组成的带阻滤波器的原理如图 2.7.15(a)所示；图 2.7.15(b)图给出一个 50 Hz 带阻滤波器实用电路——陷波器，其中 A_1 构成多路反馈带通滤波器，由于该电路输出与输入反相，故后级 A_2 可采用相加器电路。

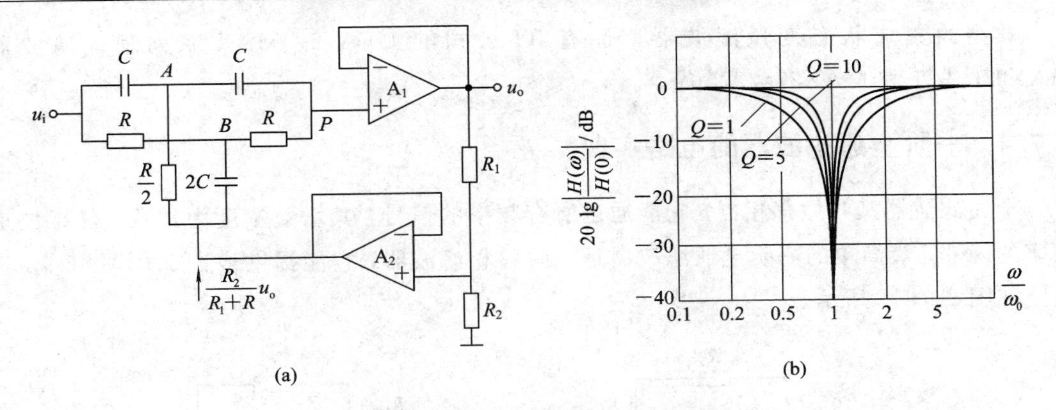

图 2.7.14　有源双 T 网络带阻滤波器的电路及其幅频特性

(a) 电路；(b) 幅频特性

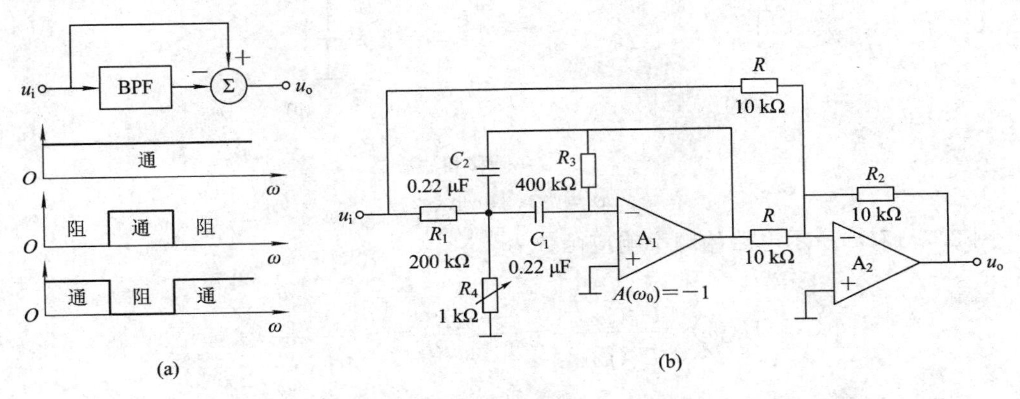

图 2.7.15　用带通和相加器组成带阻滤波器的原理及电路举例

(a) 原理框图；(b) 50 Hz 陷波器电路

4. 多功能有源 *RC* 滤波器(状态变量滤波器)

状态变量滤波器的基本原理是直接对所求的传递函数使用积分电路、加法电路等模拟运算电路进行模拟。该滤波器不但具有很高的 Q 值(高达 100 以上)，而且通用性较好，还可同时构成高通、带通和低通滤波器，是一种多功能的滤波电路。

一个简单的二阶状态变量滤波器如图 2.7.16 所示，它由两个积分器和一个相加-相减器组成。图中电压 U_{HP}、U_{BP}、U_{LP} 分别表示高通、带通和低通滤波器的输出。

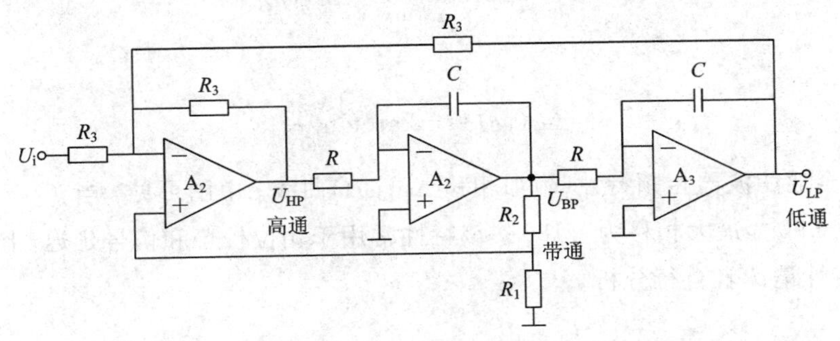

图 2.7.16　二阶状态变量滤波器

典型的集成状态变量滤波器产品有 TI 公司的 UFA42、MAX 系列程控滤波器 MAX270/271 和 MAX274/275 等。

2.7.4 一阶全通滤波器的电路实现

全通滤波器又叫做移相器，它能通过所有频率的信号，其增益幅度为常数，仅相位是频率的函数。最简单的一阶全通滤波器是一阶移相滤波器，它能提供最大 180°的相移，其电路如图 2.7.17 所示。

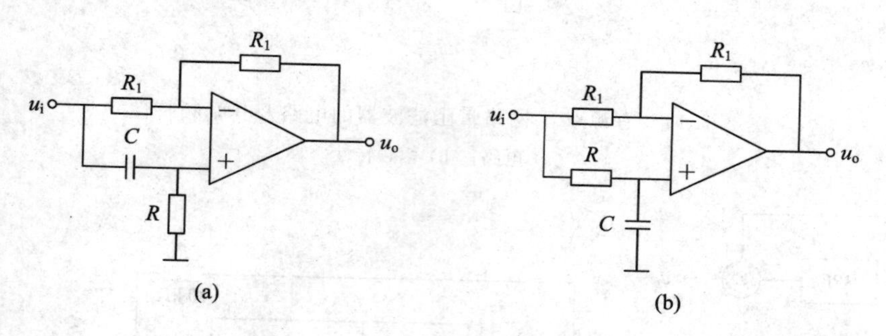

图 2.7.17 一阶移相滤波器

(a) 电路 1；(b) 电路 2

图 2.7.17(a)所示电路的频率响应函数为

$$H(\mathrm{j}\omega)=\frac{\dot{U}_o(\mathrm{j}\omega)}{\dot{U}_i(\mathrm{j}\omega)}=-\frac{1-\mathrm{j}\omega RC}{1+\mathrm{j}\omega RC}=-\frac{1-\mathrm{j}\dfrac{\omega}{\omega_0}}{1+\mathrm{j}\dfrac{\omega}{\omega_0}} \tag{2.7.8}$$

式中，$\omega_0=\dfrac{1}{RC}$。

其幅频特性为

$$|H(\mathrm{j}\omega)|=\left|\frac{1-\mathrm{j}\dfrac{\omega}{\omega_0}}{1+\mathrm{j}\dfrac{\omega}{\omega_0}}\right|=1 \tag{2.7.9}$$

相频特性为

$$\varphi=-2\arctan\frac{\omega}{\omega_o}=\Delta\varphi(\mathrm{j}\omega) \tag{2.7.10a}$$

附加相移为

$$\Delta\varphi(\mathrm{j}\omega)=-2\arctan\frac{\omega}{\omega_0} \tag{2.7.10b}$$

图 2.7.18 是全通滤波器相频特性(附加相移 $\Delta\varphi(\mathrm{j}\omega)$)曲线。由图可见，当 $f=f_0$时，附加相移 $\Delta\varphi(\mathrm{j}f_0)=-90°$，最大相移为$-180°$。该特性常用于相位校正和信号延迟。图 2.7.17(b)电路的频率特性请读者自行分析。

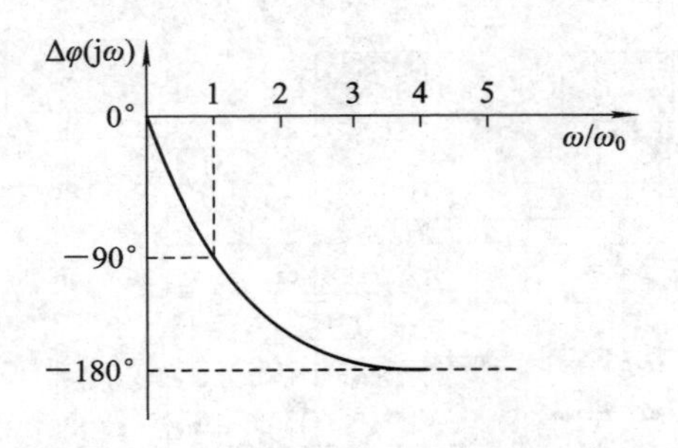

图 2.7.18　全通滤波器相频特性(附加相移 $\Delta\varphi(j\omega)$)

2.8　工程应用实例

2.8.1　低频增益为 1 的五阶低通滤波器

如图 2.8.1 所示，电路共由三级级联而成，第一级有两个独立电容，构成运放作为无限增益的多重反馈二阶有源低通滤波器；第二级也有两个独立电容，同样构成多重反馈二阶有源低通滤波器；第三级由电阻(2.2 kΩ)和电容(10 nF)构成一阶无源低通滤波器。三级级联后成为有源五阶(有 5 个极点)低通滤波器。该滤波器的幅频特性仿真如图 2.8.2 所示。其中图 2.8.2(a)为仿真电路图，图 2.8.2(b)为第一级二阶有源低通滤波路的幅频特性，低频增益为 0 dB(即放大倍数为 1)，截止频率 $f_{H1}\approx 4.5$ kHz，$Q_1=\dfrac{1}{\sqrt{\dfrac{C_5}{C_4}}\left(\dfrac{\sqrt{R_3R_2}}{R_1}+\sqrt{\dfrac{R_2}{R_3}}+\sqrt{\dfrac{R_3}{R_2}}\right)}\approx 0.45$，下降的斜率为−40 dB/10 倍频程。第二级二阶有源低通幅频特性如图 2.8.2(c)所示，因为 Q 值高，$Q_2\approx 2.2$，幅频特性曲线有凸起现象，频带较宽，$f_{H2}\approx 10.68$ kHz，下降斜率也为−40 dB/10倍频程。第三级一阶无源低通幅频特性如图 2.8.2(d)所示，$f_{H3}\approx 7.2$ kHz，下降斜率为−20 dB/10 倍频程，滚降十分缓慢。总的幅频特性如图 2.8.2(e)所示，$f_H\approx 7$ kHz，滚降斜率约为−100 dB/10 倍频程，阶数越高，幅频特性带外滚降越快、越陡峭，过渡带越窄。设计滤波器时，既可以充分利用滤波器专用设计软件，也可以利用虚拟仿真软件，在确定电路后先进行估算，再通过设计软件逐步调整元件值以达到理想的设计要求。虽然理论分析可引导元件值的调整方向和趋势，但是完全根据计算公式进行手工设计不是一种好方法。

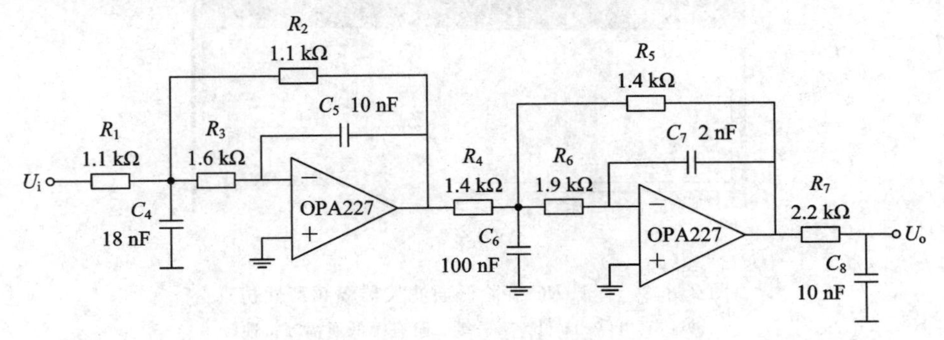

图 2.8.1　有源 RC 五阶低通滤波器

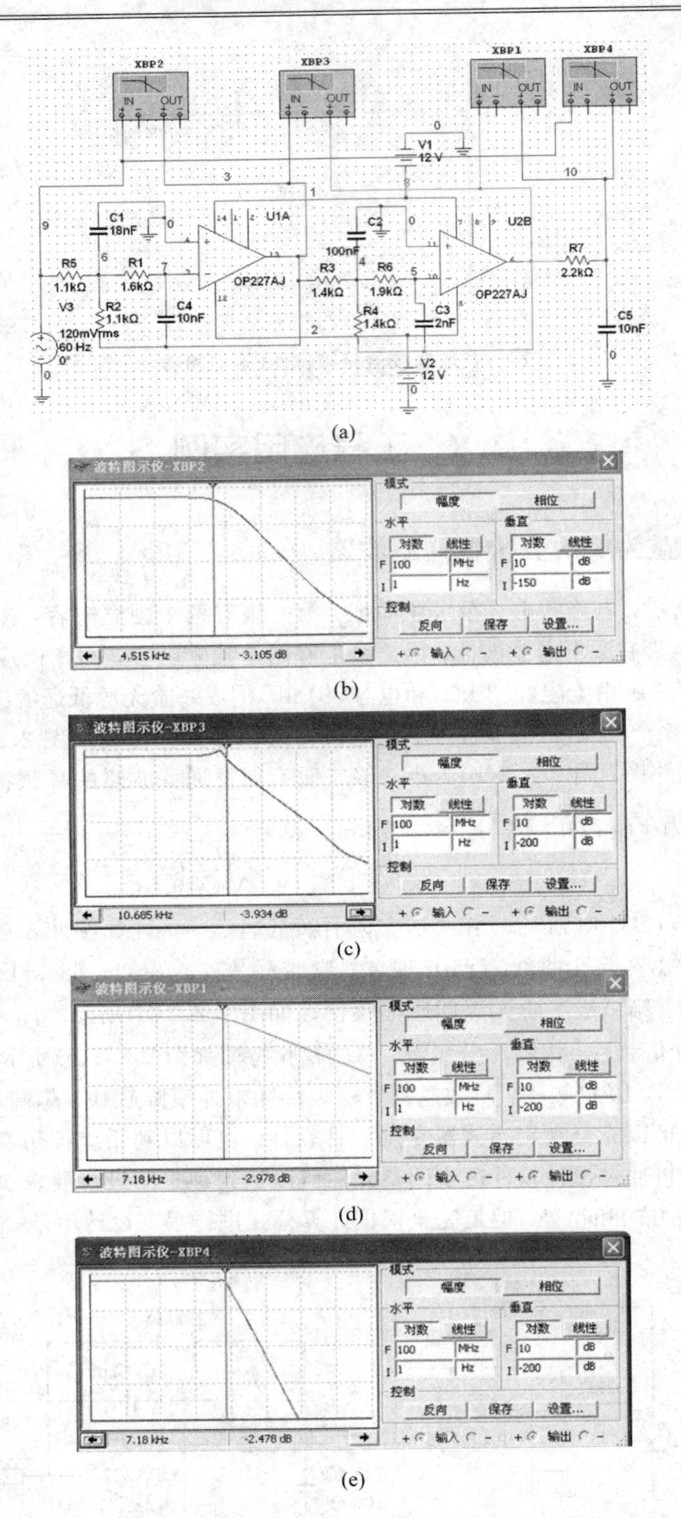

(a) (b) (c) (d) (e)

图 2.8.2　有源 *RC* 五阶低通滤波器幅频特性仿真

(a) 仿真电路图；(b) 第一级二阶有源低通幅频特性；

(c) 第二级二阶有源低通幅频特性；(d) 第三级一阶无源低通幅频特性；(e) 总的五阶低通滤波器的幅频特性

2.8.2　高共模输入范围的电流监测仪及电流-电压转换器

图 2.8.3(a)所示为高压电源电流监测仪电路，其特点是无需任何隔离措施就能承受±200 V的高共模输入电压，可测量微小的差模电压。图中 R_0 为电流采样电阻，输入共模电压被电阻 380 kΩ 和 20 kΩ 分压衰减至原来的 1/15，最终加到运放同相端和反相端的共模电压只有约 13.3 V。该电路的差模增益为 1，输出电压为

$$U_o=\frac{20}{380+20}\left(1+\frac{380}{380/\!/21.1}\right)U_{i1}-\frac{380}{380}U_{i2}=U_{i1}-U_{i2}=\pm 200-(\pm 200-R_0\times I_L)=R_0\times I_L$$

可见，该电路是一个能承受高共模输入信号的相减器，它可以抑制共模输入，也可以监测负载电流，即电源输出电流。图中 R'_C 为 R_0 的平衡电阻，若 $R_0<20\ \Omega$，则 R'_C 可以省去。

图 2.8.3(b)所示为高压电流-电压转换器电路，用于将 4～20 mA 电流转换为 1～5 V 电压。图 2.8.3(b)方框中的运放和五个电阻构成了一个高共模电压差分运放集成芯片 INA117，应用更为方便。

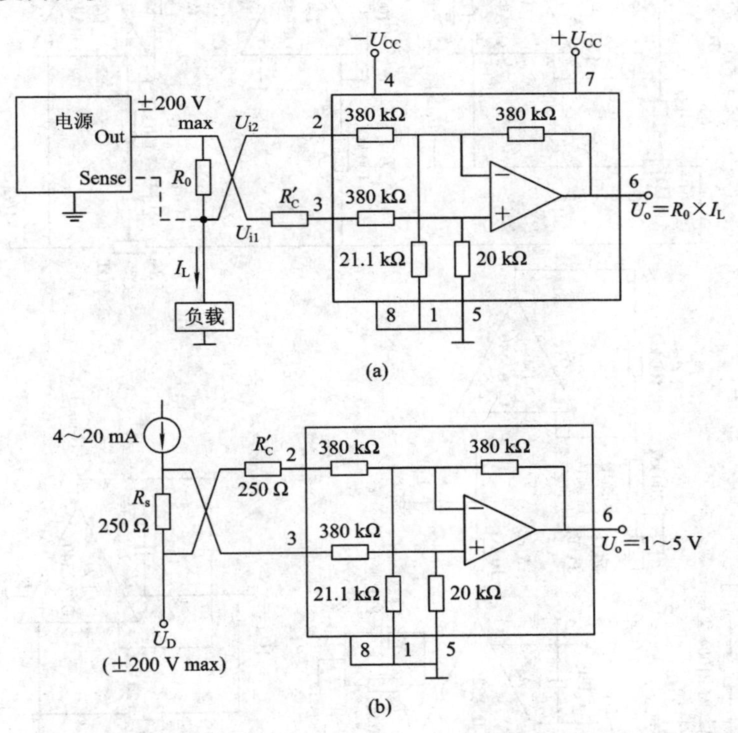

图 2.8.3　高共模输入范围的电流监测仪及电流-电压转换器

(a) 高压电源电流监测仪；(b) 高压电流-电压转换器

2.8.3　单电源 PID 温度控制环

单电源 PID 温度控制环电路如图 2.8.4 所示。该电路所有运放使用单电源供电，即负电源端直接接地。因为使用单电源，静态时每个运放的输出端电位不是 0，而是 $U_{CC}/2$，并且为了保证运放中的所有管子均工作在放大区，必须在输入端加一个 $U_{CC}/2$ 的偏置电压(U_{BIAS})，该偏置电压由“半电源发生器”(A_7)提供(由 1/2OPA2340 运放及分压电阻 R_s、R_4

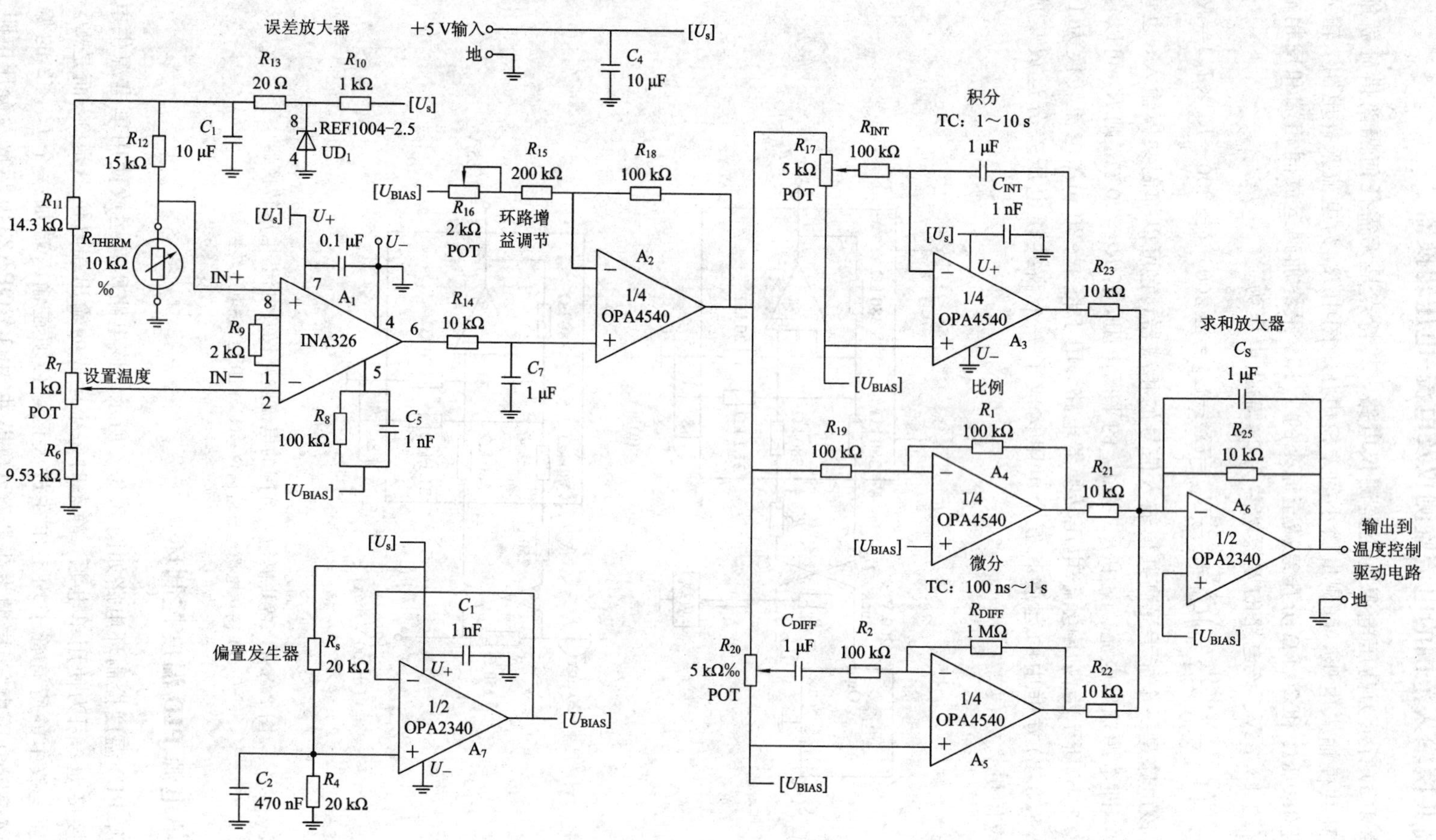

图2.8.4 单电源PID温度控制环电路

等元件组成）。R_7 为目标温度设置电位器，R_{THERM} 为热敏电阻温度传感器。仪表放大器 INA326 用来组成误差放大器，其增益为

$$A_{u1}=\frac{2R_8}{R_9}=\frac{2\times100}{2}=100$$

该电路采用 PID(即比例-积分-微分)控制器，较全面地改善了系统性能，一个四运放 OPA4540 的 1/4 用来构成环路增益调节放大器(A_2)，其中 R_{16} 为环路增益调节电位器；1/4构成积分控制器(A_3)，积分时常数为 1～10 s；1/4构成比例控制器(A_4)，增益为－1；1/4构成微分控制器(A_5)，时常数为 100 ms～1 s。另一个双运放 OPA2340 的 1/2 用来构成相加器(A_6)，其输出被送到温度控制的驱动电路；另外 1/2 构成偏置发生器(A_7)。

思考题与习题

2－1　电路如图 P2－1 所示，试求输出电压和输入电压的关系式。

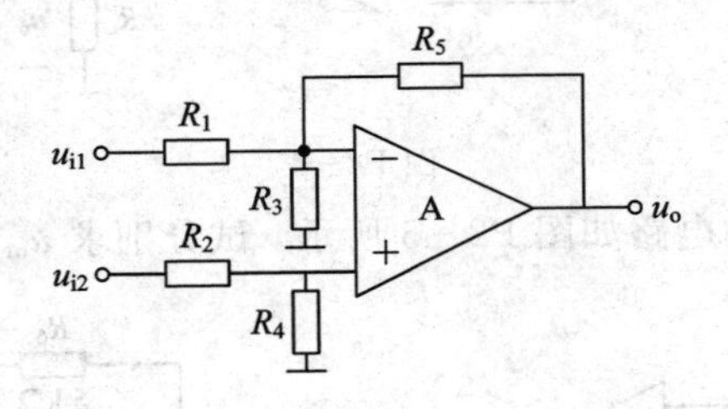

图 P2－1

2－2　理想运放组成的电路如图 P2－2(a)所示，设输入信号 u_{i1} 为 1 kHz 正弦波，u_{i2} 为 1 kHz 方波，如图 P2－2(b)所示，试求输出电压和输入电压的关系式及波形。

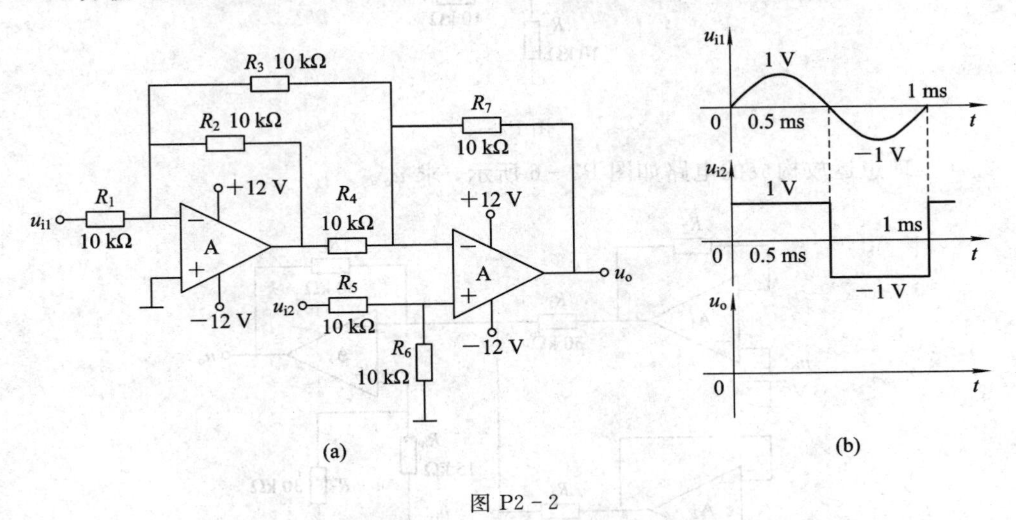

图 P2－2

2－3　运放组成的电路如图 P2－3(a)、(b)所示，试分别画出传输特性($u_o=f(u_i)$)。若输入信号 $u_i=5\ \sin\omega t$(V)，试分别画出输出信号 u_o 的波形。

2－4　图 P2－4 所示为同相比例放大器。若 $R_1=10\ \text{k}\Omega$，$R_2=8.3\ \text{k}\Omega$，$R_f=50\ \text{k}\Omega$，$R_L=4\ \text{k}\Omega$，求 u_o/u_i；当 $u_i=1.8$ V 时，负载电压 u_o 为多少？电流 i_{R1}、i_{R2}、i_{Rf}、i_{RL}、i_o 各等于多少？

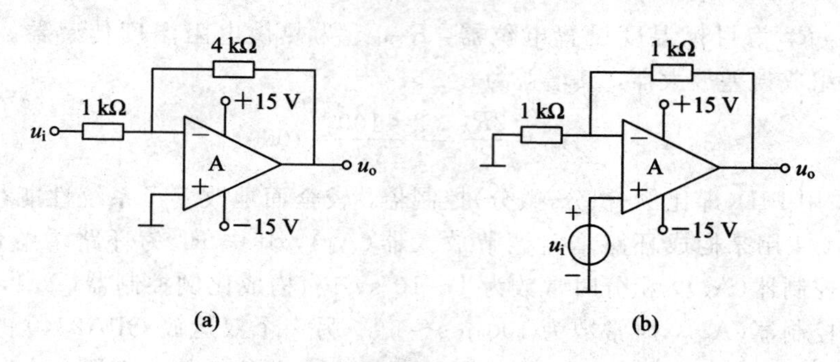

图 P2-3

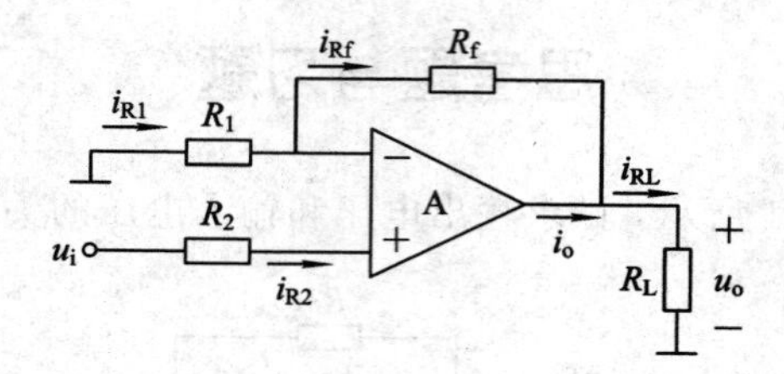

图 P2-4

2-5 理想运放组成的电路如图 P2-5 所示，试分别求 u_{o1}、u_o 与 u_i 的关系式。

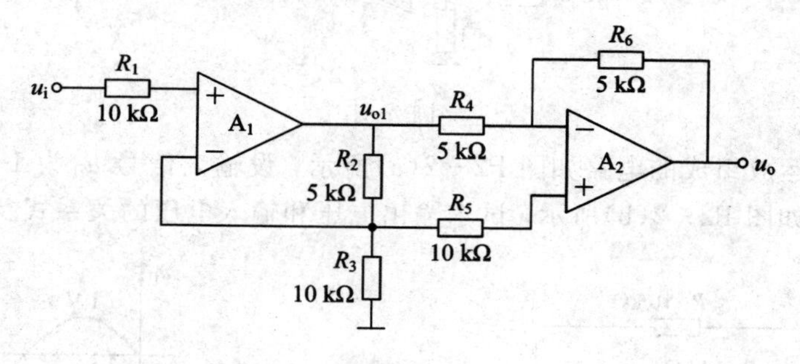

图 P2-5

2-6 理想运放构成的电路如图 P2-6 所示，求 u_o。

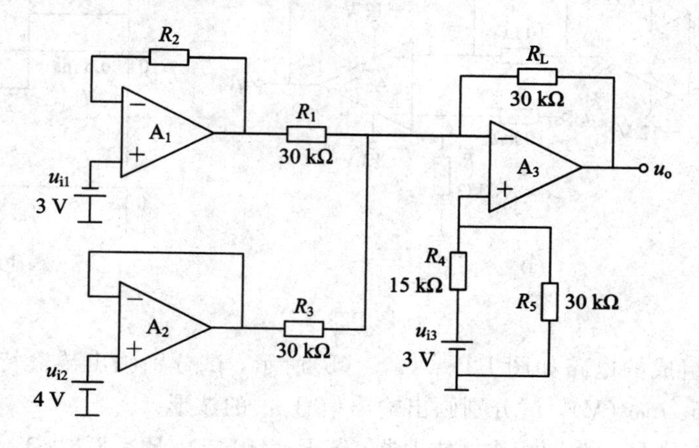

图 P2-6

2-7　运算放大器构成的仪用放大器如图 P2-7 所示，试回答：

(1) 增益 $A_u=\dfrac{\dot{U}_o}{\dot{U}_{i2}-\dot{U}_{i1}}=?$

(2) 最大增益 $A_{u\max}$ 和最小增益 $A_{u\min}=?$

(3) 电容 C 取值很大，对信号呈现短路状态，那么 C 有什么作用？

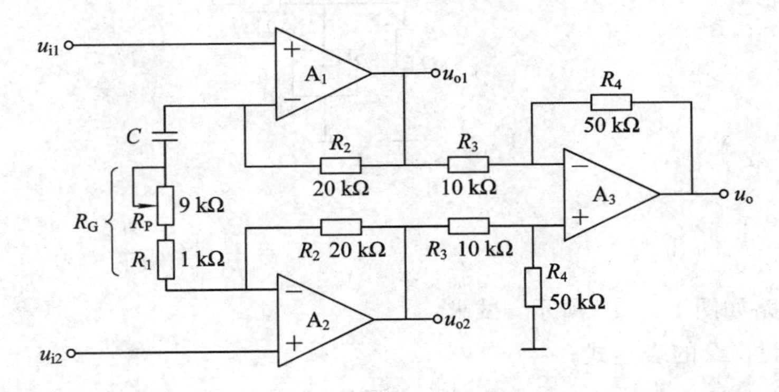

图 P2-7

2-8　积分器电路分别如图 P2-8(a)、(b)所示，试分别求输入和输出关系的时域表达式及频域表达式。

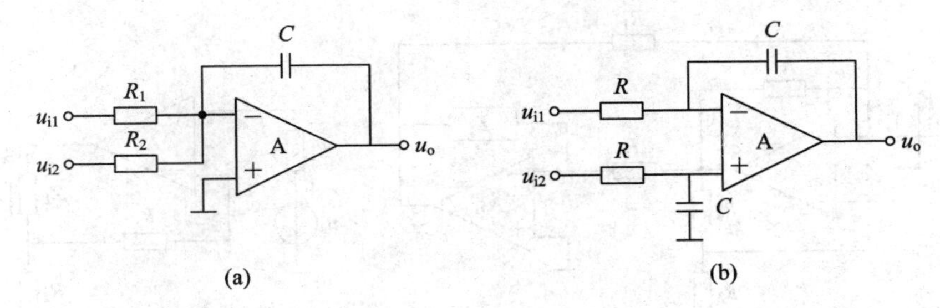

图 P2-8

2-9　微分器电路及输入波形如图 P2-9 所示，设电容 $u_C(0)=0$ V，试求输出电压 u_o 的波形图。

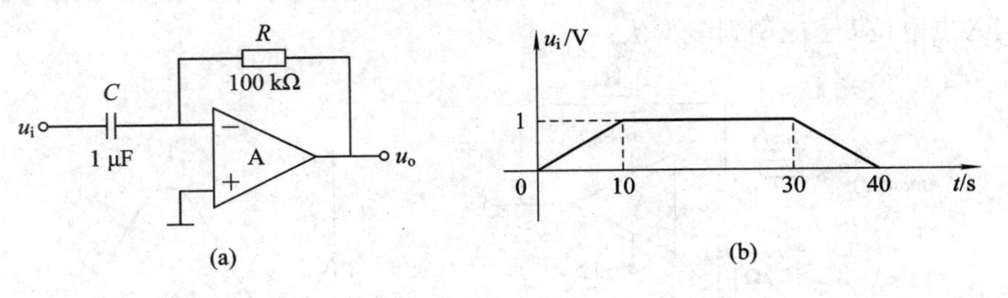

图 P2-9

2-10　电路如图 P2-10 所示，分析该电路的功能，并计算 I_L。

2-11　分别设计实现下列运算关系的电路。

(1) $u_o=5(u_{i1}-u_{i2})$　　　(2) $u_o=3u_{i1}-4u_{i2}$

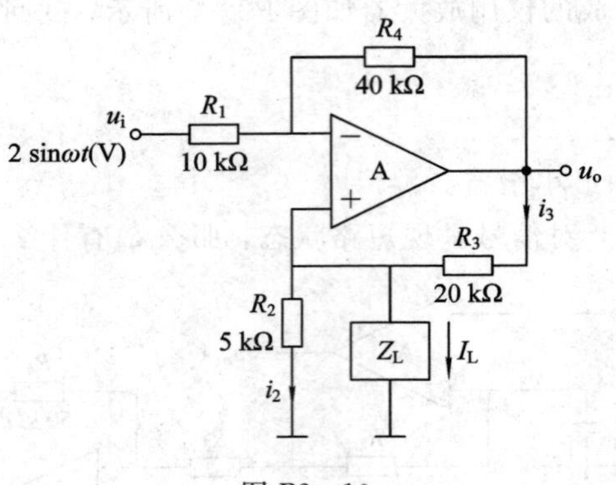

图 P2－10

(3) $u_o=-\frac{1}{RC}\int u_i \mathrm{d}t$　　(4) $u_o=\frac{1}{RC}\int(u_{i1}-u_{i2})\mathrm{d}t$

2－12　电路如图 P2－11 所示，试求：

(1) 输入阻抗 Z_i 的表达式；

(2) 已知 $R_1=R_2=10\ \mathrm{k\Omega}$，为了得到输入阻抗 Z_i 为 1H(亨利)的等效模拟电感，试问元件 Z 应采用什么性质的元件，其值应取多少。

2－13　电路如图 P2－12 所示，试求：流过负载 Z_L 的电流 I_L＝？

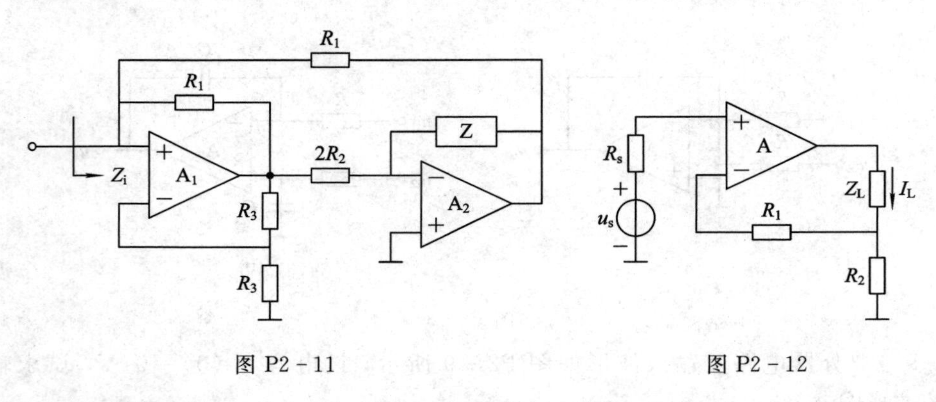

图 P2－11　　图 P2－12

2－14　电路如图 P2－13(a)所示，要求输出电压直流电平抬高 1 V，如图 P2－13(b)所示，问Ⓐ点电位 U_A 应调到多少伏？

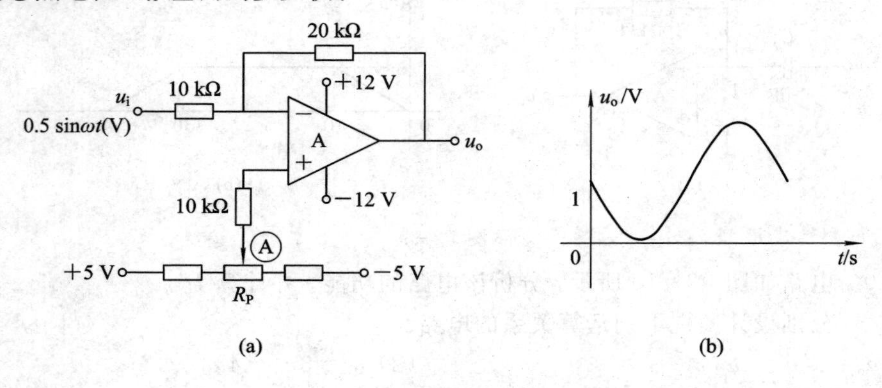

图 P2－13

2-15　电路如图 P2-14 所示。

(1) 开关 S_1、S_2 均闭合，u_o=？

(2) 开关 S_1、S_2 均断开，u_o=？

(3) 开关 S_1 闭合，S_2 断开，u_o=？

2-16　在下列各种情况下，分别需要采用哪种类型的滤波器(低通、高通、带通、带阻)？

(1) 抑制 50 Hz 交流电源的干扰；

(2) 处理有 100 Hz 固定频率的有用信号；

(3) 从输入信号中取出低于 2 kHz 的信号；

(4) 提取 10 MHz 以上的高频信号。

2-17　一阶低通滤波器电路如图 P2-15 所示。

(1) 推导传输函数 $A_u(j\omega)$ 的表达式。

(2) 若 $R_1=10\ k\Omega$，$R_2=100\ k\Omega$，则低频增益 A_u 为多少(dB)？

(3) 若要求截止频率 $f_H=5$ Hz，则 C 的取值应为多少？

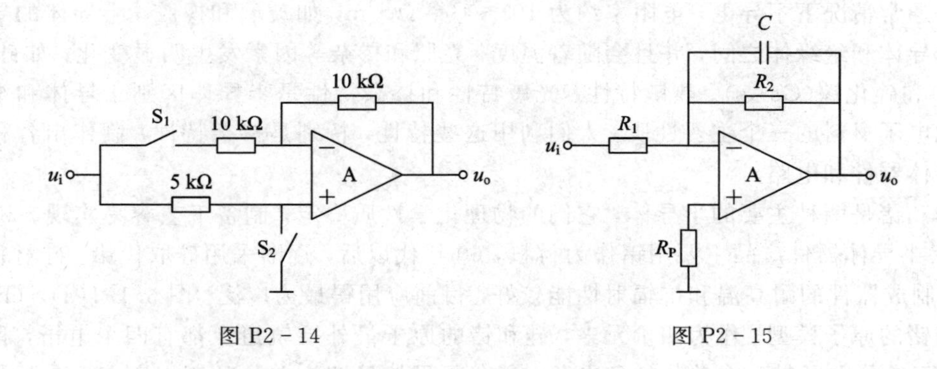

图 P2-14　　图 P2-15

第3章 半导体物理基础及晶体二极管

本章先介绍半导体的物理基础知识，包括本征半导体、杂质半导体、PN结，在此基础上，再讨论晶体二极管的特性和典型应用电路。

3.1 半导体物理基础

自然界的各种介质从导电性能上可以分为导体、绝缘体和半导体。导体对电信号具有良好的导通性，如绝大多数金属、电解液，以及电离的气体，导体的电阻率小于 10^{-5} Ω·m。绝缘体在通常情况下不导电，电阻率约为 10^{8}～10^{20} Ω·m，如玻璃和橡胶。半导体的导电能力介于导体和绝缘体之间，并且会随着温度、光照和掺杂等因素发生明显变化，如硅(Si)、锗(Ge)和砷化镓(GaAs)。热敏特性、光敏特性和掺杂特性是半导体区别于导体和绝缘体等其他电子材料的三个主要性质。人们利用这些特性，特别是掺杂特性，制作出各种性能的半导体器件和电路。

硅和锗是两种主要的半导体，它们的物理化学性质稳定，制备工艺容易实现。20世纪50年代半导体器件产品主要用锗作为材料，60年代以后，逐渐采用硅取代锗。硅材料来源丰富，制成器件的耐高温和抗辐射性能较好，目前应用得最为广泛。图3.1.1(a)、(b)所示为硅和锗的原子模型。作为四价元素，硅和锗的原子最外层轨道上都有四个电子，称为价电子，每个价电子带一个单位的负电荷，其余原子核显四个单位的正电荷，整个原子呈电中性。硅和锗原子可以用简化模型描述，如图3.1.1(c)所示。

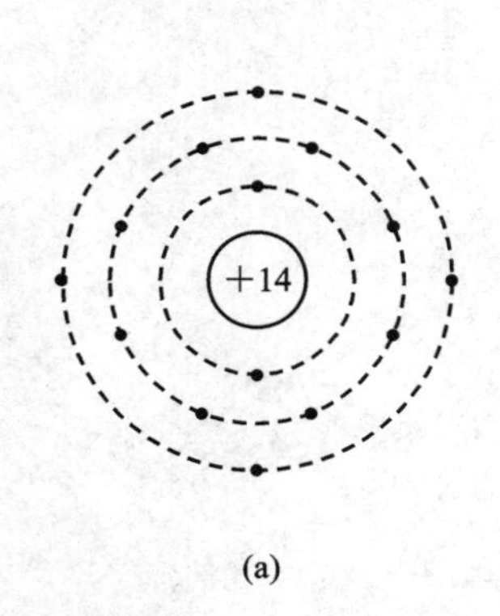

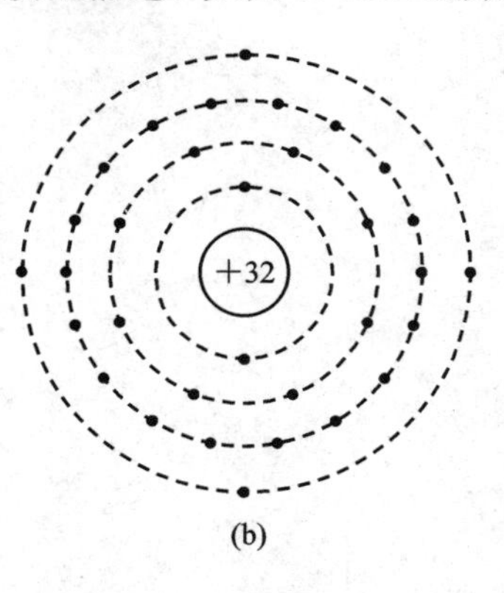

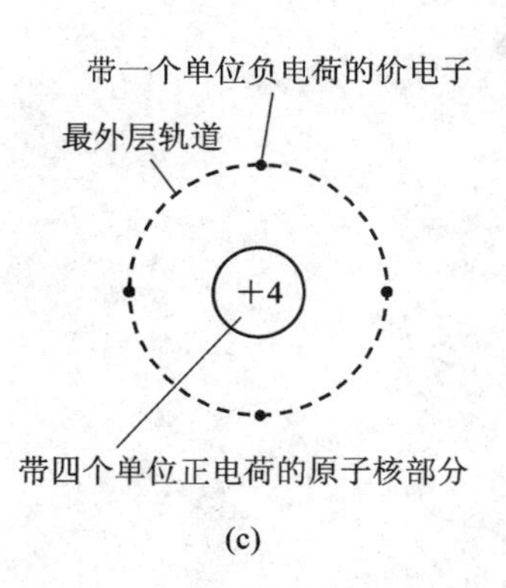

图3.1.1 硅和锗的原子模型

(a) 硅原子；(b) 锗原子；(c) 简化模型

3.1.1 本征半导体

纯净的硅和锗单晶体称为本征半导体，图3.1.2给出了其原子晶格结构。在晶格中，每个原子最外层轨道的四个价电子既可以围绕本原子核运动，也可以围绕邻近原子核运动，从而为相邻原子核所共有，形成共价键，每个原子四周有四个共价键。共价键中的价电子在两个原子核的吸引下，不能在晶体中自由移动。

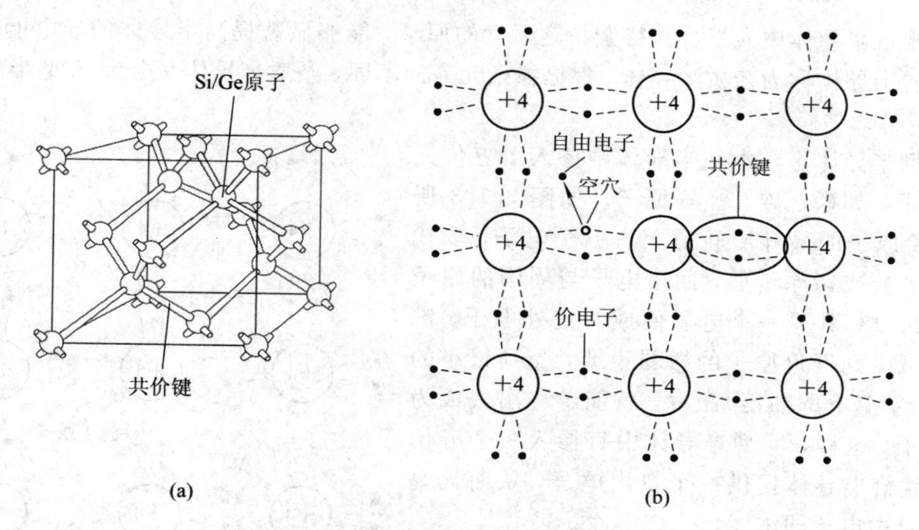

图 3.1.2　本征半导体的空间晶格结构、平面晶格结构和本征激发

当吸收外界能量，如受到加热和光照时，本征半导体中的一部分价电子可以获得足够能量，挣脱共价键的束缚，游离出去，成为自由电子，并在共价键处留下空位，称为空穴，这个过程称为本征激发，如图 3.1.2(b)所示。空穴呈现一个单位的正电荷，本征激发成对产生自由电子和空穴，所以本征半导体中自由电子和空穴的数量相等。

自由电子可以在本征半导体的晶格中自由移动，空穴的正电性可以吸引相邻共价键的价电子过来填补，而在相邻位置产生新的空穴，相当于空穴移动到了新的位置，这个过程继续下去，空穴也可以自由移动。因此，在本征激发的作用下，本征半导体中出现了带负电的自由电子和带正电的空穴，二者都可以参与导电，统称为载流子。

本征激发使半导体中的自由电子和空穴增多，因而二者在自由移动过程中相遇的机会也加大。相遇时自由电子填入空穴，释放能量，恢复成共价键，从而对消一对载流子，这个过程称为复合。随着本征激发的进行，复合的概率也不断加大，所以本征半导体在某一温度下，本征激发和复合最终会进入平衡状态，载流子的浓度不再变化。分别用 n_i 和 p_i 表示自由电子和空穴的浓度(cm^{-3})，理论上有

$$n_i = p_i = A_0 T^{\frac{3}{2}} e^{-\frac{E_{G0}}{2kT}} \tag{3.1.1}$$

式中：T 为热力学温度(K)；E_{G0} 为 $T=0$ K 时的禁带宽度(硅为 1.21 eV，锗为 0.78 eV)；$k=8.63\times10^{-5}$ eV/K，为玻尔兹曼常数；A_0 为与半导体材料有关的常数(硅材料为 $3.87\times10^{16}\ cm^{-3}\cdot K^{-3/2}$，锗材料为 $1.76\times10^{16}\ cm^{-3}\cdot K^{-3/2}$)。

式(3.1.1)中，载流子浓度与温度近似为指数关系，表明本征半导体的导电能力对温度变化很敏感。在室温 27℃，即 $T=300$ K 时，本征半导体硅中的载流子浓度为 $1.45\times10^{10}\ cm^{-3}$，而硅原子的密度为 $5.0\times10^{22}\ cm^{-3}$，所以本征激发产生的自由电子和空穴的数量相对很少，本征半导体的导电能力很弱。

3.1.2 杂质半导体——N型半导体与P型半导体

1. N型半导体

在本征半导体中人工少量掺杂特定元素的原子，能够显著提高半导体的导电能力，这样获得的半导体称为杂质半导体。根据掺杂元素的不同，杂质半导体又分为N型半导体和P型半导体。

N型半导体是在本征半导体中掺入了五价元素的原子，如磷、砷、锑等原子。如图3.1.3所示，五价原子的最外层轨道上有五个电子，取代晶格中的硅或锗原子后，四个电子与周围的原子构成共价键，剩下一个电子便成为键外电子。键外电子只受到五价原子的微弱束缚，受到很小的能量(如室温下的热能)激发，就能游离出去成为自由电子。这样，N型半导体中每掺入一个五价原子，就给半导体提供一个自由电子，从而大幅增加了自由电子的浓度。

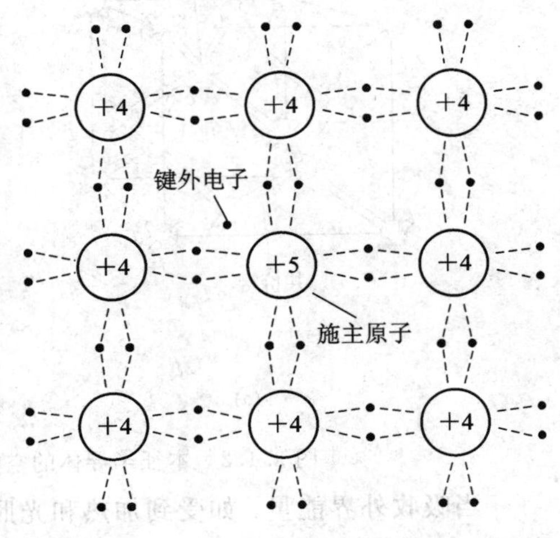

图3.1.3 N型半导体的平面晶格结构

提供自由电子的五价原子称为施主原子，在失去一个电子后成为正离子，但被束缚在晶格结构中，不能自由移动，无法参与导电。

杂质半导体中仍然存在着本征激发，产生少量的自由电子和空穴。由于掺杂产生了大量的自由电子，大大增加了空穴被复合的概率，因此在N型半导体中空穴的浓度比本征半导体中要低很多，自由电子浓度远大于空穴浓度，自由电子称为多数载流子，简称多子，空穴称为少数载流子，简称少子。

N型半导体中，虽然自由电子占多数，但是考虑到施主正离子的存在，使正、负电荷保持平衡，所以半导体呈电中性。

因为掺杂产生的自由电子的数量远大于本征激发产生的自由电子的数量，所以N型半导体中自由电子浓度n_n近似等于施主原子的掺杂浓度N_D，即

$$n_n \approx N_D \tag{3.1.2}$$

热平衡时，杂质半导体中多子浓度和少子浓度的乘积恒等于本征半导体中载流子浓度n_i的平方，所以根据掺杂浓度得到n_n后，空穴的浓度p_n就可以计算出来，即

$$p_n = \frac{n_i^2}{n_n} \approx \frac{n_i^2}{N_D} \tag{3.1.3}$$

因为n_i容易受到温度的影响而发生变化，所以p_n也对环境温度很敏感。

2. P型半导体

在本征半导体中掺入三价元素的原子，如硼、铝、铟等原子，就得到了P型半导体。P型半导体的平面晶格结构如图3.1.4所示，由于最外层轨道上只有三个电子，因此三价原子只与周围三个原子构成共价键，剩下一个共价键因为缺少一个价电子而不完整，形成一个空穴。三价原子因为接受了一个电子而成为负离子，又称为受主原子。室温下，P型半导

体中每掺入一个三价原子，就产生一个空穴，从而使半导体中空穴的浓度大幅增加。本征激发也产生一部分空穴和自由电子，因为自由电子被大量空穴复合，所以其浓度远低于本征半导体中的浓度。在P型半导体中，空穴是多子，自由电子是少子。P型半导体呈电中性，虽然其中带正电的空穴很多，但是带负电的受主负离子起到了平衡作用。

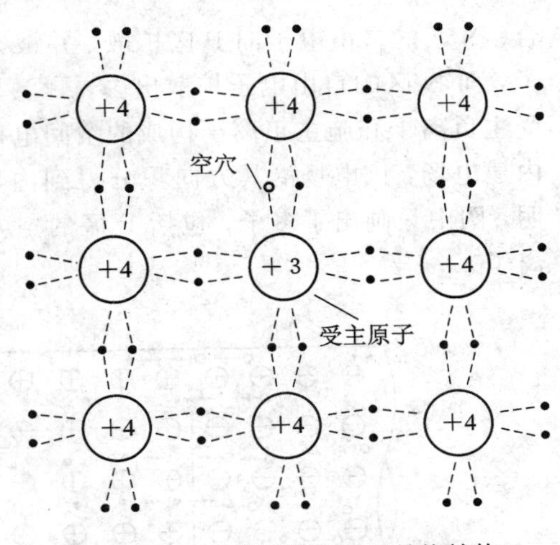

图 3.1.4　P型半导体的平面晶格结构

P型半导体中空穴的浓度 p_p 近似等于受主原子的掺杂浓度 N_A，即

$$p_p \approx N_A \tag{3.1.4}$$

而自由电子的浓度 n_p 为

$$n_p = \frac{n_i^2}{p_p} \approx \frac{n_i^2}{N_A} \tag{3.1.5}$$

环境温度也会明显影响 n_p 的取值。

3.1.3　半导体中的电流——漂移电流与扩散电流

半导体中的载流子发生定向运动，就形成了半导体中的电流。其中，自由电子的定向运动形成电子电流 I_n，空穴的定向运动形成空穴电流 I_p。因为自由电子和空穴电性相反，所以二者运动方向相反时，两股电流方向相同，半导体电流 I 是这两股电流的叠加，即

$$I = I_n + I_p \tag{3.1.6}$$

载流子的定向运动有两个起因：一个是电场的作用，另一个是载流子浓度分布不均匀，它们引起的半导体电流分别称为漂移电流和扩散电流。

在电场的作用下，自由电子会逆着电场方向漂移，而空穴则顺着电场方向漂移，这样产生的电流称为漂移电流。漂移电流的大小主要取决于电场强度，也与载流子的浓度和迁移率有关。当半导体中的载流子浓度分布不均匀时，载流子会从高浓度区向低浓度区扩散，从而形成扩散电流。扩散电流的大小正比于载流子沿电流方向单位距离的浓度差(即浓度梯度)。

3.2　PN结

3.2.1　PN结的形成

通过掺杂工艺，把本征半导体的一边做成P型半导体，另一边做成N型半导体，则P型半导体和N型半导体的交界面会形成一个有特殊物理性质的薄层，称为PN结。PN结是制作半导体器件的基本功能结构。

如果把两边的P型半导体和N型半导体视为一个整体，则该半导体中的载流子是不均匀分布的，P区空穴多，自由电子少，而N区自由电子多，空穴少。载流子的浓度梯度引起两种半导体交界面处源于多子的扩散运动：P区的空穴向N区扩散，并被自由电子复

合；N区的自由电子向P区扩散，并被空穴复合。P区的空穴扩散出去，剩下了受主负离子，而N区的自由电子扩散出去，剩下了施主正离子，于是在交界面两侧产生了由等量的受主负离子和施主正离子构成的空间电荷区。空间电荷区存在从正离子区指向负离子区的内建电场，该电场沿其方向积分得到内建电位差U_B。这个过程如图3.2.1所示，为了简明，图中只画出了多子，包括P区的空穴和N区的自由电子，以及受主负离子和施主正离子。

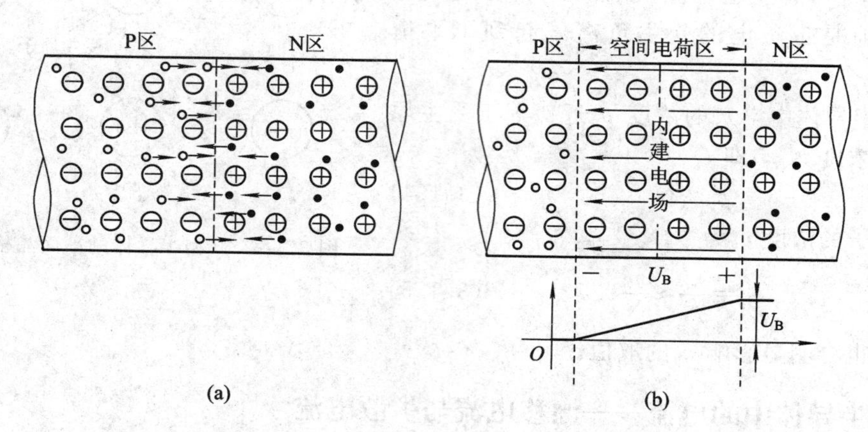

图3.2.1　PN结的形成

(a) 源于多子的扩散；(b) 空间电荷区、内建电场和内建电位差

空间电荷区的内建电场阻挡了扩散运动，又引起源于少子的漂移运动，包括P区中的少子——自由电子进入N区，以及N区中的少子——空穴进入P区，结果又限制了空间电荷区的范围。

这个过程继续下去，载流子浓度梯度减小，而内建电场增强，于是扩散运动逐渐减弱，漂移运动渐趋明显。最后，扩散运动和漂移运动达到动态平衡，单位时间内通过交界面扩散的载流子和反向漂移过交界面的载流子数相等。此时，空间电荷区的范围、其中的内建电场和内建电位差都不再继续变化。空间电荷区内部基本上没有载流子，其中的电位分布又阻挡载流子的扩散运动，因此该区域又称为耗尽区或势垒区。耗尽区的宽度和PN结的掺杂浓度有关，在掺杂浓度不对称的PN结中，耗尽区在重掺杂即高浓度掺杂的一边延伸较小，而在轻掺杂即低浓度掺杂的一边延伸较大。

3.2.2　PN结的单向导电特性及电流方程

如图3.2.2所示，通过外电路给PN结加正向电压U，使P区的电位高于N区的电位，称为正向偏置，简称正偏。在整个半导体上，因为耗尽区中的载流子浓度很低，电阻率明显高于P区和N区，所以，该电压的大部分加在耗尽区上，结果耗尽区两端的电压减小为U_B-U。P区中的少部分电压产生的电场把空穴推进耗尽区，N区中的少部分电压产生的电场也把自由电子推进耗尽区，结果耗尽区变窄。变窄的耗尽区导致载流子的浓度梯度明显变大，同时又因为内部电场减小，所以扩散运动显著加强，而漂移运动则减弱，结果扩散运动和漂移运动不再平衡，扩散电流大于漂移电流。多出来的扩散电流流过半导体，在电路中形成正向电流。

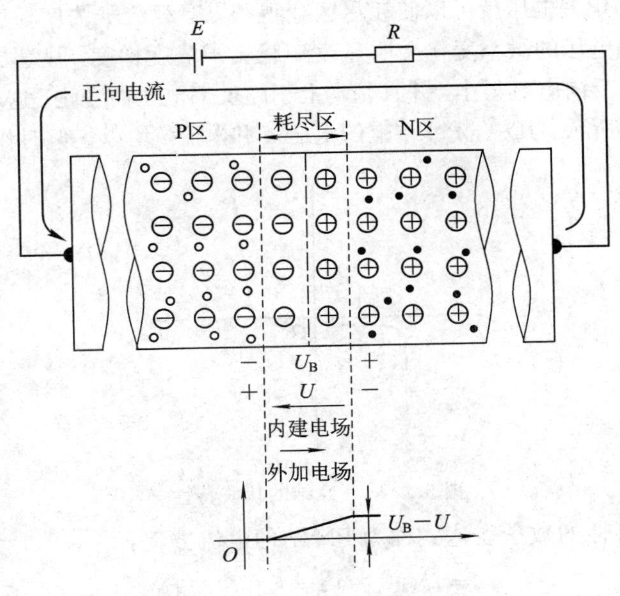

图 3.2.2　正向偏置的 PN 结

若将电压源 E 反向接入，则可以使 P 区的电位低于 N 区的电位，这称为反向偏置，简称反偏。同样，该电压大部分加在了耗尽区上，耗尽区两端的电压变为 U_B+U。P 区中的电场把空穴推离耗尽区，露出了受主负离子，加入耗尽区；N 区中的电场也把自由电子推离耗尽区，露出了施主正离子，也加入耗尽区，结果耗尽区变宽。变宽的耗尽区导致载流子的浓度梯度减小，同时又因为内部电场增强，所以扩散运动减弱，而漂移运动则增强，因而扩散电流小于漂移电流。漂移电流多出的部分流过半导体，在电路中形成反向电流，如图 3.2.3 所示。

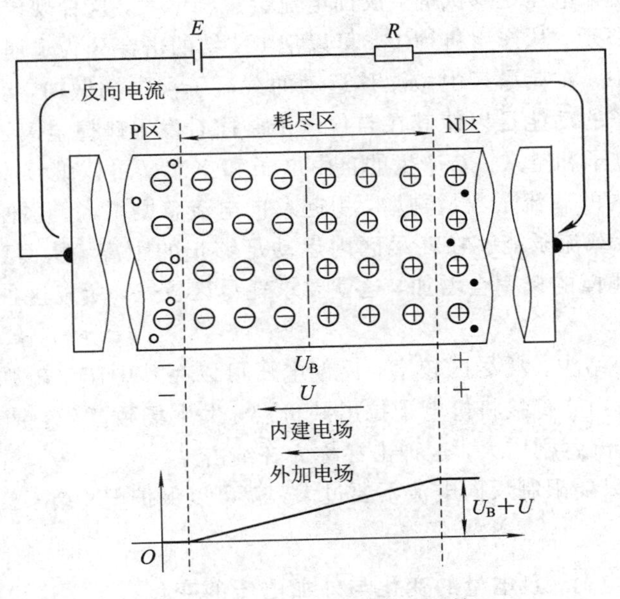

图 3.2.3　反向偏置的 PN 结

正偏时，较小的正偏电压就可以使耗尽区变得很薄，载流子浓度梯度明显变大，产生较大的正向电流，正偏电压的微小变化会明显改变载流子浓度梯度，显著影响正向电流；而在反偏时，源于少子的反向电流很小，并且基本上不随反偏电压而变化。这就是PN结的单向导电特性，如图3.2.4所示。其中，PN结上的电压u和电流i均以正偏时作为正方向。

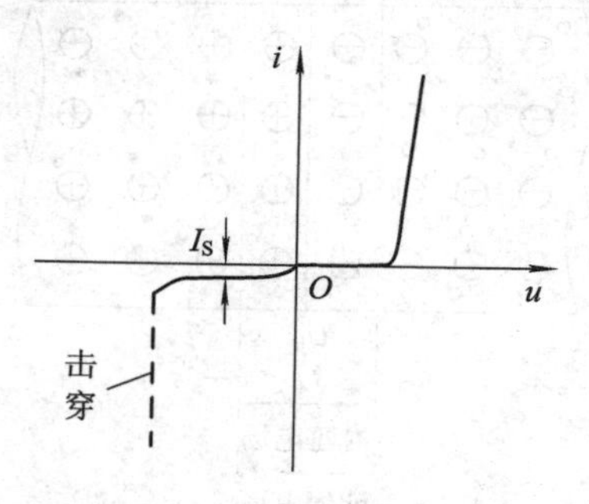

图3.2.4 PN结的伏安特性

描述单向导电特性的数学表达式称为PN结的电流方程：

$$i=I_S(e^{\frac{qu}{kT}}-1)=I_S(e^{\frac{u}{U_T}}-1) \quad (3.2.1)$$

式中：I_S为反向饱和电流，取决于半导体材料、PN结的截面面积和温度等因素，一般为$10^{-16}\sim10^{-12}$ A；q为电子电量(1.60×10^{-19} C)；$U_T=kT/q$，称为热电压，在室温27℃即300 K时，$U_T=26$ mV。

3.2.3 PN结的其他重要特性

除单向导电特性外，半导体器件还用到PN结的另外两个特性：击穿特性和电容特性。

1. 击穿特性

当PN结上的反偏电压足够大时，反向电流会急剧增大，这种现象称为PN结被击穿，如图3.2.4中虚线所示。从产生机理上，可以把PN结的击穿分为雪崩击穿和齐纳击穿。

反偏的PN结中，在耗尽区中做漂移运动的载流子被电场做功，动能增大。当反偏电压足够大时，载流子的动能足以使其在与价电子碰撞时发生碰撞电离，把价电子击出共价键，产生一对自由电子和空穴。新产生的自由电子和空穴又可以继续发生这样的碰撞，连锁反应使得耗尽区内的载流子数量剧增，引起反向电流急剧增大。这种击穿机理称为雪崩击穿。雪崩击穿需要载流子能够在耗尽区内运动足够长的距离，从而获得足够大的动能，同时长距离运动中碰撞的概率会增加，这就要求耗尽区较宽，所以这种击穿主要出现在轻掺杂的PN结中。

在重掺杂的PN结中，耗尽区较窄，反偏电压可以在其中产生较强的电场。当反偏电压足够大时，电场强到能直接将价电子拉出共价键，发生场致激发，产生大量的自由电子和空穴，使得反向电流急剧增大，这种击穿称为齐纳击穿。

PN结击穿时，只要限制反向电流不要过大，就可以保护PN结不受损坏。

2. 电容特性

PN结能够存储电荷，且电量的变化与外加电压的变化有关，这说明PN结具有电容效应。从存储电荷的机理上，可以把PN结电容分为势垒电容和扩散电容。

耗尽区中，PN结的交界面一边是受主负离子，带负电，另一边是施主正离子，带正电，因而存储了电荷。以PN结反偏为例，反偏电压 u 增大 Δu 时，耗尽区变宽，电量 Q 增加 ΔQ，如图3.2.5所示。通常用势垒电容 C_T 量化这种电容效应，C_T 可以表示为

$$C_T=\frac{\Delta Q}{\Delta u}=\varepsilon\frac{S}{d} \tag{3.2.2}$$

式中，C_T 用平板电容近似，ε 为填充介质的介电常数，S 为PN结横截面积，d 代表耗尽区宽度。

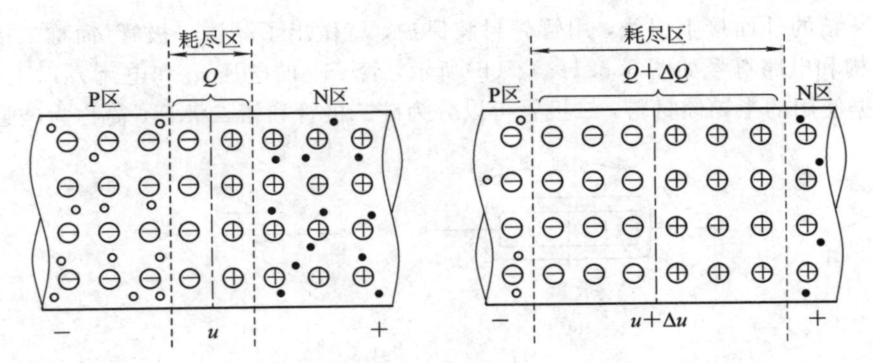

图3.2.5　反偏电压 u 对应的耗尽区电量 Q 以及 Δu 引起的电量变化 ΔQ

如图3.2.6所示，以PN结正偏为例，从P区扩散过来的空穴通过耗尽区进入N区，并不马上被自由电子全部复合掉，而是在向N区纵深的扩散中逐渐被复合，称为非平衡空穴，形成了图中虚线所示的浓度分布曲线 p_n，p_n 最终等于N区中作为少子的空穴的浓度 p_{n0}。为了维持电中性，N区中的自由电子在非平衡空穴的吸引下，出现浓度变化 Δn_n，并呈近似的分布。图中的浓度分布曲线的积分代表N区的电量 Q_n。当正偏电压 u 增大 Δu 时，浓度分布发生变化，结果如实线所示。新的浓度分布曲线和原来的浓度分布曲线之间所夹的面积就是 Q_n 的增加量 ΔQ_n。同理，自由电子从N区扩散到P区后，成为非平衡电子，在P区形成浓度分布 n_p，并吸引空穴产生近似的浓度变化的分布 Δp_p，从而产生P区的电量 Q_p。u 增大 Δu 也引起 Q_p 的增加量 ΔQ_p。这样 Δu 导致的N区和P区总的电量变化为 $\Delta Q=\Delta Q_n+\Delta Q_p$，通常用扩散电容 C_D 量化这种电容效应，C_D 与PN结正向电流 I 成正比：

$$C_D=\frac{\Delta Q}{\Delta u}=\frac{\Delta Q_n+\Delta Q_p}{\Delta u}=KI \tag{3.2.3}$$

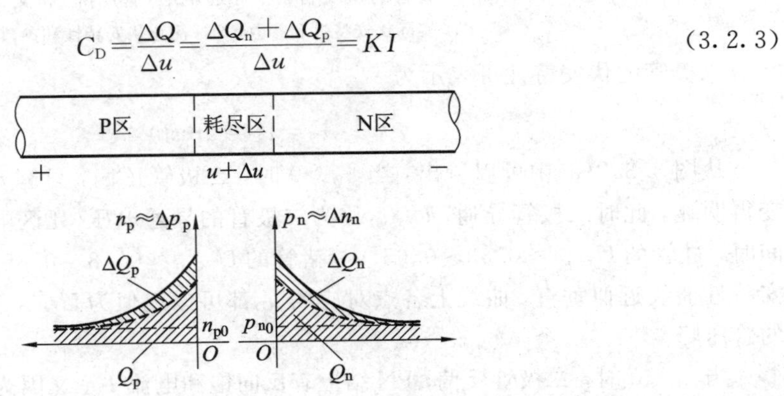

图3.2.6　正偏电压 u 对应的N区和P区总的电量 Q_n+Q_p 以及 Δu 引起的总的电量变化 $\Delta Q_n+\Delta Q_p$

PN 结的结电容为势垒电容和扩散电容之和，即 $C_j = C_T + C_D$。PN 结反偏时，C_T远大于 C_D，$C_j \approx C_T$；PN 结正偏时，C_D远大于 C_T，$C_j \approx C_D$。

3.3 晶体二极管

3.3.1 晶体二极管的结构和伏安特性

在 PN 结的外面接上引线，用管壳封装保护，就做出了晶体二极管(简称二极管)。二极管的结构和电路符号如图 3.3.1(a)、(b)所示，管子上的电压 u_D和电流 i_D以正偏作为正方向。根据使用的半导体材料，二极管可以分为硅二极管和锗二极管，简称为硅管和锗管。

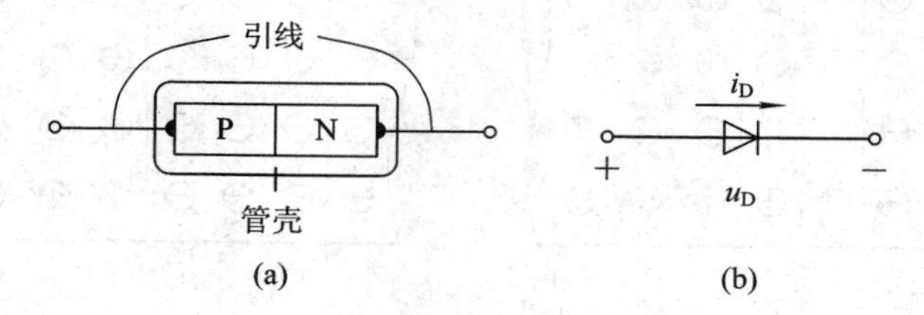

图 3.3.1 二极管

(a) 结构；(b) 电路符号

二极管的伏安特性与 PN 结的伏安特性很接近，如图 3.3.2(a)所示。

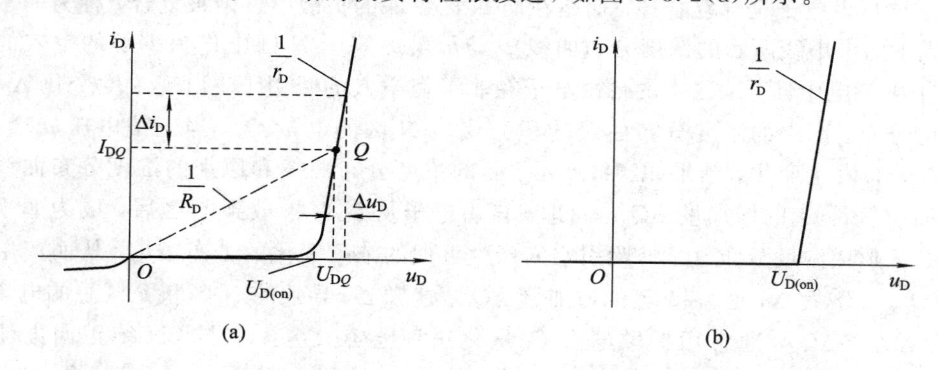

图 3.3.2 二极管的伏安特性、导通电压(管压降)和交、直流电阻

(a) 实际伏安特性和参数；(b) 简化伏安特性和参数

二极管的伏安特性可表示为

$$i_D = I_S(e^{\frac{u_D}{U_T}} - 1) \tag{3.3.1}$$

从图 3.3.2(a)中可以看出，当 $u_D > 0$ 时，二极管正偏，只有 u_D超过特定值 $U_{D(on)}$，i_D才变得明显，此时二极管导通，$U_{D(on)}$称为二极管的导通电压(死区电压)。i_D在 1～100 mA 之间时，硅管的 $U_{D(on)} \approx 0.53～0.65$ V，锗管的 $U_{D(on)} \approx 0.18～0.30$ V。导通时，二极管的伏安特性曲线近似垂直，曲线上各点对应的 u_D都可以近似为 $U_{D(on)}$，所以 $U_{D(on)}$又称为二极管的管压降。

当 $u_D < 0$ 时，二极管反偏，PN 结上有反向饱和电流 I_S。又因为 PN 结表面有漏电流，所以实际上二极管中反向的 i_D要比 I_S大许多，但仍然远小于正偏时的电流，可以近似为零，此

时二极管截止。当二极管的正偏电压小于 $U_{D(on)}$ 时，i_D 也很小，也认为二极管是截止的。

3.3.2　晶体二极管的主要参数

1. 直流电阻及交流电阻

1）直流电阻 R_D

给二极管两端加上直流电压 U_{DQ}，并测量其中的直流电流 I_{DQ}，以 U_{DQ} 和 I_{DQ} 为坐标的工作点为直流静态工作点 Q，如图 3.3.2(a)所示。直流电阻 R_D 定义为 Q 点与原点连线斜率的倒数，即

$$R_D=\frac{U_{DQ}}{I_{DQ}} \tag{3.3.2a}$$

2）交流电阻 r_D

在 U_{DQ} 的基础上，二极管的电压有微小变化 Δu_D 时，电流也在直流电流 I_{DQ} 的基础上产生微小变化 Δi_D，即二极管的工作点在 Q 的基础上沿伏安特性曲线产生了位移。在这个变化范围内，可以近似认为伏安特性是线性的，Δu_D 与 Δi_D 之比就是 Q 处切线的斜率的倒数，定义为二极管的交流电阻 r_D，即

$$r_D=\left.\frac{\Delta u_D}{\Delta i_D}\right|_Q$$

借助于式(3.3.1)，有

$$r_D=\left.\frac{\Delta u_D}{\Delta i_D}\right|_Q=\left.\frac{\mathrm{d}u_D}{\mathrm{d}i_D}\right|_Q=\left.\frac{U_T}{I_S e^{\frac{u_D}{U_T}}}\right|_Q=\frac{U_T}{I_S e^{\frac{U_{DQ}}{U_T}}}\approx\frac{U_T}{I_S(e^{\frac{U_{DQ}}{U_T}}-1)}=\frac{U_T}{I_{DQ}} \tag{3.3.2b}$$

r_D 取值很小，一般为几欧姆到几十欧姆。工作点 Q 升高，R_D 与 r_D 都将减小。

分析计算二极管电路时，可以用图 3.3.2(b)所示的简化伏安特性，以导通电压 $U_{D(on)}$ 和交流电阻 r_D 描述导通的二极管，截止的二极管则视为开路。与其他较大的电阻串联时，r_D 可以近似为零，如果 $U_{D(on)}$ 也近似为零，则这样的二极管称为理想二极管。

【例 3.3.1】 电路如图 3.3.3 所示，二极管 VD 的管压降 $U_{D(on)}=0.6\ \text{V}$，交流电阻 $r_D\approx 0$。计算 VD 中的电流 I_D。

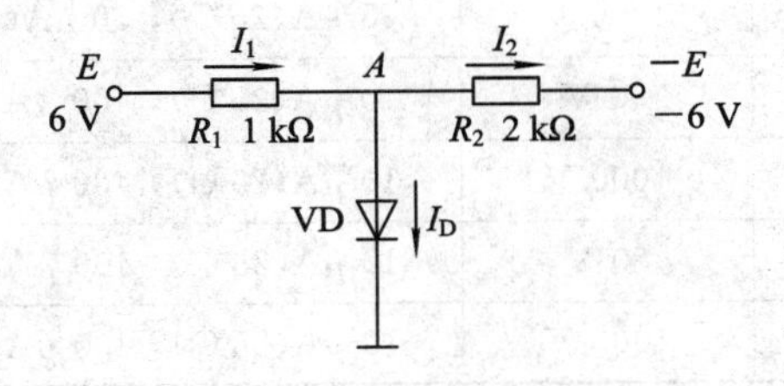

图 3.3.3　计算二极管电流

解　假设 VD 截止，则节点 A 的电位 $U_A=2\ \text{V}>U_{D(on)}$，所以 VD 实际上导通。此时有

$$U_A=U_{D(on)}=0.6\ \text{V}$$

$$I_1=\frac{E-U_A}{R_1}=\frac{6\ \text{V}-0.6\ \text{V}}{1\ \text{k}\Omega}=5.4\ \text{mA}$$

$$I_2=\frac{U_A-(-E)}{R_2}=\frac{0.6\ \text{V}-(-6\ \text{V})}{2\ \text{k}\Omega}=3.3\ \text{mA}$$

于是

$$I_D = I_1 - I_2 = 5.4\ \text{mA} - 3.3\ \text{mA} = 2.1\ \text{mA}$$

2. 极限参数

除了反向饱和电流、导通电压和交流电阻外，二极管的性能和使用时的限制条件还需要用如下的主要极限参数来描述。

(1) 额定正向工作电流 I_F。二极管工作时，其中的电流引起管子发热，当温度超过一定限度时，二极管容易损坏。额定正向工作电流 I_F 是指在规定散热条件下，二极管长期连续工作又不至于过热所允许的正向电流的时间平均值。I_F 取值与二极管结构及散热条件有关，一般为几十毫安到几十安培。

(2) 最大反向工作电压 U_{RM}。U_{RM} 表示允许加到二极管上的反向峰值电压的最大值，以避免二极管被击穿，保证单向导电性和使用安全。U_{RM} 的取值为几十伏到几千伏。

(3) 最大反向峰值电流 I_{RM}。在规定温度下，二极管加最高反偏电压时获得的反向电流称为反向峰值电流，记为 I_{RM}，取值在微安量级。I_{RM} 受温度影响很大，一般温度每升高10℃，I_{RM} 增大一倍。如果 I_{RM} 过大，则二极管将失去单向导电性。

(4) 最高工作频率 f_M。最高工作频率 f_M 与二极管的结电容 C_j 有关，C_j 主要由 PN 结的电容特性产生，取值在皮法量级，等效为给二极管并联了一个小电容。在低频电路中，C_j 阻抗很大，视为开路；而在高频电路中，C_j 阻抗较小，容易影响二极管的单向导电性。所以在交流信号频率较高时，也需要参考 C_j 的取值来选择二极管，以免对高频信号形成短路。

表 3.3.1 列举了实验和仿真中常用的 8 种二极管的极限参数。

表 3.3.1 常用二极管的极限参数举例

型号	I_F	U_{RM}	I_{RM}	C_j
IN4001	1 A	50 V	5 μA(25℃), 50 μA(100℃)	15 pF
IN4007	1 A	1000 V	5 μA(25℃), 50 μA(100℃)	8 pF
RL151	1.5 A	50 V	5 μA(25℃), 50 μA(100℃)	20 pF
RL157	1.5 A	1000 V	5 μA(25℃), 50 μA(100℃)	20 pF
6A05	6 A	50 V	10 μA(25℃), 400 μA(100℃)	70 pF
6A10	6 A	1000 V	10 μA(25℃), 400 μA(100℃)	70 pF
P600A	6 A	50 V	10 μA(25℃), 400 μA(100℃)	200 pF
P600M	6 A	1000 V	10 μA(25℃), 400 μA(100℃)	200 pF

3.4 晶体二极管的应用

3.4.1 整流电路

整流电路用来把双极性输入电压变成单极性输出电压，它可分为半波整流和全波整流，如图 3.4.1 所示。

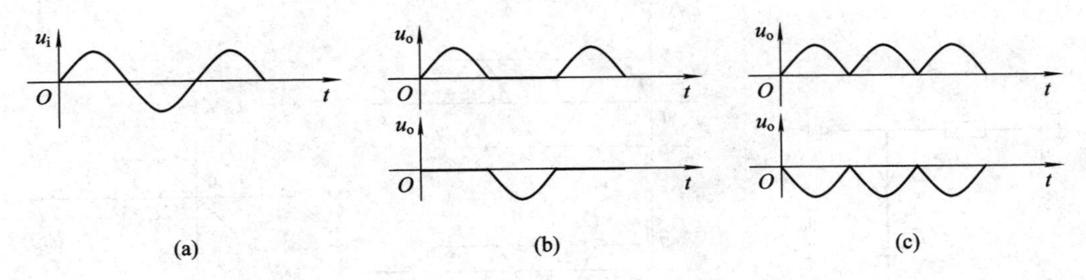

图 3.4.1　整流

(a) 输入电压；(b) 半波整流的输出电压；(c) 全波整流的输出电压

【例 3.4.1】 二极管整流电路和输入电压 u_i 的波形如图 3.4.2(a)、(b)所示，二极管 VD 的管压降 $U_{D(on)}=0.7$ V，交流电阻 $r_D\approx0$。作出输出电压 u_o 的波形和电路的传输特性。

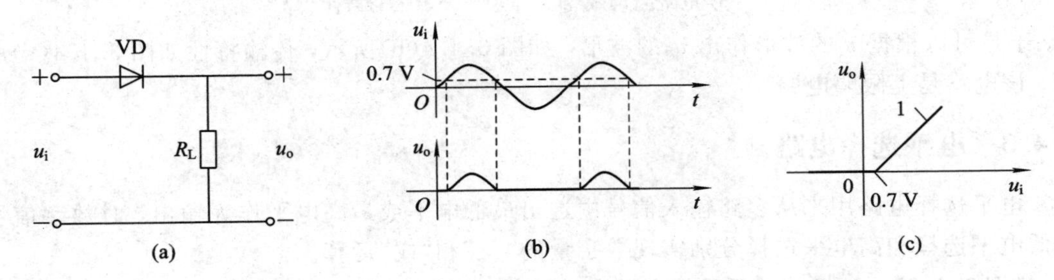

图 3.4.2　二极管整流

(a) 电路；(b) u_i 和 u_o 的波形；(c) 传输特性

解　当 $u_i>U_{D(on)}=0.7$ V 时，VD 导通，输出电压 $u_o=u_i-U_{D(on)}=u_i-0.7$ V；当 $u_i<U_{D(on)}=0.7$ V 时，VD 截止，$u_o=0$。于是可以根据 u_i 的波形作出 u_o 的波形，如图 3.4.2(b)所示，传输特性如图 3.4.2(c)所示。电路实现的是半波整流，但是需要在 u_i 的正半周波形中扣除 $U_{D(on)}$ 后得到输出。

3.4.2　限幅电路

限幅电路用来限制输出电压的变化范围，它可分为上限幅、下限幅和双向限幅，如图 3.4.3 所示。

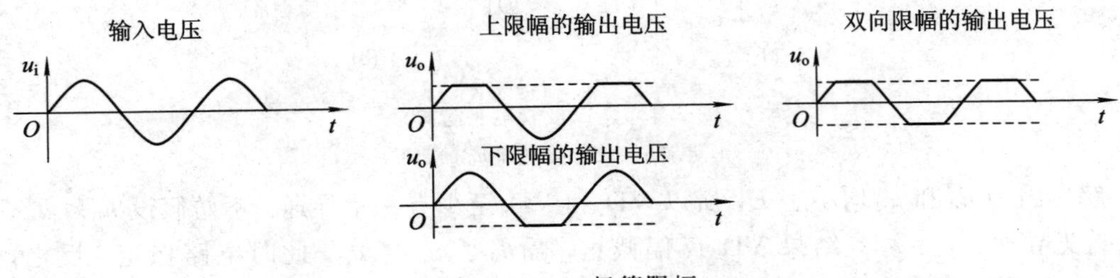

图 3.4.3　二极管限幅

【例 3.4.2】 二极管限幅电路和输入电压 u_i 的波形如图 3.4.4(a)、(b)所示，二极管 VD 的管压降 $U_{D(on)}=0.7$ V，交流电阻 $r_D\approx0$。作出输出电压 u_o 的波形和电路的传输特性。

解　VD 处于导通与截止之间的临界状态时，其支路两端电压为 $E+U_{D(on)}=2$ V$+0.7$ V$=2.7$ V。当 $u_i>2.7$ V 时，VD 导通，$u_o=2.7$ V；当 $u_i<2.7$ V 时，VD 截止，$u_o=$

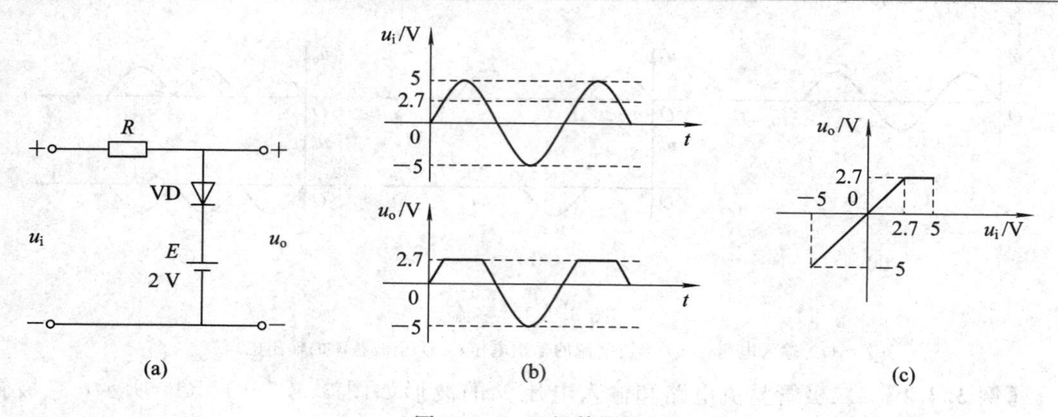

图 3.4.4　二极管限幅

(a) 电路；(b) u_i 和 u_o 的波形；(c) 传输特性

u_i。于是可以根据 u_i的波形作出 u_o的波形，如图 3.4.4(b)所示，传输特性如图 3.4.4(c)所示。该电路是上限幅电路。

3.4.3　电平选择电路

电平选择电路用来从多路输入信号中选出最低电平或最高电平作为输出，对数字信号的低电平选择和高电平选择分别实现数字量的“与”和“或”运算。

【例 3.4.3】 二极管电平选择电路和输入信号 u_{i1}、u_{i2} 的波形如图 3.4.5(a)、(b)所示，二极管 VD_1 和 VD_2 为理想二极管，u_{i1} 和 u_{i2} 的幅度均小于电源电压 E。作出输出信号 u_o的波形。

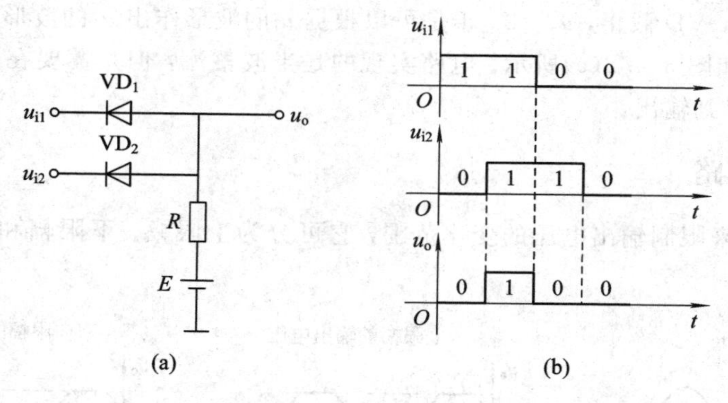

图 3.4.5　二极管电平选择

(a) 电路；(b) u_{i1}、u_{i2} 和 u_o 的波形

解　因为 u_{i1} 和 u_{i2} 均小于 E，所以 VD_1 和 VD_2 至少有一个导通。不妨假设 $u_{i1} < u_{i2}$，则 VD_1 首先导通，$u_o = u_{i1}$，结果 VD_2 反偏截止，隔离了 u_{i2} 与 u_o，此时电路稳定；反之，当 $u_{i1} > u_{i2}$时，VD_2 导通，VD_1 截止，$u_o = u_{i2}$，u_{i1} 与 u_o隔离；只有当 $u_{i1} = u_{i2}$时，VD_1 和 VD_2 才同时导通，$u_o = u_{i1} = u_{i2}$。u_o的波形如图 3.4.5(b)所示，该电路完成低电平选择，当高、低电平分别代表数字量 1、0 时，就实现了逻辑“与”运算。

如果将图 3.4.5(a)中的二极管和电源反向接入，则该电路变为高电平选择电路，可以实现逻辑“或”运算。

3.5　稳压二极管

整流、限幅和电平选择等功能利用的是二极管的单向导电特性，二极管工作在导通和截止状态，稳压二极管则工作在反向击穿状态。稳压二极管的电路符号和伏安特性如图3.5.1所示。在击穿状态，伏安特性曲线很陡峭，反偏电压几乎不变，记为稳定电压U_Z。反向电流即工作电流I_Z可以在较大范围内调节，I_Z应大于一个最小值I_{Zmin}，以保证充分击穿，获得较好的稳压效果；同时，I_Z应小于一个最大值I_{Zmax}，防止管耗过大，烧坏PN结。

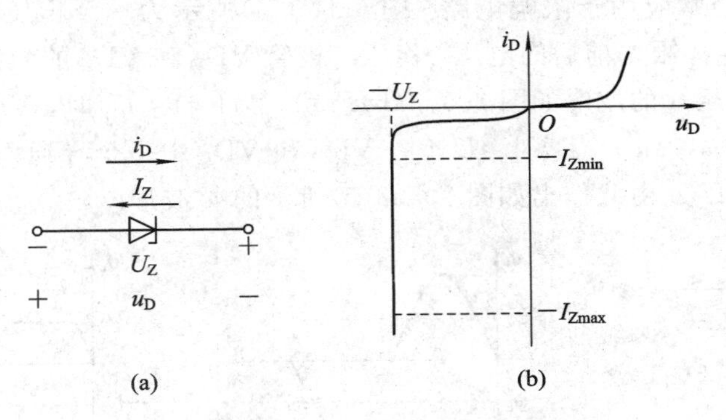

图3.5.1　稳压二极管

(a) 电路符号；(b) 伏安特性

稳压二极管的主要参数有：稳定电压U_Z(V)、稳定电压温度系数α(mV/℃)、动态电阻$r_Z=\dfrac{\Delta U_Z}{\Delta I_Z}$(Ω)、最大稳定电流$I_{Zmax}$(mA)、最大功耗$P_{ZM}$(mW)。

典型的稳压二极管电路如图3.5.2所示。图中输入电压$U_i>U_Z$，R为限流电阻，R_L为负载电阻。从图中可以看出：

$$I_Z=\frac{U_i-U_Z}{R}-\frac{U_Z}{R_L} \tag{3.5.1}$$

当U_i有波动或R_L改变时，工作电流I_Z相应发生变化，只要不超出$I_{Zmin}\sim I_{Zmax}$的范围，就保证稳压二极管VD_Z两端的电压仍然是稳定电压U_Z，电路的输出电压$U_o=U_Z$基本不变。

【例3.5.1】　稳压二极管电路如图3.5.2所示，稳定电压$U_Z=9$ V，工作电流I_Z的范围为$I_{Zmax}=150$ mA，$I_{Zmin}=5$ mA，输入电压U_i的变化范围为15～20 V，负载电阻R_L的变化范围为200～250 Ω。计算限流电阻R的取值范围。

解　参考式(3.5.1)，当U_i取最小值$U_{imin}=15$ V，R_L也取最小值$R_{Lmin}=200$ Ω时，I_Z最小，但是应大于I_{Zmin}，即

$$\frac{U_{imin}-U_Z}{R}-\frac{U_Z}{R_{Lmin}}>I_{Zmin}$$

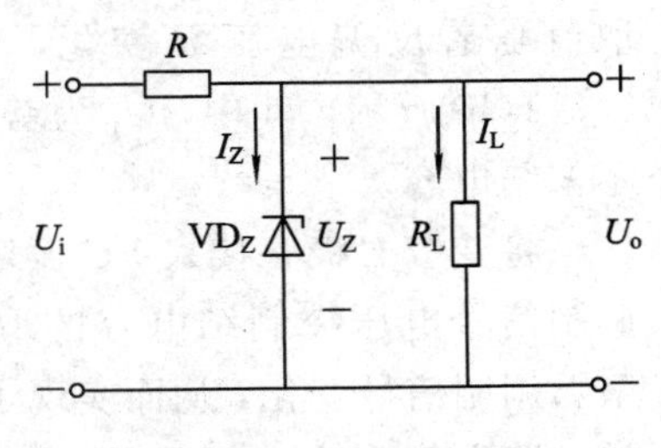

图3.5.2　稳压二极管电路

解得

$$R<\frac{U_{imin}-U_Z}{I_{Zmin}R_{Lmin}+U_Z}R_{Lmin}$$

$$=\frac{15\ \text{V}-9\ \text{V}}{5\ \text{mA}\times 200\ \Omega+9\ \text{V}}\times 200\ \Omega=120\ \Omega$$

当U_i取最大值$U_{imax}=20$ V，R_L也取最大值$R_{Lmax}=250$ Ω 时，I_Z最大，但是应小于$I_{Zmax}=150$ mA，即

$$\frac{U_{imax}-U_Z}{R}-\frac{U_Z}{R_{Lmax}}<I_{Zmax}$$

解得

$$R>\frac{U_{imax}-U_Z}{I_{Zmax}R_{Lmax}+U_Z}R_{Lmax}=\frac{20\ \text{V}-9\ \text{V}}{150\ \text{mA}\times 250\ \Omega+9\ \text{V}}\times 250\ \Omega\approx 59.1\ \Omega$$

于是，R 的取值范围为 59.1～120 Ω。

稳压二极管也经常应用于限幅电路。图 3.5.3(a)所示为一个稳压二极管双向限幅单元。其中，电阻 R 隔离限幅前后的电压，稳压二极管 VD_{Z1} 和 VD_{Z2} 的稳定电压 U_Z 远大于管压降 $U_{D(on)}$，输入电压 u_i 的波形如图 3.5.3(b)所示。当$|u_i|<U_Z$时，VD_{Z1} 和 VD_{Z2} 都截止，其支路相当于开路，$u_o=u_i$；当$|u_i|>U_Z$时，VD_{Z1} 和 VD_{Z2} 中一个导通而另一个击穿，$u_o=\pm(U_Z+U_{D(on)})\approx\pm U_Z$。由此作出如图 3.5.3(c)所示的 u_o 波形。

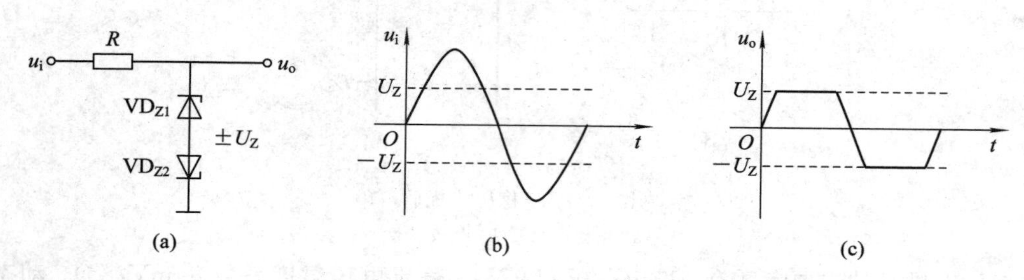

图 3.5.3　稳压二极管双向限幅单元

(a) 电路；(b) u_i 的波形；(c) u_o 的波形

3.6　其他晶体二极管

随着电子产品需求和制作技术的发展，人们可以使用特殊工艺过程制作出各种特别用途的二极管，包括稳压二极管、变容二极管、肖特基二极管、发光二极管、光敏二极管、光耦合器件等。

1. 变容二极管

变容二极管的符号如图 3.6.1(a)所示。PN 结反偏时，结电容 C_j 以势垒电容 C_T 为主，取值随着反偏电压 u 变化，二者关系如图 3.6.1(b)所示。其中，U_B 为势垒电压，C_{j0} 为零偏结电容。

将变容二极管接入 LC 振荡回路，并通过调制信号电压控制结电容的取值，使振荡频率随调制信号变化，从而实现了频率调制。这类电路称为变容二极管调频电路，可应用于高频无线电发射机。

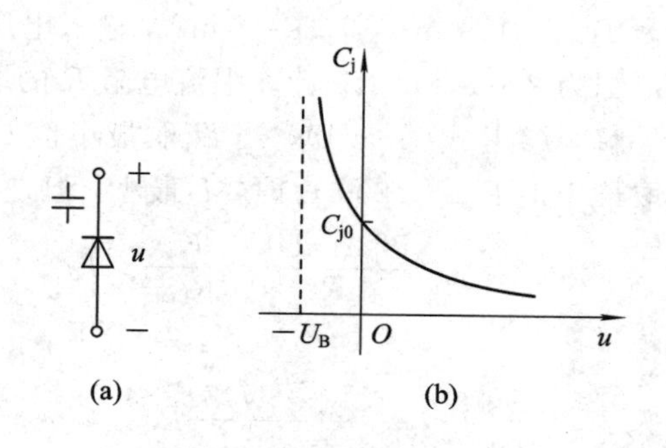

图 3.6.1　变容二极管

(a) 电路符号；(b) 结电容 C_j 与反偏电压 u 的关系

2. 肖特基二极管

肖特基二极管由金属和 N 型半导体构成，金属-半导体形成肖特基势垒（如图 3.6.2(a)所示），肖特基势垒具有和 PN 结相似的单向导电性。肖特基二极管的电路符号如图 3.6.2(b)所示。肖特基二极管的特点是开关速度特别快，一般用于数字电路和高频、低压、大电流整流，以及在 X 波段、C 波段、S 波段和 Ku 波段用于检波和混频。

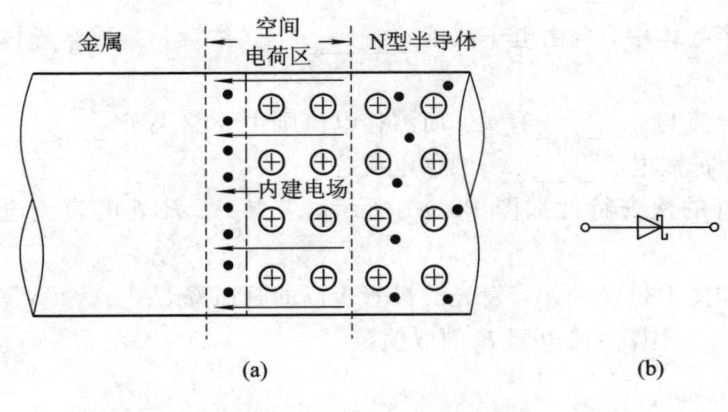

图 3.6.2　肖特基二极管
(a) 肖特基势垒；(b) 电路符号

3. 发光二极管、光敏二极管和光耦合器件

发光二极管工作时加正偏电压，载流子主要做扩散运动。P 区扩散过来的空穴到达 N 区，与 N 区的自由电子复合；N 区扩散过来的自由电子到达 P 区，与 P 区的空穴复合。载流子复合时释放能量，产生可见光。光的颜色取决于光子的能量，又进一步由半导体材料决定，如砷化镓二极管发红光，磷化镓二极管发绿光，碳化硅二极管发黄光，氮化镓二极管发蓝光，等等。发光二极管的优点是寿命长，效率高，产生的热量很少，绝大部分能量都用来产生可见光。

光敏二极管工作时加反偏电压，载流子主要做漂移运动。没有光照时，反向电流很小，一般小于 0.1 μA，称为暗电流。受到光照时，PN 结中空间电荷区的价电子接收光子能量，造成本征激发，产生大量的载流子，这使反向电流明显增大，称为光电流。光照越强，光电流越大，流过负载得到的电压也越大。为了便于接收光照，光敏二极管的外壳上设计有窗口，PN 结面积很大。

发光二极管和光敏二极管的电路符号如图 3.6.3(a)、(b)所示。如果把发光二极管和光敏二极管封装在一个不透光的密封腔体里，用透明绝缘体隔离，用输入信号驱动发光二极管发光，并被光敏二极管接收，产生输出信号，则可以通过电—光—电的转换实现以光

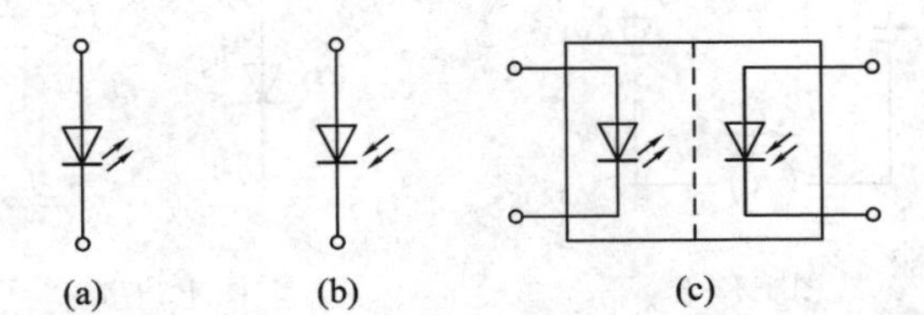

图 3.6.3　发光二极管、光敏二极管和光耦合器件的电路符号
(a) 发光二极管；(b) 光敏二极管；(c) 光耦合器件

为媒介的电信号传输。这种器件称为光耦合器件，电路符号如图 3.6.3(c)所示。光耦合器件实现输出信号对输入信号无反馈的信号单向传输，输入端与输出端做到完全电气隔离，抗干扰和抗噪声能力很强。

思考题与习题

3-1 本征半导体中，自由电子浓度________空穴浓度；杂质半导体中，多子的浓度与________有关。

3-2 扩散电流与________有关，而漂移电流则主要取决于________；PN 结正偏时，耗尽区________，扩散电流________漂移电流。

3-3 二极管的伏安特性如图 P3-1 所示，求点 A、B 处的直流电阻 R_D 和交流电阻 r_D。

3-4 电路如图 P3-2 所示，发光二极管 VD 的管压降 $U_{D(on)}=2.5$ V，工作电流 I_D 的范围为 18～20 mA。计算限流电阻 R 的取值范围。

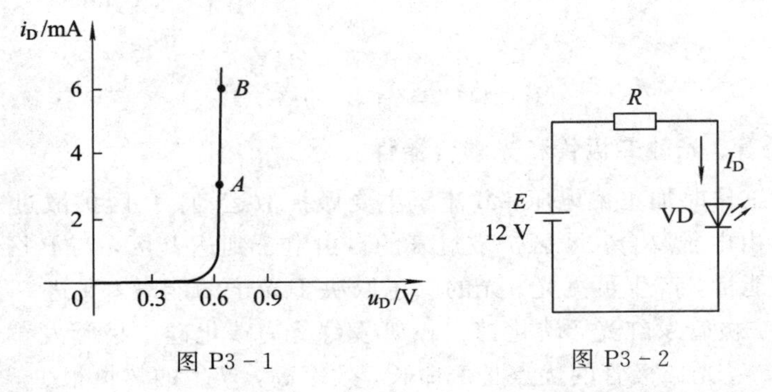

图 P3-1　　图 P3-2

3-5 电路如图 P3-3 所示，当电压源电压 $E=4$ V 时，电流表读数 $I=3.4$ mA，当 E 增加到 6 V 时，I 的测量结果如何？当二极管上的电压 $U_D=0.65$ V 时，测得 $I_D=13$ mA，当 $U_D=0.66$ V 时，估算 I_D 的取值。

3-6 电路如图 P3-4 所示，二极管 VD 的管压降 $U_{D(on)}=0.6$ V，交流电阻 $r_D\approx0$。计算 VD 中的电流 I_D。

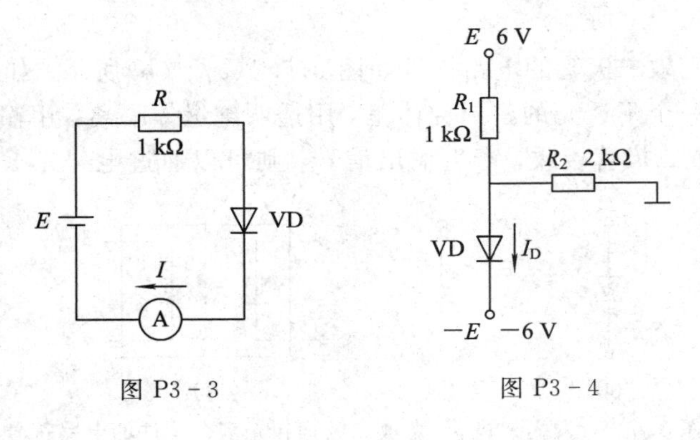

图 P3-3　　图 P3-4

3－7　二极管整流电路如图 P3－5 所示，输入电压 $u_i=5\sin\omega t$ V，二极管 VD 的管压降 $U_{D(on)}=0.6$ V，交流电阻 $r_D\approx 0$。作出输出电压 u_o 的波形。

3－8　二极管限幅电路如图 P3－6 所示，输入电压 $u_i=5\sin\omega t$ V，二极管 VD 的管压降 $U_{D(on)}\approx 0$。作出输出电压 u_o 的波形。

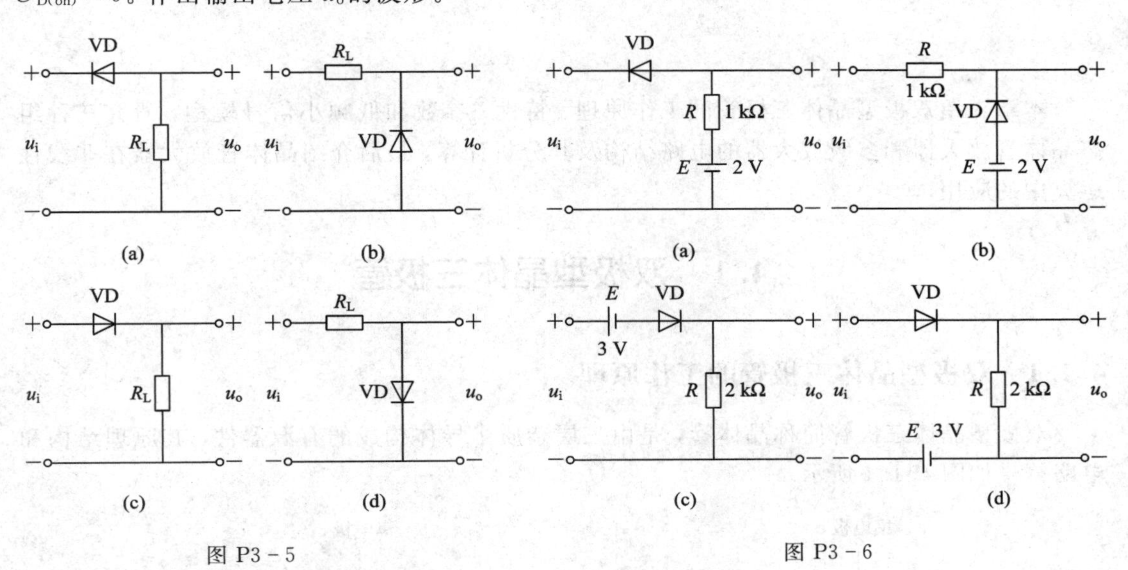

图 P3－5　　图 P3－6

3－9　稳压二极管电路如图 P3－7 所示，稳定电压 $U_Z=10$ V，工作电流范围为 $I_{Zmax}=100$ mA，$I_{Zmin}=2$ mA，限流电阻 $R=100\ \Omega$。

(1) 如果负载电阻 $R_L=250\ \Omega$，求输入电压 U_i 的允许变化范围。

(2) 如果 $U_i=22$ V，求 R_L 的允许变化范围。

3－10　电路如图 P3－8 所示，输入电压 $u_i=2\sin\omega t$ V，稳压二极管 VD_{Z1} 和 VD_{Z2} 的稳定电压 $U_Z=6$ V，管压降 $U_{D(on)}\approx 0$。作出输出电压 u_{o1} 和 u_{o2} 的波形。

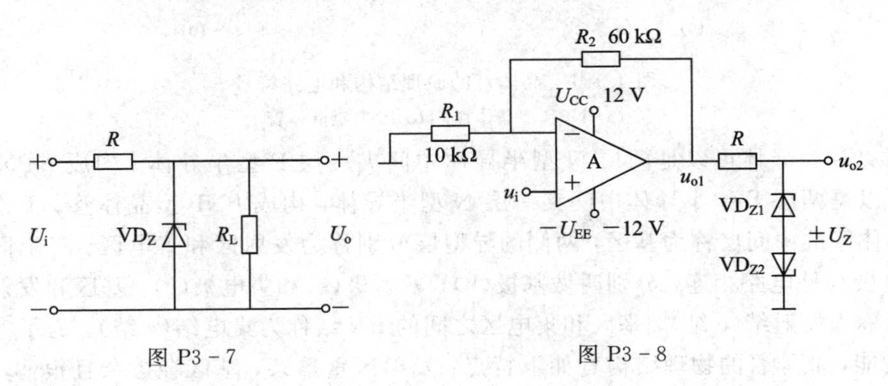

图 P3－7　　图 P3－8

第 4 章 双极型晶体三极管和基本放大器

本章介绍双极型晶体三极管的工作原理、特性、参数和低频小信号模型，研究三种组态晶体管放大器和多级放大器的电路结构及其分析计算，最后介绍晶体管放大器在非线性运算中的应用。

4.1 双极型晶体三极管

4.1.1 双极型晶体三极管的工作原理

双极型晶体三极管简称晶体管，是由三层杂质半导体构成的有源器件，其原理结构和电路符号如图 4.1.1 所示。

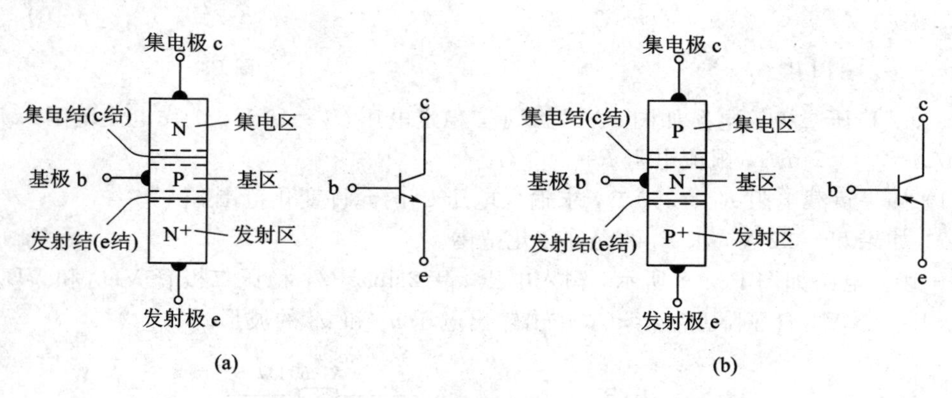

图 4.1.1 晶体管的原理结构和电路符号

(a) NPN 型晶体管；(b) PNP 型晶体管

三层杂质半导体可以是两层 N 型半导体中间夹一层 P 型半导体，构成 NPN 型晶体管；也可以是两层 P 型半导体中间夹一层 N 型半导体，构成 PNP 型晶体管。无论是哪种类型，晶体管的中间层称为基区，两侧的异型层分别称为发射区和集电区。三个区各自引出一个电极与外电路相连，分别叫做基极(b)、发射极(e)和集电极(c)。基区和发射区之间的 PN 结称为发射结(e 结)，基区和集电区之间的 PN 结称为集电结(c 结)。为了实现良好的放大功能，晶体管的物理结构有如下特点：发射区重掺杂，基区轻掺杂且很薄，集电结面积大于发射结面积。

通过合适的外加电压进行直流偏置，可以使晶体管的发射结正偏，集电结反偏，此时的晶体管工作在放大状态，能够放大直流和交流信号，图 4.1.2 所示即为直流放大时 NPN 型晶体管内外的电流。

在正偏的发射结上，电流主要源于多子的扩散运动，包括发射区的自由电子扩散到基

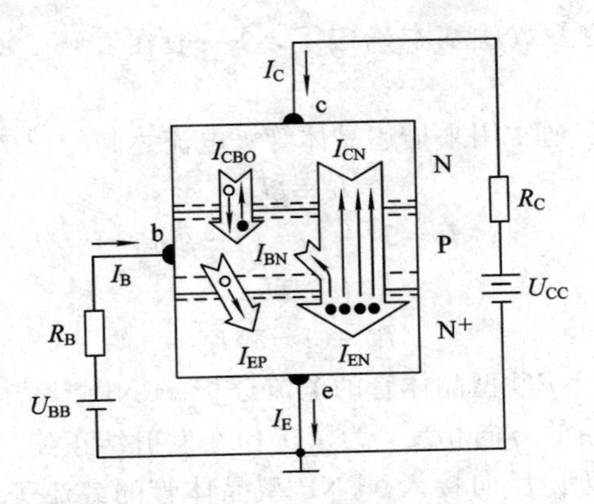

图 4.1.2　NPN 型晶体管放大直流信号

区，形成电子注入电流 I_{EN}，以及基区的空穴扩散到发射区，形成空穴注入电流 I_{EP}。因为发射区的掺杂浓度明显高于基区，发射区的自由电子浓度远大于基区的空穴浓度，所以 I_{EN} 远大于 I_{EP}。自由电子注入基区后，成为基区中的非平衡少子，在发射结处浓度最大，而在反偏的集电结处浓度几乎为零，所以基区存在明显的自由电子浓度梯度，导致自由电子继续从发射结向集电结扩散。扩散中，部分自由电子被基区的空穴复合，形成基区复合电流 I_{BN}。因为基区很薄，又是轻掺杂，所以被复合的自由电子很少，绝大多数自由电子都能扩散到集电结的边缘。反偏的集电结内部较强的电场使扩散过来的自由电子发生漂移运动，进入集电区，形成收集电流 I_{CN}。另外，基区自身的自由电子和集电区的空穴也参与漂移运动，形成反向饱和电流 I_{CBO}。

根据载流子电流的分布及其方向，可以得到 NPN 型晶体管的三个极电流与载流子电流的关系：

$$I_E=I_{EP}+I_{EN}\approx I_{EN}=I_{BN}+I_{CN}$$
$$I_B=I_{BN}-I_{CBO}+I_{EP}\approx I_{BN}-I_{CBO}$$
$$I_C=I_{CN}+I_{CBO}$$

晶体管三个极电流之间的关系可以通过共发射极直流电流放大倍数和共基极直流电流放大倍数来量化。共发射极直流电流放大倍数记为 $\overline{\beta}$，反映基区中非平衡少子的扩散与复合的比例，即收集电流 I_{CN} 与基区复合电流 I_{BN} 之比：

$$\overline{\beta}=\frac{I_{CN}}{I_{BN}}\approx\frac{I_C-I_{CBO}}{I_B+I_{CBO}}$$

共基极直流电流放大倍数记为 $\overline{\alpha}$，反映 I_{CN} 与电子注入电流 I_{EN} 的比例：

$$\overline{\alpha}=\frac{I_{CN}}{I_{EN}}\approx\frac{I_C-I_{CBO}}{I_E}$$

$\overline{\alpha}$ 也间接反映了基区中非平衡少子的扩散与复合的比例，所以 $\overline{\beta}$ 与 $\overline{\alpha}$ 有必然的换算关系：

$$\overline{\beta}=\frac{I_{CN}}{I_{BN}}=\frac{I_{CN}}{I_{EN}-I_{CN}}=\frac{\overline{\alpha}I_{EN}}{I_{EN}-\overline{\alpha}I_{EN}}=\frac{\overline{\alpha}}{1-\overline{\alpha}} \tag{4.1.1}$$

$$\overline{\alpha}=\frac{I_{CN}}{I_{EN}}=\frac{I_{CN}}{I_{BN}+I_{CN}}=\frac{\overline{\beta}I_{BN}}{I_{BN}+\overline{\beta}I_{BN}}=\frac{\overline{\beta}}{1+\overline{\beta}} \tag{4.1.2}$$

$\overline{\beta}$ 和 $\overline{\alpha}$ 的取值取决于基区的宽度、掺杂浓度等因素。每个晶体管制作完成后，这两个表征其放大直流信号能力的参数就基本确定了，$\bar{\beta}$ 一般在 20～200 之间，$\bar{\alpha}$ 大约在 0.97～0.99 之间。

在近似分析中，$\bar{\beta}$ 和 $\bar{\alpha}$ 通常用来描述晶体管极电流之间的比例关系：

$$I_C=\bar{\beta}I_B \tag{4.1.3}$$

$$I_E=I_B+I_C=(1+\bar{\beta})I_B \tag{4.1.4}$$

$$I_C=\bar{\alpha}I_E \tag{4.1.5}$$

$$I_B=(1-\bar{\alpha})I_E \tag{4.1.6}$$

以上是对放大状态下 NPN 型晶体管的电流分析。PNP 型晶体管中两个 PN 结的方向与 NPN 型晶体管中 PN 结的方向相反，为了工作在发射结正偏、集电结反偏的放大状态，需要将外加电压源 U_{BB} 和 U_{CC} 反向接入。PNP 型晶体管的载流子电流分布也类似于 NPN 型晶体管，只是自由电子和空穴互换了角色，电流的流向也反向。因为极电流的正方向与 NPN 型晶体管一致，所以 PNP 型晶体管的 I_B、I_C 和 I_E 都取负值。式(4.1.3)～式(4.1.6)也适用于描述 PNP 型晶体管。

下面继续用 NPN 型晶体管来说明晶体管放大交流信号的基本原理，为了简化分析，忽略空穴注入电流和反向饱和电流，给晶体管的输入端叠加上交流电压 u_b，如图 4.1.3 所示。u_b 使发射结电压在原来的基础上发生变化，但是因为 u_b 的振幅远小于 U_{BB}，所以变化过程中发射结始终正偏。发射极电流 i_E 主要是电子注入电流 i_{EN}，它与正偏电压有类似于式(3.2.1)的指数关系，这个关系称为晶体管的电流方程：

$$i_E\approx i_{EN}\approx I_S e^{\frac{u_{BE}}{U_T}} \tag{4.1.7}$$

式中，发射结上的电压用基极和发射极之间的电压 u_{BE} 表示。式(4.1.7)说明 i_E 会随 u_{BE} 的微小变化产生明显改变，这首先表现为扩散越过发射结的自由电子数量随 u_b 显著变化。数量时变的自由电子经过基区时被少部分复合，产生一个时变的基区复合电流 i_{BN}，因而基极电流 $i_B\approx i_{BN}$ 也时变，但振幅很小，考虑到 u_b 的振幅也很小，所以晶体管的交流输入功率很小。大多数未被复合的自由电子到达反偏的集电结时，开始跨越集电结的漂移运动。漂移过程中，电压源电压 U_{CC} 产生的强电场对其做功，把 U_{CC} 提供的直流功率变为自由电子携带的功率。因为自由电子的数目是时变的，所以得到的是交流功率。这个过程实现了直流功率向交流功率的转移，从而放大了交流信号。收集电流 $i_{CN}\approx i_{EN}$，经过放大，二者都有较大的振幅。集电极电流 $i_C\approx i_{CN}$，能够在电阻 R_C 上产生较大的交流输出功率。因为 U_{CC} 取值较大，所以虽然 R_C 上有较大的电压变化，但是集电结始终保持反偏。

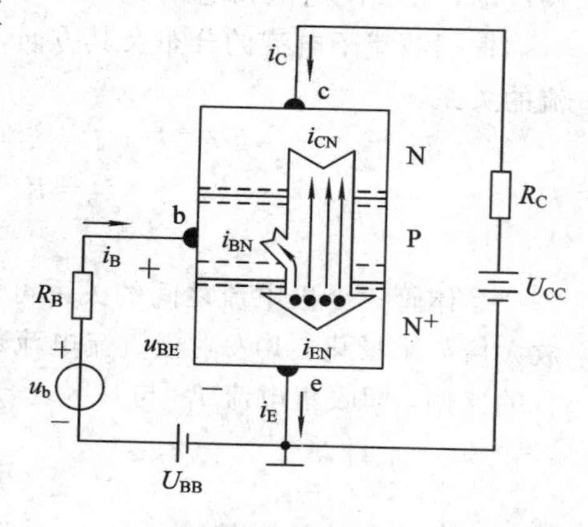

图 4.1.3　NPN 型晶体管放大交流信号

4.1.2　双极型晶体三极管的伏安特性及参数

图 4.1.3 所示的晶体管放大器中，基极电流 i_B 是晶体管的输入电流，基极和发射极之间的电压 u_{BE} 是晶体管的输入电压，而晶体管的输出电流和输出电压则分别是集电极电流

i_C 和集电极与发射极之间的电压 u_{CE}。

1. 输出特性

输出特性描述晶体管的输出电流与输出电压，即 i_C 与 u_{CE} 之间的关系。NPN 型晶体管的输出特性如图 4.1.4 所示。可以发现，i_C 与 u_{CE} 之间的关系曲线并不唯一，取决于输入电流 i_B。当 i_B 变化时，输出特性曲线扫过的区域可以分为放大区、饱和区、截止区和击穿区。

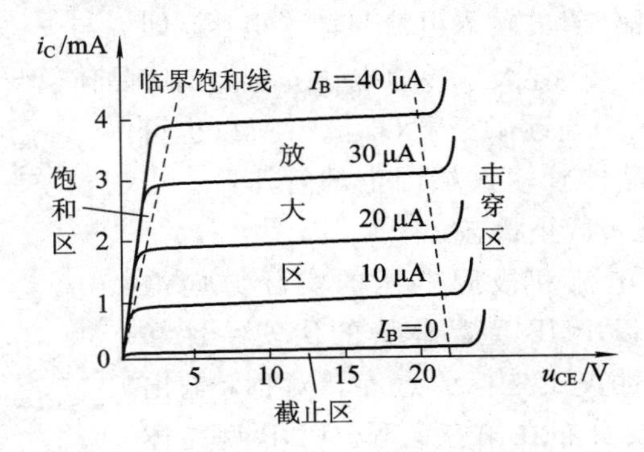

图 4.1.4　NPN 型晶体管的输出特性

1）放大区

晶体管的发射结正偏、集电结反偏时，工作点在放大区。放大区内 i_B 对 i_C 的控制作用十分明显，可以用共发射极交流电流放大倍数衡量 i_B 的变化量与 i_C 的变化量之间的关系，即

$$\beta=\frac{\Delta i_C}{\Delta i_B} \tag{4.1.8}$$

放大区内只要 i_C 不很大或很小，β 的取值基本上不随 i_C 变化，而且因为反向饱和电流 I_{CBO} 很小，$\beta\approx\bar{\beta}$。当 u_{CB} 为常数时，i_C 的变化量与 i_E 的变化量之比定义为共基极交流电流放大倍数，即

$$\alpha=\frac{\Delta i_C}{\Delta i_E} \tag{4.1.9}$$

$\alpha\approx\bar{\alpha}$，所以 α 和 β 之间具有与 $\bar{\alpha}$ 和 $\bar{\beta}$ 之间同样的换算关系。

放大区内的输出特性曲线近似水平，说明 u_{CE} 变化时，i_C 变化不大，所以当输出端接不同阻值的负载电阻时，虽然输出电压变化，但输出电流基本不变，从而实现了恒流输出，这一特点可以用来设计晶体管电流源。

2）饱和区

晶体管的发射结和集电结都正偏时，工作点进入饱和区。正偏的集电结不利于收集基区中的非平衡载流子，所以同一 i_B 对应的 i_C 小于放大区的取值。饱和区中各条输出特性曲线有重合部分，重合说明 u_{CE} 不变时，i_C 可以不受 i_B 的控制。当集电结处于反偏和正偏之间的临界状态，即零偏时，对应的工作点的各个位置连接成临界饱和线，这是放大区和饱和区的分界线。工作点位于饱和区时，u_{CE} 很小，称为饱和压降，记做 $U_{CE(sat)}$。

3）截止区

截止区对应晶体管的发射结和集电结都反偏。此时，三个极电流很小，可以认为晶体管极间开路。

4）击穿区

u_{CE}很大时，集电结上的反偏电压过大，发生雪崩击穿，i_C迅速增大，工作点进入击穿区。击穿电压随着i_B的增大而减小。击穿区不是晶体管的正常工作区，需要限制电源电压避免出现这种现象。

2. 输入特性

输入特性描述的是晶体管的输入电流与输入电压，即i_B与u_{BE}之间的关系，如图4.1.5所示。对NPN型晶体管，当u_{BE}大于导通电压$U_{BE(on)}$时，晶体管导通，即处于放大状态或饱和状态。这两种状态下，u_{BE}近似等于$U_{BE(on)}$，所以也可以认为$U_{BE(on)}$是导通的晶体管输入端固定的管压降。当$u_{BE}<U_{BE(on)}$时，晶体管进入截止状态。

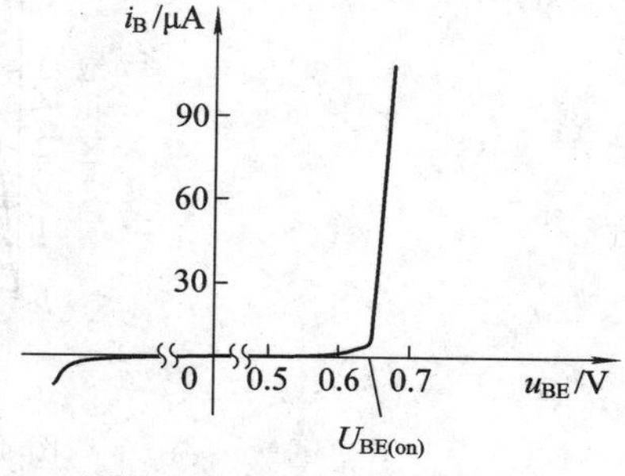

图4.1.5 NPN型晶体管的输入特性

PNP型晶体管的极电流和极间电压的实际方向与NPN型晶体管相反，所以PNP型晶体管的伏安特性和NPN型晶体管的伏安特性关于坐标原点旋转对称，输出特性和输入特性曲线主要分布在第三象限。PNP型晶体管的导通电压即管压降$U_{BE(on)}$和饱和压降$U_{CE(sat)}$都取负值。PNP型晶体管的共发射极交流电流放大倍数β和共基极交流电流放大倍数α的定义和计算与NPN型晶体管一样。

4.1.3 温度对双极型晶体三极管参数的影响

晶体管的参数对温度变化比较敏感。温度上升时，本征激发作用增强，基区和集电区中的少子浓度上升，反向饱和电流I_{CBO}增大。温度每上升10℃，I_{CBO}增大约一倍。同时，温度每上升1℃，β增大0.5%～1%。表现在输出特性上，各条曲线的高度和间距都随着温度上升而加大，如图4.1.6(a)所示。导通电压$U_{BE(on)}$具有负温度系数，温度每上升1℃，$U_{BE(on)}$减小2～2.5 mV，如图4.1.6(b)所示。总之，温度升高，I_{CBO}增大、β增大、$U_{BE(on)}$减小，这都会使集电极电流i_C增大。

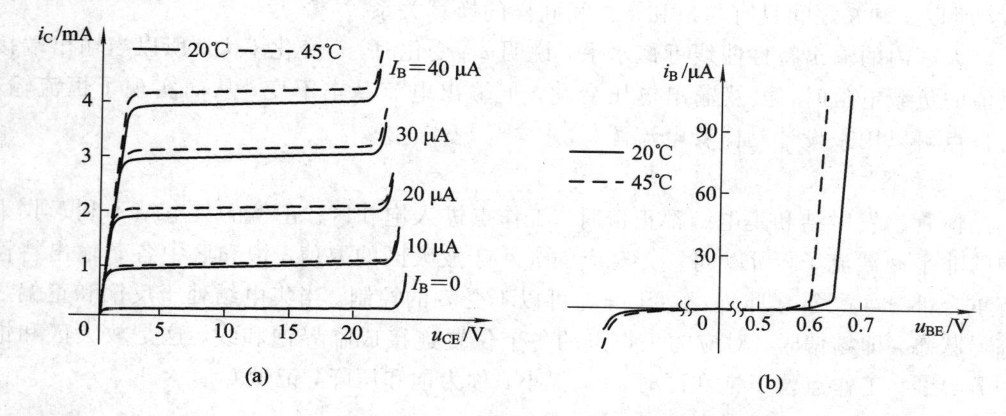

图4.1.6 NPN型晶体管的输出特性和输入特性随温度的变化

4.1.4　双极型晶体三极管的极限参数

为了维持电流放大倍数、导通电压(管压降)和饱和压降等参数的稳定和安全工作，晶体管的耗散功率、最大电流和耐受电压都有限度。比较重要的晶体管极限参数如下。

1. 集电极最大允许耗散功率

晶体管处于放大状态时，集电结反偏电压较大，集电极电流也较大，集电结有较大的耗散功率，产生大量热量，温度上升。温度过高会导致晶体管的参数变化超过规定范围，甚至导致管子损坏。晶体管安全工作允许的温度决定了集电极最大允许耗散功率，用 P_{CM} 表示。

2. 集电极最大允许电流

当晶体管的集电极电流较大时，会发生基区电导调制、基区展宽等效应，导致晶体管的电流放大倍数下降，当其下降到原来的1/2或1/3时，对应的集电极电流称为集电极最大允许电流，记为 I_{CM}。

3. 集电极-基极击穿电压和集电极-发射极击穿电压

集电极-基极击穿电压用 $U_{(BR)CBO}$ 表示，规定了发射极开路时，允许加到集电极和基极之间的电压最大值。集电极-发射极击穿电压用 $U_{(BR)CEO}$ 表示，规定了基极开路时，允许加到集电极和发射极之间的电压最大值。$U_{(BR)CBO}$ 和 $U_{(BR)CEO}$ 都用以预防集电结因反偏电压过大而被击穿。

表4.1.1列举了实验和仿真中常用的8种晶体管的极限参数。

表4.1.1　常用晶体管的极限参数举例

型号	P_{CM}/W	I_{CM}/A	$U_{(BR)CBO}$/V	$U_{(BR)CEO}$/V
9013	0.625	0.5	45	25
9018	0.4	0.05	30	15
2N2222	0.5	0.8	60	30
2N5401	0.625	−0.6	−160	−150
2SA1009	15	−2	−350	−350
2SA1012	25	−5	−60	−50
3DD15	50	5	150	100
BD135	1.25	1.5	45	45

4.2　基本放大器的组成原理、直流偏置和组态

4.2.1　基本放大器的组成原理

根据晶体管的工作原理，为了能够放大直流信号和交流信号，基本放大器需要满足如下两个基本条件：

(1) 晶体管工作在放大区。直流偏置要保证发射结正偏，集电结反偏，放大信号时工作点应始终在放大区运动。同时，管子的直流偏置电压和直流偏置电流需较小，以尽量减小偏置造成的直流功耗。

(2) 输入电压加至发射结，输出电流从集电极或发射极引出。正偏的发射结电压能有效控制较大的集电极电流和发射极电流，所以，输入电压应加至基极或发射极，从而作用到发射结上；负载应接到集电极或发射极，把放大后的输出电流变为输出电压，完成信号放大。

4.2.2 基本放大器的直流偏置

根据基本放大器的组成原理，为了保证晶体管工作在放大区，放大器首先需要正确的直流偏置，把直流静态工作点 Q 设置在放大区。

图 4.2.1(a)所示电路用两个电阻 R_B 和 R_C 实现直流偏置，称为固定偏流电路。已知晶体管的导通电压 $U_{BE(on)}$ 和电流放大倍数 β，有 $I_{BQ}=(U_{CC}-U_{BE(on)})/R_B$，$I_{CQ}=\beta I_{BQ}$，$U_{CEQ}=U_{CC}-I_{CQ}R_C$。因为 β 会随温度等环境因素发生变化，造成 I_{CQ} 和 U_{CEQ} 的较大变化和 Q 位置的明显漂移，所以固定偏流电路的稳定性较差。

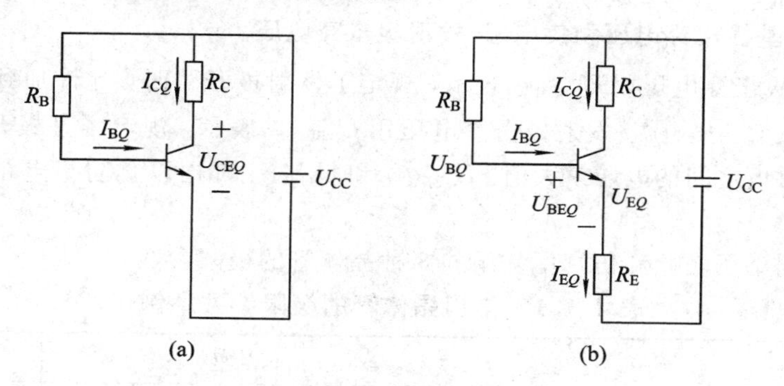

图 4.2.1 两种直流偏置电路

(a) 固定偏流电路；(b) 负反馈偏置电路

图 4.2.1(b)所示电路在发射极支路上添加了一个电阻 R_E，使其起到稳定 Q 的作用。例如，如果某种原因导致 I_{CQ} 上升，则出现如下的调节过程：

$$I_{CQ}\uparrow\rightarrow I_{EQ}\uparrow\rightarrow U_{EQ}(=I_{EQ}R_E)\uparrow\rightarrow U_{BEQ}(=U_{BQ}-U_{EQ})\downarrow\rightarrow I_{BQ}\downarrow\rightarrow I_{CQ}\downarrow$$

可见，负反馈使得 I_{CQ} 的调节方向总与其原来的变化方向相反，从而保持基本不变，这样就稳定了 Q。所以，这个直流偏置电路称为负反馈偏置电路。

在负反馈偏置电路的基础上，通过两个电阻 R_{B1} 和 R_{B2} 设置固定的基极电位 U_{BQ}，可以进一步提高负反馈的稳定效果，这就是分压式偏置电路，如图 4.2.2(a)所示。

根据戴维南定理，电路等效为图 4.2.2(b)所示，其中：

$$R_B=R_{B1}/\!/R_{B2},\ U_{BB}=\frac{R_{B2}}{R_{B1}+R_{B2}}U_{CC}$$

由

$$U_{BB}=I_{BQ}R_B+U_{BE(on)}+I_{EQ}R_E=I_{BQ}R_B+U_{BE(on)}+(1+\beta)I_{BQ}R_E$$

得基极静态电流为

$$I_{BQ}=\frac{U_{BB}-U_{BE(on)}}{R_B+(1+\beta)R_E}$$

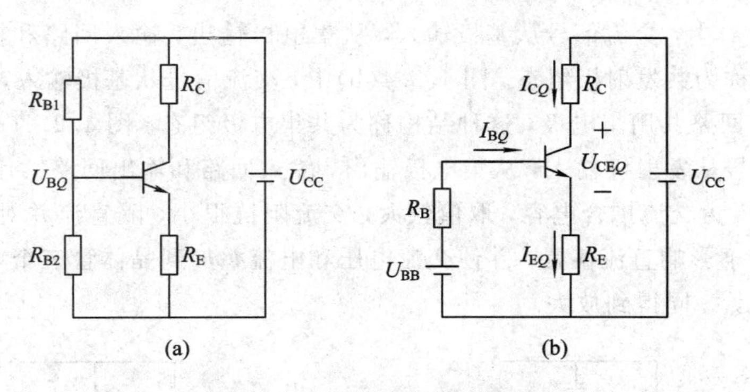

图 4.2.2　分压式偏置电路

(a) 原电路；(b) 戴维南等效电路

Q 的位置为

$$I_{CQ}=\beta I_{BQ}=\beta\frac{U_{BB}-U_{BE(on)}}{R_B+(1+\beta)R_E} \tag{4.2.1}$$

$$U_{CEQ}=U_{CC}-I_{CQ}R_C-I_{EQ}R_E \tag{4.2.2}$$

直流偏置电路需要合适的元器件参数才能保证直流静态工作点 Q 位于放大区。式(4.2.1)和式(4.2.2)只适用于放大区的计算。对 NPN 型晶体管，如果计算出来的 U_{CEQ} 小于饱和压降 $U_{CE(sat)}$，甚至 $U_{CEQ}<0$，则说明 Q 实际上位于饱和区，需要修改元器件参数让 Q 重新进入放大区。

【例 4.2.1】 分压式偏置电路如图 4.2.3 所示，晶体管的导通电压 $U_{BE(on)}=0.7\ \text{V}$，电流放大倍数 $\beta=50$，饱和压降 $U_{CE(sat)}=0.3\ \text{V}$。为使管子工作在放大区，估算集电极电阻 R_C 的取值范围。

解　除了应用式(4.2.1)和式(4.2.2)做精确计算外，还可以用近似方法估算晶体管的直流静态工作点 Q。晶体管的基极电流较小，如果将其忽略，则基极电位可以根据电阻 R_{B1} 和 R_{B2} 对电压源电压 U_{CC} 的串联分压关系计算，即

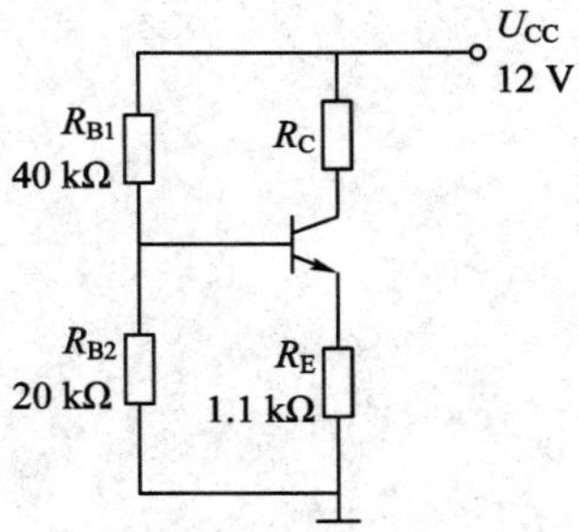

$$U_{BQ}=\frac{R_{B2}}{R_{B1}+R_{B2}}U_{CC}=\frac{20\ \text{k}\Omega}{40\ \text{k}\Omega+20\ \text{k}\Omega}\times 12\ \text{V}=4\ \text{V}$$

发射极电位 $U_{EQ}=U_{BQ}-U_{BE(on)}=4\ \text{V}-0.7\ \text{V}=3.3\ \text{V}$。因为 β 较大，所以集电极电流和发射极电流近似相等：

$$I_{CQ}\approx I_{EQ}=\frac{U_{EQ}}{R_E}=\frac{3.3\ \text{V}}{1.1\ \text{k}\Omega}=3\ \text{mA}$$

图 4.2.3　分压式偏置电路

放大区要求输出电压 $U_{CEQ}=U_{CC}-I_{CQ}R_C-I_{EQ}R_E\approx U_{CC}-I_{CQ}(R_C+R_E)>U_{CE(sat)}$，所以

$$R_C<\frac{U_{CC}-U_{CE(sat)}}{I_{CQ}}-R_E=\frac{12\ \text{V}-0.3\ \text{V}}{3\ \text{mA}}-1.1\ \text{k}\Omega=2.8\ \text{k}\Omega$$

4.2.3　基本放大器的组态

根据基本放大器的组成原理，放大交流信号时，电路要使交流输入电压作用到发射结，并从集电极或发射极获得交流输出电流和电压。满足这个要求的晶体管放大器有三种

组态。图 4.2.4(a)中，交流信号从基极输入，从集电极输出，输入回路和输出回路共用发射极，这种结构称为共发射极组态。图 4.2.4(b)中，交流信号从基极输入，从发射极输出，输入回路和输出回路共用集电极，这种结构称为共集电极组态。图 4.2.4(c)为共基极组态的结构，交流信号从发射极输入，从集电极输出，输入回路和输出回路共用基极。电路中，电容 C_B、C_C 和 C_E 为交流耦合电容，取值较大，交流阻抗很小，隔直流并对交流信号短路。这样的阻容耦合不影响直流偏置，并使交流电压和电流叠加到晶体管三个电极上的直流偏置电压和电流上，一同得到放大。

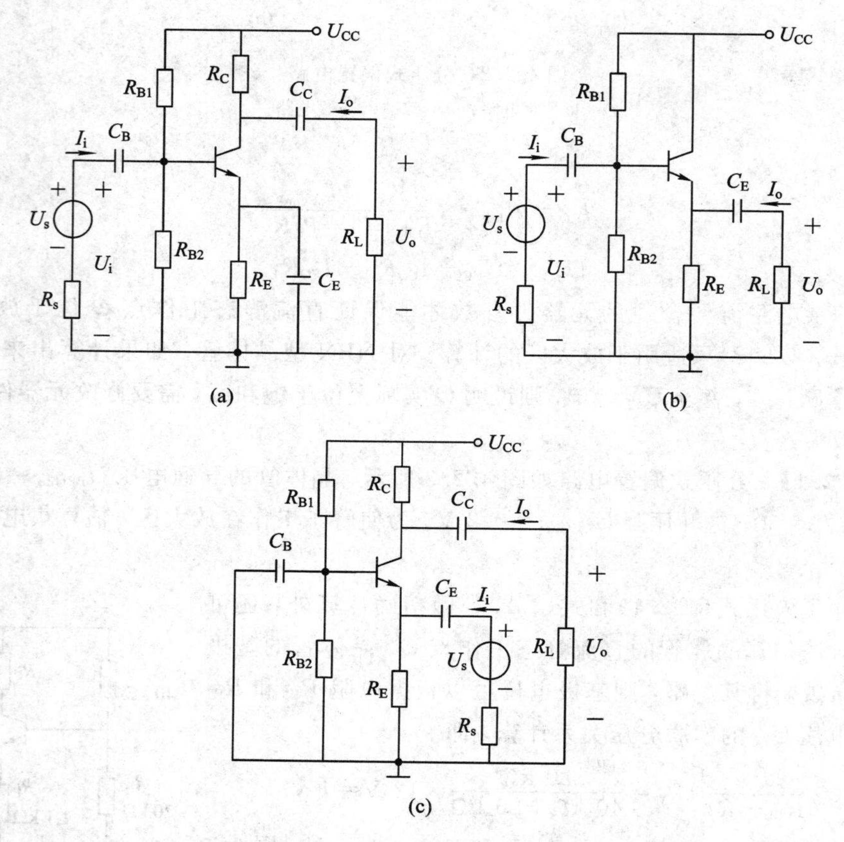

图 4.2.4 晶体管放大器的三种组态

(a) 共发射极组态；(b) 共集电极组态；(c) 共基极组态

4.3 基本放大器的交流解析分析法

4.3.1 双极型晶体三极管的低频小信号模型

在基本放大器中，直流偏置电路为晶体管提供直流偏置电压和电流，如 U_{BEQ}、I_{BQ}、I_{CQ}、I_{EQ} 和 U_{CEQ}，以确定直流静态工作点 Q 的位置。交流通路为管子提供交流电压和电流，如 u_{be}、i_b、i_c、i_e 和 u_{ce}，确定工作点的运动轨迹。直流偏置电压、电流与交流电压、电流叠加，得到总的电压和电流：$u_{BE}=U_{BEQ}+u_{be}$，$i_B=I_{BQ}+i_b$，$i_C=I_{CQ}+i_c$，$i_E=I_{EQ}+i_e$，$u_{CE}=$

$U_{CEQ}+u_{ce}$。

计算放大器放大交流信号的性能指标时，我们需要把晶体管用受控源模型取代，通过数学建模和公式求解，研究 u_{be}、i_b、i_c、i_e 和 u_{ce} 之间的关系。当输入信号是小信号时，工作点的变化范围较小，u_{be}、i_b、i_c、i_e 和 u_{ce} 之间是线性关系，管子模型也成为线性模型。当信号频率比较低，忽略半导体体电阻和 PN 结结电容时，我们可以用图 4.3.1 所示的低频小信号简化模型来描述晶体管对交流信号的变换，模型包括输入电阻、受控源和输出电阻。

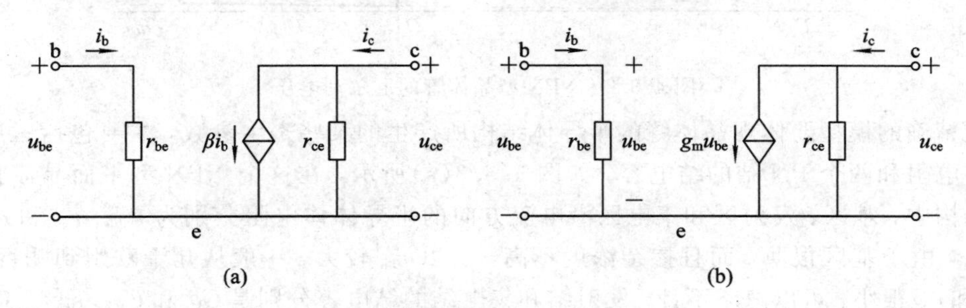

图 4.3.1　晶体管的低频小信号简化模型

(a) 流控型模型；(b) 压控型模型

图 4.3.1 中，输入电阻 r_{be} 体现了 u_{be} 通过发射结对 i_b 的控制作用，有

$$r_{be}=\frac{u_{be}}{i_b}=\frac{\partial u_{BE}}{\partial i_B}\bigg|_Q=\frac{\partial i_E}{\partial i_B}\cdot\frac{\partial u_{BE}}{\partial i_E}\bigg|_Q=(1+\beta)r_e \tag{4.3.1}$$

式中，$r_e=\frac{\partial u_{BE}}{\partial i_E}\Big|_Q=\frac{u_{be}}{i_e}$。因为 u_{be} 和 i_e 分别为发射结上的交流电压和交流电流，所以 r_e 是发射结的交流电阻，参考二极管交流电阻的计算公式(3.3.2b)，有

$$r_e=\frac{U_T}{I_{EQ}} \tag{4.3.2}$$

其中，U_T 为热电压。

受控源表现了晶体管对交流信号的放大作用。受控源的输出是集电极交流电流 i_c，控制信号可以是基极交流电流 i_b，此时的控制系数即为电流放大倍数 β，该受控源给出如图 4.3.1(a)所示的流控型模型。考虑到交流输入电压 u_{be} 对 i_b 的控制作用，也可以选择 u_{be} 作为 i_c 的控制信号，得到如图 4.3.1(b)所示的压控型模型。压控型模型的控制系数称为交流跨导，记为 g_m，有

$$g_m=\frac{i_c}{u_{be}}=\frac{\partial i_C}{\partial u_{BE}}\bigg|_Q=\frac{\partial i_C}{\partial i_B}\cdot\frac{\partial i_B}{\partial u_{BE}}\bigg|_Q=\frac{\beta}{r_{be}} \tag{4.3.3}$$

输出电阻 r_{ce} 与受控电流源并联，r_{ce} 的计算公式为

$$r_{ce}=\frac{u_{ce}}{i_c}\bigg|_{i_b=0}=\frac{\partial u_{CE}}{\partial i_C}\bigg|_{i_B=I_{BQ},\,Q}$$

从几何意义上看，r_{ce} 是晶体管输出特性上，I_{BQ} 对应的输出特性曲线在直流静态工作点 Q 处切线的斜率的倒数。晶体管在放大区的各条输出特性曲线延长，会相交于横轴上一点，交点的电压大小称为厄尔利电压，记为 U_A，如图 4.3.2 所示。因为 U_A 很大，所以

$$r_{ce}=\frac{U_A+U_{CEQ}}{I_{CQ}}\approx\frac{U_A}{I_{CQ}} \tag{4.3.4}$$

r_{ce}取值很大，一般从几十千欧到上百千欧，在很多情况下可以近似为开路。

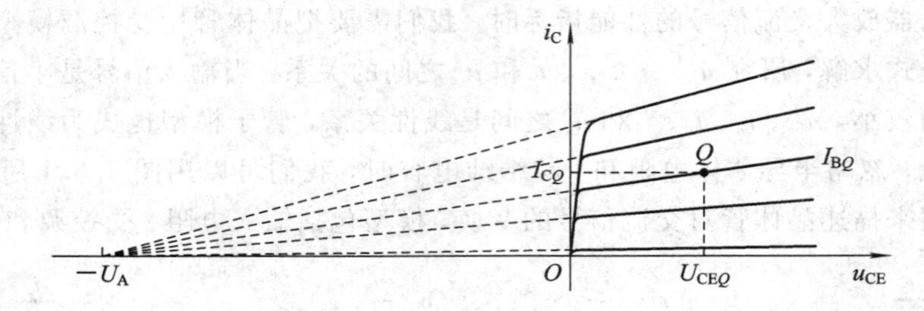

图 4.3.2　NPN 型晶体管的厄尔利电压

更精确的模型要体现晶体管的半导体结构所产生的某些寄生参数，主要包括三层半导体的体电阻和两个 PN 结的结电容。如图 4.3.3(a)所示，在这个 NPN 型平面晶体管的半导体结构中，基区、发射区和集电区沿电流方向的半导体体电阻分别为 $r_{bb'}$、$r_{ee'}$ 和 $r_{cc'}$。三者相比，由于基区很薄，而且掺杂浓度不高，所以 $r_{bb'}$ 较大，一般从几十欧姆到几百欧姆，而 $r_{ee'}$ 和 $r_{cc'}$ 很小，可以忽略不计。发射结和集电结的结电容分别是 $C_{b'e}$ 和 $C_{b'c}$，低频工作时，极间电容阻抗很大，其影响也可以忽略，故仅考虑基区体电阻 $r_{bb'}$ 影响的低频小信号模型如图 4.3.3(b)所示，且有

$$r_{be}=r_{bb'}+r_{b'e}=r_{bb'}+(1+\beta)r_e=r_{bb'}+(1+\beta)\frac{U_T}{I_{EQ}} \tag{4.3.5}$$

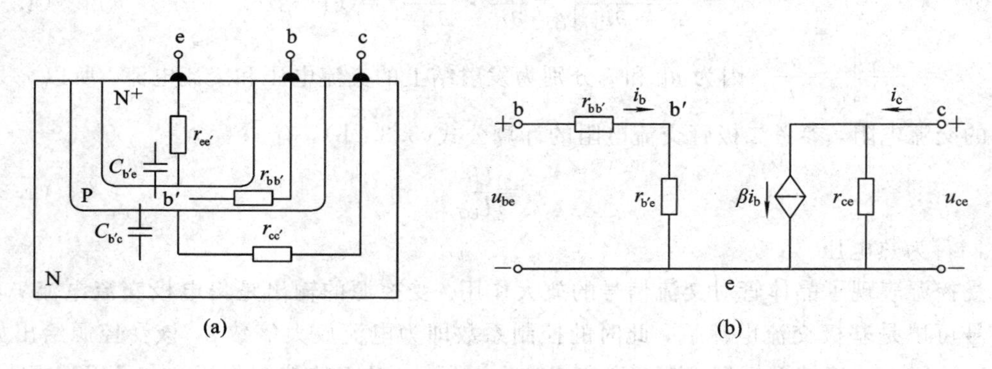

图 4.3.3　晶体管的寄生参数和相应模型

(a) NPN 型平面晶体管的半导体结构和寄生参数；(b) 体现寄生参数的低频小信号模型

4.3.2　共发射极放大器

共发射极放大器如图 4.3.4(a)所示。将直流电压源 U_{CC} 接地，并将交流耦合电容 C_B、C_C 和 C_E 短路，就得到了如图 4.3.4(b)所示的交流通路，示出交流信号的路径。继续将晶体管替换为图 4.3.1(a)所示的低频小信号简化模型，并将取值很大的 r_{ce} 开路，得到如图 4.3.4(c)所示的交流等效电路。交流等效电路用于计算放大器放大交流信号的电压放大倍数、输入电阻、输出电阻等指标，量化放大器的性能。

第一个性能指标是电压放大倍数 A_u。在输出回路上，电阻 R_C 和 R_L 并联成交流负载，输出电压为

$$U_o=-\beta I_b(R_C /\!/ R_L)$$

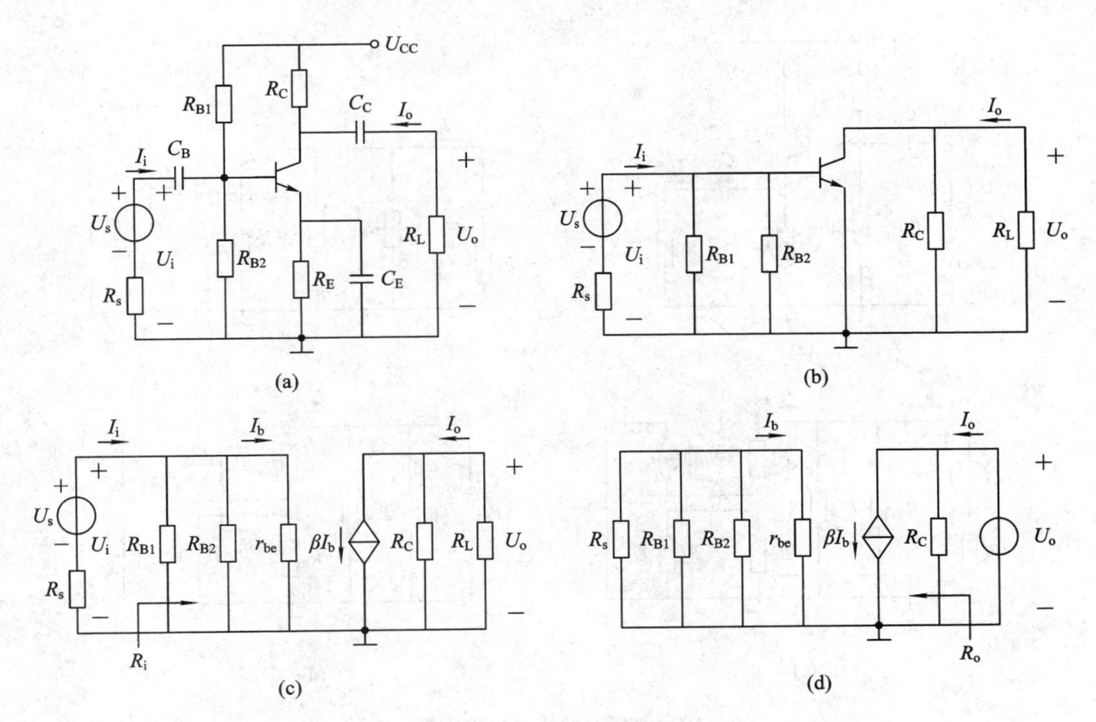

图 4.3.4　共发射极放大器

(a) 原电路；(b) 交流通路；(c) 交流等效电路；(d) 计算 R_o的交流等效电路

在输入回路上，输入电压也可以用基极电流 I_b表示为

$$U_i = I_b r_{be}$$

U_o与 U_i相比，约掉 I_b后，给出电压放大倍数为

$$A_u = \frac{U_o}{U_i} = -\frac{\beta(R_C /\!/ R_L)}{r_{be}} \tag{4.3.6}$$

第二个性能指标是输入电阻 R_i。R_i是从信号源一端向右看的电阻，不难得到

$$R_i = R_{B1} /\!/ R_{B2} /\!/ r_{be} \tag{4.3.7}$$

第三个性能指标是输出电阻 R_o。R_o是从负载电阻 R_L一端向左看的电阻，根据线性电路输出电阻的定义，把信号源电压 U_s置零，信号源内阻 R_s保留，再把 R_L去掉，在其位置接入一个电压源，修改后的交流等效电路如图 4.3.4(d)所示，R_o为电压源的输出电压 U_o和输出电流 I_o之比。因为输入回路无源，所以 $I_b=0$，受控电流源的电流 βI_b也为零，电流源开路。这样，从 R_L界面向左只有电阻 R_C，于是输出电阻为

$$R_o = R_C \tag{4.3.8}$$

4.3.3　共集电极放大器

阻容耦合共集电极放大器及其交流通路如图 4.3.5(a)、(b)所示，引入晶体管的低频小信号简化模型，得到图 4.3.5(c)所示的交流等效电路。

在输出回路上，电阻 R_E和 R_L并联成交流负载。该并联支路的总电流包括电阻 r_{be}上的基极电流 I_b和受控电流源的电流 βI_b，输出电压为

$$U_o = (1+\beta) I_b (R_E /\!/ R_L)$$

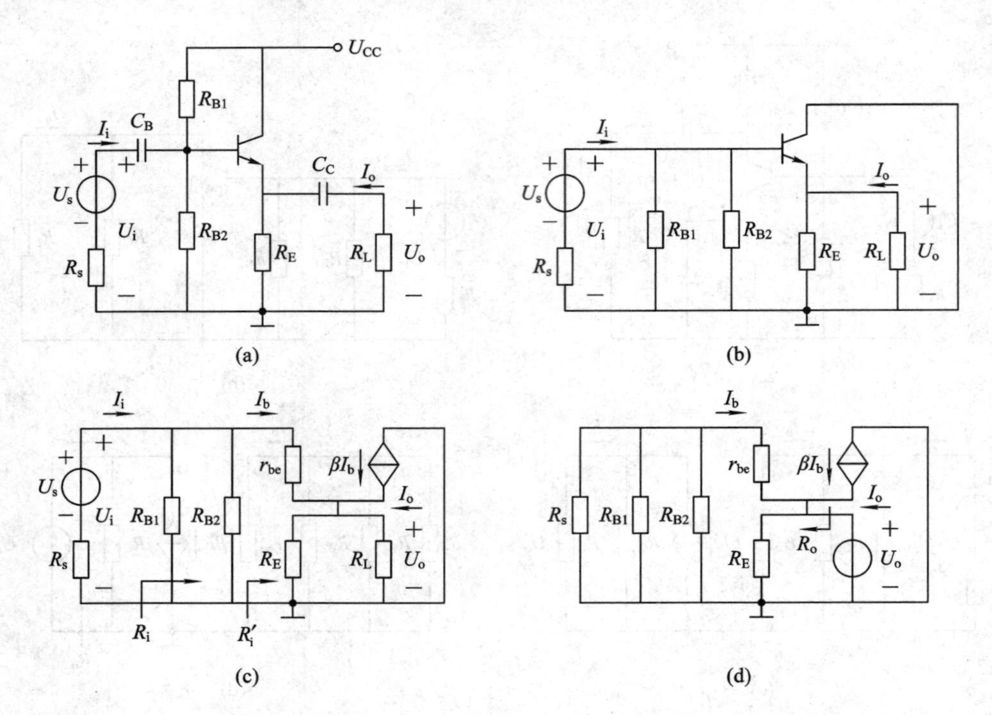

图 4.3.5 共集电极放大器

(a) 原电路；(b) 交流通路；(c) 交流等效电路；(d) 计算 R_o的交流等效电路

在输入回路上，输入电压可以分为两部分，第一部分是 r_{be}上的电压，第二部分是 R_E和 R_L并联支路上的电压，即 U_o。二者相加，得到输入电压为

$$U_i = I_b r_{be} + (1+\beta) I_b (R_E /\!/ R_L)$$

U_o与 U_i相比给出电压放大倍数为

$$A_u = \frac{U_o}{U_i} = = \frac{(1+\beta)(R_E /\!/ R_L)}{r_{be} + (1+\beta)(R_E /\!/ R_L)} \tag{4.3.9}$$

从信号源一端向右看，除了电阻 R_{B1}和 R_{B2}，R_{B2}向右还有电阻，用 R_i'表示。R_i'界面上，上下两端的电压是 U_i，电流则是 I_b，二者相比，得 $R_i' = r_{be} + (1+\beta)(R_E /\!/ R_L)$。$R_{B1}$、$R_{B2}$和 R_i'并联给出输入电阻为

$$R_i = R_{B1} /\!/ R_{B2} /\!/ [r_{be} + (1+\beta)(R_E /\!/ R_L)] \tag{4.3.10}$$

计算输出电阻 R_o时，信号源电压 U_s置零，信号源内阻 R_s保留，负载电阻 R_L替换为一个电压源，如图 4.3.5(d)所示。U_o可以从电阻 R_E上计算，流过 R_E的电流有 I_b、βI_b和输出电流 I_o，所以

$$U_o = [(1+\beta) I_b + I_o] R_E \tag{4.3.11}$$

U_o还可以根据电阻 r_{be}、R_s、R_{B1}和 R_{B2}的串并联关系，以及流过它们的 I_b计算：

$$U_o = -I_b (r_{be} + R_s /\!/ R_{B1} /\!/ R_{B2}) \approx -I_b (r_{be} + R_s) \tag{4.3.12}$$

式(4.3.11)和式(4.3.12)联立求解，去掉 I_b，得到 U_o和 I_o的关系表达式，再将二者相比，输出电阻为

$$R_o = \frac{U_o}{I_o} = \frac{(r_{be} + R_s) R_E}{r_{be} + R_s + (1+\beta) R_E} = \frac{R_s + r_{be}}{1+\beta} /\!/ R_E \tag{4.3.13}$$

4.3.4　共基极放大器

共基极放大器及其交流通路、交流等效电路分别如图 4.3.6(a)、(b)、(c)所示。

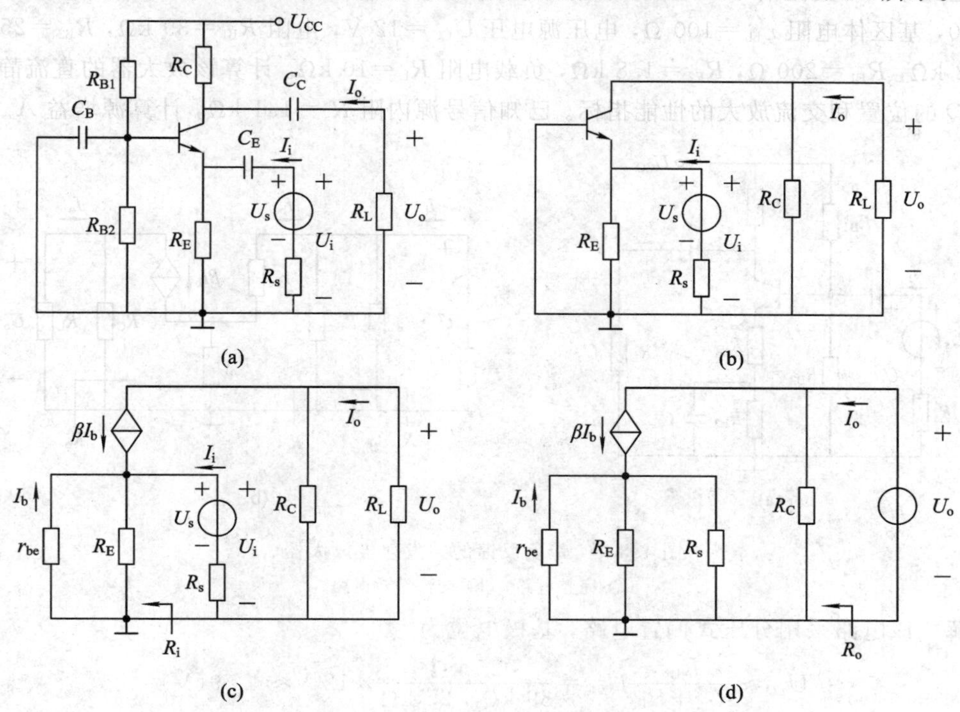

图 4.3.6　共基极放大器

(a) 原电路；(b) 交流通路；(c) 交流等效电路；(d) 计算 R_o的交流等效电路

在输出回路上，电阻 R_C和 R_L并联成交流负载，该并联支路的总电流是受控电流源的电流 βI_b，输出电压为

$$U_o = -\beta I_b (R_C /\!/ R_L)$$

在输入回路上，输入电压 U_i可以从电阻 r_{be}上计算，即

$$U_i = -I_b r_{be}$$

电压放大倍数为

$$A_u = \frac{U_o}{U_i} = \frac{\beta (R_C /\!/ R_L)}{r_{be}} \tag{4.3.14}$$

共基极放大器的输入端相当于共集电极放大器的输出端，所以共基极放大器的输入电阻与共集电极放大器的输出电阻相等，即

$$R_i = R_E /\!/ \frac{r_{be}}{1+\beta} \tag{4.3.15}$$

输出电阻 R_o根据图 4.3.6(d)计算。流过电阻 R_s和 R_E的电流是 I_b和 βI_b，它们在并联支路上下两端产生的电压为$(1+\beta) I_b (R_s /\!/ R_E)$。如果从电阻 r_{be}上计算这个电压，由于 I_b方向向上，结果是$-I_b r_{be}$。同一电压的两个表达式正负号相反，除了 I_b，其他变量都大于零，所以只有 I_b等于零。这样，受控电流源的电流 βI_b也为零，电流源开路，输出电阻为

$$R_o = R_C \tag{4.3.16}$$

【例 4.3.1】 共发射极放大器如图 4.3.7(a)所示，电阻 R_E 拆分为两个串联的电阻 R_{E1} 和 R_{E2}，$R_E=R_{E1}+R_{E2}$，所以拆分不影响直流偏置。电容 C_E 只对 R_{E2} 交流短路，R_{E1} 出现在交流通路中，对交流信号形成负反馈。晶体管的导通电压 $U_{BE(on)}=0.7\ \text{V}$，电流放大倍数 $\beta=100$，基区体电阻 $r'_{bb}=100\ \Omega$，电压源电压 $U_{CC}=12\ \text{V}$，电阻 $R_{B1}=39\ \text{k}\Omega$，$R_{B2}=25\ \text{k}\Omega$，$R_C=2\ \text{k}\Omega$，$R_{E1}=200\ \Omega$，$R_{E2}=1.8\ \text{k}\Omega$，负载电阻 $R_L=10\ \text{k}\Omega$。计算该放大器的直流静态工作点 Q 的位置和交流放大的性能指标。已知信号源内阻 $R_s=1.1\ \text{k}\Omega$，计算源增益 A_{us}。

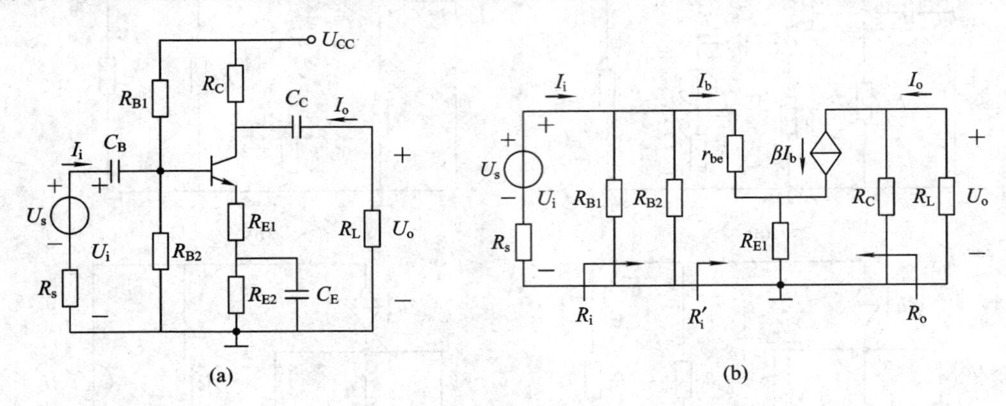

图 4.3.7 带负反馈的共发射极放大器

(a) 完整电路；(b) 交流等效电路

解 该电路采用分压式偏置电路，基极电位为

$$U_{BQ}\approx\frac{R_{B2}}{R_{B1}+R_{B2}}U_{CC}=\frac{25\ \text{k}\Omega}{39\ \text{k}\Omega+25\ \text{k}\Omega}\times 12\ \text{V}\approx 4.69(\text{V})$$

集电极直流偏置电流为

$$I_{CQ}\approx I_{EQ}=\frac{U_{BQ}-U_{BE(on)}}{R_{E1}+R_{E2}}=\frac{4.69\ \text{V}-0.7\ \text{V}}{200\ \Omega+1.8\ \text{k}\Omega}\approx 2(\text{mA})$$

直流输出电压为

$$U_{CEQ}\approx U_{CC}-I_{CQ}(R_C+R_{E1}+R_{E2})=12\ \text{V}-2\ \text{mA}\times(2\ \text{k}\Omega+200\ \Omega+1.8\ \text{k}\Omega)\approx 4(\text{V})$$

交流等效电路如图 4.3.7(b)所示，其中：

$$r_{be}=r'_{bb}+(1+\beta)\frac{U_T}{I_{CQ}}=100\ \Omega+(1+100)\frac{26\text{mV}}{2\text{mA}}\approx 1.41(\text{k}\Omega)$$

电压放大倍数为

$$A_u=\frac{U_o}{U_i}=\frac{-\beta I_b(R_C/\!/R_L)}{I_b r_{be}+(1+\beta)I_b R_{E1}}=\frac{-\beta(R_C/\!/R_L)}{r_{be}+(1+\beta)R_{E1}}\approx\frac{-R_C/\!/R_L}{R_{E1}}=\frac{-2\ \text{k}\Omega/\!/10\ \text{k}\Omega}{200\ \Omega}=-8.33$$

输入电阻为

$$\begin{aligned}R_i&=R_{B1}/\!/R_{B2}/\!/R'_i=R_{B1}/\!/R_{B2}/\!/[r_{be}+(1+\beta)R_{E1}]\\&=39\ \text{k}\Omega/\!/25\ \text{k}\Omega/\!/[1.41\ \text{k}\Omega+(1+100)\times 200\Omega]=8.94(\text{k}\Omega)\end{aligned}$$

可以证明 R_{E1} 进一步提高了管子界面的等效输出电阻，与集电极电阻 R_C 并联后，总输出电阻取决于 R_C，即

$$R_o=R_C=2(\text{k}\Omega)$$

源增益为

$$A_{us}=\frac{U_o}{U_s}=\frac{U_i}{U_s}\times\frac{U_o}{U_i}=\frac{R_i}{R_s+R_i}A_u=\frac{8.94\ \text{k}\Omega}{1.1\ \text{k}\Omega+8.94\ \text{k}\Omega}\times(-8.33)=-7.42$$

4.3.5　三种组态晶体管放大器的比较

表 4.3.1 列出了三种组态的晶体管放大器的性能指标，通过两路电阻并联时忽略大电阻的影响，将公式做了近似处理以便简明比较。

表 4.3.1　晶体管放大器的性能指标

性能指标	共发射极放大器	共集电极放大器	共基极放大器
电压放大倍数 A_u	$-\dfrac{\beta(R_C /\!/ R_L)}{r_{be}}$ （较大）	$\dfrac{(1+\beta)(R_E /\!/ R_L)}{r_{be}+(1+\beta)(R_E /\!/ R_L)}$ （近似为 1）	$\dfrac{\beta(R_C /\!/ R_L)}{r_{be}}$ （较大，但源增益 A_{us} 很小）
输入电阻 R_i	r_{be} （较小）	$R_{B1} /\!/ R_{B2} /\!/ [r_{be}+(1+\beta)(R_E /\!/ R_L)]$ （很大）	$\dfrac{r_{be}}{1+\beta}$ （很小）
输出电阻 R_o	R_C （较大）	$\dfrac{r_{be}+R_s}{1+\beta}$ （很小）	R_C （较大）

共发射极放大器是唯一的反相放大器。共基极放大器与共发射极放大器电压放大倍数的大小一样，它们都有比较强的电压放大能力。共集电极放大器的电压放大能力很弱，电压放大倍数小于且近似等于 1。

共集电极放大器的输入电阻很大，共发射极放大器的输入电阻较小，而共基极放大器的输入电阻很小。

共发射极放大器和共基极放大器的输出电阻一样，都比较大，而共集电极放大器的输出电阻很小。

由于电压放大能力较强，共发射极放大器可以用作多级放大器的主放大器。共基极放大器的输入电阻很小，但高频特性很好，适用于放大高频信号。但是，共发射极放大器和共基极放大器的输入电阻都不大，而输出电阻较大，所以电压传输效率较低，放大能力受负载影响较明显，不适于用作多级放大器的输入级或输出级放大器。由于电压放大倍数几乎等于 1，共集电极放大器的输出电压和输入电压近似相等。很大的输入电阻说明前级电路用很小的电流就可以带动该放大器工作。同时，该放大器的输出电阻很小，可以有较大的输出电流带动较小的负载，而不影响输出电压。所以，共集电极放大器可以用作多级放大器的输入级和输出级，也可以作为中间级，起传递电压、隔离电流的作用，又称为射极跟随器。由于输入电流小，输出电流大，所以这种放大器的电流放大倍数很大，能有效地放大交流信号的功率。

4.4　基本放大器的图解分析法

图解分析法是基于晶体管的伏安特性和外围电路确定的极电流和极间电压的关系，作图获得直流静态工作点和交流信号作用下工作点的运动轨迹，继而决定极电流和极间电压的波形。作为放大器分析的辅助手段，图解法主要研究放大器的非线性失真和最大不失真动态范围。

图 4.4.1(a)所示为一个采用固定偏流电路做直流偏置的共发射极放大器，其直流偏置电路和交流通路分别如图 4.4.1(b)、(c)所示。基于直流偏置电路，有 $I_{BQ}=(U_{CC}-U_{BE(on)})/R_B$，从而得到 I_{BQ}对应的输出特性曲线，如图 4.4.2 所示。直流偏置电路中又有$i_C=(U_{CC}-u_{CE})/R_C$，对应的关系曲线称为直流负载线。直流静态工作点 Q 要同时满足晶体管和外围电路给出的两个 i_C和 u_{CE}的关系，所以必须在输出特性曲线与直流负载线的交点，Q 的两个坐标分别为 I_{CQ}和 U_{CEQ}。

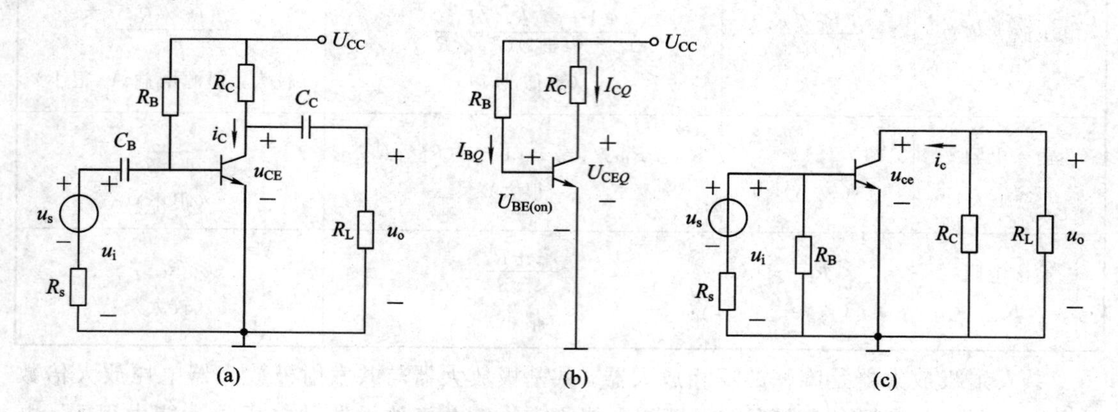

图 4.4.1　采用固定偏流电路的共发射极放大器

(a) 完整电路；(b) 直流偏置电路；(c) 交流通路

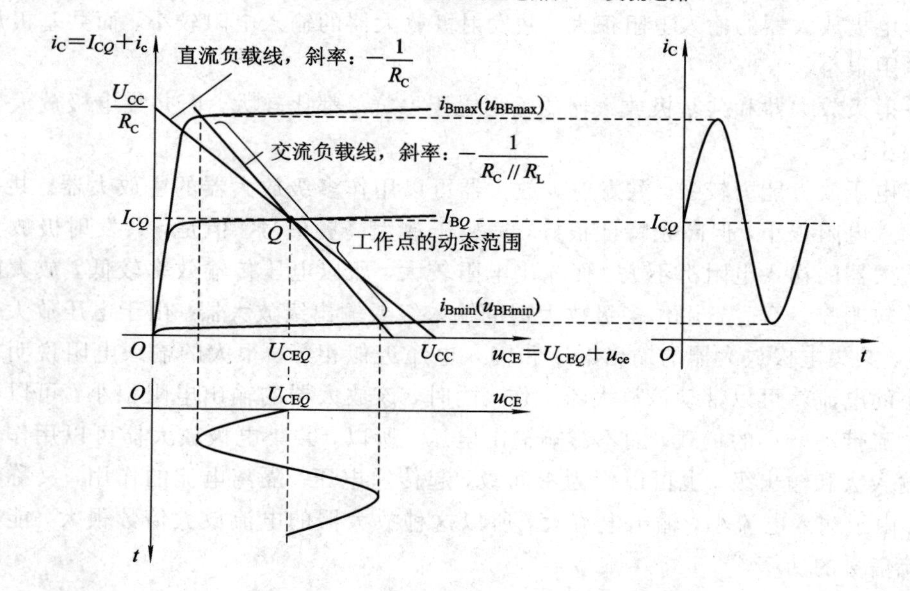

图 4.4.2　共发射极放大器的图解分析

在输出特性上，工作点的坐标变化量即为 i_c和 u_{ce}。交流信号 i_c和 u_{ce}的关系由图 4.4.1(c)所示的交流通路给出：$i_c=-\dfrac{u_{ce}}{R_C /\!/ R_L}$。作为坐标变化量，$i_c$和 u_{ce}的线性关系说明工作点以 Q 为中心，沿一条直线运动，这条直线称为交流负载线，如图 4.4.2 所示。在任意时刻，$i_B=I_{BQ}+i_b$，其对应的输出特性曲线与交流负载线的交点就是此时工作点的位置。在交流信号一个周期内，i_B在最大值i_{Bmax}和最小值i_{Bmin}之间变化，u_{BE}也在最大值u_{BEmax}和最小值u_{BEmin}之间变化，输出特性曲线扫过一个范围，这个范围的交流负载线就是工作点的动态范围。在动态范围内，工作点的坐标随时间的变化给出i_C和u_{CE}的波形。

图4.4.3(a)中，直流静态工作点Q的位置过高，接近饱和区。当i_B接近i_{Bmax}时，输出特性曲线位于阴影所示范围内，与交流负载线交于饱和区内的同一点S，这段时间内i_C和u_{CE}不变，导致波形失真，称为饱和失真。图4.4.3(b)中，Q的位置过低，接近截止区。当u_{BE}小于$U_{BE(on)}$时，输出特性曲线集中在截止区，与交流负载线交于同一点C，这段时间内i_C和u_{CE}也不变，导致另一种波形失真，称为截止失真。

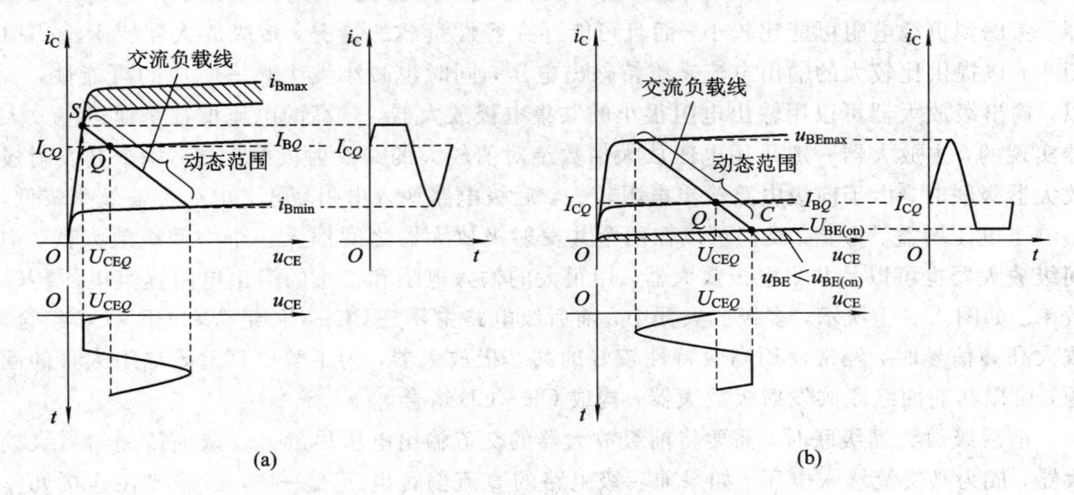

图4.4.3　非线性失真

(a) 饱和失真；(b) 截止失真

饱和失真和截止失真会导致输出信号产生新的交流分量，属于非线性失真。为了避免饱和失真，工作点最多运动到饱和区边缘，此时的u_{CE}最小，接近饱和压降$U_{CE(sat)}$，因此u_{CE}的最大振幅为$U_{CEQ}-U_{CE(sat)}$；为了避免截止失真，工作点最多运动到截止区边缘，利用交流负载线的斜率，可得u_{CE}的最大振幅为$I_{CQ}(R_C /\!/ R_L)$。考虑到u_{CE}以U_{CEQ}为中心对称变化，用u_{CE}的峰峰值来描述最大不失真动态范围时，有

$$U_{opp}=\min[U_{CEQ}-U_{CE(sat)},\ I_{CQ}(R_C /\!/ R_L)] \tag{4.4.1}$$

不难看出，当直流静态工作点Q设置在放大区中交流负载线的中心时，$U_{CEQ}-U_{CE(sat)}=I_{CQ}(R_C /\!/ R_L)$，$U_{opp}$有最大值。

4.5　多级放大器

4.5.1　多级放大器的结构及级间耦合方式

单级放大器级联能够构成性能指标较好的多级放大器。多级放大器的各级电路可以分为输入级放大器、输出级放大器，以及内部的一个或多个主放大器，各级主放大器之间可以设计中间级放大器，如图4.5.1所示。

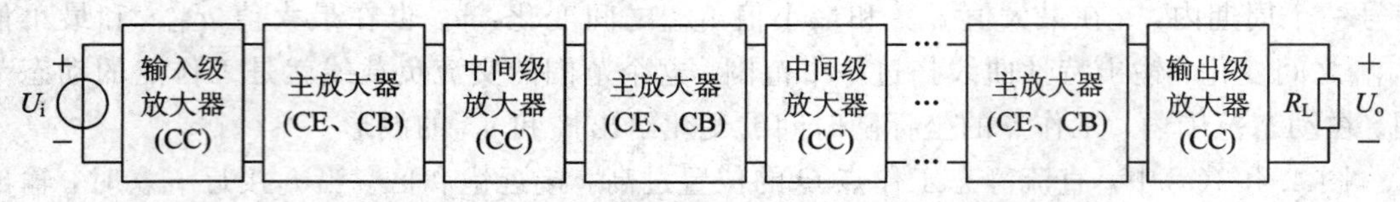

CC—共集电极放大器；CE—共发射极放大器；CB—共基极放大器

图 4.5.1 多级放大器的结构

对电压放大时，多级放大器要求输入电阻大，便于前级电路用很小的电流就能把电压传过来，带动多级放大器工作，所以，输入级放大器可以用输入电阻很大的共集电极放大器。考虑到负载电阻可能比较小，而且可能存在容性负载的情况，多级放大器要求输出电阻小，以提供比较大的输出电流来维持输出电压，同时也减小发生频率响应的可能性，所以，输出级放大器可以用输出电阻很小的共集电极放大器。较高的电压增益是通过主放大器实现的，主放大器一般采用电压放大倍数绝对值较大的共发射极放大器。两个共发射极放大器级联时，由于前级电路输出电阻较大，后级电路输入电阻较小，电压传输效率较低，影响了电压增益。为此，我们可以在两个共发射极放大器之间插入一个中间级放大器，中间级放大器也可以是共集电极放大器，用很大的输入电阻和很小的输出电阻提高电压传输效率。如图 4.5.1 所示，多级放大器中，前后级电路主要是 CC－CE 组合和 CE－CC 组合。放大高频信号时，经常使用高频特性较好的共基极放大器，为了解决其输入电阻太小的问题，可以在前面级联共发射极放大器，构成 CE－CB 组合。

前后级放大器级联时，需要将前级放大器的交流输出电压尽量无衰减地传递给后级放大器，成为其交流输入电压。如果前后级电路的直流偏置电压不一样，还需要在连接处作直流隔离。在隔直流、通交流的同时，极间耦合还要把后级放大器的输入电阻传递给前级放大器，成为其负载电阻，把前级放大器的输出电阻传递给后级放大器，成为其信号源的内阻。极间耦合有变压器耦合、阻容耦合和直接耦合，如图 4.5.2 所示。

图 4.5.2(a)所示为变压器耦合。这种设计把前级放大器的输出电压加到变压器 Tr 的原边，在副边上感应出后级放大器的输入电压。电压传输关系为

$$U_{i2}=\frac{N_2}{N_1}U_{o1} \tag{4.5.1}$$

其中，U_{o1}和U_{i2}分别为前级放大器的交流输出电压和后级放大器的交流输入电压，N_1和N_2分别为原边和副边的匝数。由于 Tr 的隔离，前后级放大器的直流静态工作点互不影响，可以单独设计，两级放大器的交流接地端彼此独立。Tr 同时实现阻抗变换，即

$$R_{L1}=\left(\frac{N_1}{N_2}\right)^2R_{i2} \tag{4.5.2}$$

$$R_{s2}=\left(\frac{N_2}{N_1}\right)^2R_{o1} \tag{4.5.3}$$

其中，R_{L1}为前级放大器的负载电阻，R_{i2}为后级放大器的输入电阻，R_{s2}为后级放大器的信号源内阻，R_{o1}为前级放大器的输出电阻。

图 4.5.2(b)所示为阻容耦合，利用一个交流耦合电容 C_c实现隔直流、通交流。这种设计中，前后级放大器的直流静态工作点也互不影响。如果两级放大器连接位置的直流电位相等，则可以不用交流耦合电容，实现直接耦合，如图 4.5.2(c)所示。阻容耦合和直接耦

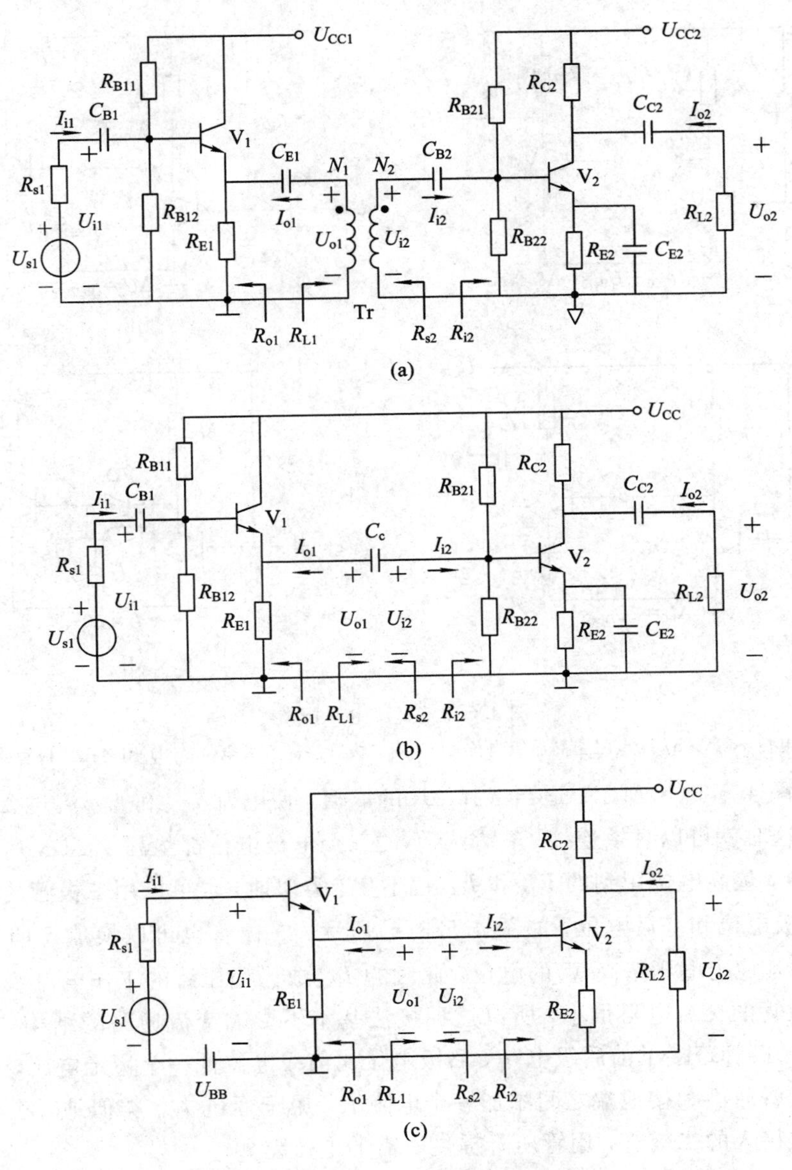

图 4.5.2　多级放大器的级间耦合

(a) 变压器耦合；(b) 阻容耦合；(c) 直接耦合

合中，前后级放大器的电压传输关系为 $U_{i2}=U_{o1}$，电阻关系为 $R_{L1}=R_{i2}$，$R_{s2}=R_{o1}$。

直接耦合的前后级放大器可以共用直流偏置电路，有利于电路的小型化，所以直接耦合广泛应用于集成电路的设计中。直接耦合要求前后级电路在连接位置等电位，如果电位不等，则需要直流电平配置。

图 4.5.3(a)所示的 CE－CE 两级放大器中，晶体管 V_1 的集电极需要连接到晶体管 V_2 的基极。假设 V_1 的集电极电位 U_{CQ1} 大于 V_2 的基极电位 U_{BQ2}，二者之间的电压记为 ΔU，无法直接连接。

直接耦合时，可以把电阻 R_{C2} 分出一部分，记为 ΔR，把这部分电阻放到发射极支路上

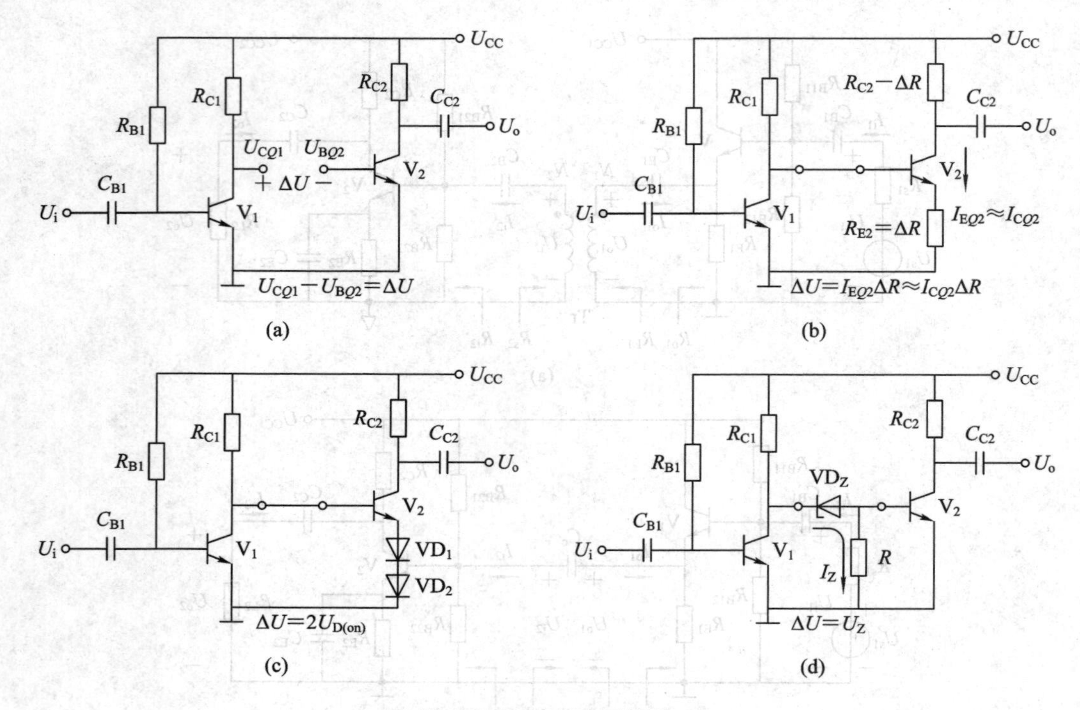

图 4.5.3　直流电平配置

(a) 连接处电位不等；(b) 用电阻垫高后级电位；(c) 用二极管垫高后级电位；(d) 用稳压二极管跨接前后级

成为 R_{E2}，如图 4.5.3(b)所示。适当选择 ΔR 的取值，使电流 I_{EQ2} 和 I_{CQ2} 流过 ΔR 时产生的电压是 ΔU，这时就可以直接连接了。因为 V_2 的三个电极电位都垫高了 ΔU，所以其直流静态工作点不变，垫高电位用到的 I_{EQ2} 和 I_{CQ2} 也不变。类似地，也可以用二极管的管压降来垫高 V_2 的发射极电位和基极电位，如图 4.5.3(c)所示。二极管也可以换成反向接入的稳压二极管，利用其稳定电压垫高 V_2 的电位，此时的 I_{EQ2} 成为稳压管的工作电流 I_Z。因为二极管和稳压二极管的交流电阻很小，所以这种接法基本不影响交流通路的结构。在图 4.5.3(d)中，稳压二极管跨接了前后级电路，后级电位比前级电位低一个稳定电压，这种设计需要在稳压二极管后面和接地端之间添加一个电阻 R，用于通过 I_Z。类似地，稳压二极管也可以换成正向接入的二极管，用管压降提供所需的电位差。

4.5.2　多级放大器的指标计算

多级放大器的指标是基于其中每一级放大器的指标进行计算的。以图 4.5.4 所示的直接耦合的多级放大器为例，考虑到电压放大倍数和输入电阻可能与负载电阻有关，这两个参数按着从后往前的顺序逐级计算。除输出级放大器的负载电阻已知外，每次都把后级放大器的输入电阻作为前级放大器的负载电阻，计算前级放大器的电压放大倍数和输入电阻。输出电阻则可能和信号源内阻有关，这个参数从前往后逐级计算。除输入级放大器的信号源内阻已知外，每次都把前级放大器的输出电阻作为后级放大器的信号源内阻，计算后级放大器的输出电阻。最后，完整的多级放大器的电压放大倍数是各级放大器的电压放大倍数的乘积，即

$$A_u=\frac{U_o}{U_i}=\frac{U_{oN}}{U_{i1}}=\frac{U_{o1}}{U_{i1}}\times\frac{U_{o2}}{U_{o1}}\times\cdots\times\frac{U_{o(N-1)}}{U_{o(N-2)}}\times\frac{U_{oN}}{U_{o(N-1)}}$$

$$=\frac{U_{o1}}{U_{i1}}\times\frac{U_{o2}}{U_{i2}}\times\cdots\times\frac{U_{o(N-1)}}{U_{i(N-1)}}\times\frac{U_{oN}}{U_{iN}}=A_{u1}\times A_{u2}\times\cdots\times A_{u(N-1)}\times A_{uN} \tag{4.5.4}$$

输入电阻是第一级放大器的输入电阻，输出电阻是最后一级放大器的输出电阻，即 $R_i=R_{i1}$，$R_o=R_{oN}$。

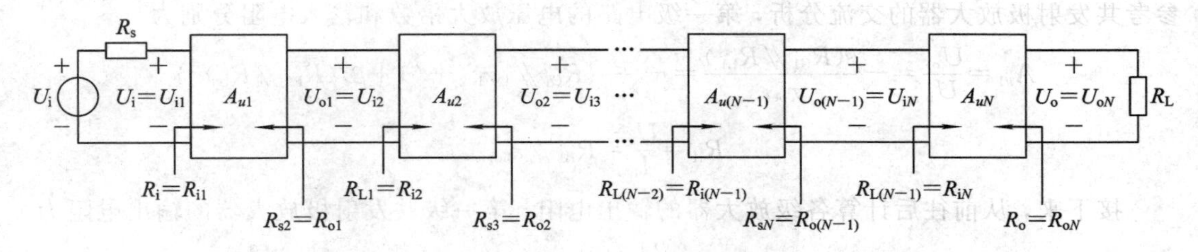

图 4.5.4　多级放大器的指标计算

【例 4.5.1】 CE-CC 两级放大器如图 4.5.5(a)所示，晶体管 V_1 和 V_2 的电流放大倍数都为 β，交流输入电阻分别为 r_{be1} 和 r_{be2}。计算该放大器的电压放大倍数 A_u、输入电阻 R_i 和输出电阻 R_o。

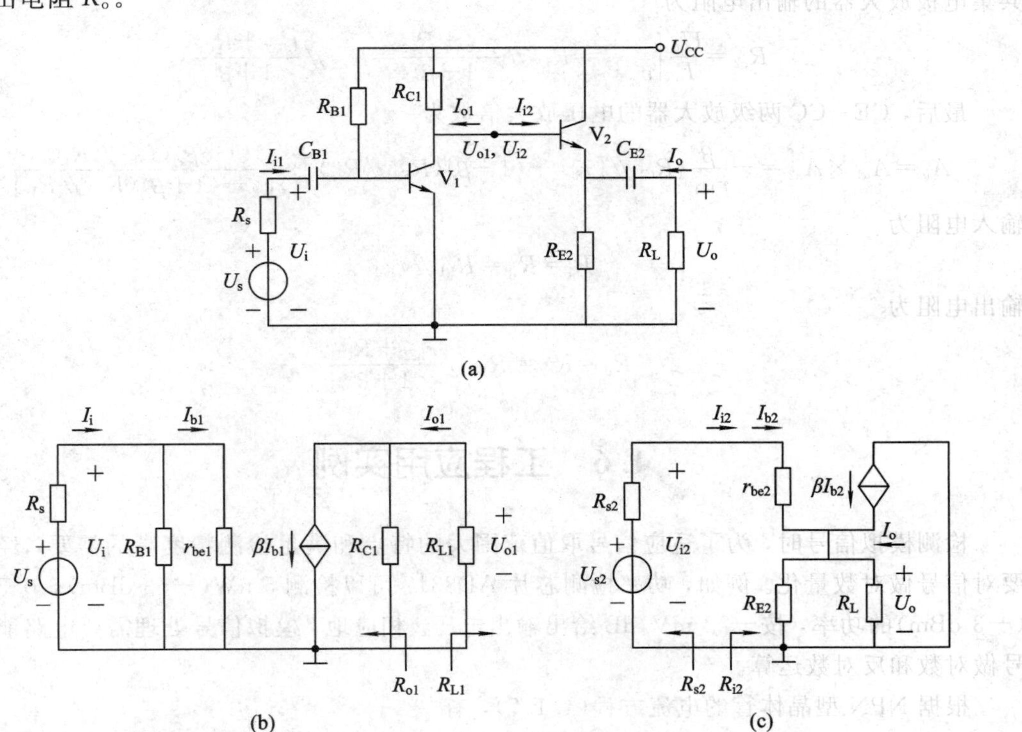

图 4.5.5　CE-CC 两级放大器

(a) 完整电路；(b) 第一级 CE 放大器的交流等效电路；(c) 第二级 CC 放大器的交流等效电路

解　第一级放大器和第二级放大器的交流等效电路分别如图 4.5.5(b)、(c)所示。首先，从后往前计算各级放大器的电压放大倍数和输入电阻。参考共集电极放大器的交流分析，得到第二级电路的两个参数：

$$A_{u2}=\frac{U_o}{U_{i2}}=\frac{(1+\beta)(R_{E2}/\!/R_L)}{r_{be2}+(1+\beta)(R_{E2}/\!/R_L)}$$

$$R_{i2}=\frac{U_{i2}}{I_{i2}}=r_{be2}+(1+\beta)(R_{E2}/\!/R_L)$$

第一级电路的负载电阻等于第二级电路的输入电阻，即

$$R_{L1}=R_{i2}=r_{be2}+(1+\beta)(R_{E2}/\!/R_L)$$

参考共发射极放大器的交流分析，第一级电路的电压放大倍数和输入电阻分别为

$$A_{u1}=\frac{U_{o1}}{U_i}=-\frac{\beta(R_{C1}/\!/R_{L1})}{r_{be1}}=-\frac{\beta}{r_{be1}}\{R_{C1}/\!/[r_{be2}+(1+\beta)(R_{E2}/\!/R_L)]\}$$

$$R_{i1}=\frac{U_i}{I_i}=R_{B1}/\!/r_{be1}$$

接下来，从前往后计算各级放大器的输出电阻。第一级共发射极放大器的输出电阻为

$$R_{o1}=\frac{U_{o1}}{I_{o1}}\bigg|_{U_s=0}=R_{C1}$$

该输出电阻是第二级共集电极放大器的信号源内阻，即

$$R_{s2}=R_{o1}=R_{C1}$$

共集电极放大器的输出电阻为

$$R_{o2}=\frac{U_o}{I_o}\bigg|_{U_{s2}=0}=R_{E2}/\!/\frac{r_{be2}+R_{s2}}{1+\beta}=R_{E2}/\!/\frac{r_{be2}+R_{C1}}{1+\beta}$$

最后，CE－CC两级放大器的电压放大倍数为

$$A_u=A_{u1}\times A_{u2}=-\frac{\beta}{r_{be1}}\{R_{C1}/\!/[r_{be2}+(1+\beta)(R_{E2}/\!/R_L)]\}\frac{(1+\beta)(R_{E2}/\!/R_L)}{r_{be2}+(1+\beta)(R_{E2}/\!/R_L)}$$

输入电阻为

$$R_i=R_{i1}=R_{B1}/\!/r_{be1}$$

输出电阻为

$$R_o=R_{o2}=R_{E2}/\!/\frac{r_{be2}+R_{C1}}{1+\beta}$$

4.6　工程应用实例

检测模拟信号时，为了适应信号取值范围大的特点和满足检测精度高的需要，经常需要对信号做对数量化。例如，功率检测芯片AD8317可以检测5 nW(－53 dBm)～0.5 mW(－3 dBm)的功率，按－22 mV/dB给出输出电压。相应地，模拟信号处理需要电路能对信号做对数和反对数运算。

根据NPN型晶体管的电流方程(4.1.7)，有

$$u_{BE}\approx U_T\ln\frac{i_C}{I_S}$$

由此可以设计放大器完成对数和反对数运算。图4.6.1(a)中，输出电压 $u_o=-u_{BE}=-U_T\ln(i_C/I_S)$，又 $i_C=u_i/R$，所以

$$u_o=-U_T\ln\frac{u_i}{I_SR}\tag{4.6.1}$$

这样就实现了从 u_i 到 u_o 的对数运算。图 4.6.1(b)中，根据 PNP 型晶体管的电流方程，有 $u_o = i_C R = -I_S R \exp(-u_{BE}/U_T)$，而输入电压 $u_i = -u_{BE}$，因此

$$u_o = -I_S R e^{\frac{u_i}{U_T}} \tag{4.6.2}$$

这样就实现了 u_o 和 u_i 之间的反对数运算。

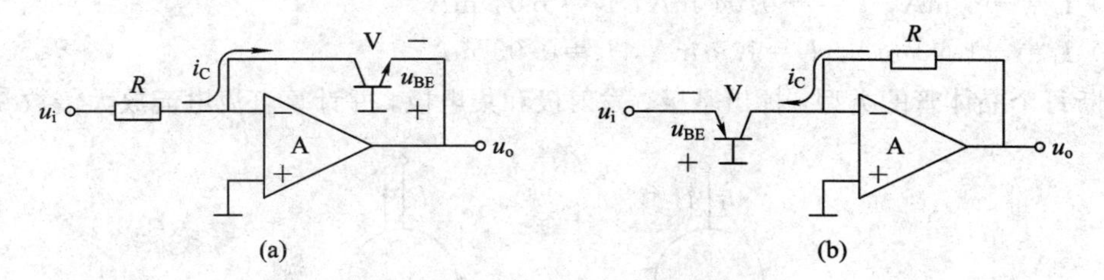

图 4.6.1　对数和反对数放大器

(a) 对数放大器；(b) 反对数放大器

对数运算和反对数运算中 u_o 和 u_i 不是线性关系，放大器是非线性电路，分析中不适用叠加原理。

在对数和反对数运算的基础上可以进一步设计多级放大器，完成乘法运算和除法运算。做乘法运算时，两个信号先取对数，再相加，然后取反对数，用三级放大器实现，如图 4.6.2(a)所示。做除法运算时，把第二级放大器从相加器改为相减器，如图 4.6.2(b)所示。

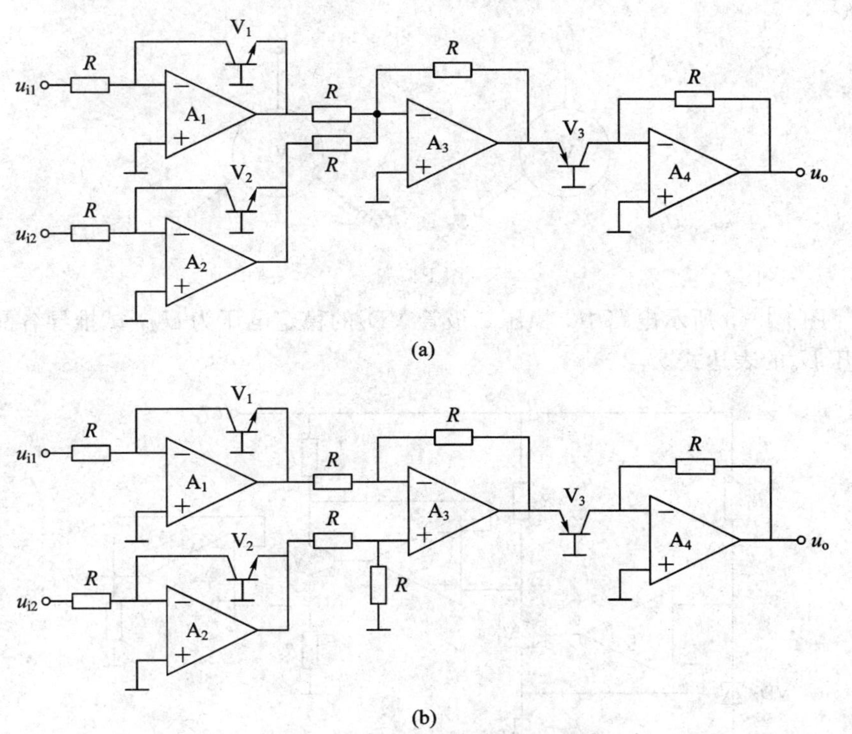

图 4.6.2　乘法和除法运算电路

(a) 乘法器；(b) 除法器

思考题与习题

4-1 实验测得图 P4-1 中两个放大状态下的晶体管的极电流分别为

(1) $I_1=-5$ mA，$I_2=-0.04$ mA，$I_3=5.04$ mA。

(2) $I_4=-1.93$ mA，$I_5=1.9$ mA，$I_6=0.03$ mA。

判断每个晶体管的类型，标出基极、发射极和集电极，并计算直流电流放大倍数 $\bar{\beta}$ 和 $\bar{\alpha}$。

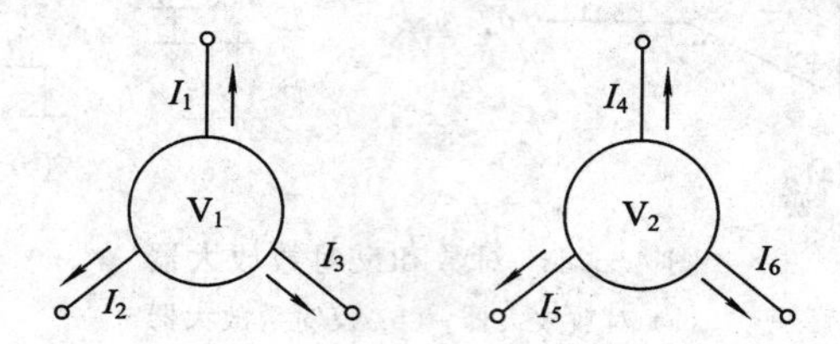

图 P4-1

4-2 实验测得图 P4-2 中两个放大状态下的晶体管三个电极的电位分别为

(1) $U_1=3$ V，$U_2=6$ V，$U_3=3.7$ V。

(2) $U_4=-2.7$ V，$U_5=-2$ V，$U_6=-5$ V。

判断每个晶体管的类型，标出基极、发射极和集电极。

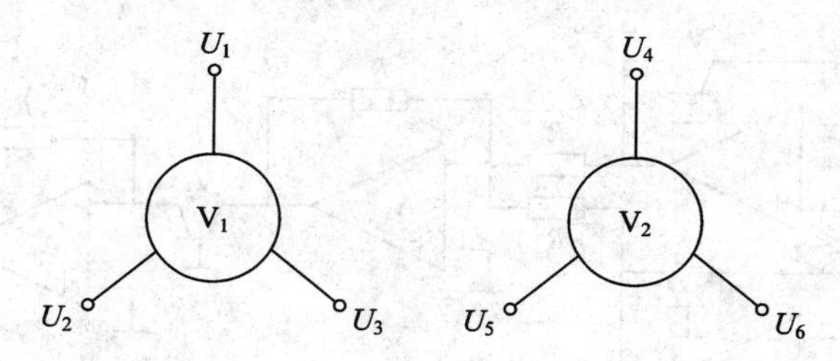

图 P4-2

4-3 图 P4-3 所示电路中，稳压二极管 VD_Z 的稳定电压为 U_Z，试推导各晶体管电流及输出电压 U_o 的表达式。

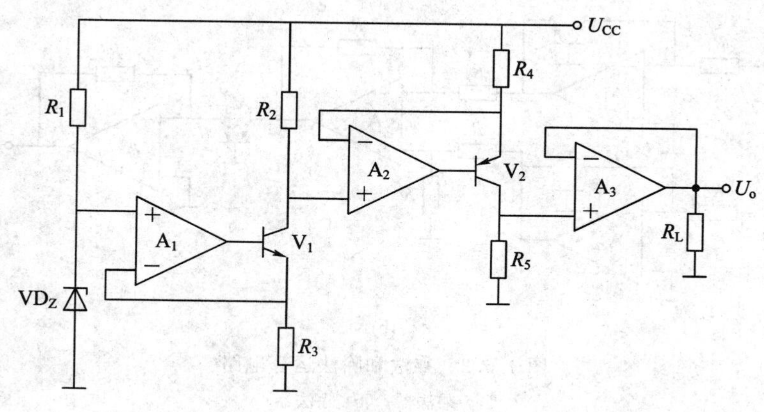

图 P4-3

4-4 测得放大器中晶体管三个电极上的电流分别为 2 mA、2.02 mA 和 0.02 mA，晶体管的基区体电阻 $r_{bb'}=200\ \Omega$，厄尔利电压 $U_A=120$ V。作出晶体管的流控型低频小信号简化模型，计算模型的元器件参数。

4－5　图 P4－4 中，晶体管的电流放大倍数 $\beta=75$，导通电压 $U_{BE(on)}=0.6$ V，判断晶体管的工作状态。

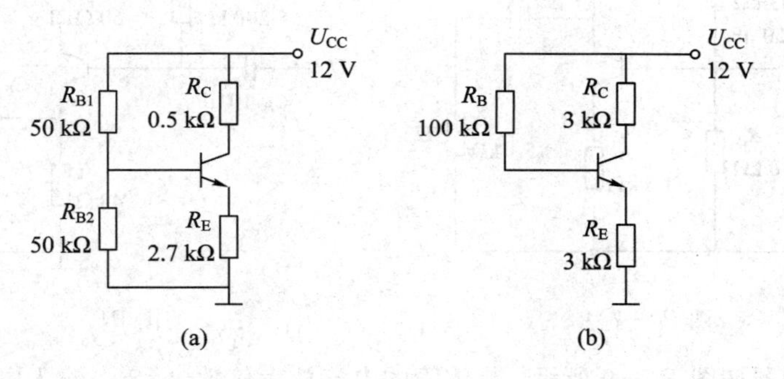

图 P4－4

4－6　放大器如图 P4－5 所示，晶体管的电流放大倍数 $\beta=50$，导通电压 $U_{BE(on)}=0.6$ V，电压源电压 $U_{CC}=12$ V。

(1) 电阻 $R_B=500\ \text{k}\Omega$，$R_C=6.8\ \text{k}\Omega$，计算直流静态工作点 Q 的位置。

(2) 如果要求集电极直流偏置电流 $I_{CQ}=0.5$ mA，输出电压 $U_{CEQ}=6$ V，计算 R_B 和 R_C 的取值。

4－7　放大器如图 P4－6 所示，晶体管的电流放大倍数 $\beta=100$，导通电压 $U_{BE(on)}=-0.3$ V。

(1) 计算直流静态工作点 Q 的位置。

(2) 当电阻 R_{B1}、R_{B2} 分别开路时，分别计算集电极电位 U_C，判断晶体管的工作状态。

(3) 当 R_{B2} 开路时要求集电极直流偏置电流 $I_{CQ}=-2$ mA，计算 R_{B1} 的取值。

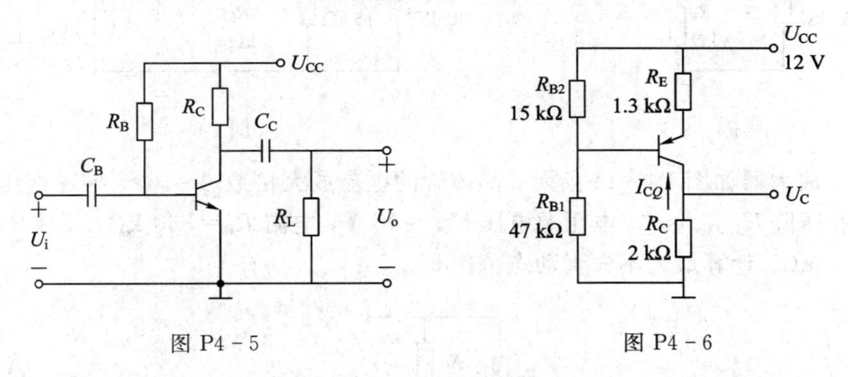

图 P4－5　　　　图 P4－6

4－8　放大器如图 P4－7 所示，晶体管的电流放大倍数 $\beta=50$，导通电压 $U_{BE(on)}=0.2$ V，基区体电阻 $r_{bb'}=300\ \Omega$。

(1) 计算直流静态工作点 Q 的位置。

(2) 计算电压放大倍数 A_u、输入电阻 R_i 和输出电阻 R_o。

4－9　放大器如图 P4－8 所示，晶体管的电流放大倍数 $\beta=50$，导通电压 $U_{BE(on)}=0.7$ V，基区体电阻 $r_{bb'}=200\ \Omega$。

(1) 计算直流静态工作点 Q 的位置。

（2）计算电压放大倍数 A_u、输入电阻 R_i 和输出电阻 R_o。

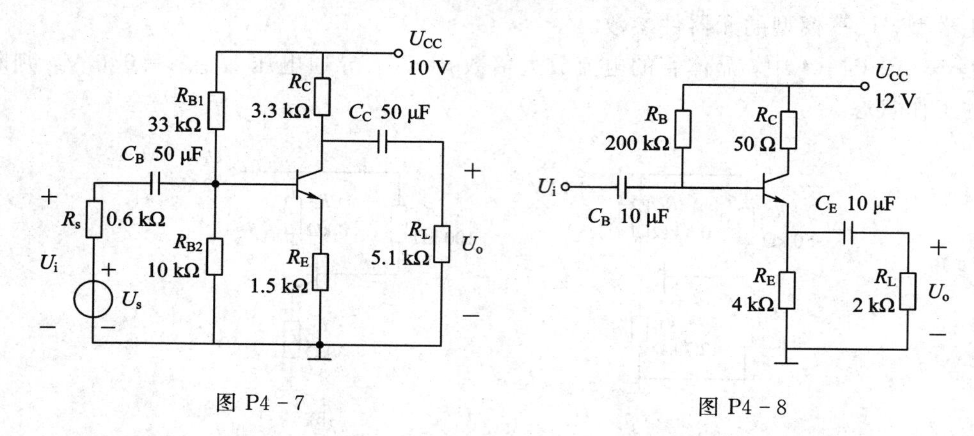

图 P4－7　　　　　　　　　　　　图 P4－8

4－10　放大器如图 P4－9 所示，晶体管的电流放大倍数 $\beta=80$，输入电阻 $r_{be}=2.2\ \text{k}\Omega$。

（1）计算输入电阻 R_i。

（2）从 U_{o1} 端和 U_{o2} 端输出时，分别计算电压放大倍数 A_{u1}、A_{u2} 和输出电阻 R_{o1}、R_{o2}。

4－11　放大器如图 P4－10 所示，晶体管的电流放大倍数 $\beta=50$，输入电阻 $r_{be}=1\ \text{k}\Omega$。计算电压放大倍数 A_u、输入电阻 R_i 和输出电阻 R_o。

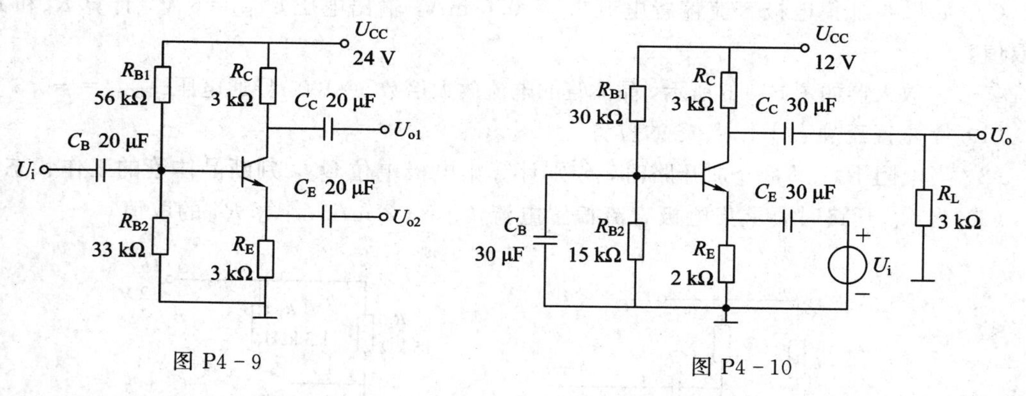

图 P4－9　　　　　　　　　　　　图 P4－10

4－12　放大器如图 P4－11 所示，晶体管的电流放大倍数 $\beta=100$，导通电压 $U_{BE(on)}=0.7\ \text{V}$，饱和压降 $U_{CE(sat)}\approx 0$，电压源电压 $U_{CC}=15\ \text{V}$，电阻 $R_B=360\ \text{k}\Omega$，$R_C=2\ \text{k}\Omega$，负载电阻 $R_L=20\ \text{k}\Omega$。计算最大不失真动态范围 U_{opp}。

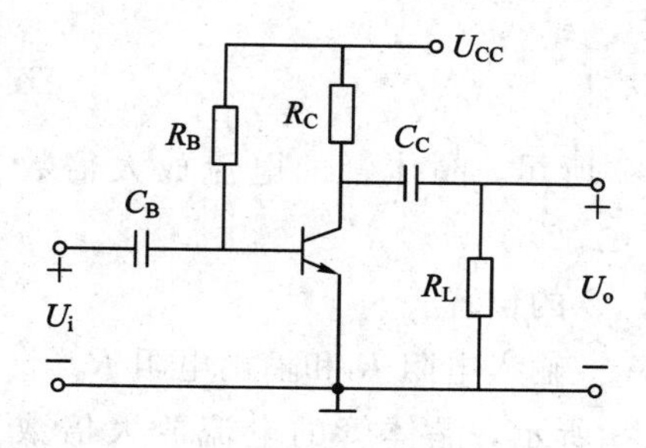

图 P4－11

4－13　放大器和直流、交流负载线如图 P4－12 所示，晶体管的电流放大倍数 $\beta=50$，

导通电压 $U_{BE(on)}=0.7$ V，饱和压降 $U_{CE(sat)}\approx 0$。计算电压源电压 U_{CC}、电阻 R_B、R_C、负载电阻 R_L，以及最大不失真动态范围 U_{opp}。

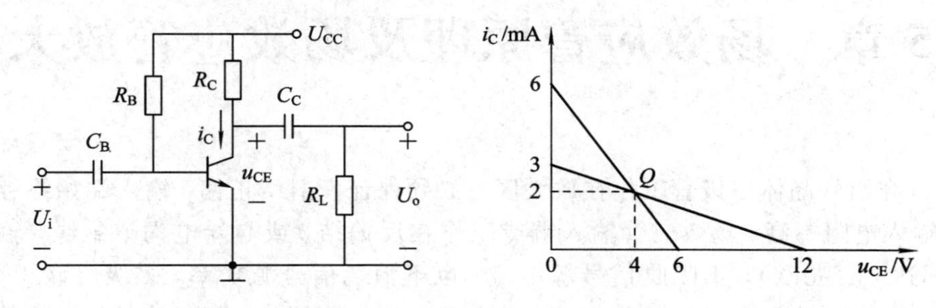

图 P4－12

4－14　NPN 型晶体管放大器的输出电压 u_{CE} 的波形分别如图 P4－13(a)、(b)所示，判断失真的类型。固定偏流电路中，应该如何调整电阻 R_B 才能消除图中的失真？

4－15　判断图 P4－14 所示各个电路属于何种组态的放大器，并说明输出电压 u_o 和输入电压 u_i 的相位关系。

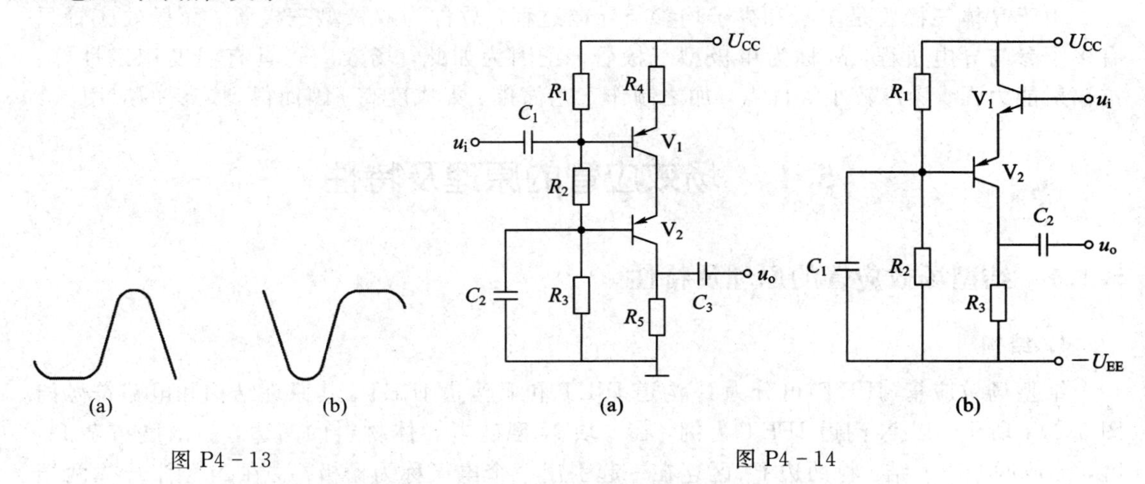

图 P4－13　　　　图 P4－14

4－16　放大器如图 P4－15 所示，晶体管的电流放大倍数 $\beta=100$，导通电压 $U_{BE(on)}=0.7$ V，基区体电阻 $r_{bb'}=100\ \Omega$。计算电压放大倍数 A_u、输入电阻 R_i 和输出电阻 R_o。

4－17　电路如图 P4－16 所示，推导输出电压 u_o 的表达式。

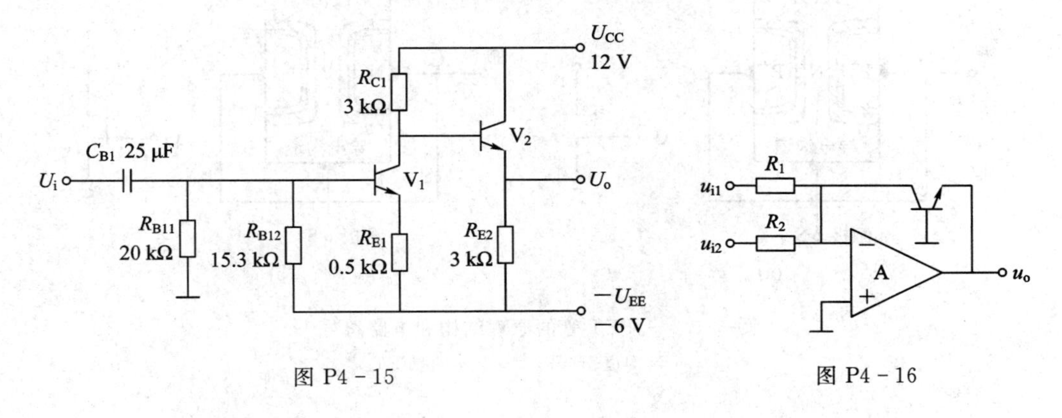

图 P4－15　　　　图 P4－16

第5章 场效应管原理及场效应管放大器

前一章介绍的晶体三极管工作在放大区时必须保证发射结正偏，输入端始终存在输入电流，故输入电阻不高。场效应管输入端或工作在反偏结，或与导电沟道绝缘，输入电阻极高(起码达上百兆欧)，不吸收信号源电流，也不消耗信号源功率，多级级联十分方便。由于场效应管靠输入电压控制输出电流，故属于电压控制器件，相对的晶体三极管属于电流控制器件。

场效应管的种类较多，主要分结型(JFET)和绝缘栅(IGFET)两类，每类又分N沟道与P沟道。由于绝缘栅场效应管(IGFET)由金属、氧化物、半导体三种材料构成，故又称MOS场效应管。

由于晶体三极管是多子和少子均参与导电过程，故称为双极型三极管；而场效应管只有多子参与导电过程，故称为单极型三极管。正因为如此，场效应管具有温度稳定性好、抗辐射能力强、噪声较小等优点，加之制作工艺简单、集成度高，因而得到广泛的应用。

5.1 场效应管的原理及特性

5.1.1 结型场效应管的原理及特性

1. 结构

结型场效应管(JFET)可分为N沟道JFET和P沟道JFET，其原理结构和电路符号如图5.1.1所示。以N沟道JFET为例，在一块N型硅半导体材料的两边，高浓度掺杂P^+区，形成两个PN结，将两边P^+区连在一起引出一个电极称为栅极G，在N型半导体两端各引出一个电极，分别称为源极S和漏极D。夹在两个PN结之间的N区是源极和漏极之

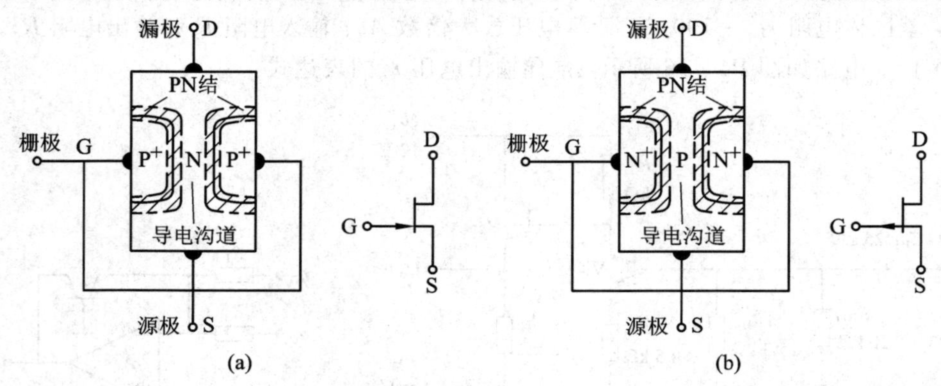

图5.1.1 JFET管的原理结构和电路符号

(a) N沟道JFET；(b) P沟道JFET

间的导电沟道。由于 N 型半导体参与导电的载流子为多子——自由电子，故称该导电沟道为 N 沟道。P 沟道 JFET 与 N 沟道 JFET 是完全的对偶关系。二者符号的区别在于栅极的箭头方向，N 沟道 JFET 栅极为 P^+，故箭头向里，反之，P 沟道 JFET 箭头向外。

2. 工作原理

以 N 沟道 JFET 为例，如图 5.1.2 所示。当漏极和源极之间加上漏源电压 U_{DS}时，N 型导电沟道中形成自上而下的电场，在该电场的作用下，多子——自由电子产生漂移运动，形成漏极电流 I_D。通过改变栅极和源极的反向电压 U_{GS}，即可改变 PN 结厚度，由于 P 区为重掺杂，故 PN 结耗尽层主要向 N 区扩展，从而改变导电沟道的宽度和电阻值，这是场效应管工作的核心。

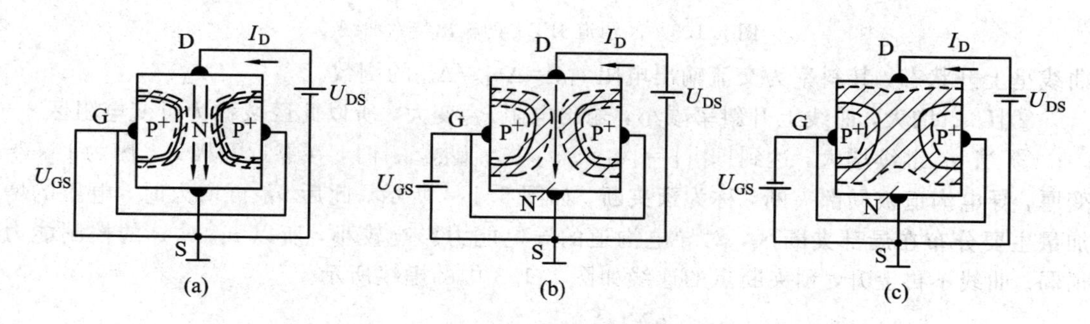

图 5.1.2　N 沟道结型场效应管 U_{GS}对 I_D的控制作用

(a) $U_{GS}=0$；(b) $U_{GS}<0$；(c) $U_{GS}=U_{GS(off)}$

(1) 当栅极和源极之间的栅源电压 U_{GS}为零时，导电沟道最宽，I_D最大，称为饱和电流，记做 I_{DSS}。

(2) 当 U_{GS}为负时，由于两个反偏的 PN 结都变厚，因此导电沟道变窄，沟道电阻变大，所以 I_D变小。

(3) 当 N 型半导体$|U_{GS}|$足够大时，PN 结的扩张导致导电沟道完全被夹断，结果 I_D减小到零，此时的 U_{GS}称为夹断电压，记为 $U_{GS(off)}$。可见 U_{GS}的改变可以控制 I_D的大小。为了保证 PN 结的反偏，并实现 U_{GS}对 I_D的有效控制，N 沟道 JFET 的 U_{GS}不能大于零。

(4) 因为反偏的 PN 结上仅有很微小的反向饱和电流，栅极电流 $I_G\approx 0$，所以场效应管的输入阻抗很大，源极电流 I_S和漏极电流 I_D相等。

P 沟道 JFET 有类似的工作原理，但所有外加电压必须与 N 沟道 JFET 相反，漏源电压 U_{DS}应为负压，以吸引沟道多子空穴形成漏极电流 I_D，栅源电压 U_{GS}必为正压，以保证 PN 结反偏，并有效地控制漏极电流 I_D。该电流方向与 N 沟道 JFET 电流方向相反。

3. 特性曲线

1) 输出特性 $i_D=f(u_{DS})|U_{GS}=C$

场效应管的输出特性描述的是以栅源电压 u_{GS}为参变量时，漏极电流 i_D与漏源电压 u_{DS}之间的关系，如图 5.1.3 所示。下面以 N 沟道 JFET 为例来说明。

输出特性分 4 个区域：可变电阻区、恒流区、击穿区和截止区。它们的特点分别如下：

(1) 可变电阻区。

① 线性上升阶段：当 $u_{DS}=0$ 时，$i_D=0$；当 u_{DS}增大时，沟道电场随之增大，i_D 上升，

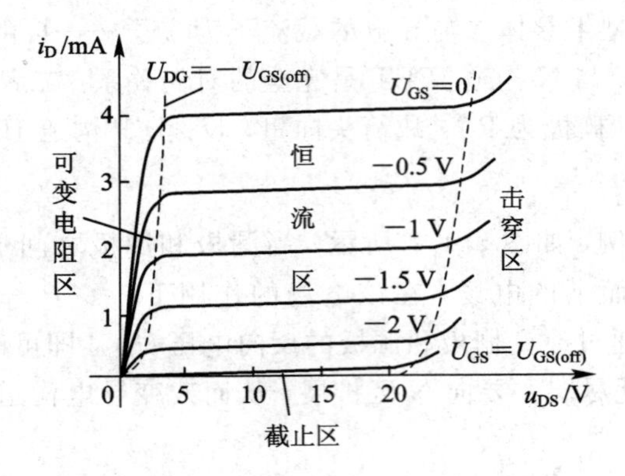

图 5.1.3 N 沟道 JFET 的输出特性曲线

曲线呈上升状态，其斜率为交流输出电阻 $r_{DS}=\Delta u_{DS}/\Delta i_D$的倒数。

②$|U_{GS}|$增大，曲线上升斜率减小，输出电阻 r_{DS}变大，所以此区域称为可变电阻区。

③ 当 u_{DS}继续增大，达到$|u_{DG}|=|u_{DS}-u_{GS}|>|U_{GS(off)}|$时，在靠近漏极处，因为 PN 结变厚，导电沟道被局部夹断，称为**预夹断**，如图 5.1.4 所示。此后 u_{DS}再增大时，电压的增加量主要分布在局部夹断区，对导电沟道的导电能力影响较小，所以 u_{DS}对 i_D的控制能力很弱。曲线不再上升，预夹断点的连线如图 5.1.3 中的虚线所示。

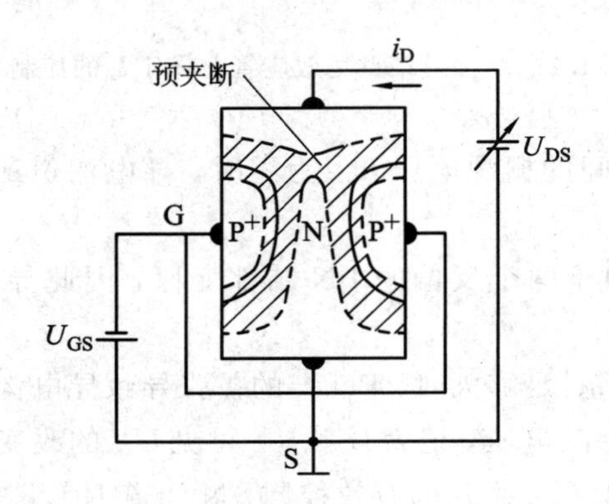

图 5.1.4 预夹断时的沟道形状

(2) 恒流区(放大区)：当$|u_{GS}|<|U_{GS(off)}|$且$|u_{DG}|=|u_{DS}-u_{GS}|>|U_{GS(off)}|$时，曲线进入恒流区。

① u_{DS}对 i_D的控制能力很弱，即当固定U_{GS}，而 u_{DS}变化时，i_D的改变很小，曲线呈平坦状态。但严格说来，随着$|u_{DS}|$的增大，局部夹断区逐渐向源极靠近，导电沟道的长度减小，导致 i_D略有上升，这种现象称为沟道长度调制效应。

② 恒流区内 u_{GS}对 i_D的控制能力很强，随着$|u_{GS}|$减小，曲线平行上移，且二者呈平方率关系，如图 5.1.3 所示。

(3) 击穿区：当 U_{DS}升高到一定值时，导致 PN 结反向击穿而使漏极电流激增，其对应的电压称为击穿电压 BV_{DS0}，在实际工作中要避免管子工作在击穿区。

(4) 截止区：当$|U_{GS}|\geqslant|U_{GS(off)}|$时，导电沟道被完全夹断，场效应管处于截止状态，$i_D=0$，如图 5.1.3 所示。

2）转移特性 $i_D = f(u_{GS})|_{U_{DS}=C}$

i_D与u_{GS}的关系称为场效应管的转移特性，如图 5.1.5 所示。在恒流区内，i_D与u_{GS}的平方率关系可用电流方程来描述：

$$i_D = I_{DSS}\left(1 - \frac{u_{GS}}{U_{GS(off)}}\right)^2 \tag{5.1.1}$$

式中，I_{DSS}为$U_{GS}=0$时的最大饱和电流，$U_{GS(off)}$为夹断电压，当$U_{GS}=U_{GS(off)}$时，漏极电流下降到零($i_D=0$)。

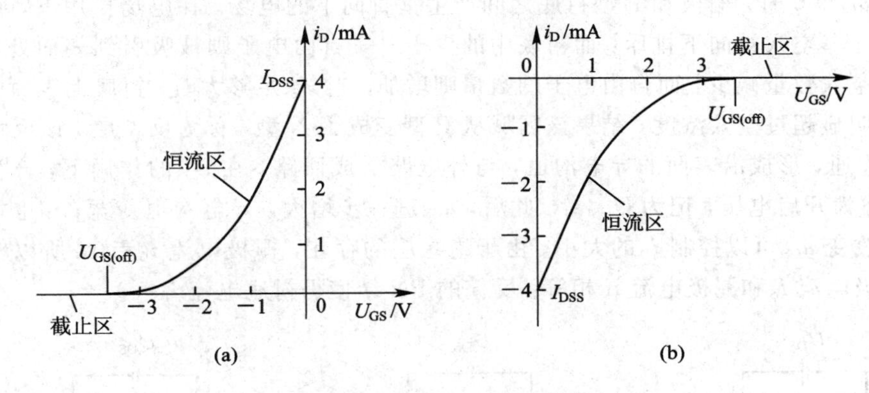

图 5.1.5　JFET 的转移特性
(a) N 沟道 JFET；(b) P 沟道 JFET

5.1.2　绝缘栅场效应管的原理及特性

1. 结构

绝缘栅场效应管又称为金属氧化物半导体(Metal-Oxide-Semiconductor)场效应管，简称 MOSFET，其栅极和导电沟道之间有一层很薄的SiO_2绝缘体，所以比 JFET 具有更高的输入阻抗，并由于功耗低和集成度高的特点被广泛应用到大规模集成电路中。根据结构上是否存在原始导电沟道，MOSFET 又分为增强型 MOSFET 和耗尽型 MOSFET。

以 N 沟道增强型 MOSFET 为例，如图 5.1.6 (a)所示，在一块 P 型半导体衬底上，通过高浓度扩散形成两个重掺杂的 N^+ 区，分别引出电极得到源极 S 和漏极 D，衬底引出电

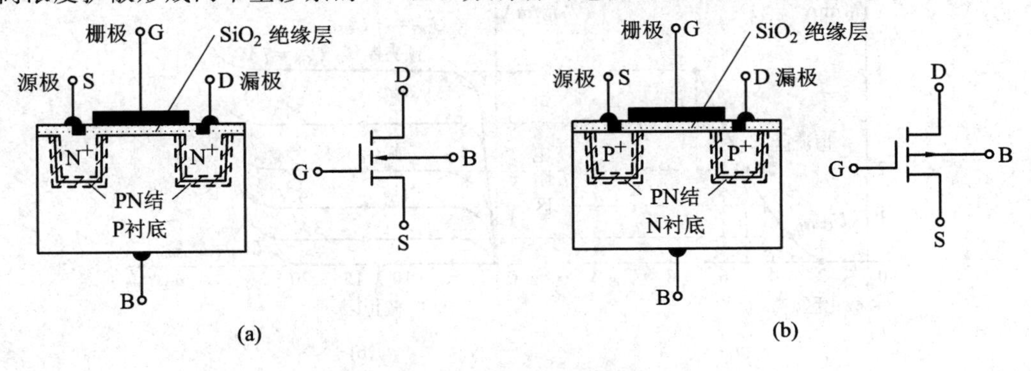

图 5.1.6　增强型 MOSFET 的原理结构和电路符号
(a) N 沟道增强型 MOSFET；(b) P 沟道增强型 MOSFET

极 B，两个 N^+ 区之间的衬底表面覆盖了 SiO_2 绝缘层，其上蒸铝，引出电极成为栅极 G，这样就制作出了 N 沟道增强型 MOSFET。P 沟道增强型 MOSFET 则是用 N 型半导体作衬底，在其上扩散形成两个 P^+ 区制作而成的，如图 5.1.6(b)所示。

2. 工作原理

图 5.1.7 所示的 N 沟道增强型 MOSFET 中，当栅源电压 $u_{GS}=0$ 时，两个 N^+ 区之间被两个 PN 结隔开，由于两个 PN 结反向，所以虽然有漏源电压 u_{DS}，但是漏极电流 i_D 始终为零。当 $u_{GS}>0$ 时，栅极和 P 型衬底之间产生垂直向下的电场。在电场作用下，衬底上表面的多子——空穴被向下排斥，而衬底中的少子——自由电子则被吸引到表面处，结果该区域中的空穴数量减少，而自由电子的数量则增加。当 u_{GS} 足够大时，衬底上表面的自由电子浓度将明显超过空穴浓度，结果该区域从 P 型变成了 N 型，称为反型层。该反型层将两个 N^+ 区连通，形成沿表面的导电沟道，与外电路构成回路，在 u_{DS} 的作用下，产生 i_D。此时的 u_{GS} 称为开启电压，记为 $U_{GS(th)}$。此后，u_{GS} 进一步增大，导电沟道变宽，i_D 也将继续增大，所以改变 u_{GS} 可以控制 i_D 的大小。由于绝缘层的存在，栅极电流 $i_G=0$，所以输入阻抗极大，源极电流 i_S 和漏极电流 i_D 相等，反偏的 PN 结使得衬底电流 $i_B\approx0$。

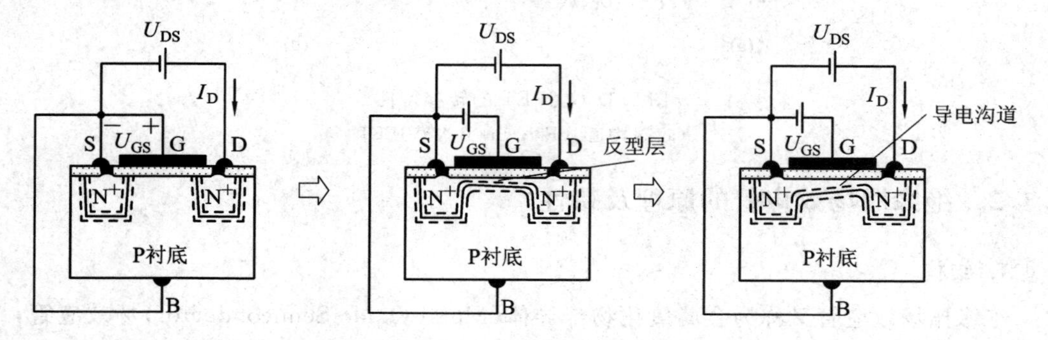

图 5.1.7 N 沟道增强型 MOSFET 的工作原理

3. 特性曲线

1) 输出特性曲线 $i_D=f(u_{DS})\big|_{U_{GS}=C}$

如图 5.1.8(b)所示，曲线也分恒流区、可变电阻区、截止区和击穿区四部分。

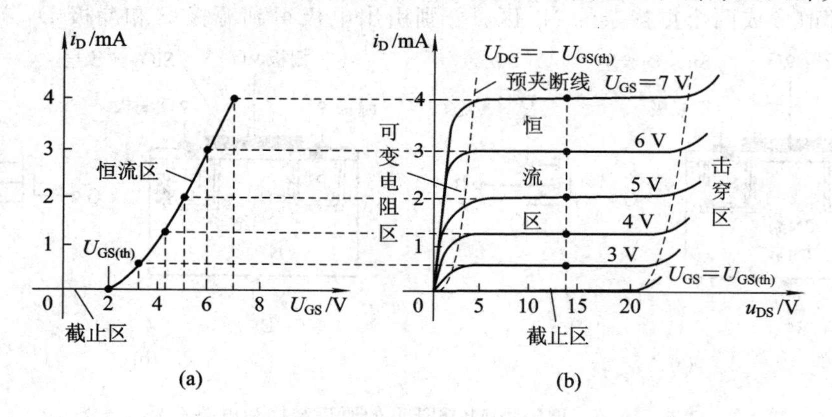

图 5.1.8 N 沟道增强型 MOS 管特性曲线

(a) 转移特性；(b) 输出特性

(1) 恒流区。当 $u_{GS}>u_{GS(th)}$ 且 $|u_{DG}|>|U_{GS(th)}|$ 时，管子工作在恒流区。恒流区内 u_{GS} 对 i_D 的控制能力强，u_{GS} 增大，i_D 随之增大，曲线向上平移。而 u_{DS} 对 i_D 的控制能力很弱，后者也是由于导电沟道产生了如图 5.1.9 所示的预夹断之故。

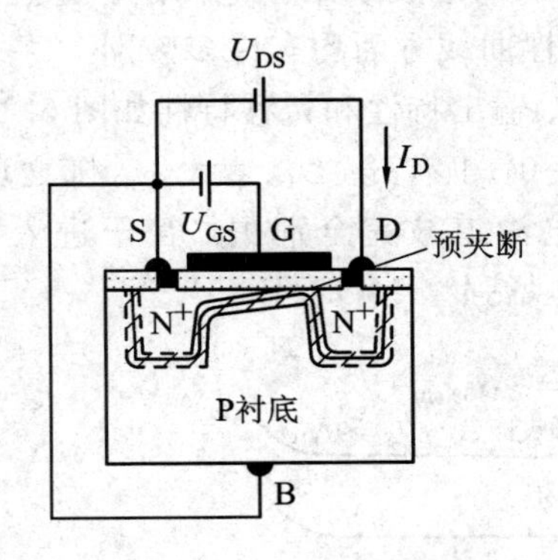

图 5.1.9　沟道被预夹断

因为沟道长度调制效应，恒流区中各个 u_{GS} 对应的关系曲线延长将交于横轴上一点，如图 5.1.10 所示。交点的电压称为厄尔利电压，记为 U_A。定义沟道调制系数为

$$\lambda=\frac{1}{U_A}\quad \text{(N 沟道增强型 MOSFET)} \tag{5.1.2}$$

λ 用以量化 u_{DS} 对 i_D 的微弱控制能力。恒流区中曲线较平坦，所以 U_A 很大而 λ 很小。

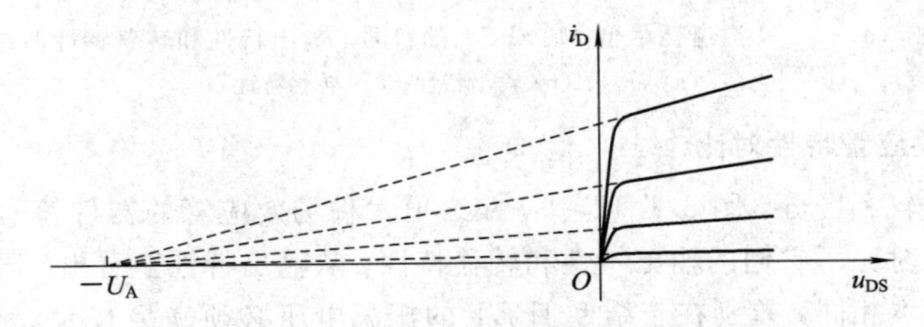

图 5.1.10　N 沟道增强型 MOSFET 的厄尔利电压

(2) 可变电阻区。当 $|u_{GS}|>|U_{GS(th)}|$ 而 $|u_{DG}|<|U_{GS(th)}|$ 时，工作点进入可变电阻区。此时 u_{DS} 的变化明显改变 i_D 的大小。同时交流输出电阻 r_{DS} 随着 $|u_{GS}|$ 的增大而减小。

(3) 截止区。截止区对应 $u_{GS}<U_{GS(th)}$。此时导电沟道尚未形成，$i_D=0$。

2) 转移特性曲线 $i_D=f(u_{GS})|_{U_{DS}=C}$

N 沟道增强型 MOSFET 工作在恒流区的转移特性如图 5.1.8(a)所示。因为所有特性描述同一管子的电压电流控制关系，因此，输出特性与转移特性可互相转换，在恒流区内，i_D 与 u_{GS} 仍呈平方率关系，其电流方程为

$$i_D=\frac{\mu_n C_{ox}}{2}\frac{W}{L}(u_{GS}-U_{GS(th)})^2 \tag{5.1.3}$$

式中：μ_n 为导电沟道中自由电子运动的迁移率；C_{ox} 为单位面积的栅极电容；W 和 L 分别为导电沟道的宽度和长度，W/L 为宽长比。可见 MOSFET 的电流与沟道尺寸(W/L)成正比。如果计入 u_{DS} 对 i_D 的微弱作用，则需要用沟道调制系数 λ 修正公式，结果为

$$i_D=\frac{\mu_n C_{ox}}{2}\frac{W}{L}(u_{GS}-U_{GS(th)})^2(1+\lambda u_{DS}) \tag{5.1.4}$$

4. 耗尽型 MOSFET

耗尽型 MOSFET 在制造过程中，在绝缘氧化层中形成许多带正电的离子，这些正离子吸引衬底中的自由电子到表面而形成原始导电沟道。这是与增强型 MOSFET 的最大区别。因此二者在表示符号及特性曲线方面均有许多区别。

耗尽型 MOSFET 的符号、输出特性和转移特性如图 5.1.11 所示。因为有原始导电沟道，所以当 $u_{DS}>0$，即使 $U_{GS}=0$，也有 i_D，U_{GS}增大，i_D 随之增大，U_{GS}减小(变负)，i_D 随之减小，直至 $U_{GS}\leqslant U_{GS(off)}$，导电沟道被完全消失，管子进入截止区，$I_D=0$。通常耗尽型 MOSFET 用处较小，重点应是增强型 MOSFET。

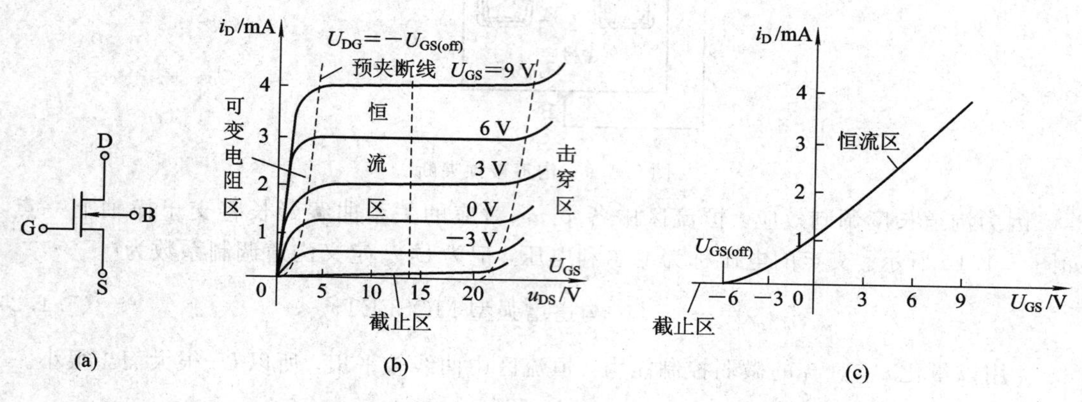

图 5.1.11　N 沟道耗尽型 MOSFET 的符号、输出特性和转移特性曲线

(a) 符号；(b) 输出特性；(c) 转移特性

5. 六种场效应管特性对比

为了便于比较和区分，图 5.1.12 中一并给出六种场效应管的器件符号。图 5.1.13 则在同一坐标系中对比了它们的输出特性和转移特性。从输出特性上看出，同是 N 沟道场效应管特性形状基本相同，差别在于结型 JFET 的栅源电压必须满足 $U_{GS(off)}<U_{GS}\leqslant 0$，增强型 MOSFET 的必须满足 $U_{GS}>U_{GS(th)}$，耗尽型 MOSFET 的 U_{GS}则等于零、或小于零(只要 $U_{GS}>U_{GS(off)}$)、或大于零均可。

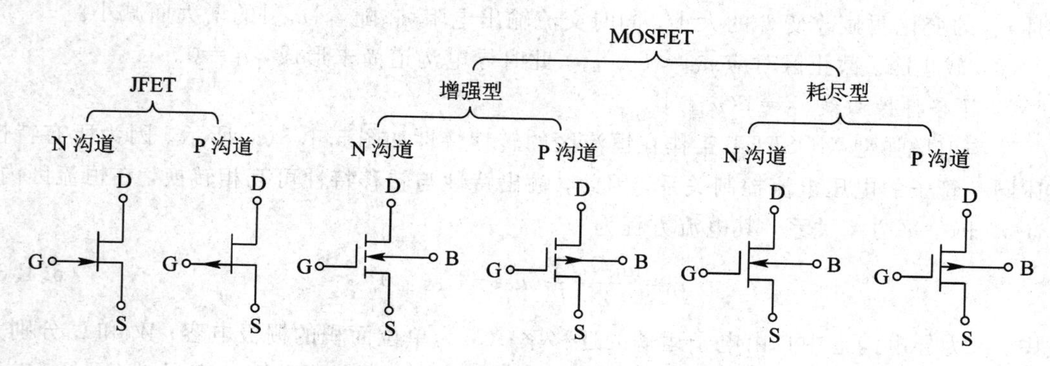

图 5.1.12　六种场效应管电路符号的对比

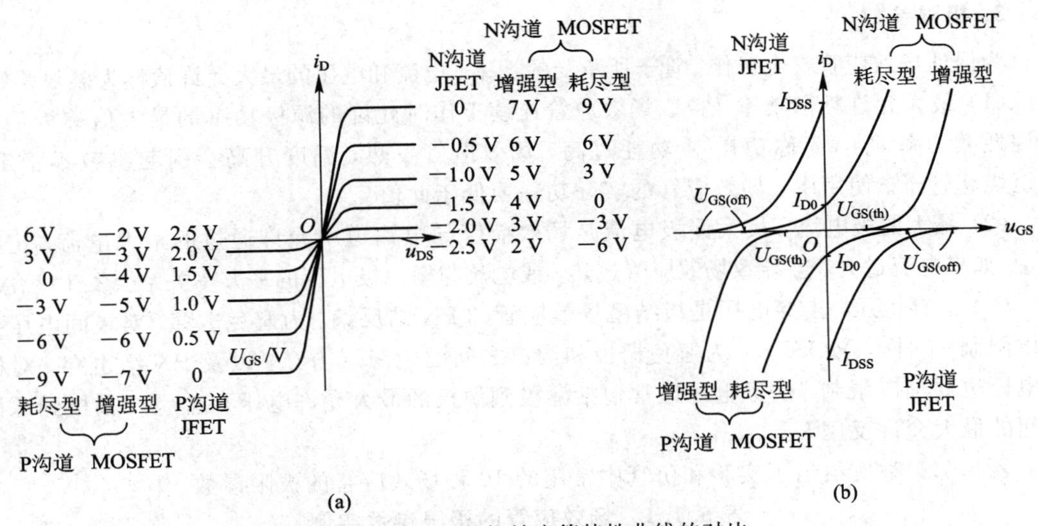

图 5.1.13　六种场效应管特性曲线的对比

(a) 输出特性；(b) 转移特性

5.1.3　场效应管的主要参数

如同选择二极管和晶体管一样，我们需要认真参考主要参数，为电路选择性能匹配的场效应管。

1. 直流参数

场效应管的直流参数包括 JFET 和耗尽型 MOSFET 的夹断电压 $U_{GS(off)}$，增强型 MOSFET的开启电压 $U_{GS(th)}$，以及 JFET 的饱和电流 I_{DSS}。

2. 交流参数

场效应管的交流参数描述管子的极间电压对漏极电流的控制能力，包括：

(1) 交流栅跨导。栅源极电压 u_{GS} 对漏极电流 i_D 的控制能力用交流栅跨导表示，记为 g_m，即

$$g_m = \frac{\partial i_D}{\partial u_{GS}}\bigg|_Q \tag{5.1.5}$$

对结型 JFET，有

$$g_m = \frac{\partial i_D}{\partial u_{GS}}\bigg|_Q = -\frac{2I_{DSS}}{U_{GS(off)}}\left(1-\frac{u_{GS}}{u_{GS(off)}}\right) = \frac{2}{|u_{GS(off)}|}\sqrt{I_{DSS}I_{DQ}} \tag{5.1.6}$$

对增强型 MOSFET，有

$$g_m = \frac{\partial i_D}{\partial u_{GS}}\bigg|_Q = \sqrt{2\mu_n C_{ox}\frac{W}{L}I_{DQ}} \tag{5.1.7}$$

可见，场效应管的跨导与工作点电流 I_{DQ} 的开方成正比。

(2) 输出电阻。输出电阻表示漏源电压 u_{DS} 对漏极电流 i_D 的影响，记为 r_{ds}，即

$$r_{ds} = \frac{\partial u_{DS}}{\partial i_D}\bigg|_Q = \frac{U_A}{I_{DQ}} \tag{5.1.8}$$

若厄尔利电压 U_A = 150 V，工作点电流 I_{DQ} = 1.5 mA，则 r_{ds} = 100 kΩ。

3. 极限参数

为保证场效应管安全工作，管子所承受的功率、电流和电压的最大允许值称为极限参数。

(1) 最大允许耗散功率 P_{DM}。场效应管连续工作时允许的源极功率的最大值称为最大允许耗散功率 P_{DM}(简称功耗)。功耗过高，场效应管发热，温度升高会引起参数不稳定，甚至烧坏管子。使用中，场效应管的实际功耗要低于此值。

(2) 最大漏极电流。最大漏极电流是场效应管导电沟道中允许通过的最大电流，记为 I_{DSM}。如果电流过大，会导致场效应管过热，或电流与栅源极电压的平方率关系会发生变化。

(3) 击穿电压。击穿电压是指结型场效应管的 PN 结反偏。为避免击穿，对极间电压要加以限制，同样，MOSFET 为避免栅极和沟道之间的绝缘层击穿，以及 PN 结击穿，对极间电压也要加以限制。击穿电压通常包括漏极到源极的最大允许电压 $U_{(BR)DSS}$、栅极到源极之间的最大允许反压 $U_{(BR)GSS}$。

表 5.1.1 举例给出了实验和仿真中常用的 10 种场效应管的极限参数。

表 5.1.1 场效应管的极限参数实例

型号	用途	P_{DM}	I_{DM}	击穿电压
3DJ6	低频放大	100 mW	10 mA	$U_{(BR)GSS}=-25$ V
				$U_{(BR)DSS}=20$ V
2SK168	高频放大	200 mW	20 mA	$U_{(BR)GSS}=-1$ V
				$U_{(BR)DGS}=30$ V
2SK187	低频 低噪声放大	300 mW	30 mA	$U_{(BR)GSS}=-40$ V
				$U_{(BR)DSS}=40$ V
IRF530	音频功放	60 W	14A (25℃)	$U_{(BR)GSS}=\pm 20$ V
			10A (100℃)	$U_{(BR)DSS}=100$ V
NEZ3642－15D	C 波段 微波功放	100 W	18 A	$U_{(BR)GSS}=-12$ V
				$U_{(BR)DGS}=18$ V
				$U_{(BR)DSS}=15$ V
2SJ177	传动驱动	35 W	20 A	$U_{(BR)GSS}=\pm 20$ V
				$U_{(BR)DSS}=-60$ V
BS170	开关	830 mW	500 mA	$U_{(BR)GSS}=\pm 20$ V
				$U_{(BR)DSS}=60$ V
IRFU020	高速开关	42 W (悬空)	14A (25℃)	$U_{(BR)GSS}=\pm 20$ V
		2.5 W (板载)	9A (100℃)	$U_{(BR)DSS}=60$ V
BUZ20	功放开关	75 W	13.5 A	$U_{(BR)GSS}=\pm 20$ V
				$U_{(BR)DSS}=100$ V
2SK785	电源开关	150 W	20 A	$U_{(BR)GSS}=\pm 20$ V
				$U_{(BR)DSS}=500$ V

5.1.4　CMOS 场效应管

CMOS 场效应管即互补增强型场效应管，它由一个 P 沟道 MOSFET(PMOS 管)和一个 N 沟道 MOSFET(NMOS 管)串联而成，如图 5.1.14 所示。其中，PMOS 管的衬底接最高电位(如接 U_{DD})，且与其源极短路，NMOS 管的衬底接最低电位(如接地)，也与其源极短路。衬底与源极之间电压均为零，这是其优点之一。

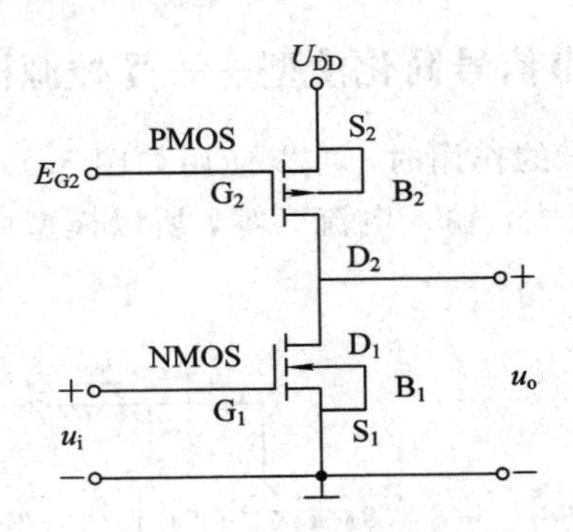

图 5.1.14　CMOS 场效应管

在同一衬底(如 P 型半导体)上制作 PMOS 管和 NMOS 管时，必须为 PMOS 管制作一个称为“阱”的 N 型半导体“局部衬底”，如图 5.1.15 所示。

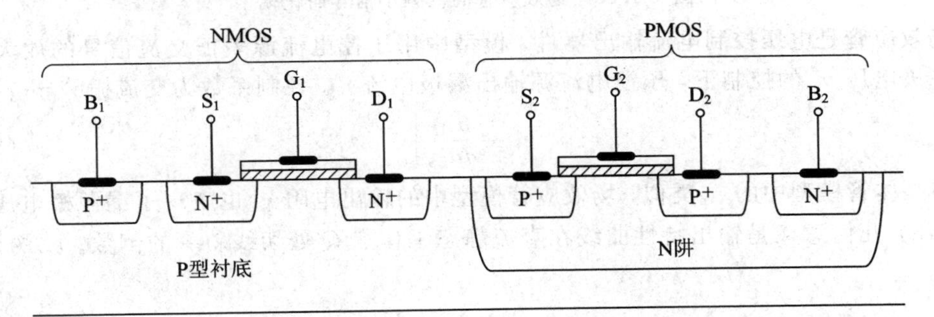

图 5.1.15　带 N 阱的 CMOS 场效应管

CMOS 场效应管构成的电路最突出的优点是静态功耗特别小，故已成为大规模数字集成电路的主流工艺。在数模混合集成电路中，CMOS 场效应管构成的单级放大器的放大倍数可以高达上千倍，工作频率可达几个 GHz。

5.1.5　晶体管与场效应管的区别

晶体管和场效应管的区别主要有以下四个方面：

(1) 晶体管中自由电子和空穴同时参与导电过程，称之为双极型器件。其导电过程主要依靠基区中非平衡少子的扩散与复合运动，故其导电能力容易受环境因素(如温度)的影响。场效应管中只有一种载流子——多子参与导电，称之为单极型器件。由于场效应管导电依靠导电沟道中多子的漂移运动，所以场效应管的导电能力不容易被环境因素干扰，有温度稳定性好、抗辐射能力强、噪声小等优点。

(2) 晶体管工作时总存在一定的基极电流，输入电阻小。场效应管中，JFET 的输入

PN结反偏，MOSFET用SiO_2绝缘层隔离了栅极和导电沟道，所以场效应管的栅极电流几乎为零，输入电阻极大。

（3）场效应管的漏极和源极结构对称，可以互换使用。晶体管的集电区和发射区虽然是同型的杂质半导体，但掺杂浓度不同，结构也不对称，不能互换使用。

（4）从电流方程上看，晶体管的输出电流与输入电压是指数关系，场效应管则是平方率关系。晶体管的跨导g_m比场效应管大。当用作放大时，晶体管的增益比较大。

5.1.6 场效应管的低频小信号简化模型——受控源模型

分析场效应管对交流信号的作用时，可以使用如图5.1.16所示的低频小信号简化模型。由于场效应管输入电阻极大，输入电流为零，所以模型中把栅极开路，只保留受控源和输出电阻。

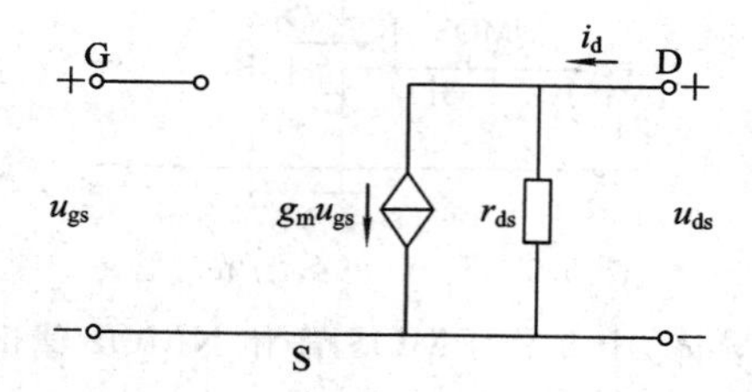

图5.1.16 场效应管的低频小信号简化模型

场效应管是电压控制电流输出器件，模型中用压控电流源表征交流信号的放大作用。在栅源极电压u_{gs}的控制下，压控电流源输出漏极电流i_d。控制系数为交流栅跨导g_m，有

$$g_m=\left.\frac{\partial i_D}{\partial u_{GS}}\right|_Q \tag{5.1.9}$$

与晶体管模型中的r_{ce}类似，场效应管模型中的输出电阻r_{ds}也表现了漏源极电压u_{ds}对i_d的控制，几何意义是输出特性曲线在直流静态工作点Q处切线斜率的倒数。r_{ds}的计算公式为

$$r_{ds}=\left.\frac{\partial u_{DS}}{\partial i_D}\right|_Q\approx\frac{U_A}{I_{DQ}} \tag{5.1.10}$$

式中：U_A为厄尔利电压。r_{ds}取值一般为几十千欧或更大，故在很多情况下可以视其为开路。

5.2 场效应管放大器

场效应管放大器的电路组成原理与晶体管放大器相似，也有共源、共漏和共栅三种基本组态电路。

5.2.1 偏置电路

为保证放大器正常工作，正确设置直流工作点是必需的，图5.2.1和图5.2.2分别给出一个N沟道结型管和一个N沟道MOS管组成的阻容耦合放大器电路。其中图5.2.1采用自偏压(依靠管子本身的电流产生偏置电压)，图5.2.2采用分压式电流负反馈偏置电路。可以用图解法和解析法来分析直流工作状态。

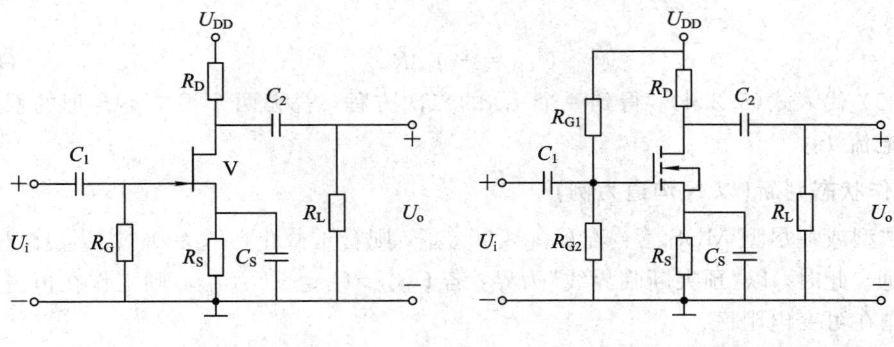

图 5.2.1　自偏压电路　　　图 5.2.2　分压式电流负反馈偏置电路

1. 图解法求直流工作点

已知结型管和 MOS 管的转移特性分别如图 5.2.3(a)、(b) 所示，作出栅-源回路的直流负载线方程，求其交点即为 Q 点。

对于自偏压电路，输入回路直流负载线方程为

$$u_{GS}=u_G-u_S=-i_D R_S \tag{5.2.1}$$

对于分压式电流负反馈偏置电路，输入回路直流负载线方程为

$$u_{GS}=u_G-u_S=\frac{R_{G2}}{R_{G1}+R_{G2}}U_{DD}-i_D R_S \tag{5.2.2}$$

在转移特性上画出两种直流负载线，且标出 Q 点，如图 5.2.3(a)、(b) 所示，得到直流工作点 I_{DQ}，并有

$$U_{DSQ}=U_{DD}-I_{DQ}(R_D+R_S) \tag{5.2.3}$$

对于结型管，由于 U_{GSQ} 可以为负值，故可用自偏压电路，也可以用分压式电流负反馈偏置电路。但对于 N 沟道增强型 MOS 管，U_{GSQ} 一定为正值，而且要超过开启电压 $U_{GS(th)}$，所以决不能采用自偏压，栅极必须加正偏压。

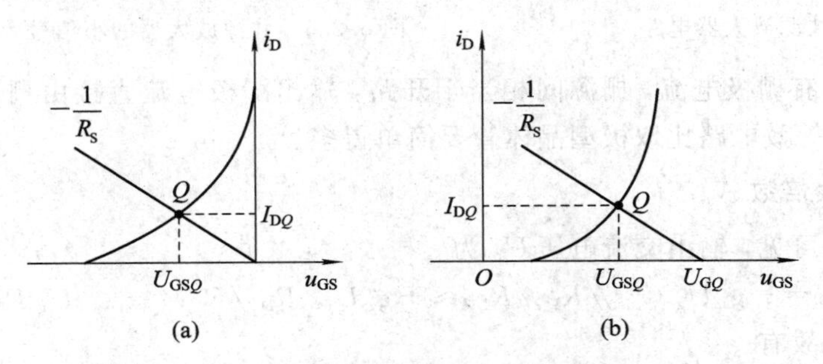

图 5.2.3　图解法求直流工作点

(a) JFET 自偏压电路；(b) MOS 增强型分压式电流负反馈偏置电路

2. 解析法求 Q 点

解析法是利用求联立方程解来得到 Q 点的相关数据。以图 5.2.1 电路为例，结型管的电流方程为

$$I_{DQ}=I_{DSS}\left(1-\frac{U_{GSQ}}{U_{GS(off)}}\right)^2 \tag{5.2.4}$$

式中：

$$U_{GSQ}=-I_{DQ}R_S \qquad (5.2.5)$$

将式(5.2.5)代入式(5.2.4)，得到一个 I_{DQ}的二次方程，舍去两个根中不合理的根，便求得工作点电流 I_{DQ}。

3. 工作状态判断(以N沟道为例)

(1) 结型或耗尽型MOS管：若 $U_{GSQ}\leqslant U_{GS(off)}$，则管子截止，$I_{DQ}=0$；若 $U_{GSQ}>U_{GS(off)}$，则管子导通。此时，以“预夹断临界线”为界，若 $U_{DSQ}>U_{GSQ}-U_{GS(off)}$，则工作在恒流区；反之，则工作在可变电阻区。

(2) N沟道增强型MOS管：若 $U_{GSQ}\leqslant U_{GS(th)}$，则管子截止，$I_{DQ}=0$；若 $U_{GSQ}>U_{GS(th)}$，则管子导通。此时，以“预夹断临界线”为界，若 $U_{DSQ}>U_{GSQ}-U_{GS(th)}$，则工作在恒流区；反之，则工作在可变电阻区。

5.2.2 共源放大器

共源放大器电路如图5.2.4所示，信号从栅极输入，从漏极输出，源极交流接地，作为输入、输出的公共端。该电路的小信号等效电路如图5.2.5所示。

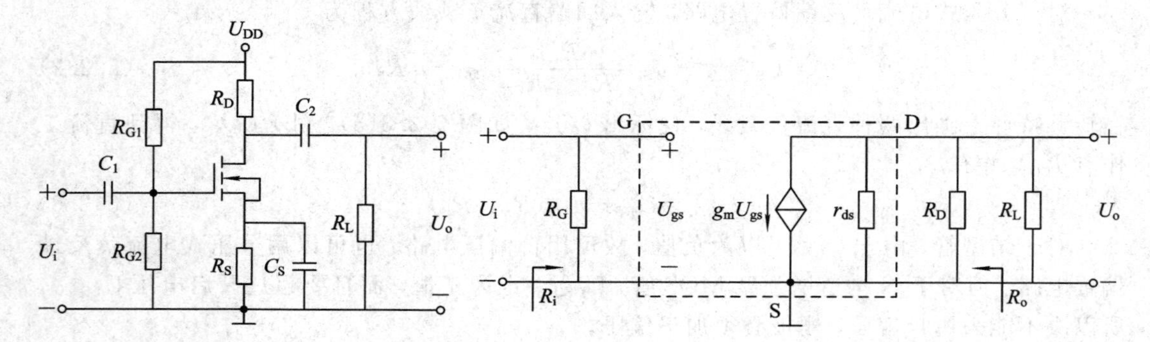

图5.2.4 共源放大器电路　　图5.2.5 共源放大器的小信号等效电路

场效应管没有栅极电流，栅源间相当于开路，输出漏极电流直接由栅源间电压 U_{gs}控制，所以小信号等效电路比双极型晶体管要简单得多。

1. 电压放大倍数 A_u

由图5.2.5可见，输出交流电压 U_o为

$$U_o=-g_mU_{gs}(r_{ds}/\!/R_D/\!/R_L)\approx-g_mU_{gs}(R_D/\!/R_L)=-g_mU_{gs}R'_L$$

式中：$U_{gs}=U_i$，故有

$$A_u=\frac{U_o}{U_i}=-g_mR'_L \qquad (5.2.6)$$

电压放大倍数 A_u 的“负”号表示共源放大器输出信号与输入信号相位相反，A_u 的大小与管子跨导以及漏极交流负载成正比。

2. 输入电阻 R_i

由图5.2.5可见，输入电阻 R_i 为

$$R_i=R_G=R_{G1}/\!/R_{G2} \qquad (5.2.7)$$

由于管子本身输入电阻为无穷大，故放大器的输入电阻 R_i 完全取决于栅极偏置电路。

3. 输出电阻 R_o

由图 5.2.5 可见，输出电阻 R_o 为

$$R_o = r_{ds} /\!/ R_D \approx R_D \tag{5.2.8}$$

【例 5.2.1】 放大电路如图 5.2.6(a) 所示，已知工作点处 $g_m = 5\ \text{mA/V}$，$R_S = 1\ \text{k}\Omega$，试计算该电路的交流指标，并指出电阻 R_{G3} 的作用。

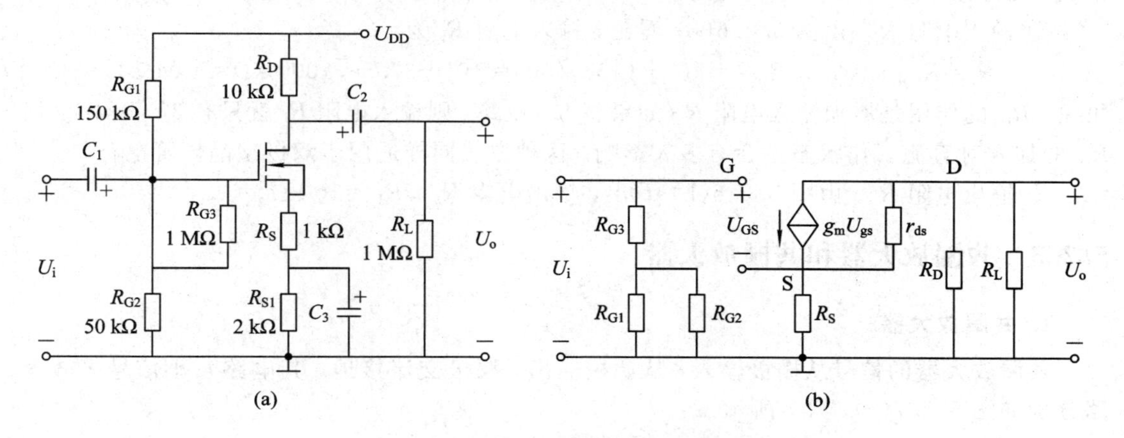

图 5.2.6　放大电路及小信号等效电路

(a) MOS 管放大电路；(b) 小信号等效电路

解　(1) 直流工作状态分析。该放大器采用分压式电流负反馈偏置电路，由于电阻 R_{G3} 无直流电流流过，故

$$U_{GSQ} = U_{GQ} - U_{SQ} = \frac{R_{G2}}{R_{G1} + R_{G2}} U_{DD} - I_{DQ}(R_{S1} + R_S) \tag{5.2.9}$$

用图解法，或将式(5.2.9)代入以下的 MOS 管电流方程：

$$i_{DQ} = \frac{\mu_n C_{ox}}{2} \frac{W}{L} (u_{GSQ} - U_{GS(th)})^2 \tag{5.2.10}$$

求出 I_{DQ}，并由

$$U_{DSQ} = U_{DD} - I_{DQ}(R_D + R_S + R_{S1}) \tag{5.2.11}$$

可粗略判断：若 $U_{DSQ} > 0$，则放大器工作在恒流区；若 $U_{DSQ} \leqslant 0$，则放大器工作在可变电阻区。

(2) 交流指标分析。由于 R_{S1} 被大电容 C_3 旁路，故对交流信号不起负反馈作用。画出该放大器的小信号等效电路，如图 5.2.6(b) 所示。

① 电压放大倍数 A_u。忽略场效应管本身输出电阻 r_{ds} 的影响，则

$$U_o = -g_m U_{gs} (R_D /\!/ R_L)$$

又有

$$U_{gs} = U_i - g_m U_{gs} R_S$$

$$U_{gs} = \frac{U_i}{1 + g_m R_S} \tag{5.2.12}$$

故得

$$A_u=\frac{U_o}{U_i}=-\frac{g_m(R_D/\!/R_L)}{1+g_mR_S} \tag{5.2.13}$$

代入具体元器件值得

$$A_u=-\frac{5\ \mathrm{mA/V}\times(10\ \mathrm{k\Omega}/\!/10^3\ \mathrm{k\Omega})}{1+5\ \mathrm{mA/V}\times1\ \mathrm{k\Omega}}\approx-\frac{5\times10}{6}=-8.3$$

可见，由于 R_S 的交流负反馈作用，使真正加到管子栅源间的控制电压 U_{gs} 减小了 $1+g_mR_S$ 倍，从而导致电压放大倍数 A_u 也下降了 $1+g_mR_S$ 倍。

② 输入电阻 R_i。由图 5.2.6(b) 看出，输入电阻 R_i 为

$$R_i=R_{G3}+(R_{G1}/\!/R_{G2})=10^3+(150/\!/50)=10^3+37.5\approx1000\ \mathrm{k\Omega}=1\ \mathrm{M\Omega}$$

可见，R_{G3} 的作用是增加输入电阻 R_i（如果将 R_{G3} 短路，则输入电阻 R_i 就只有 37.5 kΩ）。而 R_{G3} 的加入对直流工作状态不会有多大影响。这种方法同样适用于双极型晶体管电路。

③ 输出电阻 R_o。由图 5.2.6(b) 看出，输出电阻 $R_o\approx R_D=10\ \mathrm{k\Omega}$。

5.2.3　共漏放大器和共栅放大器

1. 共漏放大器

共漏放大器的信号从栅极输入，从源极输出，漏极交流接地，其电路及小信号等效电路分别如图 5.2.7(a)、(b) 所示。

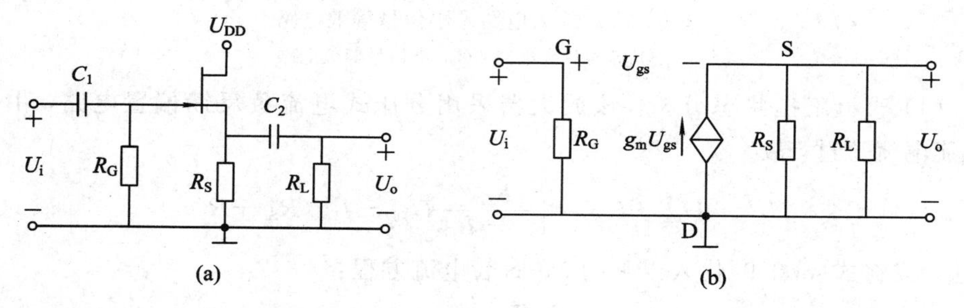

图 5.2.7　共漏放大器电路及其小信号等效电路

(a) 共漏放大器电路；(b) 小信号等效电路

1）电压放大倍数 A_u

由图 5.2.7 可知：

$$U_o=g_mU_{gs}(R_S/\!/R_L)$$

$$U_{gs}=U_i-g_mU_{gs}$$

$$U_{gs}=\frac{U_i}{1+g_m(R_S/\!/R_L)}$$

故电压放大倍数 A_u 为

$$A_u=\frac{U_o}{U_i}=\frac{g_m(R_S/\!/R_L)}{1+g_m(R_S/\!/R_L)}<1 \tag{5.2.14}$$

由于场效应管的跨导比双极型晶体管小，因此场效应共漏放大器的电压放大倍数 A_u 不能接近于 1，一般为 0.6～0.8，且输出信号与输入信号同相。

2）输入电阻 R_i

由图 5.2.7 可得输入电阻 R_i 为

$$R_i = R_G \tag{5.2.15}$$

3）输出电阻 R_o

根据输出电阻的定义，画出求输出电阻的等效电路，如图 5.2.8 所示。

由图 5.2.8 可见：$U_{gs} = -U_o$

$$I'_o = -g_m U_{gs} = -(-g_m U_o) = g_m U_o$$

故从源极看进去的输出电阻 R'_o 为

$$R'_o \Big|_{U_i=0} = \frac{U_o}{I'_o} = \frac{1}{g_m} \tag{5.2.16}$$

总的放大器输出电阻 R_o 为

$$R_o = R'_o /\!/ R_S \approx \frac{1}{g_m} \tag{5.2.17}$$

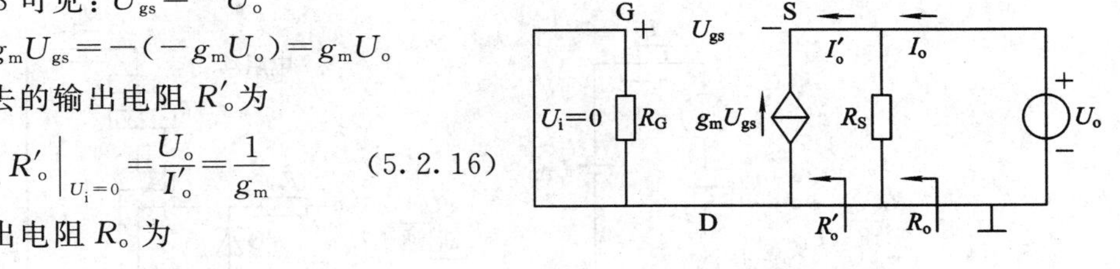

图 5.2.8　计算输出电阻 R_o 的等效电路

若 $g_m = 5$ mA/V，则 $R_o = 200\ \Omega$。一般来说，双极型晶体管共集放大器的输出电阻 R_o 比场效应管共漏放大器的输出电阻 R_o 更小。

2. 共栅放大器

共栅放大器电路如图 5.2.9 所示，信号从源极输入，从漏极输出，栅极交流接地。共栅放大器的输出回路与共源放大器的输出回路相似，其输入回路与共漏放大器的输出回路相似。因为共栅放大器的 $U_{gs} = -U_i$，所以其电压放大倍数 A_u 为

$$A_u = \frac{U_o}{U_i} = \frac{-g_m U_{gs}(R_D /\!/ R_L)}{-U_{gs}} = g_m(R_D /\!/ R_L) \tag{5.2.18}$$

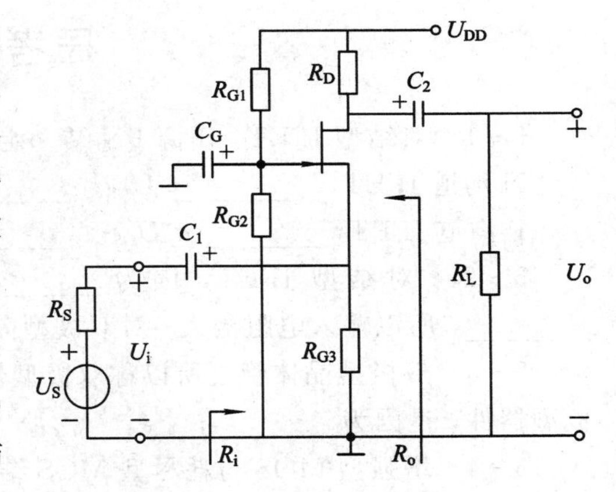

图 5.2.9　共栅放大器电路

可见，共栅放大器的电压放大倍数 A_u 大小与共源放大器相同，但输出信号与输入信号同相。

输出电阻 R_o 为

$$R_o \approx R_D \tag{5.2.19}$$

输入电阻 R_i 为

$$R_i = R'_i /\!/ R_S = \frac{1}{g_m} /\!/ R_S \approx \frac{1}{g_m} \tag{5.2.20}$$

可见共栅放大器的输入电阻 R_i 很小。

5.3　场效应管的开关特性及其应用

作为放大器的核心元件，场效应管总工作在放大区，但是如果用作电子开关，场效应管则必须工作在截止区（相当开关断开）和可变电阻区（相当于开关接通）。

MOS 管作为开关应用时更像数字电路，可以直接用数字逻辑电平驱动，如图 5.3.1(a)所示，NMOS 管处于截止区（$u_{GS} = 0$）时漏极电流即负载电流 $i_L = 0$，相当于开关断开；当 NMOS 管处于可变电阻区时（$u_{GS} \gg U_{GS(th)}$）导电沟道完全开启，漏极和源极之间呈现极

小的电阻，相当于开关接通。这是非常理想的压控开关。图 5.3.1(b)给出一个驱动电热丝的 NMOS 管开关电路，电阻 R_G 和二极管 VD 构成保护电路。一旦控制信号 u_i 有一个很大的负电平，则 VD 导通，以免 NMOS 管击穿而损坏。

I_L
U_i
断 通
U_i
U_{DD}
(a)
I_L
电阻丝
R_f
U_{DD}
R_G
U_i
断 通
U_i
VD
(b)

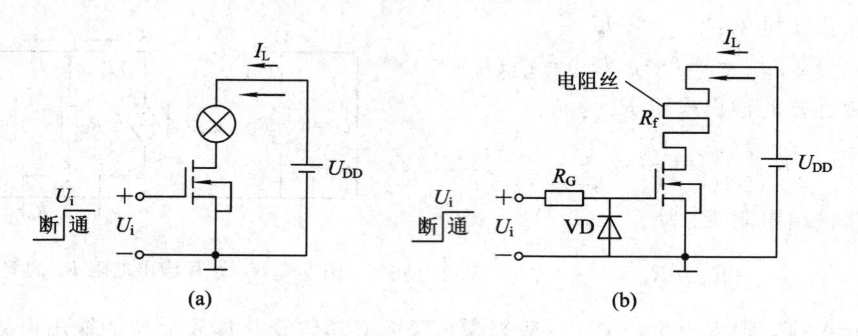

图 5.3.1 MOS 管开关

(a) NMOS 管开关；(b) 电热丝加热开关

思考题与习题

5-1 对结型 JFET，栅源 PN 结一定要________，若要正常导通，则必须满足：

N 沟道 JFET，________ $< U_{GS} <$ ________；

P 沟道 JFET，________ $< U_{GS} <$ ________。

5-2 对结型 JFET，因为________，所以输入电阻很大；对 MOSFET，因为________，所以输入电阻极大；对双极型晶体管，因为________，所以输入电阻小。

5-3 双极型晶体管之所以称双极型器件，是因为________；而场效应管之所以称单极型器件，是因为________；

5-4 增强型 MOS 与耗尽型 MOS 结构上的差别是________。

5-5 跨导 g_m 是表征________对________的控制能力；工作点越高，g_m ________。

5-6 输出电阻 r_{ds} 是表征________对________的控制能力；因为该控制能力很弱，故 r_{ds}________。

5-7 根据图 P5-1 转移特性曲线，试判断管子的类型，并分别指出(a)、(b)、(c)曲线所对应的以下参数：$I_{DSS}=?$ $U_{GS(off)}=?$ $U_{GS(th)}=?$

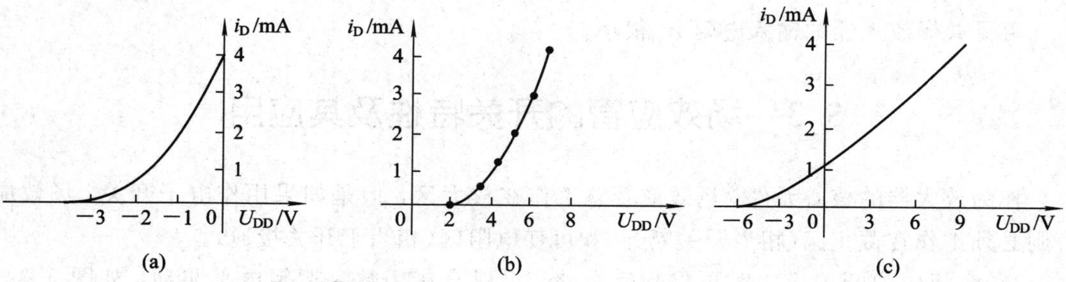

i_D/mA
4
3
2
1
−3 −2 −1 0 U_{DD}/V
(a)
i_D/mA
4
3
2
1
0 2 4 6 8 U_{DD}/V
(b)
i_D/mA
4
3
2
1
−6 −3 0 3 6 9 U_{DD}/V
(c)

图 P5-1

5-8 电路如图 P5-2 所示，求工作点 I_{DQ} 和 U_{DSQ}。

5 - 9　电路如图 P5 - 3 所示，已知工作点跨导 $g_m = 1$ ms；$r_{ds} = 200$ kΩ；$R_1 = 300$ kΩ；$R_2 = 100$ kΩ；$R_3 = 1$ MΩ；$R_4 = 10$ kΩ；$R_5 = 2$ kΩ；$R_6 = 2$ kΩ，试求增益 A_u、输入电阻 R_i 和输出电阻 R_o。

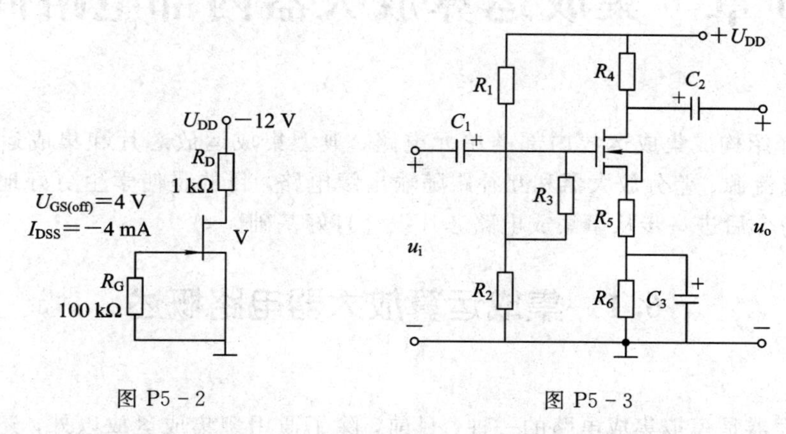

图 P5 - 2　　　　图 P5 - 3

5 - 10　电路如图 P5 - 4 所示，已知工作点跨导 $g_m = 10$ ms，试求 A_u、R_i 和 R_o。

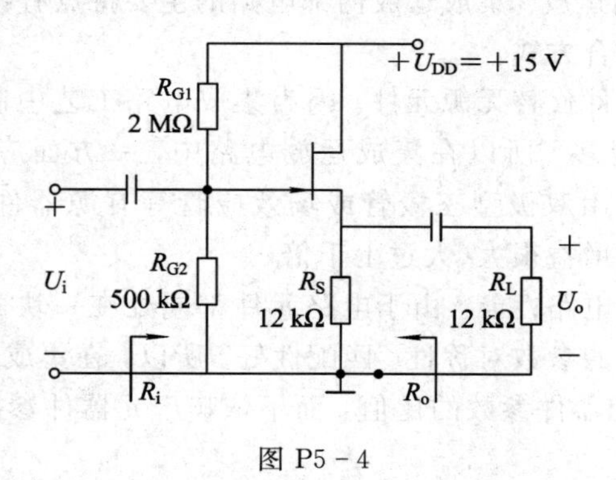

图 P5 - 4

5 - 11　电路如图 P5 - 5 所示，试求增益 $A_u = \dfrac{U_o}{U_i}$、输入电阻 R_i 和输出电阻 R_o 的表达式。

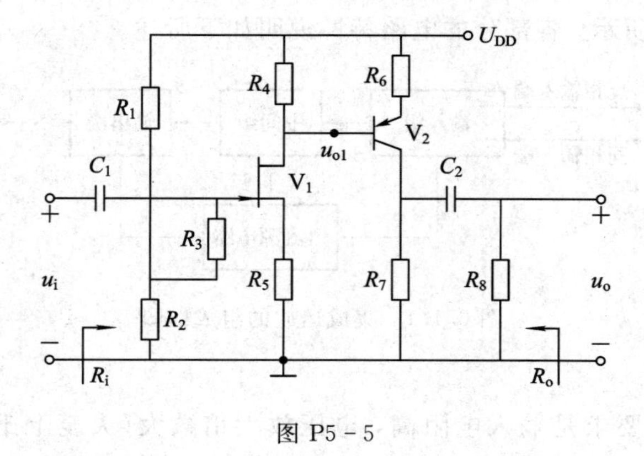

图 P5 - 5

第6章 集成运算放大器内部电路简介

本章将介绍构成集成运放内部的单元电路、典型集成运放芯片和集成运放的性能参数，重点是电流源、差分放大器和互补跟随输出级电路，目的是使学生更好地应用集成运放芯片，并为今后进一步从事集成电路芯片设计打好基础。

6.1 集成运算放大器电路概述

运算放大器是模拟集成电路的一种，目前，除了通用型集成运放以外，还有为适应各种特殊要求而设计的专用运放。集成运放内部电路的主要特点有：

(1) 级间采用直接耦合方式。

(2) 尽可能用有源器件代替无源元件。因为集成电路工艺中制作电阻、电容所占用的硅片面积比晶体管要大得多，所以在集成运放电路中，一方面应避免使用大电阻和大电容，另一方面应尽可能采用双极型三极管或场效应管等有源器件组成恒流源来替代大电阻，而且应使单级放大器增益很大(大过上千倍)。

(3) 用对称结构改善电路性能。由于电路元件都同处在一块微小的硅片上，用相同的工艺制造出来，因此它们的参数对称性、匹配性好。所以，在集成运放的电路设计中，应尽可能使电路性能取决于元器件参数的比值，而不依赖于元器件参数的绝对值，以保证电路参数的准确及性能稳定。

(4) 集成电路的集成度高，功耗小，偏置电流比分立元件电路小得多。

集成运放的内部通常由四个主要单元电路组成，包括输入级、中间级、输出级和恒流源电路，如图 6.1.1 所示。各部分的电路特性说明如下所述。

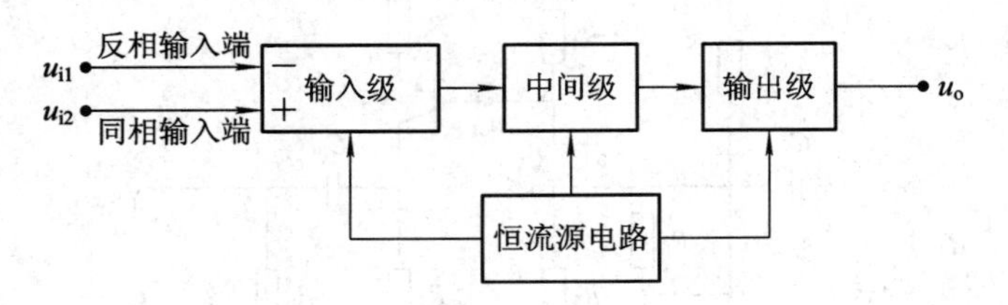

图 6.1.1 集成运放的组成框图

1. 输入级

对输入级的基本要求是输入电阻高，电压放大倍数大(大至上千倍)，有两个输入端子，可完成信号“**相减**”功能。

2. 中间级

中间级的主要作用是提供足够大的电压放大倍数，是整个电路的主放大器，多采用共发射极(或共源极)放大电路，其放大倍数可达到几千倍以上，且具有较大的输入电阻，这是因为中间级输入电阻是前级的负载，太小会影响前级增益。

3. 输出级

输出级的主要作用是提高输出功率，降低输出电阻(即提高带负载能力)，减小非线性失真，增大输出电压的动态范围。此外，输出级应有过载保护措施，以防负载意外短路而毁坏运放。

4. 恒流源电路

恒流源电路的首要任务是作为集成运放的偏置电路，为各级放大电路提供合适的静态电流，从而确定静态工作点。恒流源电路的另一任务是作放大器的有源负载，取代高阻值的电阻，以保证单级放大器的高增益。恒流源电路还可以用来完成电平移位功能，以保证各级直流电平配置合理，并使运放输出直流电平为零。

6.2　集成运算放大器的电流源电路

电流源(亦称恒流源)电路是一种能输出稳定电流的电子电路。对电流源的主要要求是输出电流恒定，交流输出电阻尽可能大，温度稳定性好，等等。常用的集成电流源有如下几种形式。

6.2.1　双极型晶体管组成的电流源

1. 单管电流源

由于晶体管在放大区的输出特性具有恒流特点，因此工作在放大区的晶体管就可作为电流源，称为单管电流源。一个基本的单管电流源电路如图 6.2.1(a)所示，设晶体管工作于 Q 点；如图 6.2.1(b)所示，则电流源输出端对地之间的直流等效电阻 $R_{DQ}=U_{CE}/I_C$(Q 点与原点连线斜率之倒数)，其值较小，而动态电阻 $R_o=\Delta U_{CE}/\Delta I_C$ 很大(Q 点切线斜率之倒数)。可见，直流电阻小、交流电阻大是电流源的突出特点，这一特点使电流源获得了广泛的应用。

图 6.2.1(a)所示电流源的输出电流为

$$U_B \approx \frac{R_2}{R_1+R_2}\cdot U_{CC} \tag{6.2.1}$$

$$I_C \approx I_E = \frac{U_B-U_{BE}}{R_3} \tag{6.2.2}$$

图 6.2.1(c)为该电路的等效电流源表示方法。

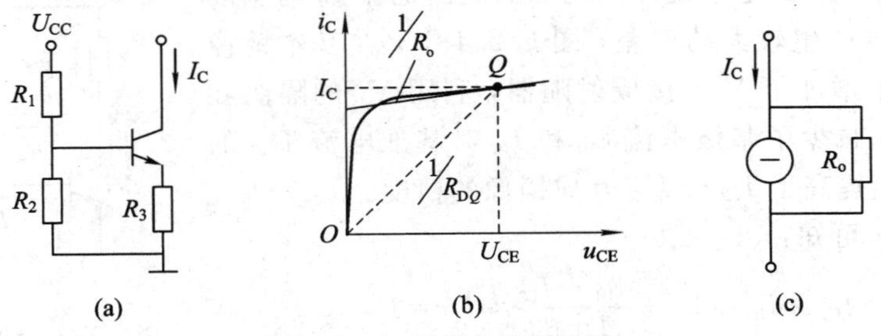

图 6.2.1　单管电流源电路

(a) 单管电流源电路；(b) 晶体管的输出特性；(c) 等效电流源表示法

单管电流源的缺点是受电源波动影响大，而且电阻过多，不便于集成工艺实现，故需要进一步改进。

2. 镜像电流源

1）基本镜像电流源

基本镜像电流源是一种在集成电路中应用十分广泛的电路。如图 6.2.2 所示，它由两个参数完全相同的 NPN 三极管 V_1 和 V_2 组成，两管基极与发射极相连，$U_{BE1}=U_{BE2}$。为了使 V_1 管导通，将 V_1 管的集电极与基极短路，并与 R 一起产生基准电流 I_{REF}，可得

$$I_{REF}=\frac{U_{CC}-U_{BE1}}{R} \tag{6.2.3}$$

由图 6.2.2 所示电路的结构可知：$\beta_1=\beta_2$，$U_{BE1}=U_{BE2}$，$I_{B1}=I_{B2}=I_B$，$I_{C1}=I_{C2}=I_C$，则

$$I_{C2}=I_{REF}\times\frac{1}{1+\frac{2}{\beta}} \tag{6.2.4}$$

当 $\beta\gg2$ 时，输出电流 I_o 为

$$I_o=I_{C2}\approx I_{REF}=\frac{U_{CC}-U_{BE1}}{R} \tag{6.2.5}$$

由于两管的集电极电流相同，如同镜像一样，因此这种电流源电路称为镜像电流源，又称为**电流镜**(Current Mirror)。

由于集成运放是多级放大电路，需要给多个放大管提供偏置电流和有源负载，因此常用到多路电流源。多路电流源利用一个基准电流，同时获得多个电流源。多路镜像电流源如图 6.2.3 所示。

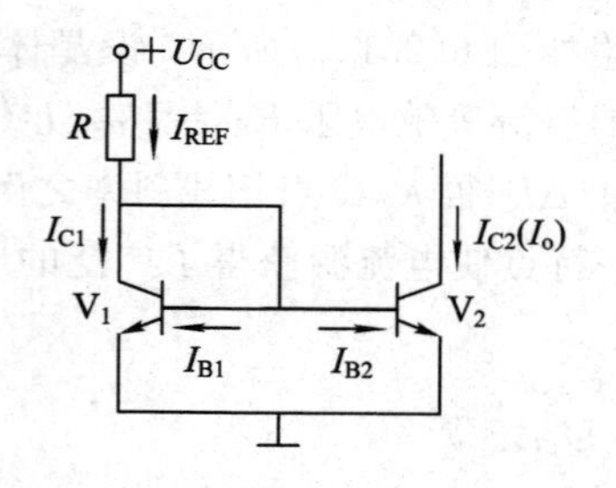

图 6.2.2　镜像电流源

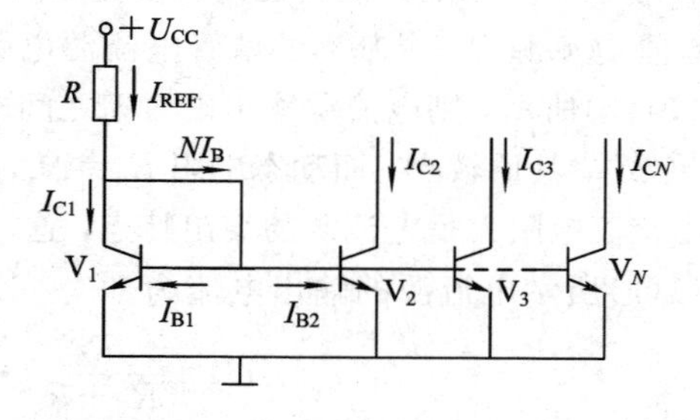

图 6.2.3　多路镜像电流源

2）加射随器隔离的镜像电流源

当 β 值不够大时，基本镜像电流源的输出电流 I_o 与基准电流 I_{REF} 之间将产生较大的误差，图 6.2.4 中，在基本镜像电流源的基础上增加了 V_3，接成射随器，利用 V_3 的隔离和电流放大作用，减少了基极电流 I_{B1} 和 I_{B2} 对基准电流 I_{REF} 的分流作用，从而提高了 I_{C2} 与 I_{REF} 互成镜像的精度。

由图 6.2.4 可知：

$$I_{REF}=I_{C1}+I_{B3}=I_{C1}+\frac{I_{B1}+I_{B2}}{1+\beta_3}\approx I_{C1}=I_{C2}$$

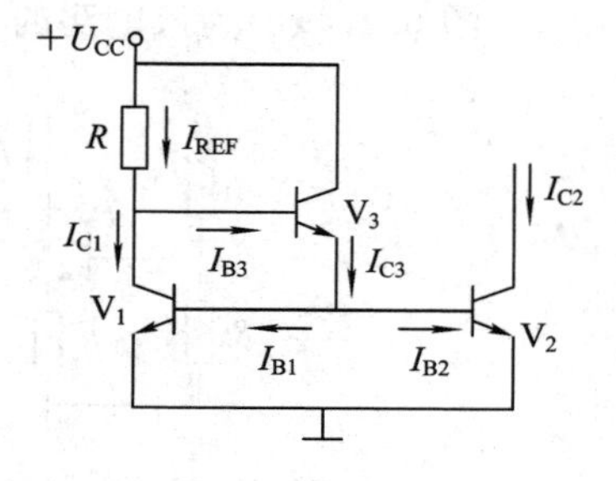

图 6.2.4　加射随器隔离的镜像电流源

3. 比例电流源

比例电流源是在镜像电流源的基础上，在 V_1 和 V_2 的发射极分别引入电阻 R_{E1}、R_{E2}，如图 6.2.5 所示。

由图 6.2.5 可知：

$$U_{BE1}+I_{E1}R_{E1}=U_{BE2}+I_{E2}R_{E2} \tag{6.2.6}$$

由于晶体管的 $I_E(\approx I_C)$与发射结电压 U_{BE}呈指数关系，V_1、V_2 管的电流虽然不等，但 U_{BE} 相差很小(如 U_{BE}增加 60 mV，I_C 就增大 10 倍)，因此可以认为 V_1、V_2 管的发射结电压 U_{BE} 近似相等，即 $U_{BE1}\approx U_{BE2}$。由此可见：

$$I_{E1}R_{E1}\approx I_{E2}R_{E2} \tag{6.2.7}$$

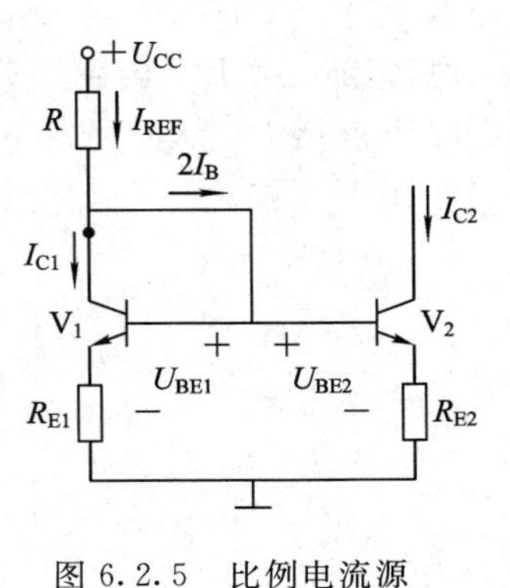

图 6.2.5　比例电流源

当 $\beta\gg 2$ 时，忽略两管的基极电流，可得

$$I_{C2}\approx I_{E2}\approx\frac{R_{E1}}{R_{E2}}I_{C1}\approx\frac{R_{E1}}{R_{E2}}I_{REF} \tag{6.2.8}$$

可见，只要改变 R_{E1}和 R_{E2}的比值，就可以改变 I_{C2}与 I_{REF}的比例关系，故称为比例电流源。式(6.2.8)中的基准电流为

$$I_{REF}=\frac{U_{CC}-U_{BE1}}{R+R_{E1}} \tag{6.2.9}$$

4. 微电流源

为了进一步减小功耗，在集成电路中常常需要微安(μA)级的电流，采用镜像电流源或比例电流源时，需要的基准电阻 R 往往过大，将达到兆欧(MΩ)级，这在集成电路中很难实现。微电流源可以克服这些缺点。微电流源电路如图 6.2.6 所示。显然，当 $\beta\gg 1$ 时，V_2 管集电极电流为

$$U_{BE1}-U_{BE2}=I_{E2}R_{E2}\approx I_{C2}R_{E2} \tag{6.2.10}$$

$$I_{C2}\approx I_{E2}=\frac{U_{BE1}-U_{BE2}}{R_{E2}}=\frac{\Delta U_{BE}}{R_{E2}} \tag{6.2.11}$$

由于 ΔU_{BE}只有几十毫伏(或更小)，因此 R_{E2}的阻值不用太大就可以得到微安级的电流。根据晶体管的电流方程：

$$I_C\approx I_E=I_S(e^{\frac{U_{BE}}{U_T}}-1)\approx I_S e^{\frac{U_{BE}}{U_T}}$$

可得

$$U_{BE1}-U_{BE2}\approx U_T\left(\ln\frac{I_{C1}}{I_{S1}}-\ln\frac{I_{C2}}{I_{S2}}\right)\approx I_{C2}R_{E2} \tag{6.2.12}$$

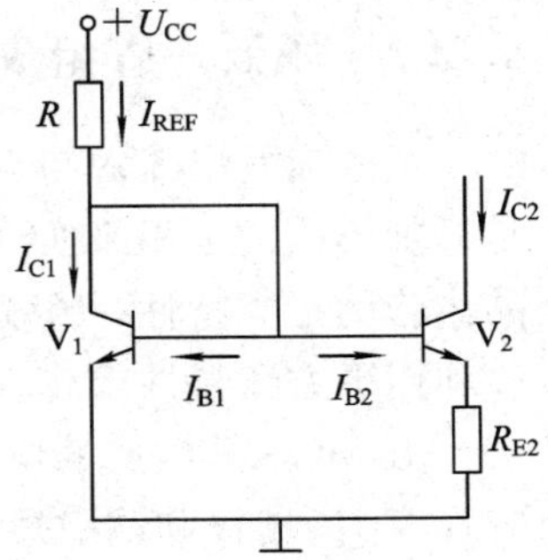

图 6.2.6　微电流源

由于 $I_{S1}=I_{S2}$，因此

$$I_{C2}=\frac{1}{R_{E2}}U_T\ln\frac{I_{C1}}{I_{C2}} \tag{6.2.13}$$

式(6.2.13)表明，若已知 I_{C2}，便可确定 R_{E2}，当 $\beta\gg 1$ 时，有

$$I_{C1}\approx I_{REF}=\frac{U_{CC}-U_{BE1}}{R} \tag{6.2.14}$$

5. 负反馈型电流源——威尔逊电流源

为进一步提高电流源的传输精度和输出电流的稳定性，增大输出电阻，一种有效的解

决方法是引入电流负反馈。常用的电流负反馈型电流源如图 6.2.7 所示，该电路也称为威尔逊(Wilson)电流源。例如，由于某种原因要使 I_{C3} 增大时，由图 6.2.7 可见，I_{E3} 也增大，则 I_{C2} 随之增加，因镜像关系 I_{C1} 相应增大，而 $I_{REF}=I_{C1}+I_{B3}$ 固定不变，因此 I_{B3} 减小，使得 I_{C3} 不能增大，从而稳定了 I_{C3}。

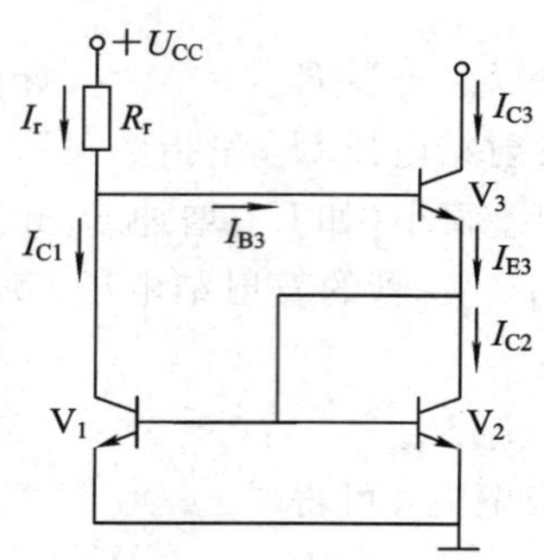

图 6.2.7 威尔逊电流源

设 $I_{C1}=I_{C2}=I_C$，晶体管的 β 相同，则

$$I_{C3}=I_{REF}\left(1-\frac{2}{\beta^2+2\beta+2}\right)=I_{REF}\left(\frac{\beta^2+2\beta}{\beta^2+2\beta+2}\right)\approx I_{REF} \tag{6.2.15}$$

又由图 6.2.7 可知，参考电流 I_{REF} 为

$$I_{REF}=\frac{U_{CC}-U_{BE3}-U_{BE2}}{R} \tag{6.2.16}$$

利用交流等效电路可求出威尔逊电流源的交流输出电阻为 $R_o\approx\frac{\beta}{2}r_{ce}$。可见，由于引入电流负反馈，不仅使恒流源输出电阻提高，而且输出电流受 β 值的影响大大减小，因此增强了恒流源的稳定性。

6.2.2 场效应管组成的电流源

场效应管电流源与双极型晶体管电流源的区别主要有两点：① 不同比例的电流源不是靠加不同的电阻来实现，而是靠设计不同场效应管尺寸(W/L)实现的；② 不同于双极型晶体管的指数特性，场效应管导通时 U_{GSQ} 不等于 0.7 V，计算基准电流 I_{REF} 比较复杂，必须利用平方律特性求解。

由 MOS 管组成的电流源如图 6.2.8 所示，由于场效应管 V_1 的栅极和漏极短路，$U_{DS1}=U_{GS1}>U_{GS1}-U_{TH1}$，因此场效应管 V_1 一定工作于恒流区。V_2 与 V_1 的电性能完全相同。由于 $U_{GS1}=U_{GS2}$，因此 V_2 也工作在恒流区。如果 V_1 和 V_2 是对称的，则有

$$I_{REF}=\frac{U_{DD}-U_{GS}}{R} \tag{6.2.17}$$

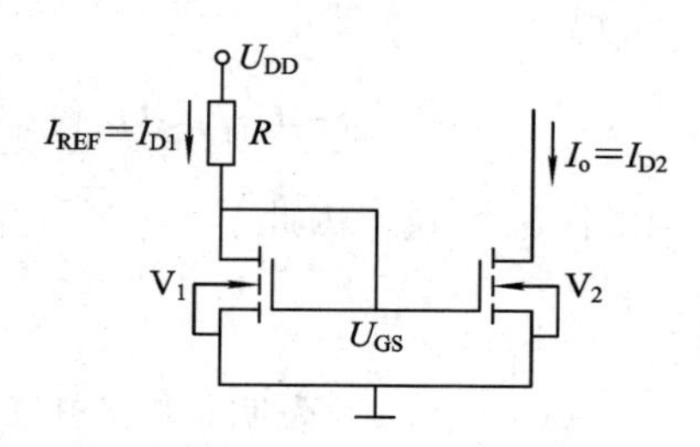

图 6.2.8 基本 MOS 管电流源

对于 MOS 管，若忽略沟道长度调制效应，则场效应管在恒流区的特性为

$$I_{REF}=I_{D1}=\frac{\mu_n C_{ox}}{2}\frac{W_1}{L_1}(U_{GS}-U_{GS(th)})^2 \tag{6.2.18a}$$

$$I_{D2}=\frac{\mu_n C_{ox}}{2}\frac{W_2}{L_2}(U_{GS}-U_{GS(th)})^2 \tag{6.2.18b}$$

式(6.2.17)与式(6.2.18a)联立，可求出基准电流 I_{REF}（即 I_{D1}）。在相同工艺下，式(6.2.18a)与式(6.2.18b)相比可得

$$\frac{I_{D1}}{I_{D2}}=\frac{W_1/L_1}{W_2/L_2}=m \tag{6.2.19}$$

式中：m 为电流传输比，当 $m=1$ 时为镜像电流源，当 $m\neq1$ 时为比例电流源。

6.3 差分放大器

6.3.1 差分放大器简介

1. 差分放大器的主要特征

差分放大器又名差动放大器，广泛应用于模拟集成电路中，是集成运放的主导单元电路，也是组成单片集成电压比较器的主要电路之一。在分立元件电路中，差分放大器也占据重要地位。

差分放大器符号如图6.3.1所示。差分放大器有两个输入端和两个输出端。

差分放大器的主要特征如下：

(1) 电路结构高度对称，特别适合用集成电路工艺实现。

(2) 输出信号正比于两输入信号之差，实现了信号相减和放大功能。

(3) 引进了新的共模负反馈机制，提高了对共模信号的抑制能力。

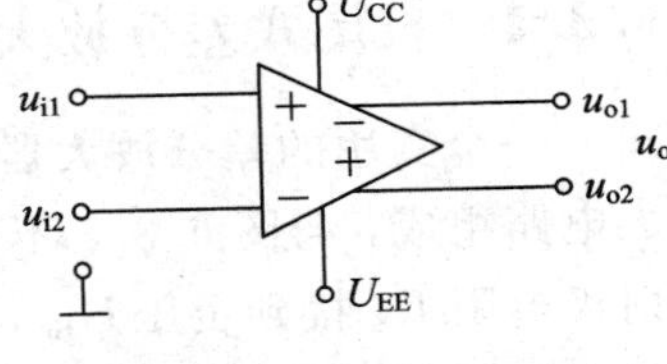

图 6.3.1 差分放大器符号

2. 差分放大器克服"零点漂移"现象

在直接耦合放大电路中存在"零点漂移"现象。所谓"零点漂移"，就是当输入信号为零时，输出信号是一个随时间变化而漂移不定的非零信号，如图6.3.2(a)、(b)所示。

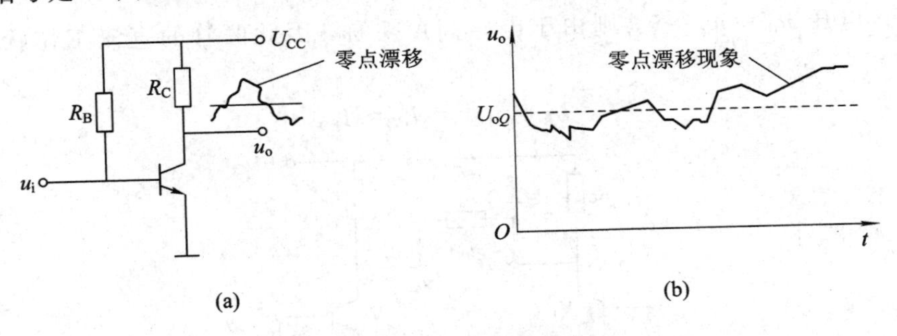

图 6.3.2 零点漂移现象

导致零点漂移的原因有很多，如环境温度变化、电源电压波动、器件老化和参数变化等。其中，最关键的是三极管参数随温度变化引起的漂移，因此零漂也称为温漂。在阻容耦合放大器中，由于电容有隔直作用，因此零漂不会造成严重影响。但是，在直接耦合放大器中，由于前级的零漂会被后级放大，因而将严重干扰正常信号的放大和传输。特别是

直接耦合的级数越多，增益越大，零漂越严重，甚至会使电路不能正常工作。在多级直耦放大电路中，由于漂移电压与输入信号一起以同样的放大倍数传送到输出端，因此第一级的零漂影响最大。

如何实现抑制零点漂移呢？人们首先想到利用差分放大器相减功能来抑制零点漂移，即差分放大器将两个具有相同漂移的电路拼接起来，如图 6.3.3 所示，利用电路的对称性，从双端输出将漂移互相抵消掉。

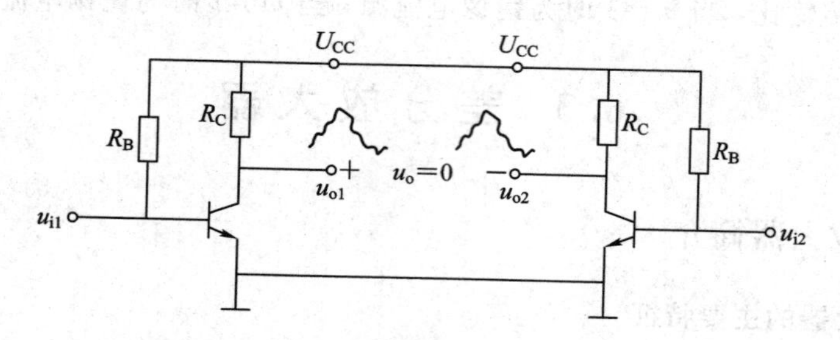

图 6.3.3 利用漂移完全相同的电路使漂移互相抵消

但是，这种简单拼接并不实用，因为绝对对称和匹配的电路并不存在，所以完全依赖电路对称性的抵消作用并不完全可靠。另外，当信号从单端输出时，漂移依旧。因此，这种简单的拼接电路不能作为实用电路。

6.3.2 长尾式差分放大器

一个实用的差分放大器如图 6.3.4 所示，它由两个结构和参数完全相同的单管共射放大电路组成，与图 6.3.3 不同的是，图 6.3.4 所示电路中的发射极连在一起，并通过公共射极电阻 R_E 接到负压 U_{EE}，而且由于发射结偏压由负压 U_{EE} 提供，因此省去了接到正电源 U_{CC} 的偏置电阻 R_B。该电路有两个输入端和两个输出端，信号可以从两个输出端之间输出(称为双端输出)，也可以从一个输出端到地之间输出(称为单端输出)。由于射极耦合电阻 R_E 连接负电源 U_{EE}，好像拖了一条长尾巴，因此该放大器也称长尾式差分放大器。

1. 长尾式差分放大器的直流工作状态分析

若输入电压 $u_{i1}=u_{i2}=0$，则由于电路高度对称，因此两管的直流工作状态必然相同，即

$$I_{C1Q}=I_{C2Q}=I_{CQ}\approx I_{EQ}$$

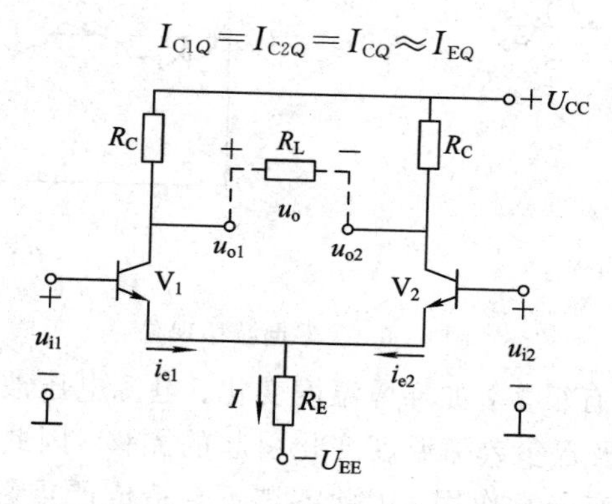

图 6.3.4 长尾式差分放大电路

流过射极公共电阻 R_E 的电流 I 为

$$I=I_{RE}=I_{E1Q}+I_{E2Q}=2I_{EQ}\approx 2I_{CQ} \tag{6.3.1a}$$

从基极-发射极回路看，有

$$U_{EE}=U_{BEQ}+IR_E\approx U_{BEQ}+2I_{CQ}R_E$$

故每管的集电极静态电流为

$$I_{C1Q}=I_{C2Q}=I_{CQ}=\frac{I}{2}=\frac{U_{EE}-U_{BEQ}}{2R_E} \tag{6.3.1b}$$

因电路对称，两边集电极直流电压相等($U_{C1Q}=U_{C2Q}$)，负载 R_L 无直流电流流过，故每管的管压降为

$$U_{CE1Q}=U_{CE2Q}=U_{CEQ}=U_{CQ}-U_{EQ}=(U_{CC}-I_{CQ}R_C)-U_{BEQ} \tag{6.3.1c}$$

单端对地输出直流电压为

$$U_{C1Q}=U_{C2Q}=U_{CC}-I_{CQ}R_C \tag{6.3.1d}$$

双端输出直流电压为

$$U_{oQ}=U_{C1Q}-U_{C2Q}=0 \tag{6.3.1e}$$

结论：(1) 射极耦合电阻 R_E 越大，工作点电流越小；

(2) 静态时，电流 I 在两管间平均分配，即 $I_{C1Q}=I_{C2Q}=I/2$；

(3) 电路对称，双端输出直流电压 $U_{oQ}=0$ 。

2. 长尾式差分放大器的增益分析

1) *差模信号和共模信号*

差分放大器中，若两基极到地输入一对**等值反相**信号，则该信号称为**差模信号**，若输入一对**等值同相信号**则该信号称为**共模信号**。

如图6.3.5(a)所示，任意两输入信号 u_{i1} 和 u_{i2} 可分解为一对差模信号和一对共模信号：

$$u_{i1}=\frac{u_{i1}-u_{i2}}{2}+\frac{u_{i1}+u_{i2}}{2} \tag{6.3.2a}$$

$$u_{i2}=-\frac{u_{i1}-u_{i2}}{2}+\frac{u_{i1}+u_{i2}}{2} \tag{6.3.2b}$$

可见，一对**等值反相**的**差模**信号为**输入信号之差的平均值**，即

$$\begin{cases} u_{id1}=\dfrac{u_{i1}-u_{i2}}{2}=\dfrac{u_{id}}{2} \\ u_{id2}=-\dfrac{u_{i1}-u_{i2}}{2}=-\dfrac{u_{id}}{2} \end{cases} \tag{6.3.3}$$

一对**等值同相**的**共模**信号为**输入信号之和的平均值**，即

$$u_{ic}=\frac{u_{i1}+u_{i2}}{2} \tag{6.3.4}$$

那么重新改写后的输入信号表达式为

$$u_{i1}=\frac{u_{i1}-u_{i2}}{2}+\frac{u_{i1}+u_{i2}}{2}=\frac{u_{id}}{2}+u_{ic}=u_{id1}+u_{ic} \tag{6.3.5a}$$

$$u_{i2}=-\frac{u_{i1}-u_{i2}}{2}+\frac{u_{i1}+u_{i2}}{2}=-\frac{u_{id}}{2}+u_{ic}=u_{id2}+u_{ic} \tag{6.3.5b}$$

可见，输入信号可分解为一对等值反相的差模信号和一对等值同相的共模信号，信号分解后的电路如图6.3.5(b)所示。根据线性系统的叠加原理，可分别求出对应差模信号与共模信号的增益和输出电压。

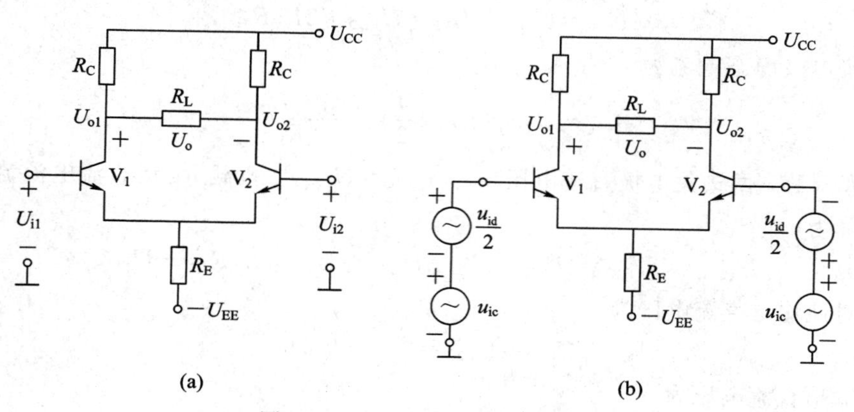

图 6.3.5 差分电路及信号分解

(a) 差分电路；(b) 信号分解

2) 差模增益

差模增益定义为差模输出电压与输入电压之差(即总差模输入电压 $u_{id}=u_{i1}-u_{i2}$)的比值。如图6.3.6(a)所示，若 u_{id} 增大，则流过 V_1 的射极电流增大，而流过 V_2 的射极电流减小，且增大量和减小量相等，那么流过射极耦合电阻 R_E 的电流始终不变(即信号电流为零)，$\Delta U_E=0$，故对差模信号而言，发射极为差模地电位，而且一管集电极电压减小，另一管集电极电压必等量增大，所以负载 R_L 有电流流过，且 R_L 中点相当于一平衡点，也是差模地电位。根据以上分析，可得出图6.3.6(a)所示电路的差模等效通路，如图6.3.6(b)所示。

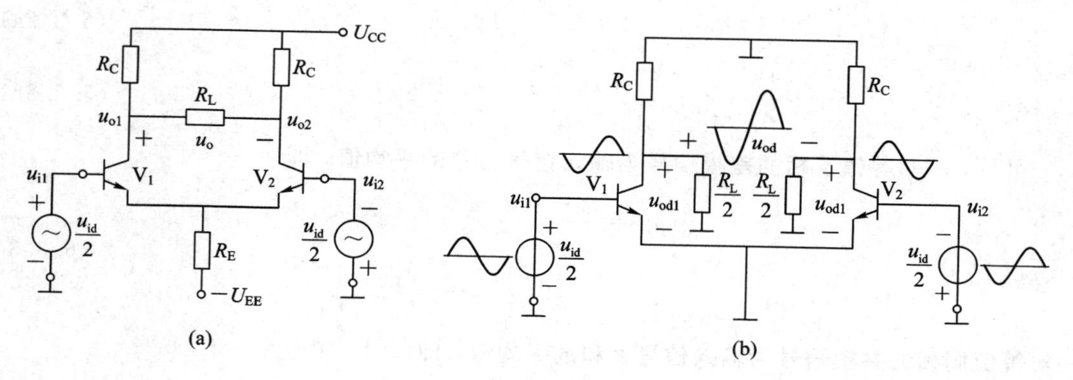

图 6.3.6 输入差模信号电路及等效通路

(a)电路；(b) 差模等效通路

根据图6.3.6(b)，可求出单端输出差模电压 u_{od1}、u_{od2}：

$$u_{od1}=-i_{cd1}\times\left(R_C/\!/\frac{R_L}{2}\right)=-\beta i_{bd1}\left(R_C/\!/\frac{R_L}{2}\right)=-\frac{\beta\left(R_C/\!/\frac{R_L}{2}\right)}{r_{be1}}\frac{u_{id}}{2}=-u_{od2}\quad(6.3.6)$$

单端输出差模增益 A_{ud1}、A_{ud2}

$$A_{ud1}=\frac{u_{od1}}{u_{id}}=\frac{u_{od1}}{u_{i1}-u_{i2}}=-\frac{1}{2}\frac{\beta\left(R_C /\!/ \dfrac{R_L}{2}\right)}{r_{be}}=-\frac{1}{2}\frac{\beta R'_L}{r_{be}}=-A_{ud2}=\frac{u_{od2}}{u_{id}} \tag{6.3.7}$$

双端输出差模电压 u_{od}：

$$u_{od}=u_{od1}-u_{od2}=2u_{od1}=-\frac{\beta\left(R_C /\!/ \dfrac{R_L}{2}\right)}{r_{be}}u_{id} \tag{6.3.8}$$

双端输出差模增益 A_{od}：

$$A_{od}=\frac{u_{od}}{u_{id}}=\frac{u_{od}}{u_{i1}-u_{i2}}=-\frac{\beta\left(R_C /\!/ \dfrac{R_L}{2}\right)}{r_{be}}=-\frac{\beta R'_L}{r_{be}} \tag{6.3.9}$$

从图 6.3.6(b)及分析结果可知，对称长尾差分电路两管的集电极分别输出一对等值反相的差模信号，本管集电极输出信号与本管基极输入信号反相，而 V_2 管集电极输出信号与 V_1 管基极输入信号同相。因为总差模输入信号被两管发射结等分，每管只分到 u_{id} 的一半，所以单端输出差模电压增益仅为单管共射放大器的 1/2，双端输出差模增益为单端输出差模增益的两倍。

3）共模增益

对于一对等值同相的输入共模信号，如图 6.3.7(a)所示，当输入共模信号时，两管的射极将产生相同的变化电流 Δi_E，使得流过 R_E 的变化电流为 $2\Delta i_E$，从而引起两管射极电位有 $2R_E\Delta i_E$ 的变化。因此，从电压等效的观点看，相当于每管的射极各接有 $2R_E$ 的电阻。

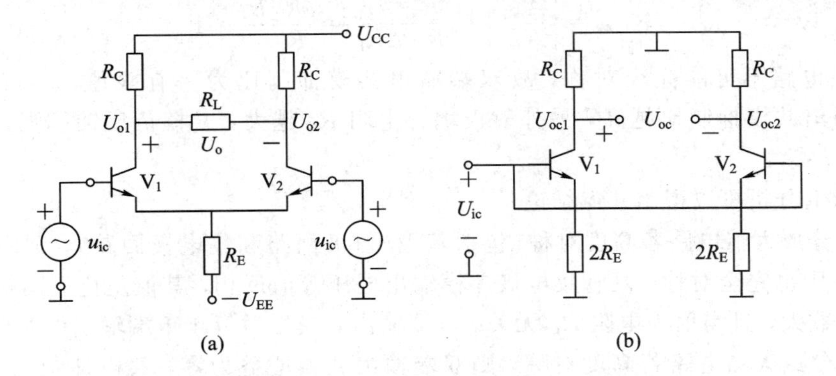

图 6.3.7　输入共模信号电路及等效通路

(a) 电路；(b) 等效通路

在输出端，由于共模输入信号引起两管集电极电位变化完全相同，因此流过负载 R_L 的电流为零，相当于 R_L 开路。

据上述分析，图 6.3.7(a)所示电路的共模等效通路如图 6.3.7(b)所示，利用该电路很容易求得共模增益。显然，由于电路高度对称，$u_{oc1}=u_{oc2}$，因此双端输出共模增益 A_{uc} 为

$$A_{uc}=\frac{u_{oc1}-u_{oc2}}{u_{ic}}=0 \tag{6.3.10}$$

单端输出共模增益 A_{uc1}、A_{uc2} 为

$$A_{uc1}=A_{uc2}=\frac{u_{oc1}}{u_{ic}}=\frac{u_{oc2}}{u_{ic}}=-\frac{\beta R_C}{r_{be}+(1+\beta)2R_E}\approx-\frac{R_C}{2R_E}<1 \tag{6.3.11}$$

可见，**长尾式差分放大器不仅双端输出共模增益为零，而且单端输出共模增益也很小，这是因为射极耦合电阻 R_E 对共模信号起了很强的负反馈作用，导致共模信号不仅不被放大，反而受到衰减和抑制，但差模信号放大却不受影响，这是长尾式差分放大器设计的巧妙之处。**

4）共模抑制比

在差分放大电路中，差模信号一般是有用信号，电路要予以放大；而共模信号反映的是电源电压波动、共模干扰以及零点漂移等造成的影响，要求电路给予抑制。为了综合评价差分电路对差模信号的放大能力和对共模信号的抑制能力，常用共模抑制比作为一项技术指标来衡量。共模抑制比定义为差模增益与共模增益之比：

$$K_{CMR}=\left|\frac{A_{ud}}{A_{uc}}\right| \tag{6.3.12}$$

若用分贝表示，则定义为

$$K_{CMR}(dB)=20\ \lg\left|\frac{A_{ud}}{A_{uc}}\right| \tag{6.3.13}$$

显然，差模电压增益越大，共模电压增益越小，则共模抑制比越高，抑制零漂的能力越强，放大电路的性能越好。

如前所述，长尾式差分放大器的双端输出共模抑制比为

$$K_{CMR}=\left|\frac{A_{ud}}{A_{uc}}\right|=\left|\frac{A_{ud}}{0}\right|=\infty \tag{6.3.14}$$

其单端输出共模抑制比为

$$K_{CMR}=\left|\frac{A_{ud1}}{A_{uc1}}\right|=\frac{\beta R'_L/2r_{be}}{R_C/2R_E}=\frac{\beta R'_L R_E}{R_C r_{be}}\gg 1 \tag{6.3.15}$$

实际上电路不可能完全对称，故双端输出共模抑制比为一有限值，不过对称度越好，双端输出共模抑制比越高，另外射极耦合电阻 R_E 越大，共模负反馈越强，共模抑制比也越高。

根据以上分析可以得出几点结论：

（1）差分放大器电路若高度对称（包括基极-射极回路和集电极回路），则两管直流电流和直流电压也完全对称，两管集电极差模输出电压等值反相，其值正比于两输入信号之差，放大倍数大，且与射极电阻 R_E 无关。双端输出差模增益等于单端输出的两倍。

（2）差分放大器电路若高度对称，则双端输出共模增益为零，共模抑制比为无穷大，单端输出共模电压由于射极电阻 R_E 引入的共模负反馈作用而得到抑制，共模抑制比与射极电阻 R_E 成正比。

6.3.3　带恒流源的差分放大器

由前述分析可知，发射极电阻 R_E 越大，共模信号的抑制能力越强，所以单纯从抑制共模信号、提高共模抑制比的角度来看，应该尽可能将 R_E 增大。但是，R_E 太大必然使 V_1，V_2 管的静态偏置电流过小，而且在集成电路中制作大电阻也不方便，所以不能一味地通过增大 R_E 来达到提高共模抑制比的目的。为此，需要采用其他方式，既可以提供合适的静态偏置，又可以有更大的共模抑制比。解决这一问题的有效方法是采用恒流电路代替 R_E。

带恒流源的差分放大器如图 6.3.8 所示。图中，V_3、R_{B1}、R_{B2}、R_{E3} 组成恒流源电路，用 V_3 管的交流等效输出电阻 R_{o3} 取代长尾式差分放大电路中的射极耦合电阻 R_E，其值一般在几十千欧以上。显然，在保持 U_{EE} 不变的情况下，适当调节 R_{B1}、R_{B2}、R_{E3}，静态电流就可以维持不变。

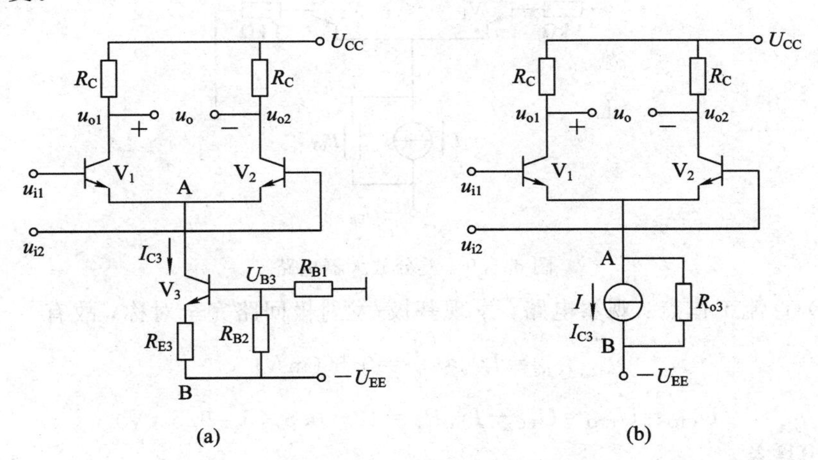

图 6.3.8　带电流源的差分放大器

(a) 带电流源的差分放大器；(b) 带电流源的差分放大器简化电路

在图 6.3.8 中，恒流源的电流 $I(I_{C3})$ 计算如下：

$$U_{RB2}=\frac{R_{B2}}{R_{B1}+R_{B2}}U_{EE}$$

$$I=I_{C3Q}\approx I_{E3Q}=\frac{U_{RB2}-U_{BE3}}{R_{E3}}$$

$$I_{E1Q}=I_{E2Q}=\frac{1}{2}I_{C3}=\frac{1}{2}I\approx I_{C1Q}=I_{C2Q}$$

恒流源的动态电阻 R_{AB} 的表达式为

$$R_{AB}=R_{o3}=r_{ce3}\left[1+\frac{\beta_3 R_{E3}}{r_{be3}+R_{E3}+(R_{B1}/\!/R_{B2})}\right] \tag{6.3.16}$$

带有电流源的差分放大器的动态分析与前面的分析完全相同。有关差模指标的计算公式，对电流源差分电路同样适用。由于电流源的动态内阻 $R_{o3}(R_{AB})$ 非常大，因此无论双端输出还是单端输出，共模电压放大倍数都大为减小，从而使共模抑制比大大增加。当实际电流源近似为理想电流源时，差放的性能更接近理想情况。

【例 6.3.1】　恒流源差分放大器电路如图 6.3.9 所示，设恒流源电流 $I=1$ mA，恒流管输出电阻 $R_{o3}=200$ kΩ，$\beta=100$，$r_{be}=5$ kΩ，$U_{CC}=U_{EE}=12$ V，试求：

(1) 直流工作点 I_{CQ}、U_{C1Q} 和 U_{C2Q}；

(2) 差模增益 $A_{u1d}=\dfrac{u_{o1d}}{u_{id}}=\dfrac{u_{o1d}}{u_i}=?$　$A_{uod}=\dfrac{u_{od}}{u_i}=?$

(3) 共模增益 $A_{u2c}=\dfrac{u_{o2c}}{u_{ic}}=?$　$A_{uc}=\dfrac{u_{oc}}{u_{ic}}=?$

(4) 共模抑制比 $K_{CMR}=\left|\dfrac{A_{uod}}{A_{uoc}}\right|=?$　$K_{CMR2}=20\lg\left|\dfrac{A_{u2d}}{A_{u2c}}\right|=?$

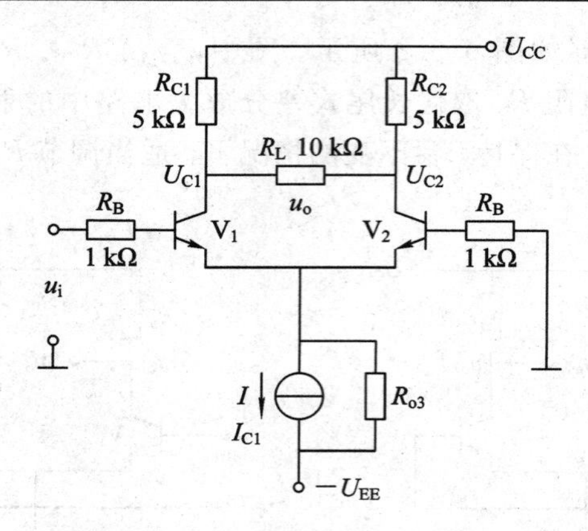

图 6.3.9 差分放大器电路

解 （1）直流工作点：观察电路，发现基极-发射极回路完全对称，故有

$$I_{C1Q}=I_{C2Q}\approx\frac{I}{2}=0.5\ (\text{mA})$$

$$U_{C1Q}=U_{C2Q}=U_{CC}-I_{C1Q}R_C=12-0.5\times5=9.5\ (\text{V})$$

（2）差模增益。

单端输出：

$$A_{u1d}=-\frac{1}{2}\frac{\beta\left(R_C/\!/\frac{R_L}{2}\right)}{R_B+r_{be}}=-\frac{1}{2}\frac{100\times(5/\!/5)}{1+5}\approx-20.83=-A_{u2d}$$

双端输出：

$$A_{ud}=2A_{u1d}=-41.66$$

（3）共模增益。

单端输出：

$$A_{u2c}=\frac{u_{o2c}}{u_{ic}}=-\frac{\beta\times R_C}{R_B+r_{be}+(1+\beta)2R_{o3}}\approx-\frac{R_C}{2R_{o3}}\approx-0.0125$$

双端输出：

$$A_{uc}=\frac{u_{oc}}{u_{ic}}=0$$

（4）共模抑制比。

单端输出：

$$K_{CMR2}=\left|\frac{A_{u2d}}{A_{u2c}}\right|=\frac{20.83}{0.0125}=1666.4$$

$$K_{CMR2}(\text{dB})=20\ \lg\left|\frac{A_{u2d}}{A_{u2c}}\right|=64.44\ (\text{dB})$$

双端输出：

$$K_{CMR}=\left|\frac{A_{uod}}{A_{uoc}}\right|=\frac{41.66}{0}=\infty$$

6.3.4 差分放大器的传输特性

差分放大器的传输特性是指电路输出电流或输出电压与输入差模电压之间的函数关系。图 6.3.10 为恒流源差分放大器电路原理图。由图可以得到：

$$u_{id}=u_{i1}-u_{i2}=u_{BE1}-u_{BE2} \tag{6.3.17}$$

晶体管发射极电流与 BE 结电压之间的关系可以近似表示为

$$i_C \approx I_S e^{\frac{u_{BE}}{U_T}} \tag{6.3.18}$$

$$\begin{cases} i_{C1}+i_{C2}=I \\ i_{C1}=\dfrac{I}{1+\dfrac{i_{C2}}{i_{C1}}} \\ i_{C2}=\dfrac{I}{1+\dfrac{i_{C1}}{i_{C2}}} \end{cases} \tag{6.3.19}$$

由此得出：

$$\begin{cases} i_{C1}=\dfrac{I}{1+e^{-\frac{u_{id}}{U_T}}} \\ i_{C2}=\dfrac{I}{1+e^{\frac{u_{id}}{U_T}}} \end{cases} \tag{6.3.20}$$

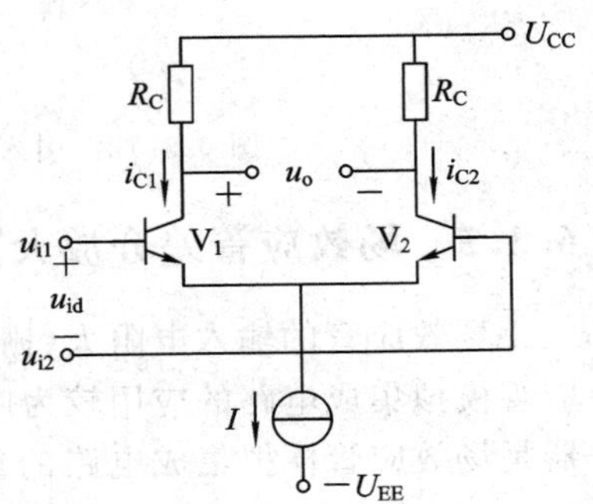

图 6.3.10　恒流源差分放大器电路原理图

根据式(6.3.20)可以画出如图 6.3.11 (a)、(b)所示的电流传输特性与双端输出电压传输特性曲线。

由图 6.3.11(a)可以看出，传输特性分为三个区域：

(1) 线性区：差模电压 $-U_T \leqslant u_{id} \leqslant +U_T$ 时，输入与输出可保持线性关系，此区域为线性放大区，线性范围很窄，仅±26 mV 左右。

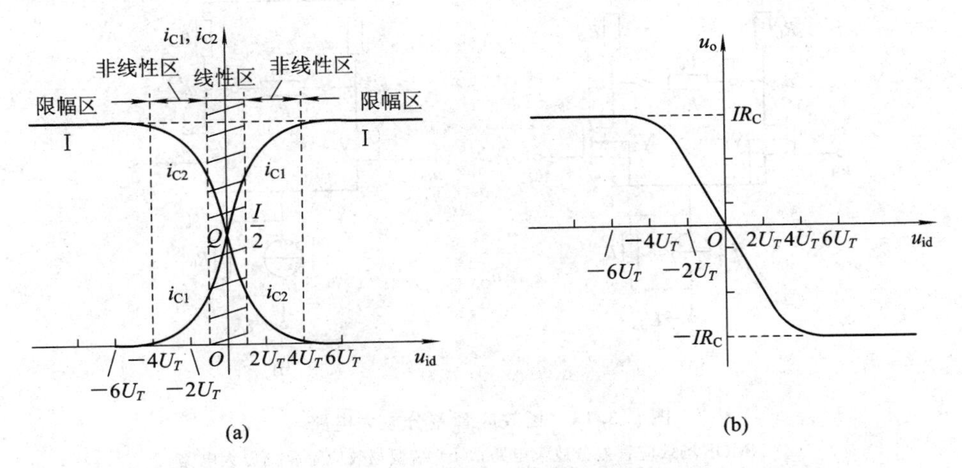

图 6.3.11　恒流源差分放大电路传输特性曲线

(a) 电流传输特性；(b) 双端输出电压传输特性

(2) 限幅区：差模电压 $|u_{id}|>4U_T$(100 mV 左右)时，输出 i_{C1}、i_{C2} 及 u_o 基本上保持不变，特性进入限幅区。利用此特性，差分放大器可用于限幅、整形(将不规则波形整形成方波)、检波、变频等。

(3) 非线性区：在线性区与限幅区之间有一段弯曲区，即非线性区，利用此特性可实现波形变换(如将三角波变换为正弦波)。

由传输特性可知，差分放大器的输入线性范围极小，输入差模信号大于 100 mV 左右时就会出现严重的限幅现象(输出可能为方波)。为了展宽输入动态范围，可在射极加电流负反馈电阻 R，如图 6.3.12 所示。

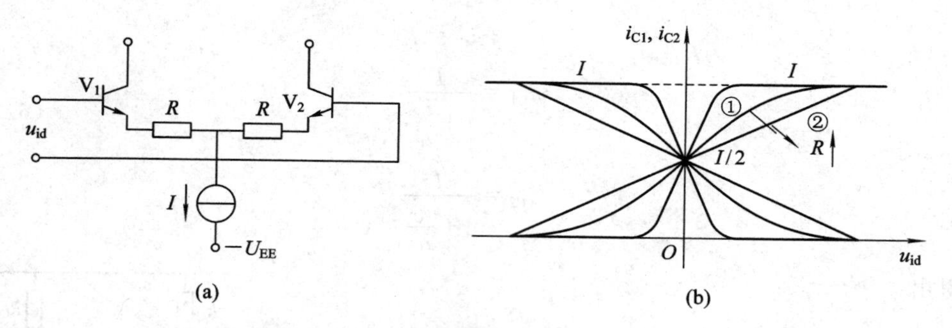

图 6.3.12　引入串联电流负反馈电阻 R 来展宽输入线性动态范围

6.3.5　场效应管差分放大器

场效应管的输入电阻大(栅-源极之间相当于开路)，集成工艺简单，集成度高，故场效应管模拟集成电路的应用较为广泛，特别是在数-模混合集成电路中尤为重要。差分放大器是场效应管模拟集成电路的重要单元电路，其电路结构与双极型基本相同。图 6.3.13(a)、(b)分别给出了 NMOS 与结型场效应管差分放大电路，其分析方法与双极型晶体管电路类似。图中 R_0 为恒流管输出电阻(即恒流源内阻)。

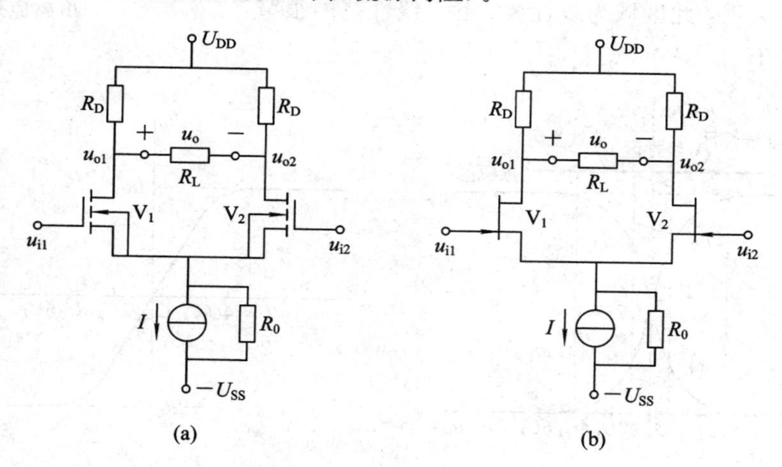

图 6.3.13　场效应管差分放大电路

(a) NMOS 场效应管差分放大电路；(b) 结型场效应管差分放大电路

将信号 $u_{id}=u_{i1}-u_{i2}$ 分解为一对差模信号和一对共模信号。

一对差模信号：

$$u_{id1}=u_{id2}=\frac{u_{i1}-u_{i2}}{2}=\frac{u_{id}}{2}$$

一对共模信号：

$$u_{ic1}=u_{ic2}=u_{ic}=\frac{u_{i1}+u_{i2}}{2}$$

其差模等效通路和共模等效通路分别如图 6.3.14(a)、(b)所示。由图(a)可得，单端输出差模增益为

$$A_{ud1}=\frac{u_{od1}}{u_{id}}=-A_{ud2}=\frac{u_{od2}}{u_{id}}=-\frac{1}{2}g_m\left(R_D/\!/\frac{R_L}{2}\right) \tag{6.3.21}$$

双端输出差模增益为

$$A_{ud}=\frac{u_{od}}{u_{id}}=2\times A_{ud1}=-g_m\left(R_D/\!/\frac{R_L}{2}\right) \tag{6.3.22}$$

式中，g_m 为场效应管的跨导。

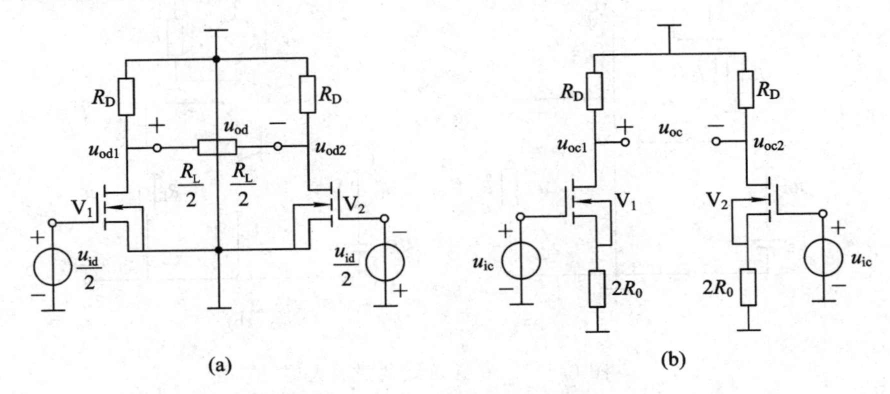

图 6.3.14　场效应管差分放大器的差模等效通路和共模等效通路

(a) 差模等效通路；(b) 共模等效通路

由图 6.3.14(b)可得，单端输出共模增益为

$$A_{uc1}=\frac{u_{oc1}}{u_{ic}}=-\frac{g_mR_D}{1+g_m2R_0}\approx-\frac{R_D}{2R_0}=A_{uc2} \tag{6.3.23}$$

双端输出共模增益为

$$A_{uc}=\frac{u_{oc1}-u_{oc2}}{u_{ic}}=0 \tag{6.3.24}$$

单端输出共模抑制比为

$$K_{CMR}=\left|\frac{A_{ud1}}{A_{uc1}}\right|=\frac{g_m\left(R_D/\!/\frac{R_L}{2}\right)R_0}{R_D} \tag{6.3.25}$$

双端输出共模抑制比为

$$K_{CMR}=\left|\frac{A_{ud}}{A_{uc}}\right|=\infty \tag{6.3.26}$$

6.4　有源负载放大器

在集成运放中，为了减少总级数，要求单级放大器的电压放大倍数高达上千倍，人们首先想到的是增加负载电阻 R_C(或 R_D)。但电阻太大，占的硅片面积太大(集成电路工艺不宜制作大电阻)，而且 R_C(或 R_D)太大，其上直流压降也增大，导致工作点电压降低，容易进入饱和区(或可变电阻区)。为了解决这一矛盾，就应该选择直流电阻小而交流电阻很大的元件来代替 R_C。恒流源电路恰恰具有这种特点。用电流源电路代替放大电路的负载电

阻，称之为“有源负载”。

6.4.1　有源负载共射放大器

有源负载共射放大器如图 6.4.1(a)所示。图中，V_1 为共射放大器的放大管；V_2、V_3(PNP 管)及电阻 R_r 组成镜像电流源，其中 V_2 替代 R_C 作为 V_1 的集电极负载管。图 6.4.1(b)中，I_{C3} 为恒流源电流，R_{o3} 为恒流源输出电阻($R_{o3}=r_{ce3}$)。

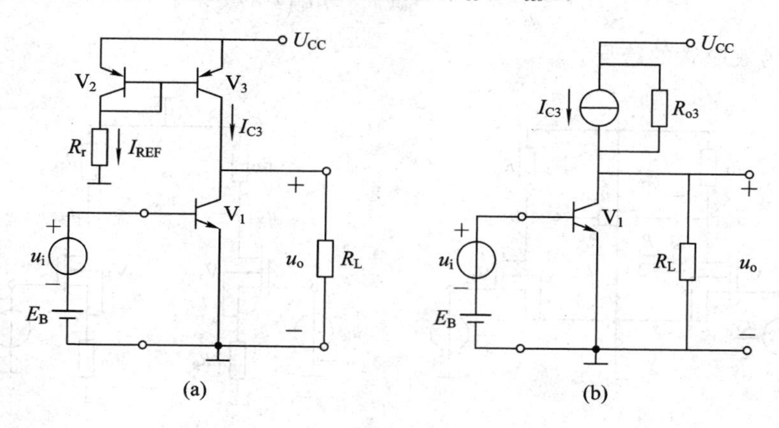

图 6.4.1　有源负载共射放大器

(a) 电路；(b) 镜像电流源等效电路

设 V_2 与 V_3 管的特性完全相同，因而 $\beta_2=\beta_3=\beta$，$I_{C2}=I_{C3}$，则空载时 V_1 管的静态集电极电流为

$$I_{CQ1}=I_{C3}=I_{REF}\times\frac{\beta}{\beta+2}\approx I_{REF} \tag{6.4.1}$$

基准电流为

$$I_{REF}=\frac{U_{CC}-U_{BE2}}{R}$$

可见，电路中并不需要很高的电源电压，只要 U_{CC} 与 R_r 相配合，就可设置合适的集电极电流 I_{CQ1}。应当指出，输入端的 E_B 为 V_1 提供静态基极电流 I_{BQ1}。注意，当电路带上负载电阻 R_L 后，由于 R_L 对 I_{C3} 的分流作用，I_{CQ1} 将有所变化。图 6.4.1(a)所示电路的交流等效电路如图 6.4.2 所示。

由图 6.4.2 可见，电路的电压放大倍数为

$$A_u=-\frac{\beta_1(r_{ce1}/\!/r_{ce3}/\!/R_L)}{r_{be1}} \tag{6.4.2}$$

设 $\beta=100$，$r_{be1}=2\ \text{k}\Omega$，$r_{ce1}=r_{ce3}=100\ \text{k}\Omega$，$R_L=80\ \text{k}\Omega$，则 $A_u\approx1500$。

可见，用电流源做有源负载，有利于提高放大电路的放大倍数。特别指出，在有源负载放大器中，为确保高增益，一定设法增大负载电阻 R_L，即下级输入电阻(如用复合管)，否则 R_L 太小，会影响增益提高。

最实用的场效应管有源负载放大器是 CMOS 有源负载放大器，其电路如图 6.4.3 所示。由图可见，增强型 PMOS 管作为负载管，其栅极加直流偏压 E_{G2}，源极 S_2 接电源，交流 $U_{gs2}=0$，且衬底 B_2 接最高电位点 U_{DD}，与源极短路。

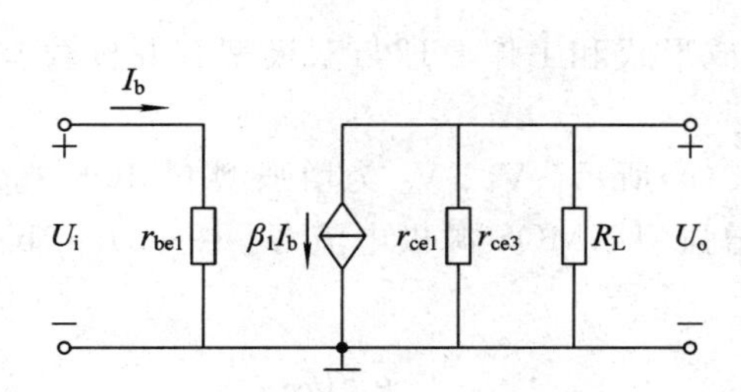

图 6.4.2 图 6.4.1(a)电路的交流等效电路

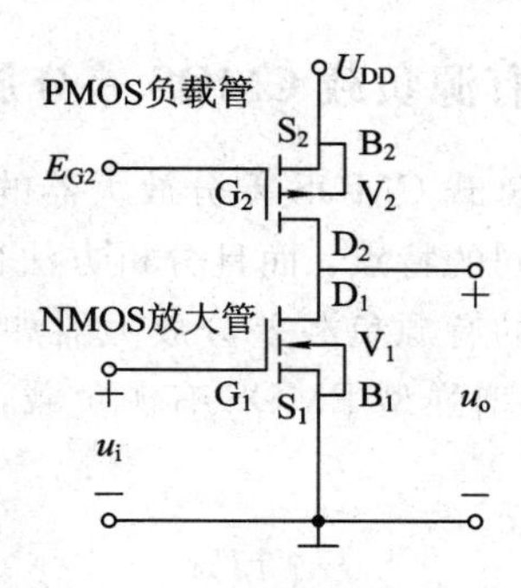

图 6.4.3 CMOS 有源负载共源放大

6.4.2 有源负载差分放大器

有源负载差分放大器在集成运放中有着广泛的应用，它具有三个优点：一是增益高；二是有“单端化”功能，即虽是单端输出，但其增益和共模抑制比却与双端输出一致；三是增益高，但电源电压却不高，只要保证所有管子工作在放大区即可。

双极型有源负载差分放大器如图 6.4.4 所示。V_1、V_2 是放大管，V_3、V_4 构成镜像电流源取代 R_C。设电路两边的参数完全对称，对于差模信号来说，V_1、V_2 集电极交流电流大小相等且方向相反，即

$$\Delta i_{Cd1} = -\Delta i_{Cd2}$$

且有

$$\Delta i_{Cd3} = \Delta i_{Cd1} = \Delta i_{Cd4}$$

那么总输出差模电流为

$$\Delta i_{od} = \Delta i_{Cd4} - \Delta i_{Cd2} = \Delta i_{Cd1} - (-\Delta i_{Cd2}) = 2\Delta i_{Cd1} \tag{6.4.3}$$

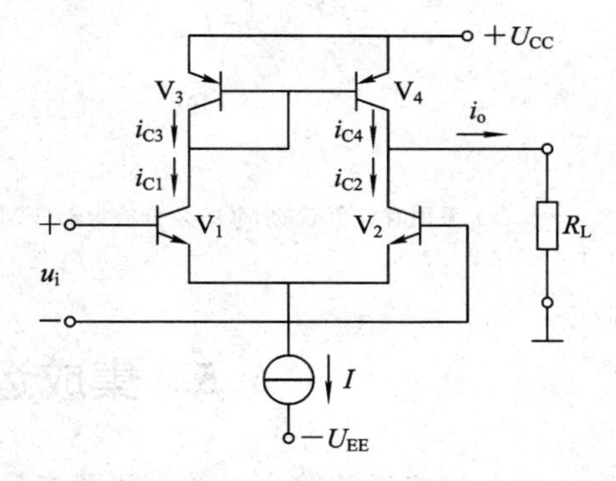

图 6.4.4 有源负载差分放大器

可见，总输出差模电流是单端输出的两倍，负载可得到如同双端输出的交流电流。

总输出差模增益也与双端输出差模增益一致，设各管参数相同，则有

$$A_{ud} = \frac{U_{od}}{U_{id}} = -2\times\frac{\beta(r_{ce4} /\!/ r_{ce2} /\!/ R_L)}{2r_{be}} = -\frac{\beta(r_{ce} /\!/ r_{ce} /\!/ R_L)}{r_{be}} \tag{6.4.4}$$

而对于共模信号，有

$$\Delta i_{Cc1} = \Delta i_{Cc3} = \Delta i_{Cc4} = \Delta i_{Cc2}$$

那么总输出共模电流为

$$\Delta i_{oc} = \Delta i_{Cc4} - \Delta i_{Cc2} = 0 \tag{6.4.5}$$

则共模抑制比为

$$K_{CMR} \to \infty \tag{6.4.6}$$

总输出直流工作点电流也为零($I_{oQ} = I_{C4Q} - I_{C2Q} = I_{C1Q} - I_{C2Q} = 0$)。

因此，用镜像电流源作差分放大器的有源集电极负载电阻，可以使单端输出具有与双端输出相同的差模放大倍数及共模抑制比，这称为**“单端化”**功能。

6.4.3 有源负载CMOS差分放大器

有源负载CMOS差分放大器的电路组成形式和工作原理与双极型有源负载差分放大器具有相同的特点，而且分析方法也相似。

典型的有源负载差分放大器如图6.4.5(a)所示。V_1、V_2 为增强型NMOS差分对管，V_3、V_4 为增强型PMOS有源负载，V_5 为增强型NMOS源极电流源。图6.4.5(b)用恒流源 I_{SS} 代替 V_5。

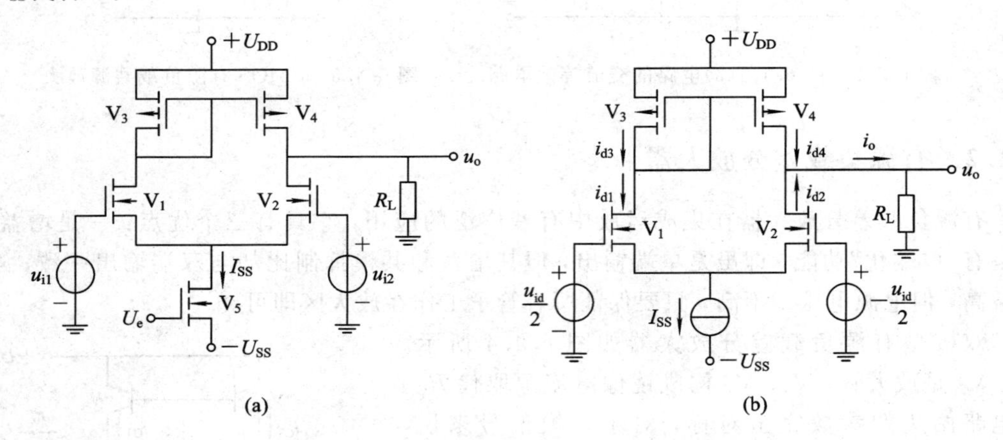

图6.4.5 采用有源负载的CMOS差分放大器

(a) 采用有源负载的MOS差分放大器(CMOS放大器)；(b) 用差模输入信号及恒流源表示的CMOS放大器

6.5 集成运算放大器的输出级电路

对集成运放输出级的主要要求是：动态范围(或摆幅)尽可能大，输入电阻比较大，输出电阻足够小，功耗充分小。在三种基本组态放大电路中，射随器基本上能够满足上述要求，是最好的选择。

在集成运放中，输出级一般采用复补结构，即由一只PNP管和一只NPN管组成**互补对称推挽射极跟随器**，其原理电路如图6.5.1所示。由电路的对称性可知：

(1) 当 $u_i=0$ 时，输出 $u_o=0$；

(2) 在正半周电压信号的作用下，晶体管 V_1 导通，V_2 截止，V_1 处于电压跟随状态；

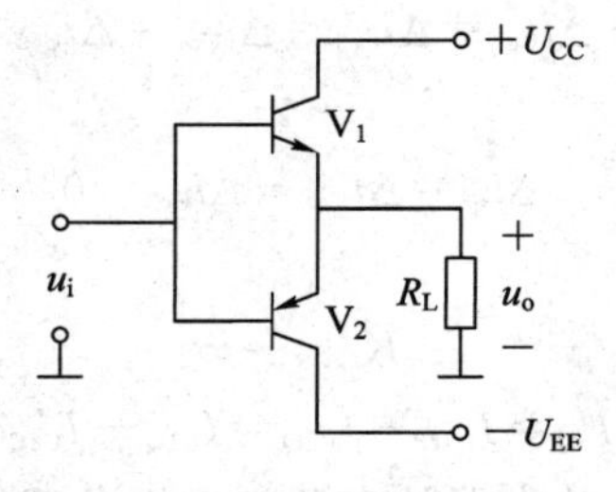

图6.5.1 互补原理电路

(3) 在负半周电压信号的作用下，晶体管 V_2 导通，V_1 截止，V_2 处于电压跟随状态。

由此可见，如果输入为正弦波，则可在负载上合成完整的波形。该电路的输出电阻低，带负载能力强。但是晶体管只有在基极和发射极之间电压相差 0.7 V(硅管)时才导通，过零时将出现波形不连续，如图 6.5.2 所示，这种现象称为**交越失真**。解决交越失真的办法是将晶体管偏置于临界导通状态，因此可以利用两只二极管来设置晶体管的静态工作点，如图 6.5.3 所示。一般取 $R_1=R_2$，流过 R_1、R_2 的电流为

$$I=\frac{U_{CC}-(-U_{EE})-2U_D}{R_1+R_2} \tag{6.5.1}$$

调节流过 R_1、R_2 的电流，可微调二极管管压降，从而调节输出管的正向偏置电压。另外应该指出，二极管的交流电阻十分小，二极管的加入对交流信号不会产生任何影响。

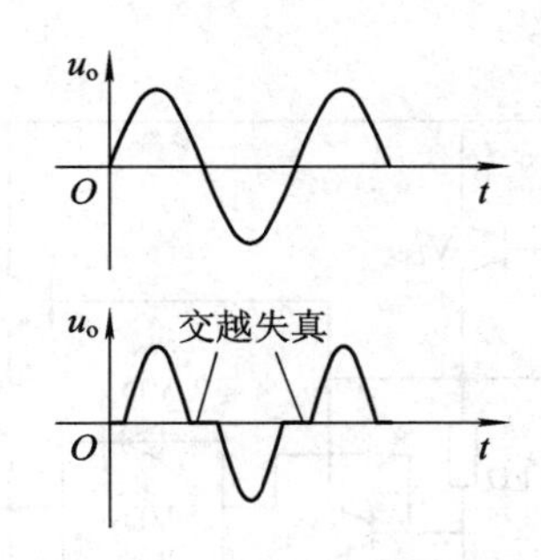

图 6.5.2　交越失真波形

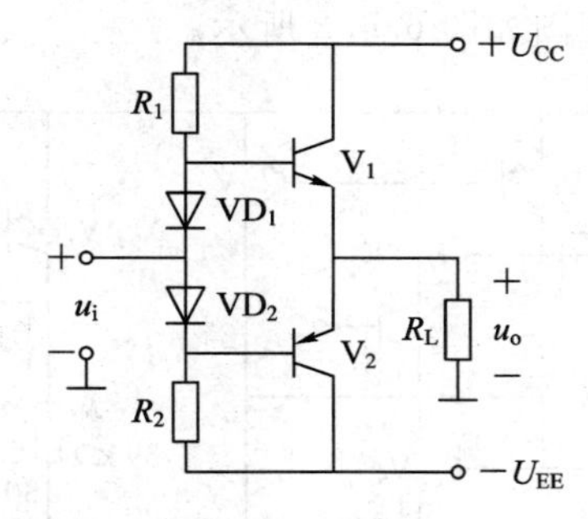

图 6.5.3　用二极管偏置的互补跟随电路

另一种常用的克服**交越失真**的电路如图 6.5.4 所示。图中，R_1、R_2 和 V_4 组成并联电压负反馈电压源，为输出管提供正向偏置电压。由图 6.5.4 可见：

$$U_{AB}=I_1R_1+U_{BE4}$$

忽略 I_{B4}，即 $I_1=I_2=\dfrac{U_{BE4}}{R_2}$，故有

$$U_{AB}\approx\left(1+\frac{R_1}{R_2}\right)U_{BE4}\approx\left(1+\frac{R_1}{R_2}\right)\times 0.7\ (\mathrm{V}) \tag{6.5.2}$$

可见，调节 R_1 与 R_2 的比值，即可调节正向偏置电压 U_{AB} 的大小。因为偏置电压电路引入了并联电压负反馈(R_1)，A、B 两端输出电阻很小，所以对交流信号也不产生任何影响。

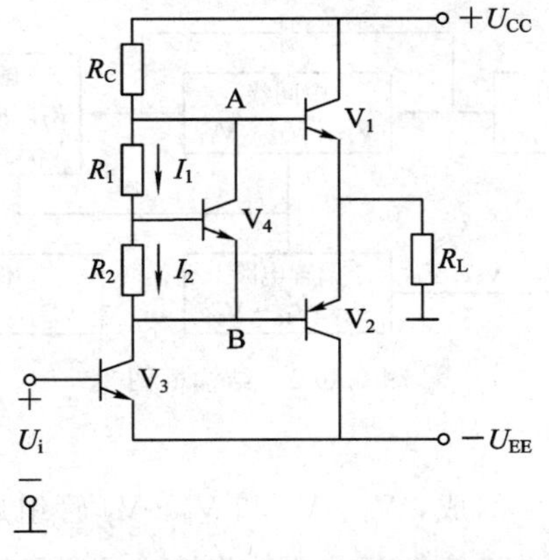

图 6.5.4　引入了并联电压负反馈的偏置电压源电路

6.6 集成运算放大器内部电路举例

下面介绍两种典型的集成运放，一种是由双极型晶体管组成的运放——BJT 通用运算放大器 F007(LM741)，另一种是由场效应管组成的运放 C14573。

6.6.1 BJT 通用运算放大器 F007(LM741)

F007 是第二代集成运算放大器的代表，它充分利用了集成电路工艺的优点，结构合理，性能优良，是目前仍在广泛应用的模拟集成运算放大器。F007 的原理电路如图 6.6.1 所示。由图 6.6.1 可知，整个电路由输入级、中间级、输出级、保护电路和偏置电路五部分组成，其结构框图如图 6.6.2 所示。

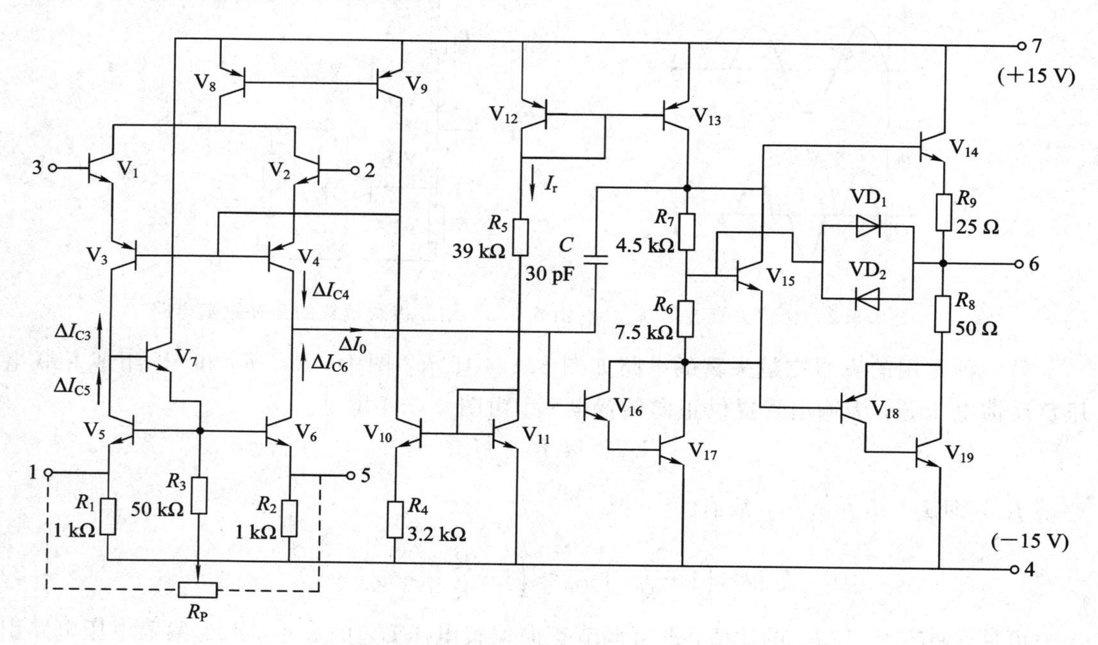

图 6.6.1 集成运算放大器 F007 的原理电路

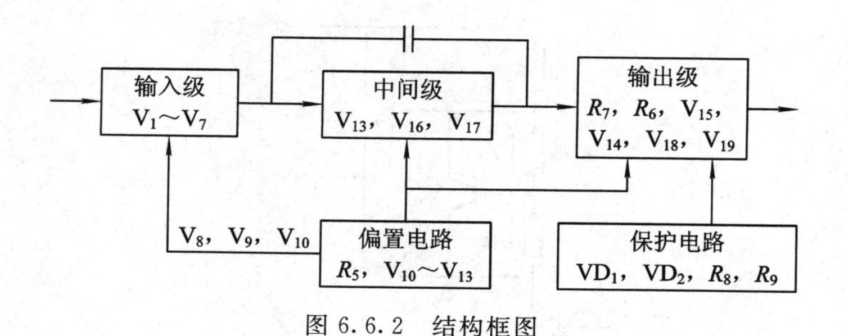

图 6.6.2 结构框图

1. 输入级

F007 的输入级由 $V_1 \sim V_7$ 组成，V_1、V_2 和 V_3、V_4 管组成共集-共基复合差分输入电路。其中，NPN 管 V_1 和 V_2 作为射极输出器，将输入信号跟随到 PNP 管 V_3 和 V_4 的发射极，横向 PNP 管 V_3 和 V_4 具有发射结反向击穿电压高的优点。V_5、V_6 是它们的有源负载。V_5、V_6、V_7 还担当双端变单端输出的转换任务。另外，还可以从 V_5 和 V_6 的发射极与 $-U_{EE}$之间外接调零电阻 R_P，以调节运放输出的直流零点。该输入级的优点是：差模输入范围大；共模输入范围大，共模抑制比高；电压增益和输入阻抗高。

2. 中间级

V_{16}、V_{17}组成中间级用于放大电压，V_{16}和 V_{17}是复合管，其输入电阻很高，对前级影响小。V_{13}是中间级的集电极有源负载，从而使中间级增益高达 55 dB。

3. 输出级

输出级由 V_{14}、V_{18}和 V_{19}组成。其中 V_{18}为横向 PNP 管，β 值较小。当 V_{18}与 V_{19}组合构成复合 PNP 管时，其 β 值将由 V_{19}决定。由于 V_{14}、V_{19}均为 NPN 管，因而保证了互补输出时的对称性。V_{15}、R_6 和 R_7 组成恒压偏置电路，为互补输出管提供适当的正向偏压，使之工作于甲乙类，以克服交越失真。

4. 保护电路

VD_1、VD_2、R_8 和 R_9 组成输出级过载保护电路。其原理为：在正常输出情况下，R_8 和 R_9 上的压降不足以使VD_1、VD_2 导通，所以保护电路不工作。当输出电流过大或输出不慎短路时 R_8 和 R_9 上的电压增大，致使VD_1、VD_2 导通，将 V_{14}、V_{18}基极的部分驱动电流旁路，从而限制了互补管的输出电流，起到限流保护作用。

5. 偏置电路

由图 6.6.1 可知，V_{11}、V_{12}和 R_5 构成了主偏置电路，其基准电流为

$$I_r=\frac{+U_{CC}-(-U_{EE})-U_{BE12}-U_{BE11}}{R_5}\approx\frac{(15+15-0.7-0.7)\ \text{V}}{39\ \text{k}\Omega}\approx 0.73\ \text{mA} \quad (6.6.1)$$

V_{10}、V_{11}和 R_4 组成微电流源，通过 V_8 和 V_9 组成的镜像电流源为差分输入级提供偏置电流。V_{12}和 V_{13}构成的电流源是中间级的有源负载。

为了保证 LM741 在负反馈应用时能稳定工作，在 V_{16}基极和 V_{13}集电极之间还接了一个密勒补偿电容 C(30 pF)。

此外，F007 的两个输入端相对于输出信号的相位，一个为同相端，而另一个为反相端。由图 6.6.1 不难看出，管脚 3 为同相输入端，管脚 2 为反相输入端。

6.6.2　C14573 集成运算放大器

C14573 是将四个独立的运放制作在一个芯片上的器件，其电路原理图如图 6.6.3 所示，它全部由增强型 CMOS 管构成。V_0、V_1 和 V_2 构成多路电流源，根据它们的结构尺寸可以得到 V_1 与 V_2 的漏极电流；参考电流由 V_0 和外接偏置电阻 R 提供。在已知 V_0 开启电压的前提下，改变外接电阻 R，可改变电流源的参考电流 I_{V0}大小。I_{V0}一般控制在 20～200 μA，它为输入级的差分放大器和输出级的共源放大电路提供偏置电流。V_2 同时也是输出级共源放大电路的有源负载。

由图 6.6.3 可知整个电路由两级组成。

第一级是采用共源形式的双端输入、单端输出差分放大电路。P 沟道管 V_3 和 V_4 构成漏极输出的差分放大电路，N 沟道管 V_5 和 V_6 管组成镜像电流源，作为差分放大电路有源

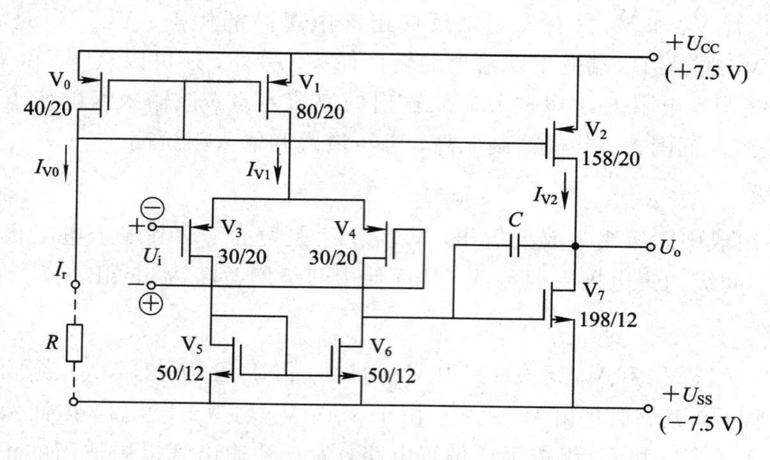

图 6.6.3 C14573 集成运算放大器的原理图

负载，并使得单端输出的差分电路具有与双端输出同样的电压增益。由于第二级电路从 V_7 的栅极输入，其输入电阻非常大，因此使第一级具有很强的电压放大能力。

第二级是由 V_2 与 V_7 组成的一个高增益共源放大电路，V_7 为放大管，V_2 为有源负载。第二级采用有源负载，具有很强的电压放大能力，但由于输出电阻很大，因而带负载能力较差，通常用于以场效应管为负载的电路。

电容 C 为密勒补偿电容，起相位补偿作用，防止自激。

6.7 集成运算放大器的主要技术参数

为了合理地选用集成运算放大器，必须了解其参数的含义，这些参数主要分为**精度**和**速度**两个方面。

1. 与精度有关的指标

(1) 输入失调电压 U_{IO} 和输入失调电流 I_{IO}。输入失调主要反映运放输入级差分电路的对称性的好坏。欲使静态时输出端为零电位，运放两输入端之间必须外加的直流补偿电压，称为输入失调电压，用 U_{IO} 表示；所谓输入失调电流 I_{IO}，是指实际运放两输入端的电流之差，即 $I_{IO}=I_{B1}-I_{B2}$。

(2) 失调的温漂。在规定的工作温度范围内，U_{IO} 随温度的平均变化率称为输入失调电压温漂，以 $\dfrac{dU_{IO}}{dT}$ 表示。

在规定的工作温度范围内，I_{IO} 随温度的平均变化率称为输入失调电流温漂，以 $\dfrac{dI_{IO}}{dT}$ 表示。

(3) 输入偏置电流 I_{IB}。所谓输入偏置电流 I_{IB}，是指实际运放静态时输入级两差放管基极电流 I_{B1}、I_{B2} 的平均值，即

$$I_{IB}=\frac{I_{B1}+I_{B2}}{2}$$

(4) 开环差模电压放大倍数 A_{ud}。

(5) 共模抑制比 K_{CMR}。

(6) 差模输入电阻 R_{id}。

(7) 共模输入电阻 R_{ic}。

(8) 输出电阻 R_o。

(9) 电源电压抑制比 PSRR。电源电压的改变将引起失调电压的变化，则失调电压的变化量与电源电压变化量之比定义为电源电压抑制比，用 PSRR 表示，即

$$\mathrm{PSRR}=\frac{\Delta U_{IO}}{\Delta E}$$

2. 与速度有关的指标

(1) −3 dB 带宽 BW。运放开环电压增益下降到直流增益的 $1/\sqrt{2}$ 倍(−3 dB)时所对应的频带宽度，称为运放的−3 dB 带宽，用 BW 表示。

(2) 单位增益带宽BW_G。运放接成跟随器即闭环增益为 1(0 dB)时的频带宽度，称为运放的单位增益带宽，用BW_G 表示。

(3) 转换速率(压摆率)SR。该指标反映运放对于高速变化的输入信号的响应情况。运放在额定输出电压下，输出电压的最大变化率称为转换速率(压摆率)，用 SR 表示，即

$$\mathrm{SR}=\left.\frac{\mathrm{d}u_o}{\mathrm{d}t}\right|_{\max}$$

3. 其他参数

(1) 电源电压范围：电源电压越低，功耗越小，一般有 15 V、12 V、5 V、3.3 V、1.8 V 等。有双电源与单电源之分。

(2) 最大输出电流：反映运放带负载能力的大小，一般只有几毫安到几十毫安，特殊的可达几百毫安，甚至安培级。

(3) 功耗：低功耗是趋势，为了减小功耗，许多运放设有“休眠”功能，以使静态功耗处于微瓦级。

(4) 最大输出、输入电压范围：有“轨到轨”与“非轨到轨”之分。所谓“轨”，指的是“电源轨”，如图 6.7.1 所示。对双电源轨而言($\pm U_{CC}=\pm 5$ V)，若输出是“轨到轨”运放，则表明输出信号的不失真动态范围可达电源电压(±5 V)，而“非轨到轨”运放则小于电源电压。

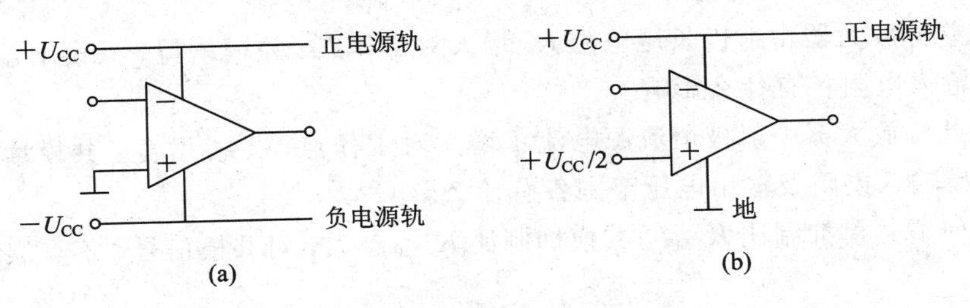

图 6.7.1　电源轨

(a) 双电源轨；(b) 单电源轨

对单电源轨而言($U_{CC}=+5$ V)，若输出是“轨到轨”运放，则表明输出信号的不失真动态范围为 0～+5 V，而“非轨到轨”运放则小于 0～+5 V。

几种常用集成运算放大器的性能参数如表 6.6.1 所示。

表 6.6.1　几种常用集成运算放大器的性能参数

器件型号与名称 \ 性能参数	BW_G (典型) /MHz	SR (典型) /(V/μs)	K_{CMR} (最小) /dB	U_n (典型) /(nV $\sqrt{Hz}$)	U_{IO} (最大) /mV	I_{IB} (最大) /nA	$\frac{\Delta U_{IO}}{\Delta T}$ (典型) /(mV/℃)	I_Q (最大) /mA	I_{IO} (最大) /nA	U_{CC} (Min~Max) /V
LM324 四路通用运算放大器	1.2	0.5	65	35	9	500	7	1.4	150	±1.5~±18
LM741 通用运算放大器	0.7	0.5	70		7.5	500		2.8	500	±1.5~±18
OP07C 低失调电压型运算放大器	0.6	0.3	120	9.8	0.15	1	1.5	1.3	1	±4~±18
OP27 低噪声、精密运算放大器	8	2.8	114	3	0.025	40	0.2	5.7	35	±4~±22
OP37 低噪声、精密、高速运放	63	17	114	3	0.010	40	0.2	5.67	35	±4~±22
AD797 低电压噪声放大器	0.8	20	114	0.9	0.08	250	1.0	8.2	100	±5~±15
AD8034 高速 FET 输入运算放大器	80	80	100	11	1	0.0015	4	3.5	0.0015	单电源 5~24
AD812 高速电流反馈型运放大器	145	1600	51	3.5	5	25	15	5.5	0.0015	±1.2~±18
TLC25M4 低功耗低压运算放大器	1.7	3.6	65	25	10	0.001	1	7.2	0.6	1.4~16
LF347 四路通用 JFET 输入运放	3	13	70	18	10	200	18	11	0.1	±3.5~±18
LMV344 有关断状态的轨至轨运放	1	1	56	39	4	0.25	1.7	0.23	0.0066	2.7~5
TLC2264A 轨至轨极低功耗运放	0.71	0.55	70	12	2.5	0.8	0.2	0.5	0.0005	±2.2~±18

思考题与习题

6-1　与分立元件电路比较，集成运放有那些特点？

6-2　恒流源电路在集成运放中的主要作用有________，________，________。

6-3　差分放大器有哪些优点而使其成为集成运放中最重要的电路？

6-4　何谓差模信号？何谓共模信号？若在差分放大器的一个输入端加上 4 mV 的信号(U_{i1}=4 mV)，而在另一输入端加上 U_{i2}，试问在 U_{i2} 分别等于 0、4 mV、−4 mV、−6 mV 时，差模信号和共模信号各等于多少？

6-5　差分放大器中射极长尾电阻 R_E 增大对工作点、差模增益、共模增益、差模输入电阻、共模输入电阻各有什么影响？

6-6　差分放大器中射极恒流源电流 I 增大对工作点、差模增益、共模增益、差模输入电阻、共模输入电阻及输出电压范围各有什么影响？

6-7　何谓共模抑制比 K_{CMR}？共模抑制比 K_{CMR} 越大，对共模信号、零点漂移的抑制能力越________。

6-8　压摆率 SR 的定义是________，SR 越大，意味着运放的工作速度越________。

6-9　集成运放 F007 的电流源组成如图 P6-1 所示，设 U_{BE}=0.7 V。

(1) 若管的 β=2，试求 I_{C4}；

(2) 若 I_{C1}=26 μA，试求 R_1。

6-10 由电流源组成的放大器如图 P6-2 所示，试估算电流的放大倍数 $A_i = I_o/I_i$。

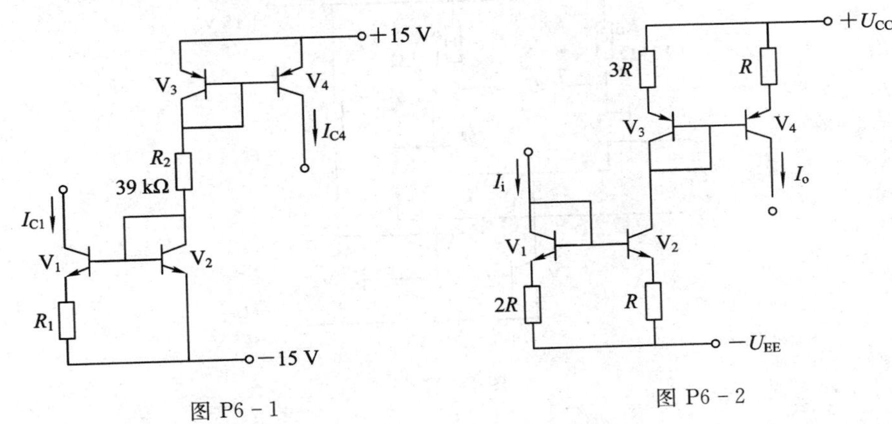

图 P6-1　　图 P6-2

6-11 电路见图 P6-3。已知 $U_{CC}=U_{EE}=15$ V，V_1、V_2 管的 $\beta=100$，$r_{bb'}=200$ Ω，$R_E=7.2$ kΩ，$R_C=R_L=6$ kΩ。

(1) 估算 V_1、V_2 管的静态工作点 I_{CQ}、U_{CEQ}；

(2) 试求 $A_{ud}=U_o/(U_{i1}-U_{i2})$ 及 R_{id}、R_{od}。

6-12 电路见图 P6-4。已知所有管子的 $\beta=100$，$r_{bb}=200$ Ω，$U_{CC}=U_{EE}=15$ V，$R_C=6$ kΩ，$R_1=20$ kΩ，$R_2=10$ kΩ，$R_3=2.1$ kΩ。

(1) 若 $u_{i1}=0$，$u_{i2}=10\sin\omega t$(mV)，求 u_o；

(2) 若 $u_{i1}=10\sin\omega t$(mV)，$u_{i2}=5$mV，试画出 u_o 的波形图；

(3) 若 $U_{i1}=U_{i2}=U_{ic}$，试求 U_{ic}允许的最大变化范围；

(4) 当 R_1 增大时，A_{ud}、R_{id}将如何变化?

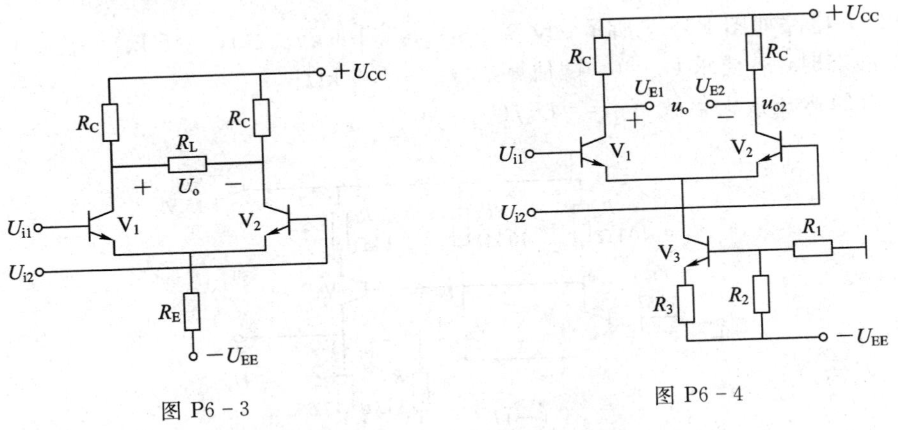

图 P6-3　　图 P6-4

6-13 场效应差分放大器如图 P6-5 所示。已知管子的 $g_m=5$ mS。

(1) 若 $I_{DQ}=0.5$ mA，试求 R_r；

(2) 试求差模电压放大倍数 $A_{ud}=U_o/U_i$。

6-14 差分放大电路如图 P6-6(a)、(b)所示。设 $\beta_1=\beta_2=\beta$，$r_{be1}=r_{be2}=r_{be}$，$R_{B1}=R_{B2}=R_B$，$R_{C1}=R_{C2}=R_C$，R_P 的滑动端调在图中所示处，试比较这两种差分放大电路的 A_{ud}、R_{id}和 R_{od}大小。

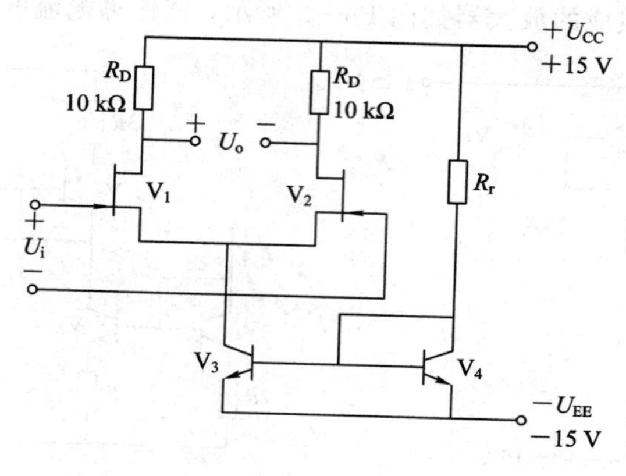

图 P6－5

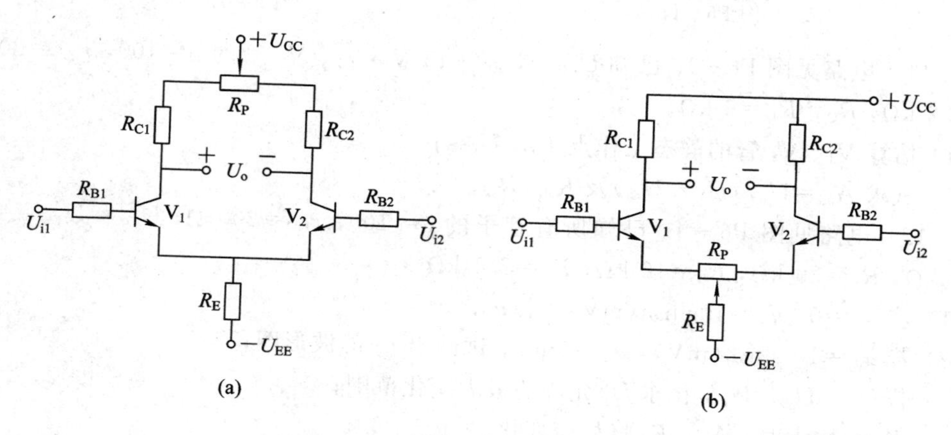

图 P6－6

6－15 电路如图 P6－7 所示。设 $\beta_1=\beta_2=\beta_3=100$，$r_{be1}=r_{be2}=5\ \text{k}\Omega$，$r_{be3}=1.5\ \text{k}\Omega$。

(1) 静态时，若要求 $U_o=0$，试估算 I，$r_{be3}=1.5\ \text{k}\Omega$；

(2) 计算电压放大倍数 $A_{ud}==U_o/U_i$。

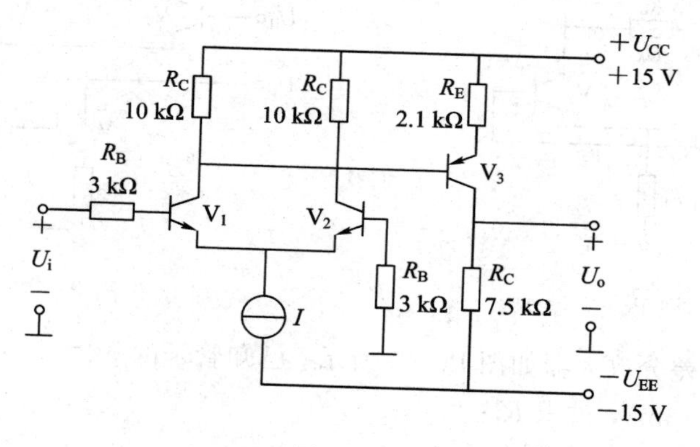

图 P6－7

6－16 差分放大器用恒流源做负载的好处是什么？

第 7 章　放大器的频率响应

频率响应是放大器的一项重要指标，本章重点讨论晶体管级电路的频率响应与哪些因素有关，从而得到设计宽带放大器的一些指导性原则。

7.1　频率特性与频率失真的基本概念

7.1.1　频率特性及参数

频率响应又称频率特性，描述了放大器放大倍数大小和相移随频率变化的特性。由于实际放大器中存在电抗元件(如管子的极间电容、负载电容、分布电容、引线电感等)，使得放大器对不同频率信号分量的放大倍数大小和相移不同。放大倍数的大小与频率的关系 $|A_u(\mathrm{j}f)|$ 称为振幅频率特性，简称幅频特性；放大倍数的相移与频率的关系 $\varphi(\mathrm{j}f)$ 称为相位频率特性，简称相频特性。

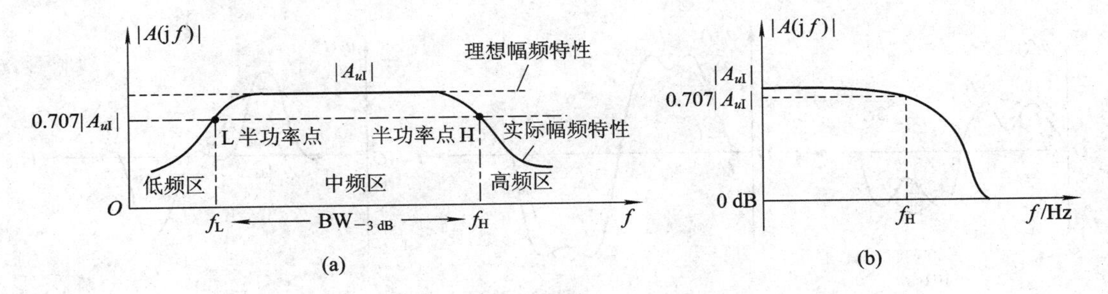

图 7.1.1　幅频特性

(a) 阻容耦合放大器的幅频特性；(b) 集成运放的幅频特性

如图 7.1.1(a)所示为阻容耦合放大器的幅频特性，可见中间一段比较平坦，近似为一常数，称为中频电压放大倍数 A_{uI}。随着频率升高，由于晶体管极间电容和电路的负载电容、分布电容等的作用，会使放大倍数下降。放大倍数下降为中频放大倍数的 $1/\sqrt{2}$(或 0.707)倍时的频率定义为上限频率 f_H。由于耦合电容和旁路电容的存在，随着频率的下降，放大倍数也会下降。同理，放大倍数下降为中频放大倍数的 $1/\sqrt{2}$(或 0.707)倍时的频率定义为下限频率 f_L。因此将实际幅频响应划分为三个区域，小于 f_L 的称低频区，高于 f_H 的称高频区，介于 f_L 和 f_H 之间的为中频区，并定义：

通频带(或带宽)：

$$BW = f_H - f_L$$

增益频带积：

$$G \cdot BW = |A_{uI} \cdot BW| \approx |A_{uI} \cdot f_H|$$

以上限频率为例，根据定义 $A_u(\mathrm{j}f_{\mathrm{H}})=(1/\sqrt{2})A_{u\mathrm{I}}$，两边取对数可得

$$20\ \lg\ |A_u(\mathrm{j}f_{\mathrm{H}})|=20\ \lg\ |A_{u\mathrm{I}}|-3\ \mathrm{dB}$$

所以上述定义也称 −3 dB 上/下限频率点，上述通频带定义也称 −3 dB 带宽。又因为在上/下限频率处，输出信号功率为中频区的一半，所以也称上述定义为半功率点。

因为集成运放是高增益的直接耦合放大器，故频率特性的平坦部分可以延伸到零频率，即 $f_{\mathrm{L}}=0$，集成运放的幅频特性如图 7.1.1(b)所示。

7.1.2 频率失真

实际应用中的信号，如语音信号、图像信号等，都不是简单的单频信号，都是由许多不同频率、不同相位分量组成的复杂信号。由于电路中存在电抗元件，使得放大器对不同频率信号分量的放大倍数大小和相移不同，由此而引入的信号失真称为频率失真。如图 7.1.2(a)所示，若某待放大信号由基波 ω_1 和三次谐波 $3\omega_1$ 组成，由于电路中存在电抗元件，放大器对三次谐波的放大倍数小于对基波的放大倍数。那么放大后的信号各频率分量的大小比例将不同于输入信号，放大后的合成信号将产生失真，如图 7.1.2(b)所示，称这种失真为振幅频率失真，简称幅频失真。如果放大器对各频率分量信号的放大倍数虽然相同，但延迟时间不同，如图 7.1.2(c)所示，分别为 t_{d1} 和 t_{d3}。那么放大后的合成信号也将产生失真。由于相位 $\varphi=\omega t$，延迟时间不同，则相位 φ 不同，称这种失真为相位频率失真，简称相频失真。幅频失真和相频失真都是由电路中的线性电抗元件引起的，故统称线性失真。

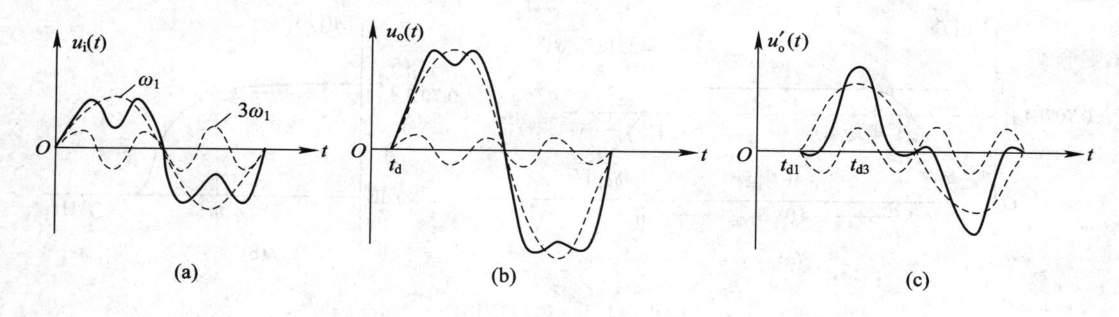

图 7.1.2 频率失真现象

(a) 待放大信号；(b) 振幅频率失真；(c) 相位频率失真

7.1.3 线性失真和非线性失真的区别

线性失真和非线性失真都会使输出信号产生畸变，但两者有以下区别：

1. 起因不同

线性失真由电路中的线性电抗元件(电容和电感)引起，非线性失真由电路中的非线性元件引起(如晶体管或场效应管特性曲线的非线性等)。

2. 结果不同

线性失真只会使信号中各频率分量的比例关系和时间关系发生变化，或滤掉某些频率分量，但决不产生输入信号中所没有的新的频率分量。非线性失真的主要特征是输出信号中产生了输入信号中所没有的新的频率分量。例如：输入为单一频率 ω_{i} 的正弦波，若电路

产生截止或饱和失真，则输出变为非正弦波，输出不仅包含输入信号的频率成分 ω_i，而且还产生许多新的谐波成分（$2\omega_i$，$3\omega_i$…），所以截止和饱和失真均为非线性失真。

下面我们先分析晶体管的高频小信号模型和频率参数，然后再讨论由晶体管和场效应管构成的单级放大器以及多级放大器的频率响应。

7.2　晶体管的高频小信号模型和频率参数

7.2.1　晶体管的高频小信号混合 π 型等效电路

前文提到 PN 结存在电容效应，分别称为势垒电容和扩散电容。晶体管实现信号放大时，发射结正向偏置，扩散电容较大，记为 $C_{b'e}$；集电结反向偏置，势垒电容起主要作用，记为 $C_{b'c}$。将基区体电阻 $r_{bb'}$ 拉出来，并标出 $C_{b'c}$ 和 $C_{b'e}$，如图 7.2.1(a)所示，考虑这些极间电容影响的高频混合 π 型小信号等效电路如图 7.2.1(b)所示。

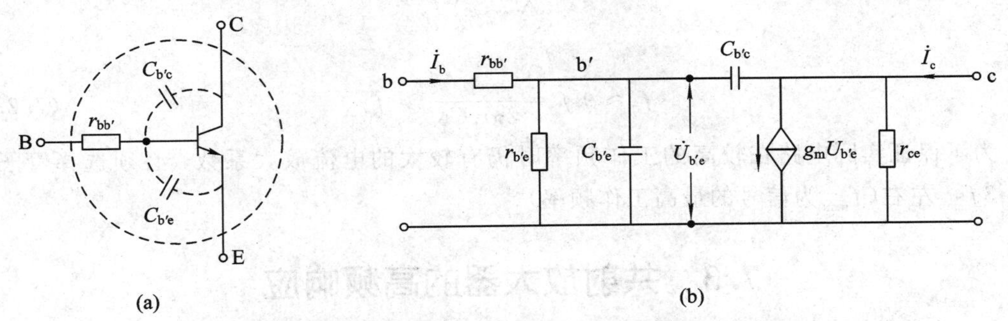

图 7.2.1　晶体管极间电容和高频小信号混合 π 型模型

(a) 晶体管极间电容；(b) 晶体管高频小信号混合 π 型模型

7.2.2　晶体管的高频参数

1. 共射短路电流放大系数 $\beta(j\omega)$ 及其上限频率 f_β

因为 $C_{b'c}$ 很小，可忽略它对 $\dot{I}_b$ 的分流作用，所以根据图 7.2.1(b)分析可得

$$\beta(j\omega)\approx\frac{g_m\dot{U}_{b'e}}{\dot{I}_b}=\frac{g_m\dot{I}_b\left(r_{b'e}\parallel\dfrac{1}{j\omega C_{b'e}}\right)}{\dot{I}_b}=\frac{\beta_0}{1+j\omega r_{b'e}C_{b'e}}=\frac{\beta_0}{1+j\dfrac{\omega}{\omega_\beta}}$$

$$=\frac{\beta_0}{1+j\dfrac{f}{f_\beta}}=|\beta(jf)|\angle\varphi_\beta(jf)$$

$$=\frac{\beta_0}{\sqrt{1+\left(\dfrac{f}{f_\beta}\right)^2}}\angle\varphi_\beta(jf) \tag{7.2.1}$$

式中：

$$f_\beta=\frac{1}{2\pi r_{b'e}C_{b'e}}\quad(\beta(jf)\text{的上限频率}) \tag{7.2.2}$$

2. 特征频率 f_T

特征频率 f_T定义为$|\beta(jf)|$下降到 1 所对应的频率，如图 7.2.2 所示。

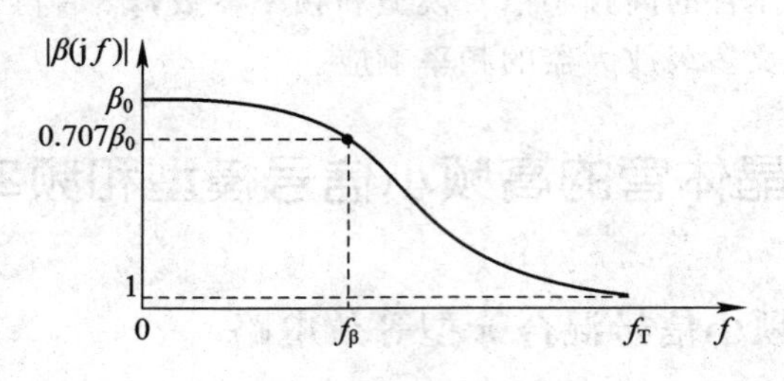

图 7.2.2 $|\beta(jf)|$与频率 f 的关系曲线

当 $f=f_T$时：

$$\beta(jf_T)=\frac{\beta_o}{\sqrt{1+\left(\frac{f_T}{f_\beta}\right)^2}}=1$$

得

$$f_T\approx\beta_o f_\beta=\frac{1}{2\pi r_e C_{b'e}}\gg f_\beta \tag{7.2.3}$$

为了保证实际电路在较高的工作频率时仍有较大的电流放大系数，必须选择管子的 $f_T>3f_{max}$左右（f_{max}为信号的最高工作频率）。

7.3 共射放大器的高频响应

7.3.1 共射放大器的高频小信号等效电路

如图 7.3.1(a)、(b)所示为共射放大器及其高频小信号等效电路（电容 C_1、C_2、C_3 容量大，在高频段容抗 $Z_C(j\omega)=\frac{1}{j\omega C}$很小，可视为短路）。该电路中 $C_{b'c}$跨接在输入回路和输出回路之间，使高频响应的估算变得复杂化，所以首先应用密勒定理对其作单向化近似。

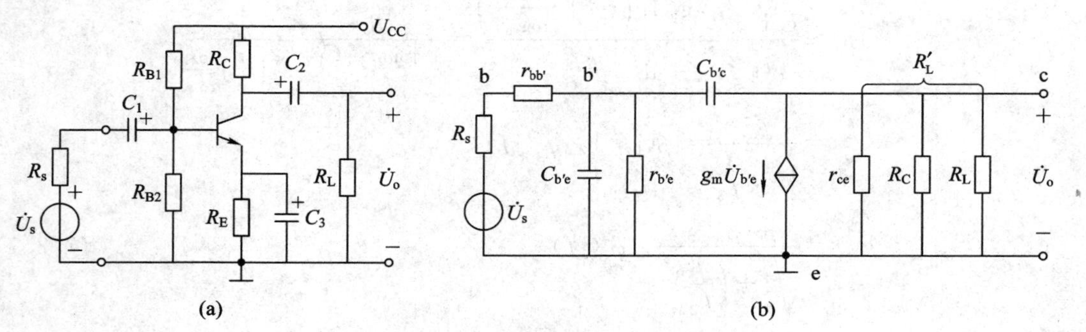

图 7.3.1 共射放大器及其高频小信号等效电路

(a) 电路；(b) 高频小信号等效电路（设 $R_{B1}/\!/R_{B2}\gg R_s$）

7.3.2 密勒定理以及高频等效电路的单向化模型

密勒定理可以将跨接在网络输入端与输出端之间的阻抗分别等效为并联在输入端与输出端的阻抗。如图 7.3.2 所示，阻抗 Z 跨接在网络 N 的输入端与输出端之间，则等效到输入端的阻抗 Z_1 为

$$Z_1=\frac{\dot{U}_1}{\dot{I}_1}=\frac{\dot{U}_1}{\dfrac{\dot{U}_1-\dot{U}_2}{\dot{Z}}}=\frac{Z_2}{1-\dfrac{\dot{U}_2}{\dot{U}_1}}=\frac{Z}{1-A'_u} \tag{7.3.1}$$

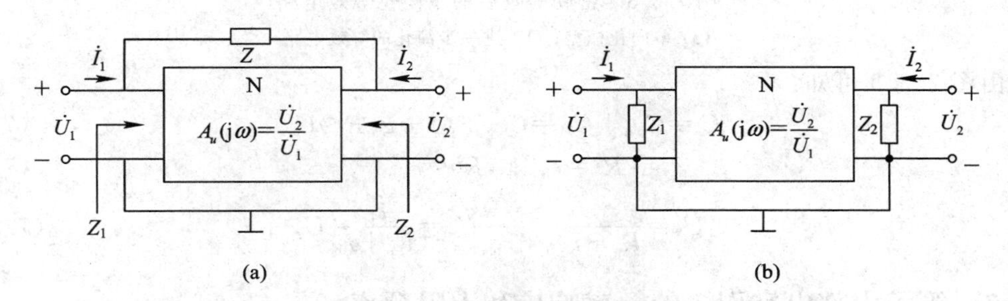

图 7.3.2 密勒定理及等效阻抗

(a) 原电路；(b) 等效后的电路

同理，等效到输出端的阻抗 Z_2 为

$$Z_2=\frac{\dot{U}_2}{\dot{I}_2}=\frac{\dot{U}_2}{\dfrac{\dot{U}_2-\dot{U}_1}{\dot{Z}}}=\frac{A'_u}{A'_u-1}Z \tag{7.3.2}$$

式中，$A'_u=\dot{U}_2/\dot{U}_1$，为 N 网络的电压增益。

将密勒定理应用到等效电路图 7.3.1(b)中，并令 $Z=\dfrac{1}{j\omega C_{b'c}}$，则

$$Z_1=\frac{Z}{1-A'_u}=\frac{1}{j\omega C_{b'c}(1-A'_u)}=\frac{1}{j\omega C_M} \tag{7.3.3}$$

$$Z_2=\frac{A'_u}{A'_u-1}Z=\frac{1}{j\omega C_{b'c}\left(\dfrac{A'_u-1}{A'_u}\right)}=\frac{1}{j\omega C'_M} \tag{7.3.4}$$

式中，电压增益 A'_u 近似为

$$A'_u=\frac{\dot{U}_2}{\dot{U}_1}=\frac{\dot{U}_o}{\dot{U}_{b'e}}\approx -g_m R'_L \tag{7.3.5}$$

可得 $C_{b'c}$ 的密勒等效电容 C_M 和 C'_M 分别为

$$C_M=C_{b'c}(1-A'_u)\approx C_{b'c}(1+g_m R'_L) \tag{7.3.6}$$

$$C'_M=\left(\frac{A'_u-1}{A'_u}\right)C_{b'c}\approx\frac{g_m R'_L}{1+g_m R'_L}C_{b'c}\approx C_{b'c} \tag{7.3.7}$$

可见，等效到输入端的密勒等效电容 C_M 比 $C_{b'c}$ 增大了许多倍，称为密勒倍增效应，其影响不可忽略。而输出端的密勒等效电容 C'_M 仍近似为 $C_{b'c}$，该值很小，可忽略不计。密勒

等效的单向化模型如图 7.3.3(a)所示，利用戴维南定理可进一步化简为图 7.3.3(b)。

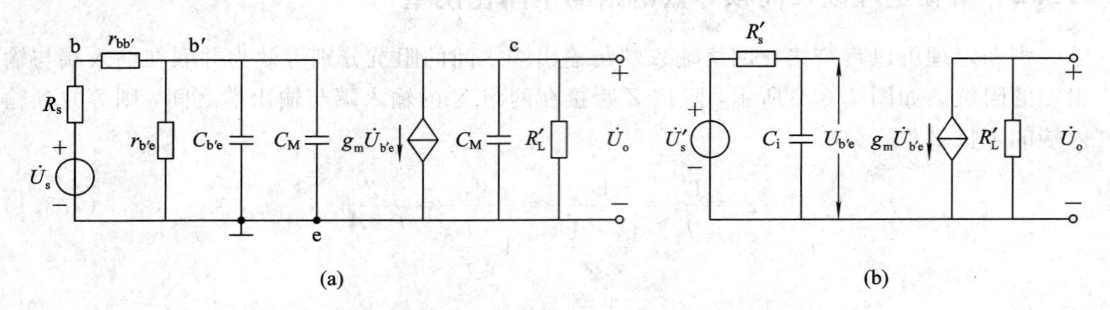

图 7.3.3 密勒等效后的单向化等效电路

(a) 单向化模型；(b) 进一步简化的等效电路

由图 7.3.3 可知：

$$C_i = C_{b'e} + C_M = C_{b'e} + (1 + g_m R'_L) C_{b'c} \tag{7.3.8}$$

$$R'_s = r_{b'e} \parallel (R_s + r_{b'b}) \tag{7.3.9}$$

$$U'_s = \frac{r_{b'e}}{R_s + r_{b'b} + r_{b'e}} \dot{U}_s = \frac{r_{b'e}}{R_s + r_{be}} \dot{U}_s \tag{7.3.10}$$

7.3.3 管子内部电容引入的频率响应和上限频率 f_{H1}

由图 7.3.3 (b)可得

$$A_{us}(j\omega) = \frac{\dot{U}_o}{\dot{U}_s} = \left(-g_m R'_L \frac{r_{b'e}}{R_s + r_{be}}\right) \frac{1}{1 + j\omega R'_s C_i} = \frac{A_{uIs}}{1 + j\dfrac{\omega}{\omega_{H1}}} \tag{7.3.11}$$

式中：$A_{uIs} = -g_m R'_L \dfrac{r_{b'e}}{R_s + r_{be}} = -\dfrac{\beta_o R'_L}{R_s + r_{be}}$ （中频区源电压增益） (7.3.12)

ω_{H1}是由 C_i引入的上限角频率，其值取决于时常数 $\tau_{H1} = R'_s C_i$，即

$$\omega_{H1} = 2\pi f_{H1} = \frac{1}{\tau_{H1}} = \frac{1}{R'_s C_i} \quad \text{（上限角频率）} \tag{7.3.13}$$

源电压增益的幅频特性和相频特性分别为

$$|A_{us}(j\omega)| = \frac{|A_{uIs}|}{\sqrt{1 + \left(\dfrac{\omega}{\omega_{H1}}\right)^2}} \tag{7.3.14}$$

$$\varphi(j\omega) = -180° - \arctan\left(\frac{\omega}{\omega_{H1}}\right) \tag{7.3.15}$$

式(7.3.15)中，$-180°$表示共射放大器输出电压与输入电压反相，即中频源电压放大倍数 A_{uIs}的相角。后一项$-\arctan(\omega/\omega_{H1})$是和频率有关的附加相移，用 $\Delta\varphi$ 表示：

$$\Delta\varphi = -\arctan\left(\frac{\omega}{\omega_{H1}}\right) \tag{7.3.16}$$

根据式(7.3.14)和式(7.3.15)画出单级共射放大器的幅频特性和相频特性，分别如图 7.3.4(a)、(b)所示。在上限频率处对应附加相移为$-45°$，而当频率 $f \geqslant 10 f_H$以后，附加相移趋向于最大值$-90°$。

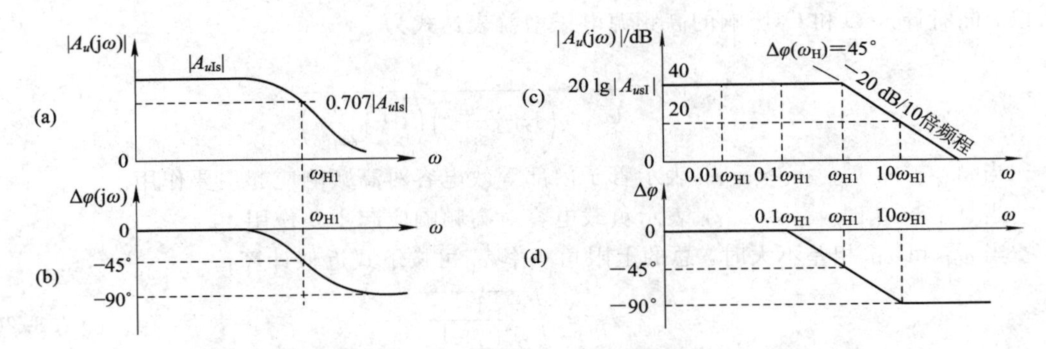

图 7.3.4　考虑管子极间电容影响的共射放大器频率响应

(a) 幅频特性；(b) 相频特性；(c) 幅频特性波特图；(d) 相频特性波特图

在画频率特性曲线时常采用对数坐标，称为波特图法。将式(7.3.14)取对数，得

$$20\lg|A_{us}(j\omega)|(\text{dB})=20\lg|A_{usI}|-20\lg\sqrt{1+\left(\frac{\omega}{\omega_H}\right)^2}\approx 20\lg|A_{usI}|-20\lg\frac{\omega}{\omega_H} \tag{7.3.17}$$

根据式(7.3.17)画出用折线近似表示的幅频特性波特图，如图 7.3.4(c)所示。在 $\omega=\omega_{H1}$ 处有一拐点，此处波特图和真正的幅频特性有 -3 dB 误差，高频区以 -20 dB/10 倍频程的斜率下降。图 7.3.4(d)为相频特性的波特图。

7.3.4　负载电容 C_L 引入的上限频率 f_{H2}

以上讨论中负载均视为纯电阻 R_L，实际上负载往往含有容性成分，并且导线之间以及导线、元件和地线之间的分布电容对放大器的高频响应也会产生一定的影响。下面用 C_L 代表负载电容和电路分布电容对高频响应的影响总和，如图 7.3.5(a)所示，先对 C_L 两端左侧电路应用戴维南定理，等效电路如图 7.3.5(b)所示。图中等效内阻 $R'_o=r_{ce}\parallel R_C\parallel R_L=R'_L$，电势 $\dot{U}'_o$ 就是式(7.3.11)所表示的放大倍数 $A_{us}(j\omega)$ 乘以 $\dot{U}_s$。可见 C_L 引入的输出回路时常数 $\tau_{H2}=R'_oC_L$，上限角频率 ω_{H2} 为

$$\omega_{H2}=\frac{1}{\tau_{H2}}=\frac{1}{R'_oC_L} \tag{7.3.18}$$

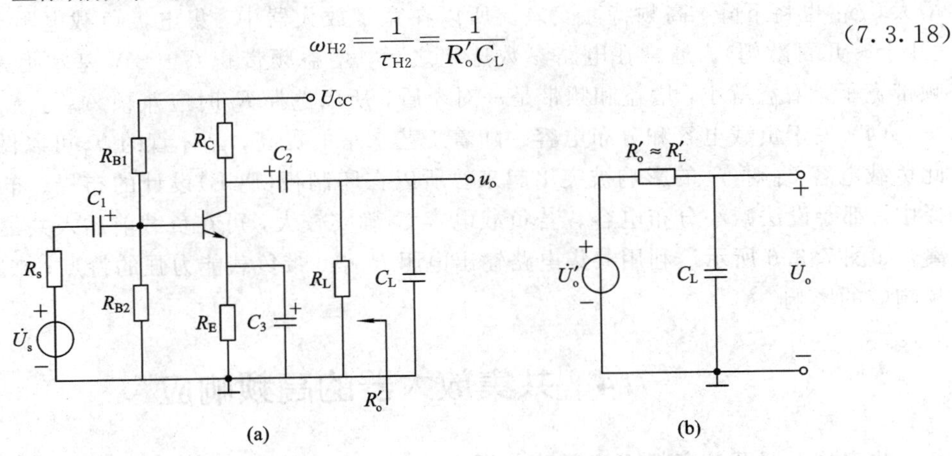

图 7.3.5　包含负载电容 C_L 的电路及等效电路

(a) 电路；(b) 等效电路

所以，同时计入 C_i 和 C_L 影响的高频源电压增益表达式为

$$A_{us}(j\omega)=\frac{\dot{U}_o}{\dot{U}_s}=\frac{A_{uIs}}{\left(1+j\frac{\omega}{\omega_{H1}}\right)\left(1+j\frac{\omega}{\omega_{H2}}\right)} \tag{7.3.19}$$

当 $\omega_{H1}\ll\omega_{H2}$ 时，$\omega_H\approx\omega_{H1}$，表示管子内部等效电容对高频响应起主要作用。

当 $\omega_{H1}\gg\omega_{H2}$ 时，$\omega_H\approx\omega_{H2}$，表示负载电容对高频响应起主要作用。

当 ω_{H1} 和 ω_{H2} 相差不大时，总的上限角频率 ω_H 可按下式近似计算：

$$\omega_H\approx\sqrt{\frac{1}{\frac{1}{\omega_{H1}^2}+\frac{1}{\omega_{H2}^2}}} \tag{7.3.20}$$

通过以上分析，为设计宽带放大器提供了依据。

(1) 选择晶体管的依据。为了提高总的上限频率，必须减小输入回路时常数 R'_sC_i。所以选择晶体管时，应选 $r_{bb'}$ 小、$C_{b'e}$ 小(即 f_T 高)、$C_{b'c}$ 小，尤其要选择 $C_{b'c}$ 小而 f_T 高的晶体管作为宽带放大器的放大管。

(2) 关于信号源内阻 R_s。为了提高总的上限频率，要求信号源内阻 R_s 尽量小。如果信号源内阻较大，可在信号源和共射放大器之间插入一级射随器作为隔离级，利用射随器 R_i 大、R_o 小的特性，将 R_s 的影响减小，如图 7.3.6 所示。

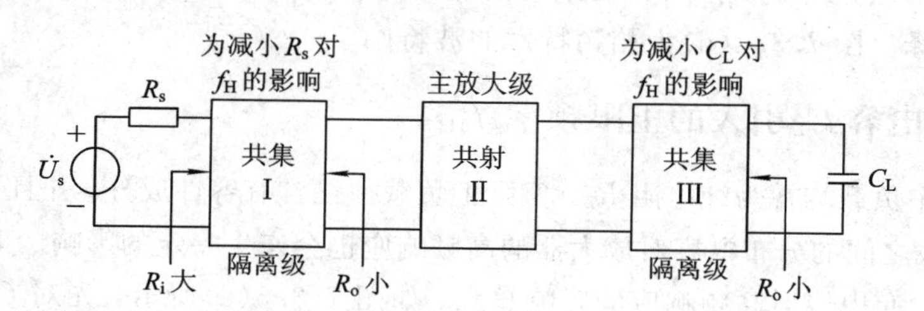

图 7.3.6　插入共集电路以减小 R_s 大、C_L 大对 f_H 的不良影响

(3) 关于集电极负载电阻 R_C 的选择原则。R_C 增大，则放大倍数增大，但 R_C 直接影响输入/出回路时常数。R_C 增大，密勒等效电容 C_M 随之增大，ω_{H1} 下降，而且输出电阻也随之增大，ω_{H2} 也将下降，高频特性变差。所以在宽带放大器中，集电极负载电阻 R_C 一般较小(几十～几百欧姆)。通常在电路参数选定之后，增益频带积 $G\cdot BW$ 基本上是一个常数。频带宽了，增益就小，增益和频带是一对矛盾，所以选择 R_C 时应兼顾 A_{uI} 与 f_H 的要求。

(4) 关于负载电容和分布电容。随着工艺水平的提高，晶体管的 f_T 可以做到很高，因此负载电容 C_L 对 f_H 的影响被突出起来。所以在印制板(PCB)设计的布局、布线及元件选择中，都要设法减小分布电容。若负载电容 C_L 确实较大，可在负载前插入共集电路加以隔离，如图 7.3.6 所示。利用共集电路输出电阻 R_o 小、带负载能力强的特点，来减小 C_L 对高频响应的影响。

7.4　共集放大器的高频响应

共集放大器及其高频交流通路如图 7.4.1(a)、(b)所示，图中将基区体电阻 $r_{bb'}$ 拉出来，将极间电容 $C_{b'c}$ 及 $C_{b'e}$ 标于图中，现分析如下：

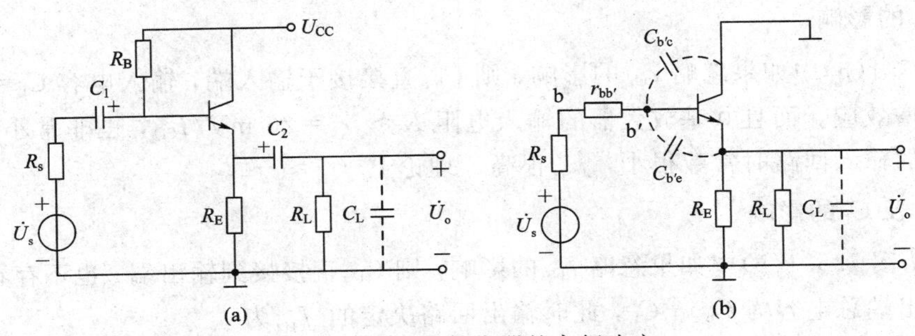

图 7.4.1 共集放大器的高频响应

(a) 电路；(b) 高频交流通路及密勒等效

1. $C_{b'c}$对高频响应的影响

由于图中集电极直接连接到电源 U_{CC}，其交流通路中 $C_{b'c}$相当于接在内基极"b′"和"地"之间，不存在共射电路中的密勒倍增效应。且 $C_{b'c}$很小(零点几～几皮法)，只要源电阻 R_s 和 $r_{bb'}$较小，$C_{b'c}$对高频响应的影响就很小。

2. $C_{b'e}$对高频响应的影响

$C_{b'e}$跨接在输入端与输出端之间，利用密勒定理将其等效到输入端，则密勒等效电容 $C_M=C_{b'e}(1-A'_u)$，A'_u为共集电路电压增益，是小于并接近于 1 的正值，故 $C_M \ll C_{b'e}$，即 $C_{b'e}$对高频响应的影响也很小。所以，共集电路的 f_{H1}很高，理论上 $f_{H1} \approx f_T$。

3. 负载电容 C_L对高频响应的影响

从负载电容 C_L看进去的等效电阻 R'_o为

$$R'_o=\frac{R_s+r_{be}}{1+\beta} /\!/ R_E /\!/ R_L \approx \frac{R_s+r_{be}}{1+\beta} \approx \frac{R_s}{1+\beta}+r_e \approx \frac{R_s}{1+\beta}+\frac{26\ \mathrm{mV}}{I_{CQ}}$$

可见，只要源电阻 R_s较小，工作点电流 I_{CQ}较大，R'_o就可以很小。所以时常数 R'_oC_L很小，f_{H2}很高，共集放大器具有很强的承受容性负载的能力。

7.5 共基放大器的高频响应

共基放大器及其高频交流通路如图 7.5.1(a)、(b)所示。

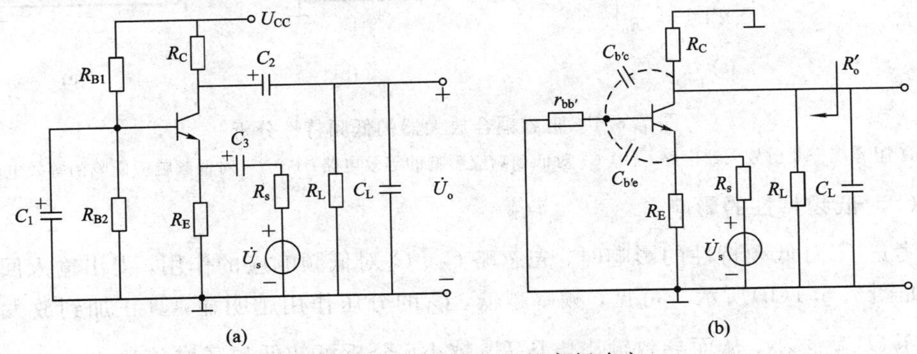

图 7.5.1 共基放大器的高频响应

(a) 电路；(b) 高频交流通路

1. $C_{b'e}$ 的影响

图 7.5.1(b)中如果忽略 $r_{bb'}$ 的影响，则 $C_{b'e}$ 直接接于输入端，输入电容 $C_i=C_{b'e}$，不存在密勒倍增效应。而且共基放大器的输入电阻 $R_i\approx r_e=26\ \text{mV}/I_{CQ}$，也非常小，因此，共基放大器的输入回路时常数很小，f_{H1} 很高。理论上 $f_{H1}\approx f_T$。

2. $C_{b'c}$ 及 C_L 的影响

同理，图 7.5.1(b)中如果忽略 $r_{bb'}$ 的影响，则 $C_{b'c}$ 直接接到输出端，也不存在密勒倍增效应。输出端总电容为 $C_{b'c}+C_L$，此时输出回路决定的 f_{H2} 为

$$f_{H2}=\frac{1}{2\pi\tau_{H2}}=\frac{1}{2\pi R_o'(C_{b'c}+C_M)}\approx\frac{1}{2\pi(R_L/\!/R_C)(C_{b'c}+C_L)} \tag{7.5.1}$$

如果 R_o' 和 C_L 较大，则 f_{H2} 较低，可见共基放大器与共射放大器一样，承受容性负载的能力较差，负载电容 C_L 将成为制约共基放大器高频响应的主要因素。而对于纯阻负载，共基放大器的高频特性将非常好。

场效应管放大器的高频响应与双极型晶体管放大器的分析方法是完全相似的，其结果也完全相似，在此不予分析。

7.6　放大器的低频响应

阻容耦合共射放大电路如图 7.6.1(a)所示。在低频区，随着频率下降，电容 C_1、C_2 和 C_E 的容抗增大，其分压作用不可忽视，会导致放大倍数下降，并产生附加相移；管子内部电容、负载电容呈现的容抗很大，并联分流作用很小，可视为开路，不予考虑。

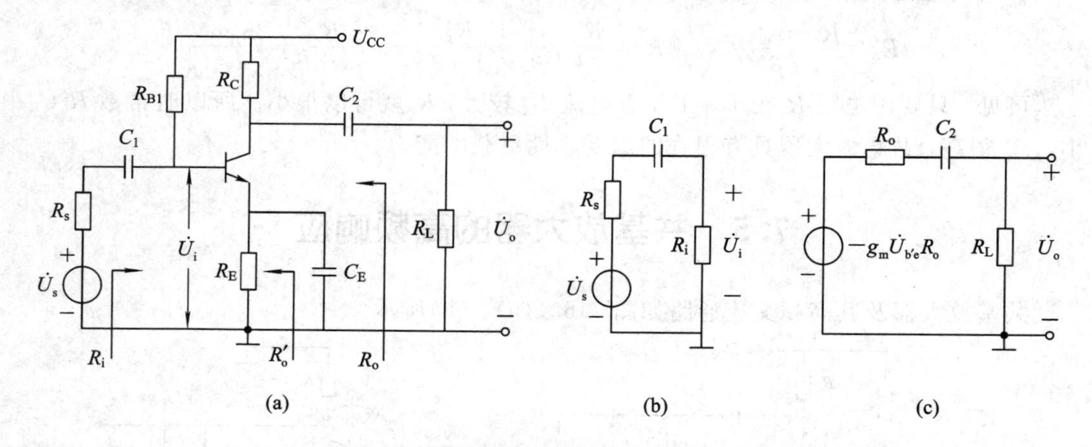

图 7.6.1　阻容耦合放大器的低频特性分析

(a) 阻容耦合共射放大器电路；(b) C_1 对低频响应影响的等效电路；(c) C_2 对低频响应影响的等效电路

1. C_1 对低频特性的影响

在考虑 C_1 对低频特性的影响时，先忽略 C_2、C_E 对低频响应的作用，得出输入回路等效电路，如图 7.6.1(b)所示。可见，频率越低，C_1 的分压作用越明显，真正加到放大器输入端的电压 $\dot{U}_i$ 就越小，从而导致输出电压 $\dot{U}_o$ 越小，分析可知低频区增益为

$$A_{us}(j\omega)=\frac{\dot{U}_o}{\dot{U}_s}=\frac{A_{uIs}}{1-j\dfrac{\omega_{L1}}{\omega}}=\frac{|A_{uIs}|}{\sqrt{1+\left(\dfrac{\omega_{L1}}{\omega}\right)^2}}\angle\left(-180°+\arctan\frac{\omega_{L1}}{\omega}\right) \tag{7.6.1}$$

式中：

$$A_{uIs}=-g_m R'_L\frac{R_i}{R_s+R_i},\ R'_L=R_o /\!/ R_L \quad \text{（中频区源电压增益）} \tag{7.6.2}$$

$$\omega_{L1}=\frac{1}{\tau_{L1}}=\frac{1}{(R_s+R_i)C_1} \quad \text{（由 } C_1 \text{ 引入的下限角频率和时常数）} \tag{7.6.3}$$

$$|A_{us}(j\omega)|=\frac{|A_{uIs}|}{\sqrt{1+\left(\dfrac{\omega_{L1}}{\omega}\right)^2}} \quad \text{（低频增益模值）} \tag{7.6.4}$$

$$\varphi(j\omega)=-180°+\arctan\frac{\omega_{L1}}{\omega} \quad \text{（低频增益相角）} \tag{7.6.5}$$

$$\Delta\varphi(j\omega)=+\arctan\frac{\omega_{L1}}{\omega} \quad \text{（低频增益附加相移）} \tag{7.6.6}$$

如图 7.6.2 所示是由 C_1 引起的低频响应。

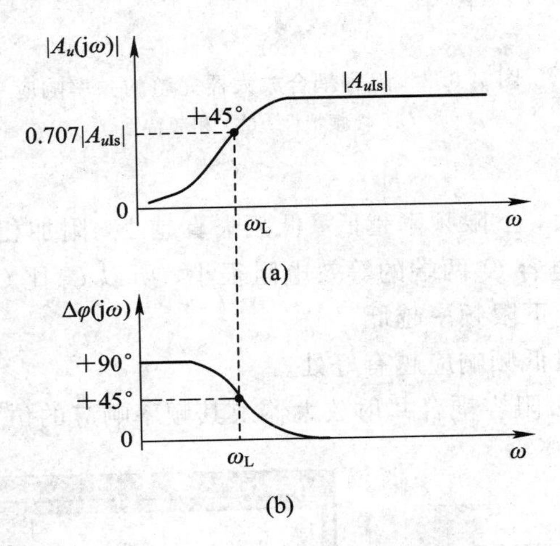

图 7.6.2　C_1 引入的低频响应

(a) 幅频特性；(b) 相频特性

2. C_2 对低频响应的影响

在考虑 C_2 对低频响应的影响时，假设 C_1、C_E 短路，可画出其输出回路的低频等效电路，如图 7.6.1(c)所示，类比图 7.6.1(b)的分析可得

$$\omega_{L2}=\frac{1}{\tau_{L2}}=\frac{1}{C_2(R_o+R_L)}\approx\frac{1}{C_2(R_C+R_L)} \quad \text{（} C_2 \text{引入的下限角频率）} \tag{7.6.7}$$

3. C_E 对低频响应的影响

C_E 引入的下限角频率为

$$\omega_{L3}=\frac{1}{\tau_{L3}}=\frac{1}{C_E\times R'_o}=\frac{1}{C_E\times\left(R_E /\!/ \dfrac{r_{be}+R_s}{1+\beta}\right)}\approx\frac{1}{C_E\times r_e}$$

因为射极输出电阻$(R_s+r_{be})/(1+\beta)$很小，如果要减小ω_{L3}，C_E就要很大。

4. 总的下限角频率ω_L

ω_L取决于ω_{L1}、ω_{L2}、ω_{L3}的总和，即

$$\omega_L \approx \sqrt{\omega_{L1}^2+\omega_{L2}^2+\omega_{L3}^2} \tag{7.6.8}$$

同时考虑低频和高频响应时，完整的频率特性如图 7.6.3 所示。

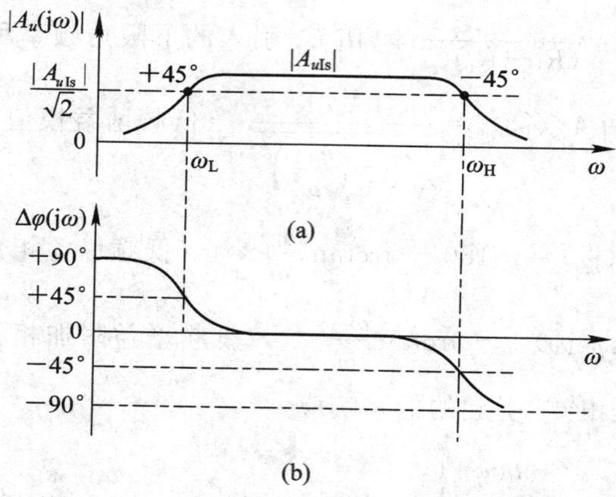

图 7.6.3 阻容耦合放大器完整的频率响应

(a) 幅频特性；(b) 相频特性

5. 结论

(1) C_1、C_2、C_E越大，下限频率越低，低频失真越小，附加相移越小。

(2) 因为射极旁路电容C_E两端的等效电阻很小，所以C_E比C_1、C_2大得多。

(3) 输入阻抗越大，下限频率越低。

(4) R_o、R_L越大，对低频响应越有好处。

图 7.6.4 是一个单级阻容耦合共射放大器及其频率响应的仿真，供读者参考。

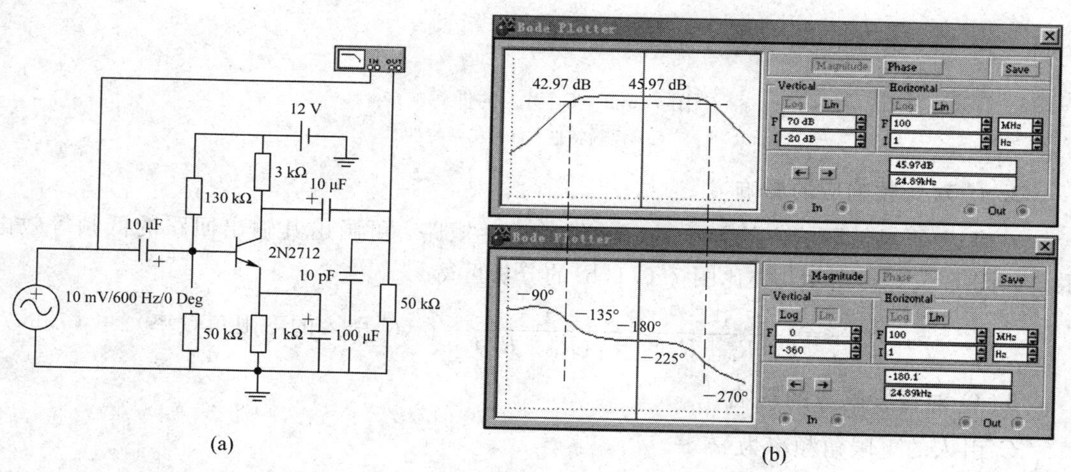

图 7.6.4 共射放大器电路及其频率响应的仿真

(a) 电路；(b) 幅频特性和相频特性

7.7　多级放大器的频率响应

多级放大器的总增益为

$$A_u(\mathrm{j}\omega)=A_{u1}(\mathrm{j}\omega)A_{u2}(\mathrm{j}\omega)\cdots A_{un}(\mathrm{j}\omega)=\prod_{k=1}^{n}A_{uk}(\mathrm{j}\omega)$$

两边取对数，其幅频特性为

$$\begin{aligned}20\lg|A_u(\mathrm{j}\omega)|&=20\lg|A_{u1}(\mathrm{j}\omega)|+20\lg|A_{u2}(\mathrm{j}\omega)|+\cdots+20\lg|A_{un}(\mathrm{j}\omega)|\\&=\sum_{k=1}^{n}20\lg|A_{uk}(\mathrm{j}\omega)|\end{aligned}\tag{7.7.1}$$

相频特性为

$$\varphi(\mathrm{j}\omega)=\varphi_1(\mathrm{j}\omega)+\varphi_2(\mathrm{j}\omega)+\cdots+\varphi_n(\mathrm{j}\omega)=\sum_{k=1}^{n}\varphi_k(\mathrm{j}\omega)\tag{7.7.2}$$

可见，多级放大器的对数幅频特性为各级对数幅频特性之和，总相移等于各级相移相加。

1. 多级放大器上限频率与各级上限频率的关系

设单级放大器的增益表达式为

$$A_{uk}(\mathrm{j}\omega)=\frac{A_{uIk}}{1+\mathrm{j}\dfrac{\omega}{\omega_k}}$$

则多级放大器的增益 $A_u(\mathrm{j}\omega)$ 为

$$A_u(\mathrm{j}\omega)=\frac{A_{uI1}}{1+\mathrm{j}\dfrac{\omega}{\omega_{H1}}}\times\frac{A_{uI2}}{1+\mathrm{j}\dfrac{\omega}{\omega_{H2}}}\times\cdots\times\frac{A_{uIn}}{1+\mathrm{j}\dfrac{\omega}{\omega_{Hn}}}\tag{7.7.3}$$

模值：

$$|A_u(\mathrm{j}\omega)|=\frac{|A_{uI}|}{\sqrt{\left[1+\left(\dfrac{\omega}{\omega_{H1}}\right)^2\right]\left[1+\left(\dfrac{\omega}{\omega_{H2}}\right)^2\right]\cdots\left[1+\left(\dfrac{\omega}{\omega_{Hn}}\right)^2\right]}}\tag{7.7.4}$$

相角：

$$\Delta\varphi(\mathrm{j}\omega)=-\arctan\left(\frac{\omega}{\omega_{H1}}\right)-\arctan\left(\frac{\omega}{\omega_{H2}}\right)-\cdots-\arctan\left(\frac{\omega}{\omega_{Hn}}\right)\tag{7.7.5}$$

式中，$|A_{uI}|=|A_{uI1}||A_{uI2}|\cdots|A_{uIn}|$ 为多级放大器中频增益。

多级放大器总的上限角频率与各级上限角频率的近似关系式为

$$\omega_H\approx\frac{1}{\sqrt{\dfrac{1}{\omega_{H1}^2}+\dfrac{1}{\omega_{H2}^2}+\cdots+\dfrac{1}{\omega_{Hn}^2}}}\tag{7.7.6}$$

2. 多级放大器下限频率与各级下限频率的关系

对于多级阻容耦合放大器，总的下限角频率与各级下限角频率的关系式为

$$\omega_L\approx\sqrt{\omega_{L1}^2+\omega_{L2}^2+\cdots+\omega_{Ln}^2}\tag{7.7.7}$$

综上所述，可知：

(1) 多级放大器总的上限频率 f_H 比其中任何一级的上限频率 f_{Hk} 都要低，而下限频率 f_L 比其中任何一级的下限频率 f_{Lk} 都要高。

(2) 多级放大器总的放大倍数增大了，但总的通频带($BW=f_H-f_L$)变窄了。在设计多级放大器时，必须保证每一级的通频带都比总的通频带宽。

(3) 如果各级通频带不同，则总的上限频率基本上取决于最低的一级。所以要增大总的上限频率 f_H，应注意提高上限频率最低的那一级 f_{Hi}，因为它对总 f_H 起主导作用。

集成运算放大器是高增益直接耦合多级放大器，图 7.7.1 是测量低噪声运放 OP－07 的开环幅频特性的仿真。读者可在图 7.7.1 的基础上，对 OP－07 添加适当的外围元件，构成各种集成运放应用电路，测量相应的频率响应，并观察结果。

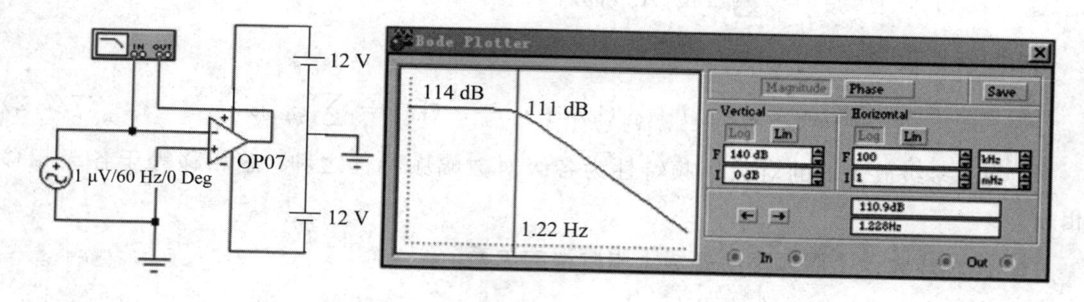

图 7.7.1　测量低噪声运放 OP－07 的开环幅频特性的仿真

思考题与习题

7－1　已知某放大器的频率特性表达式为 $A(j\omega)=\dfrac{200\times10^6}{j\omega+10^6}$。

(1) 该放大器的中频增益、上限频率及增益频带积各为多少？

(2) 画出该放大器的幅频特性及相频特性渐近波特图。

7－2　一放大器的中频增益 $A_{uI}=40$ dB，上限频率 $f_H=2$ MHz，下限频率 $f_L=100$ Hz，输出不失真的动态范围为 $U_{opp}=10$ V，在下列各种输入信号情况下会产生什么失真？

(1) $u_i(t)=0.1\sin(2\pi\times10^4t)$(V)

(2) $u_i(t)=10\sin(2\pi\times3\times10^6t)$(mV)

(3) $u_i(t)=10\sin(2\pi\times400t)+10\sin(2\pi\times10^6t)$(mV)

(4) $u_i(t)=10\sin(2\pi\times10t)+10\sin(2\pi\times5\times10^4t)$(mV)

(5) $u_i(t)=10\sin(2\pi\times10^3t)+10\sin(2\pi\times10^7t)$(mV)

7－3　某放大电路幅频特性渐近波特图如 P7－1 所示，该放大器的中频增益、上限频率、下限频率、带宽及增益频带积各为多少？

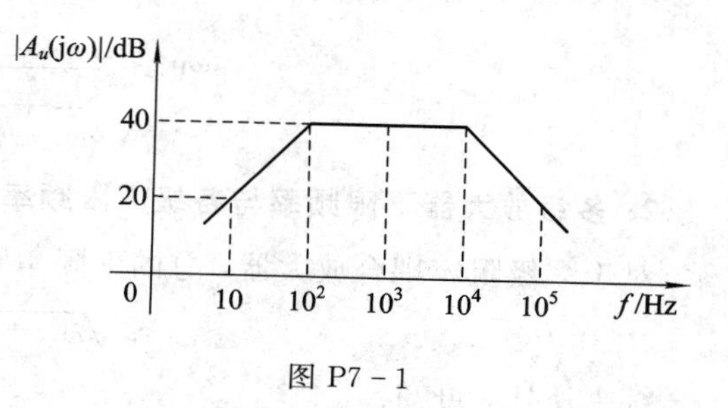

图 P7－1

7－4　电路如图 P7－2 所示，写出当开关 S 分别接到 a 端和 b 端时的中频电压放大倍数 A_{uI} 和负载电容 C_L 引起的上限频率 f_H

（设β和r_{be}已知，不考虑晶体管内部电容的影响）。

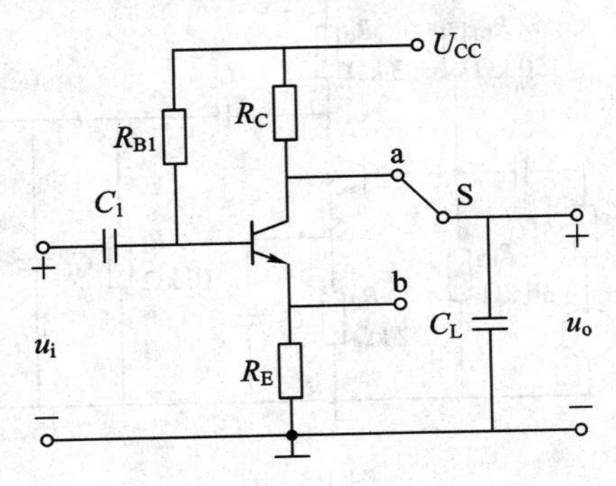

图 P7-2

7-5　有一放大器的传输函数为$A_u(j\omega)=\dfrac{-1000}{\left(1+j\dfrac{\omega}{10^7}\right)^3}$。

(1) 其中低频放大倍数$A_{uI}=$？

(2) 放大倍数绝对值$|A_u(j\omega)|$及附加相移$\Delta\varphi(j\omega)$的表达式如何？

(3) 画出幅频特性波特图。

(4) 上限频率$f_H=$？

7-6　一放大器的混合π型等效电路如图 P7-3 所示，已知$R_S=100\ \Omega$，$r_{bb'}=100\ \Omega$，$\beta=100$，工作点电流$I_{CQ}=1$ mA，$C_{b'e}=2$ pF，$f_T=300$ MHz，$R_C=R_L=1$ kΩ，试问：

(1) $r_{b'e}=$？ $C_{b'e}=$？ $g_m=$？

(2) 密勒等效电容$C_M=$？

(3) 中频增益$A_{uIs}=$？

(4) 上限频率$f_{H1}=$？ $\Delta\varphi(j\,f_{H1})=$？

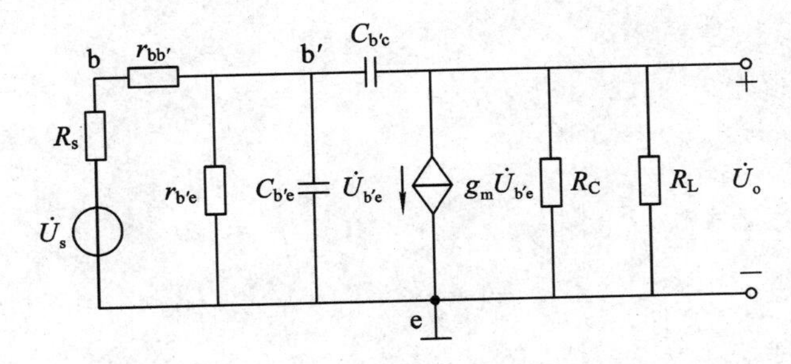

图 P7-3

7-7　放大电路如图 P7-4 所示，要求下限频率$f_L=10$ Hz。若假设$r_{be}=2.6$ kΩ，且C_1、C_2、C_3对下限频率的贡献是一样的，试分别确定C_1、C_2、C_3的值。

7-8　在图 P7-4 中，若下列参数变化，对放大器性能有何影响（指工作点I_{CQ}、A_{uI}、R_i、R_o、f_H、f_L等）？

(1) R_L变大；(2) C_L变大；(3) R_E变大；(4) C_1变大。

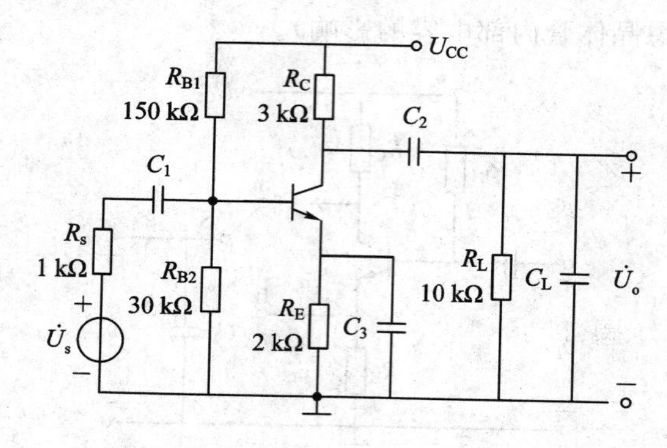

图 P7－4

7－9　理想集成运放电路如图 P7－5 所示，图中 $R_1=10\ \text{k}\Omega$，$R_2=10\ \text{k}\Omega$，$R_f=100\ \text{k}\Omega$。

(1) 图(a)中 $C=1\ \mu\text{F}$，计算电路中频电压增益 A_{uI} 和下限频率 f_L；

(2) 图(b)、(c)中 $C=1000\ \text{pF}$，计算各电路中频电压增益 A_{uI} 和上限频率 f_H。

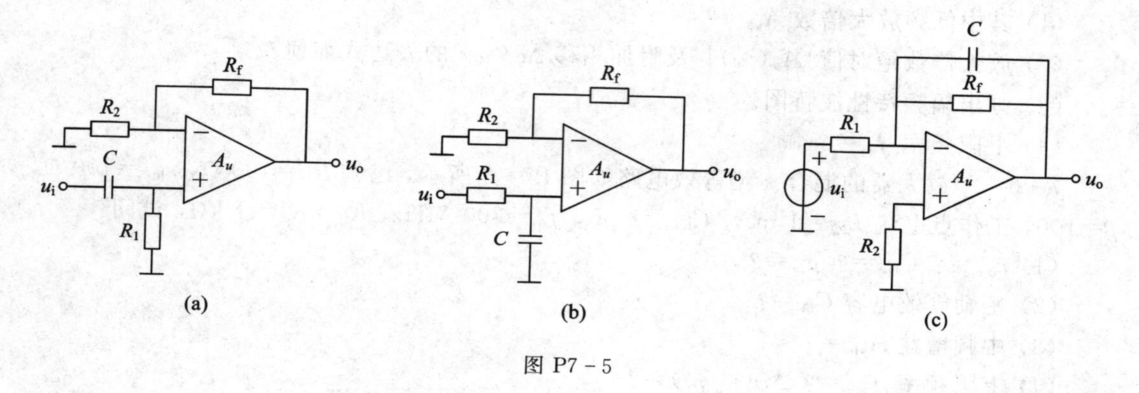

图 P7－5

第8章　反　　馈

通过本章的学习，希望读者能了解反馈的基本概念及负反馈对放大器性能的影响；正确辨识反馈电路类型；掌握深度负反馈条件下电路的分析计算；能根据实际需要运用反馈电路来改善放大器的某些性能。

8.1　反馈的基本概念及基本方程

反馈放大器可抽象为如图 8.1.1 所示的方框图。

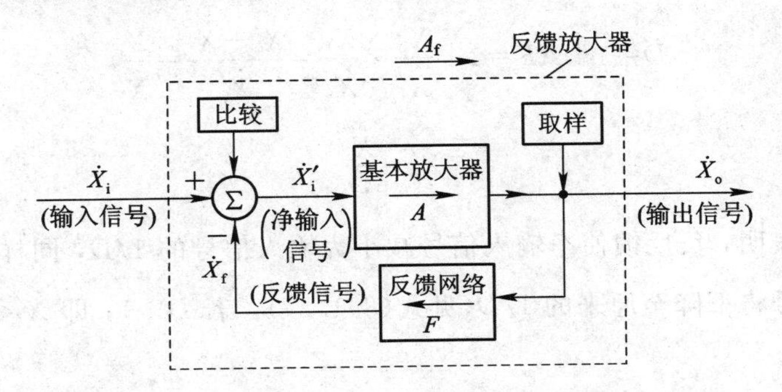

图 8.1.1　反馈放大器基本框图

基本放大器的传输增益(也称开环增益或开环放大倍数)为

$$A=\frac{\dot{X}_o}{\dot{X}_i'} \tag{8.1.1}$$

反馈网络的传输系数(也称反馈系数)为

$$F=\frac{\dot{X}_f}{\dot{X}_o} \tag{8.1.2}$$

反馈放大器的传输增益(也称闭环增益)为

$$A_f=\frac{\dot{X}_o}{\dot{X}_i} \tag{8.1.3}$$

环路增益(回归比)为

$$T=AF=\frac{\dot{X}_o}{\dot{X}_i'}\cdot\frac{\dot{X}_f}{\dot{X}_o}=\frac{\dot{X}_f}{\dot{X}_i'} \tag{8.1.4}$$

需要注意的是，$\dot{X}_i$、$\dot{X}_o$、$\dot{X}_f$ 等信号可以取电压量或电流量，所以传输系数 A、F 的量纲不一定是电压比或电流比，也可能是互导或互阻。

由图 8.1.1 可见：

$$\dot{X}_o = A\dot{X}_i' \tag{8.1.5}$$

$$\dot{X}_i' = \dot{X}_i - \dot{X}_f \quad (负反馈) \tag{8.1.6}$$

$$\dot{X}_f = F\dot{X}_o \tag{8.1.7}$$

将式(8.1.6)、式(8.1.7)代入式(8.1.5)得

$$\dot{X}_o = \frac{A}{1+AF}\dot{X}_i \tag{8.1.8}$$

因此，负反馈放大器的基本方程为

$$A_f = \frac{\dot{X}_o}{\dot{X}_i} = \frac{A}{1+AF} \tag{8.1.9}$$

综上所述，可知：

(1) 负反馈使放大器的增益下降了 $1+AF$ 倍。

(2) 令 $D=1+AF$，称为反馈深度，用于表征反馈的强弱。

$$D = 1+AF = 1+\frac{\dot{X}_o}{\dot{X}_i'}\cdot\frac{\dot{X}_f}{\dot{X}_o} = \frac{\dot{X}_i'+\dot{X}_f}{\dot{X}_i'} = \frac{\dot{X}_i}{\dot{X}_i'}$$

$$\dot{X}_i' = \frac{\dot{X}_i}{D} \tag{8.1.10}$$

式(8.1.10)表明，负反馈使净输入信号减小为输入信号的 $1/D$，同样输入 $\dot{X}_i$，则反馈放大器的输出信号将下降至原来的 $1/D$(见式(8.1.8))。若 $D\gg1$，即 $\dot{X}_i'\ll\dot{X}_i$，此时，反馈信号 $\dot{X}_f$ 为

$$\dot{X}_f = \dot{X}_i - \dot{X}_i' \approx \dot{X}_i \tag{8.1.11}$$

称 $D\gg1$ 或 $AF\gg1$ 为深反馈条件。在深反馈条件下，反馈信号 $\dot{X}_f$ 近似等于输入信号 $\dot{X}_i$，而真正加到基本放大器的净输入信号 $\dot{X}_i'$很小。

(3) 在深反馈条件下，$AF\gg1$，所以有

$$A_f = \frac{A}{1+AF} \approx \frac{1}{F} \tag{8.1.12}$$

式(8.1.12)表明，在深反馈条件下，闭环增益主要取决于反馈系数，与开环增益关系不大。

(4) 若引入正反馈，则 $\dot{X}_i' = \dot{X}_i + \dot{X}_f$，$A_f = \frac{A}{1-AF}$，净输入信号得到增强，输出信号和增益都会增大，但放大器的许多性能会恶化，甚至发生自激，所以正反馈在放大器中应用得较少。

8.2　反馈放大器的判断与分类

8.2.1　有、无反馈的判断

如果电路中存在输出回路信号返回到输入回路的连接通道，放大器的净输入信号X_i'不

仅与输入信号 $\dot{X}_i$ 有关，而且与输出信号 $\dot{X}_o$ 有关，则放大器中存在反馈，否则不存在反馈。如图 8.2.1 所示，(a)、(d)电路无反馈，(b)、(c)、(e)电路有反馈。

8.2.2 正反馈与负反馈的判断

通常用“瞬时极性法”来判断正、负反馈。首先假设输入信号的瞬时极性，并从输入到输出逐级依次判断各节点的瞬时极性，然后确定反馈信号的瞬时极性，如果反馈信号使净输入信号增大，则为正反馈，反之为负反馈。

图 8.2.1(b)电路中设运放输入信号瞬时极性为“+”，输入信号接运放反相输入端，则输出信号极性为“－”，相应电流瞬时流向如图所示，净输入电流 $I_i'=I_i-I_f$ 减小，所以是负反馈。

图 8.2.1(c)电路中输入信号加到运放反相端，反馈引向同相端，假设输入信号瞬时极性为“+”，则输出信号瞬时极性为“－”，反馈信号瞬时极性也为“－”，净输入电压 $U_i'=U_i-(-U_f)=U_i+|U_f|$，净输入信号增大了，所以是正反馈。

图 8.2.1(e)电路中先考虑 R_f引入的反馈，设晶体管 b 极输入信号瞬时极性为“+”，则 c 极为“－”，相应电流瞬时流向如图所示，净输入电流 $\dot{I}_i'=\dot{I}_b=\dot{I}_i-\dot{I}_f$ 减小，所以是负反馈。再考虑 R_E引入的反馈，同理设 b 极为“+”，则 e 极也为“+”，$\dot{U}_i'=\dot{U}_{be}=\dot{U}_i-\dot{U}_e=\dot{U}_i-\dot{U}_f=\dot{U}_i-I_eR_E$，$\dot{U}_i'<\dot{U}_i$，净输入信号减小，所以是负反馈。

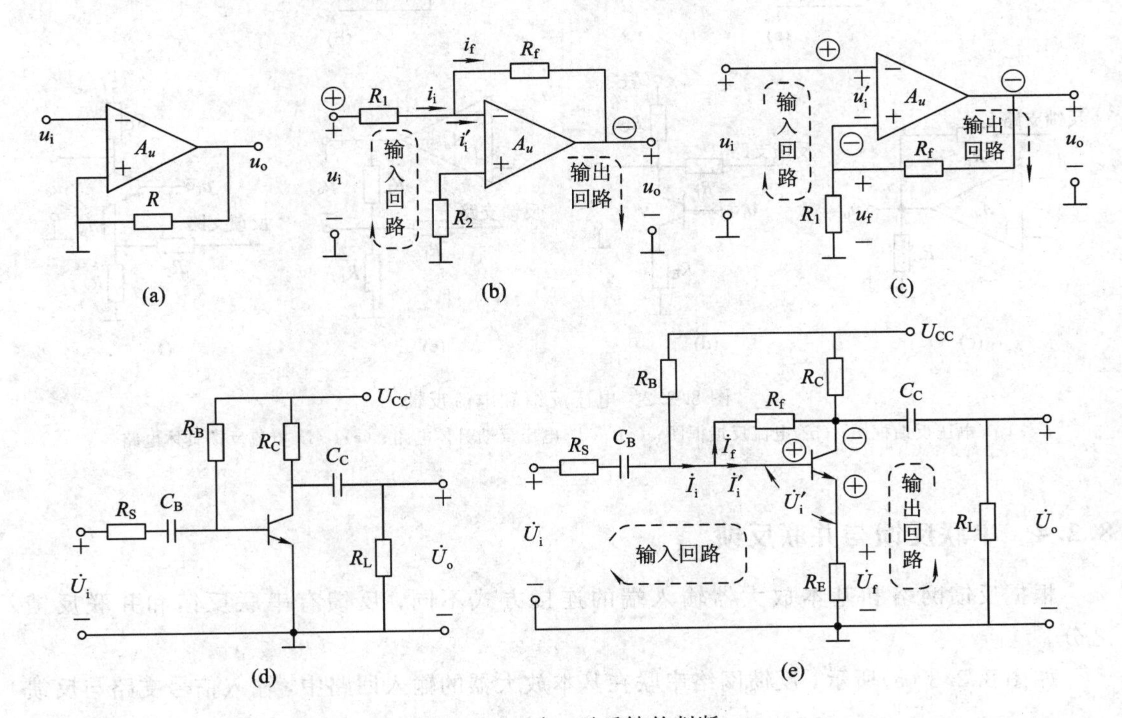

图 8.2.1 有、无反馈的判断

注：这里的“+”或“－”极性，都是以地电位为参考点的。输入信号与反馈信号对地都是正极性并不意味着是正反馈。判别正、负反馈的唯一依据是净输入电压 $\dot{U}_i'$或净输入电流

$\dot{I}'_i$增大还是减小。

8.2.3　电压反馈与电流反馈

按反馈信号取样方式的不同，反馈分为电压反馈和电流反馈。

如图 8.2.2(a)所示，反馈网络与基本放大器输出端并联连接，反馈信号直接取自于负载两端的输出电压，且与输出电压成正比。若令负载电阻短路，即 $R_L=0$，则 $\dot{U}_o=0$，反馈信号 $\dot{X}_f$ 立即为零(该方法又称“输出短路法”)，则称这种反馈为电压反馈。

如图 8.2.2(b)所示，反馈网络串联在输出回路中，反馈信号与输出电流成正比。若令负载电阻 $R_L=0$，则 $\dot{U}_o=0$，但 $\dot{I}_o\neq0$，反馈信号 $\dot{X}_f\neq0$，称这种反馈为电流反馈。

图 8.2.2(c)、(d)是电压反馈的具体例子；图 8.2.2(e)、(f)是电流反馈的具体例子。

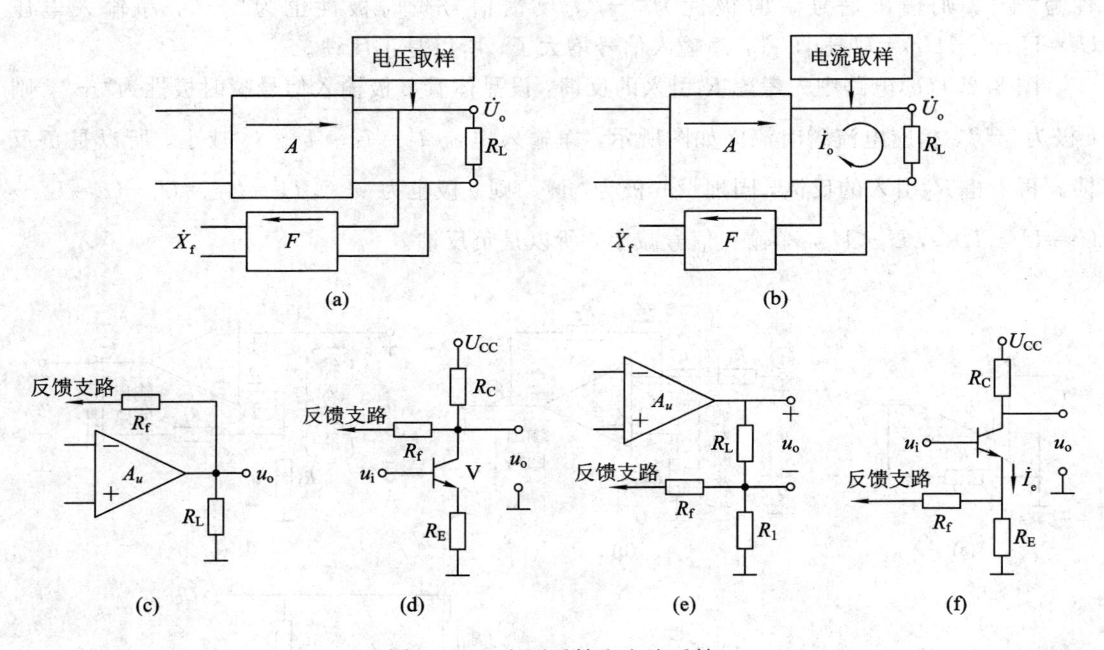

图 8.2.2　电压反馈和电流反馈

(a) 电压反馈框图；(b) 电流反馈框图；(c)、(d) 电压反馈具体电路；(e)、(f) 电流反馈具体电路

8.2.4　串联反馈与并联反馈

根据反馈网络和基本放大器输入端的连接方式不同，反馈有串联反馈和并联反馈之分。

如图 8.2.3 (a)所示，反馈网络串联在基本放大器的输入回路中，输入信号支路与反馈支路不接在同一节点上，净输入电压 $\dot{U}'_i$等于输入电压 $\dot{U}_i$ 和反馈电压 $\dot{U}_f$ 的矢量和。如果是负反馈，则有

$$\dot{U}'_i=\dot{U}_i-\dot{U}_f \qquad (8.2.1)$$

如图 8.2.3(b)所示，反馈网络并联在基本放大器的输入端，输入信号支路与反馈信号支路接到基本放大器的同一节点上。在这种反馈方式中，用节点电流描述较为方便、直观，即放大器的净输入电流 $\dot{I}_i'$等于输入电流 $\dot{I}_i$ 和反馈电流 $\dot{I}_f$ 的矢量和。如果是负反馈，则有

$$\dot{I}_i'=\dot{I}_i-\dot{I}_f \tag{8.2.2}$$

图 8.2.3(c)、(d)是串联反馈的具体例子；图 8.2.3(e)、(f)是并联反馈的具体例子。

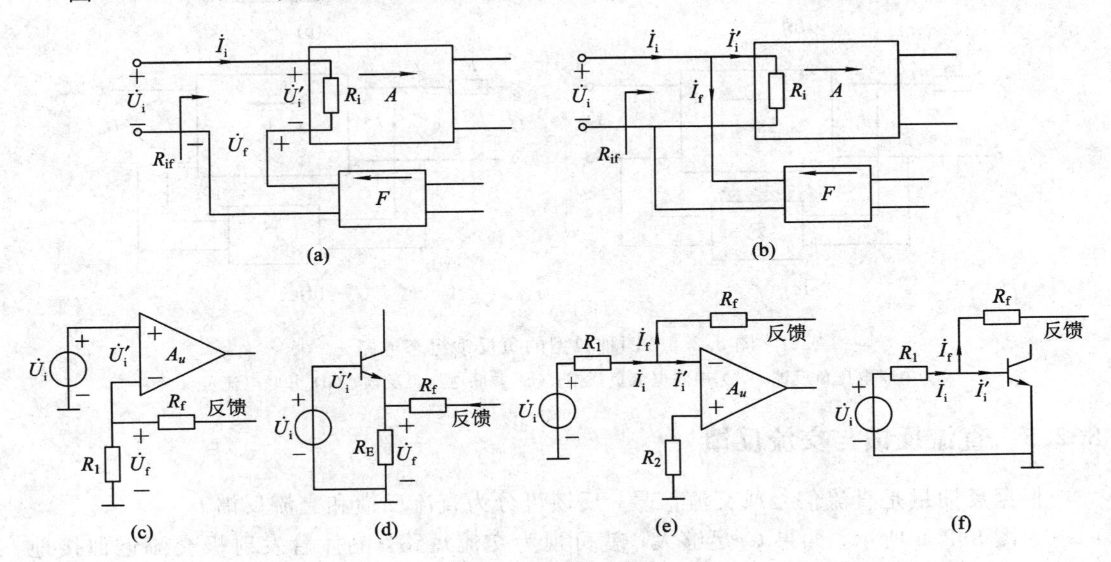

图 8.2.3 串联反馈和并联反馈

(a) 串联反馈框图；(b) 并联反馈框图；(c)、(d) 串联反馈具体电路；(e)、(f) 并联反馈具体电路

在差分放大器中，有两个输入端，输出信号与两个输入信号之差成正比。图 8.2.4(a)中信号加到 V_1基极，反馈加到 V_2基极，差模电压 $\dot{U}_{id}=\dot{U}_{b1}-\dot{U}_{b2}=\dot{U}_i-\dot{U}_f$，为串联反馈；图 8.2.4(b)中输入和反馈都加到 V_1基极，净输入电流 $\dot{I}_i'=\dot{I}_i-\dot{I}_f$，为并联反馈。

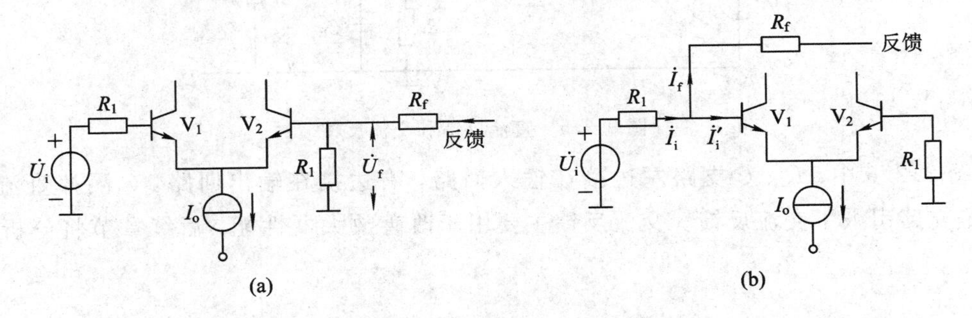

图 8.2.4 差分放大器中引入串联反馈和并联反馈

(a) 串联反馈；(b) 并联反馈

综上所述：根据反馈网络与基本放大器输出、输入端连接方式的不同，负反馈电路可归纳为四种组态，即串联电压负反馈、串联电流负反馈、并联电压负反馈、并联电流负反

馈，如图 8.2.5 所示。

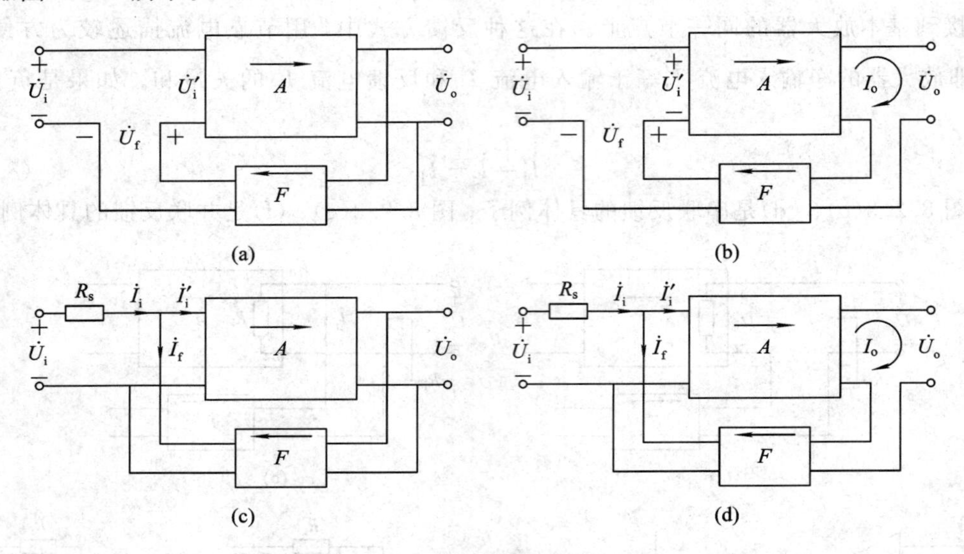

图 8.2.5 四种典型的负反馈组态电路

(a) 串联电压负反馈；(b) 串联电流负反馈；(c) 并联电压负反馈；(d) 并联电流负反馈

8.2.5 直流反馈与交流反馈

根据反馈量是直流信号或交流信号，反馈可分为直流反馈和交流反馈。

如图 8.2.6 所示，如果 C_E 足够大，就可视为交流短路，晶体管发射极交流近似接地。可见 R_E 仅引入了直流分量，称直流反馈。直流反馈主要用于稳定晶体管的静态工作点。

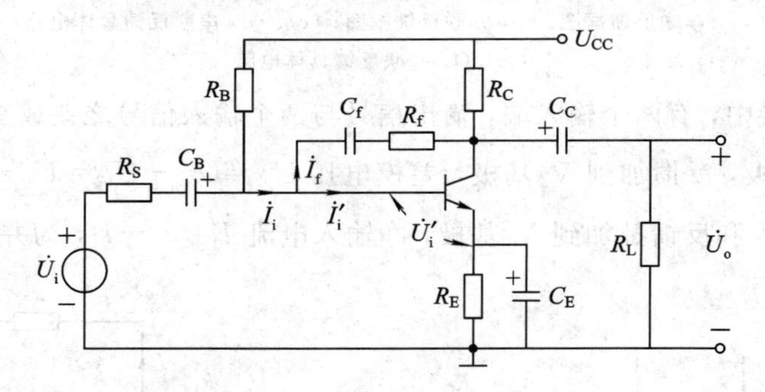

图 8.2.6 直流反馈和交流反馈

图 8.2.6 中，R_f、C_f 支路左边接在输入回路，右边接在输出回路，C_f 隔掉直流，故 R_f、C_f 支路引入了交流反馈。交流反馈主要用于改善放大器性能，后续章节将分析交流反馈。

8.3 负反馈对放大器性能的影响

负反馈虽然使放大器的放大倍数减小，但却使放大器的许多性能得到改善。本节就负反馈对放大器性能改善的一些共性问题加以讨论。

8.3.1 对放大倍数及稳定度的影响

负反馈之所以能稳定放大倍数，是因为负反馈有自动调节作用。工作环境变化(如温度、湿度)、器件更换或老化、电源电压不稳等因素会导致基本放大器的放大倍数不稳定。引入负反馈后，反馈网络将输出信号的变化信息返回到基本放大器的输入回路，从而使净输入信号 $\dot{X}_i'$ 也随着输出信号 $\dot{X}_o$ 而变化。但负反馈使二者的变化趋势相反，其结果使输出信号自动保持稳定，即当输入信号 $\dot{X}_i$ 不变时，有以下过程：

$$A\downarrow \longrightarrow \dot{X}_o\downarrow \xrightarrow{\text{取样}} \dot{X}_f=F\dot{X}_o\downarrow \xrightarrow{\text{负反馈}} \dot{X}_i'=\dot{X}_i-\dot{X}_f\uparrow$$

$$\dot{X}_o\uparrow \longleftarrow$$

可见 $\dot{X}_o$ 将保持稳定，闭环增益 $A_f=\dot{X}_o/\dot{X}_i$ 也将保持稳定。

通常用放大倍数的相对变化量来衡量放大器的稳定性。开环放大倍数相对稳定度为 $\Delta A/A$，闭环放大倍数相对稳定度为 $\Delta A_f/A_f$。

因为

$$A_f=\frac{A}{1+AF}$$

所以

$$\mathrm{d}A_f=\frac{1}{(1+AF)^2}\mathrm{d}A=\frac{A}{1+AF}\frac{1}{1+AF}\frac{\mathrm{d}A}{A}=A_f\frac{1}{1+AF}\frac{\mathrm{d}A}{A}$$

若近似以增量代替积分，则有

$$\frac{\Delta A_f}{A_f}=\frac{1}{1+AF}\frac{\Delta A}{A} \tag{8.3.1}$$

可见，引入负反馈使放大倍数的相对变化减小为原相对变化的 $1/(1+AF)$。即引入合适的负反馈可以大大提高放大器的增益稳定度。

前面分析过，当 $AF\gg1$，即深反馈时，有 $A_f=\dfrac{A}{1+AF}\approx\dfrac{1}{F}$。该式说明：即使开环放大倍数不稳定，只要 F 稳定，那么 A_f 也将稳定。反馈网络通常用电阻、电容等无源器件组成，稳定度高，所以深反馈时的闭环放大器增益稳定度可以很高，且与构成基本放大器的晶体管、场效应管的参数关系不大，受温度等外界因素的影响将大大减小。

在负反馈电路中，被稳定的对象与反馈信号的取样对象有关。对于电压取样，即电压反馈，则输出电压将被稳定；对于电流取样，即电流反馈，则输出电流将被稳定。

8.3.2 对放大器通频带及线性失真的影响

从上述分析可知，放大器中引入负反馈，对反馈环路内任何原因引起的增益变动都能减小，所以对频率升高或降低而引起的放大倍数下降也将得到改善，频率响应将变得平坦，线性失真将减小。

简单的数学分析将告诉我们，频带展宽的程度与反馈深度有关。设开环增益的高频响应具有一阶极点，即

$$A(\mathrm{j}f)=\frac{A_{\mathrm{I}}}{1+\mathrm{j}\dfrac{f}{f_{\mathrm{H}}}} \tag{8.3.2}$$

式中，A_{I}为放大器开环中频增益，f_{H}为上限频率。引入负反馈后，闭环增益 $A_{\mathrm{f}}(\mathrm{j}f)$为

$$A_{\mathrm{f}}(\mathrm{j}f)=\frac{A(\mathrm{j}f)}{1+FA(\mathrm{j}f)} \tag{8.3.3}$$

将式(8.3.2)代入式(8.3.3)得

$$A_{\mathrm{f}}(\mathrm{j}f)=\frac{\dfrac{A_{\mathrm{I}}}{1+FA_{\mathrm{I}}}}{1+\mathrm{j}\dfrac{f}{(1+FA_{\mathrm{I}})\ f_{\mathrm{H}}}}A_{\mathrm{f}}=\frac{A_{\mathrm{If}}}{1+j\dfrac{f}{f_{\mathrm{Hf}}}} \tag{8.3.4}$$

式中：

$$A_{\mathrm{If}}=\frac{A_{\mathrm{I}}}{1+FA_{\mathrm{I}}}\quad（闭环中频增益） \tag{8.3.5}$$

$$f_{\mathrm{Hf}}=(1+FA_{\mathrm{I}})\ f_{\mathrm{H}}\quad（闭环上限频率） \tag{8.3.6}$$

显然，闭环中频增益比开环中频增益减小至原来的 $1/(1+FA_{\mathrm{I}})$。闭环上限频率比开环上限频率增大至原来的 $1+FA_{\mathrm{I}}$ 倍。已知增益频带积 $G\cdot \mathrm{BW}=|A_{u\mathrm{I}}\cdot \mathrm{BW}|\approx |A_{u\mathrm{I}}\cdot f_{\mathrm{H}}|$，所以有

$$|A_{\mathrm{If}}\cdot f_{\mathrm{Hf}}|=|A_{\mathrm{I}}\cdot f_{\mathrm{H}}| \tag{8.3.7}$$

可见，负反馈的频带展宽是以增益下降为代价的，负反馈并没有提高放大器的增益频带积。

同理，可以证明负反馈使下限频率减小至原来的 $1/(1+FA_{\mathrm{I}})$，即

$$f_{\mathrm{Lf}}=\frac{f_{\mathrm{L}}}{1+FA_{\mathrm{I}}} \tag{8.3.8}$$

图 8.3.1 是负反馈改善放大器频率响应的示意图。

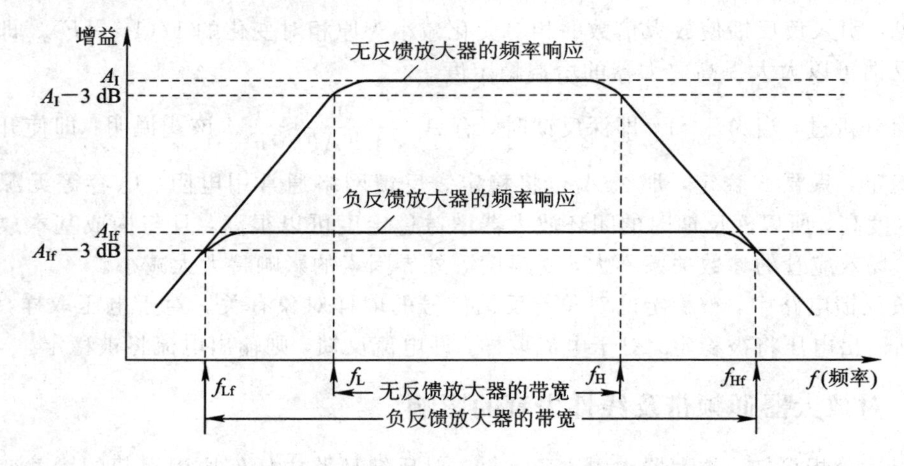

图 8.3.1　负反馈改善放大器频率响应的示意图

需要指出，负反馈展宽频带的前提是，引起高频段或低频段放大倍数下降的因素必须包含在反馈环路以内，否则负反馈不能改善频率响应。例如：图 8.3.2 中，取样点设在 A 点，而 C_1在反馈环路以外，由 C_1引起的低频段 $\dot{U}_{\mathrm{o}}$的下降信息不能反馈到放大器的输入

端，所以负反馈不能减小由 C_1 引起的低频失真。但如果将取样点接到 B 点，则负反馈就可以减小由 C_1 引起的低频失真。同理，取样点设在 B 点也可以减小由 C_o 引起的高频失真。

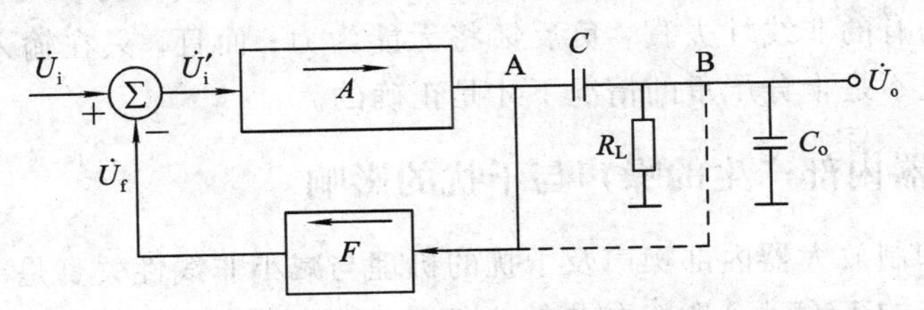

图 8.3.2 引起频率失真的因素必须包含在反馈环之内

8.3.3 对非线性失真及输入动态范围的影响

负反馈减小非线性失真的原理可以用图 8.3.3 简要说明。设输入信号 $\dot{X}_i$ 为单一频率的正弦波，由于放大器内部器件(如晶体管)的非线性，使输出信号产生了非线性失真，如图 8.3.3(a)所示，将输出信号形象地描述为“上长下短”的非正弦波。如图 8.3.3(b)所示，引入负反馈后，反馈信号 $\dot{X}_f$ 正比于输出信号 $\dot{X}_o$，也应该是“上长下短”，$\dot{X}_f$ 与 $\dot{X}_i$ 相减(负反馈)后，使净输入信号变成了“上短下长”，即产生了“预失真”。预失真的净输入信号与器件的非线性特征的作用正好相反，其结果使输出信号的非线性失真减小了。

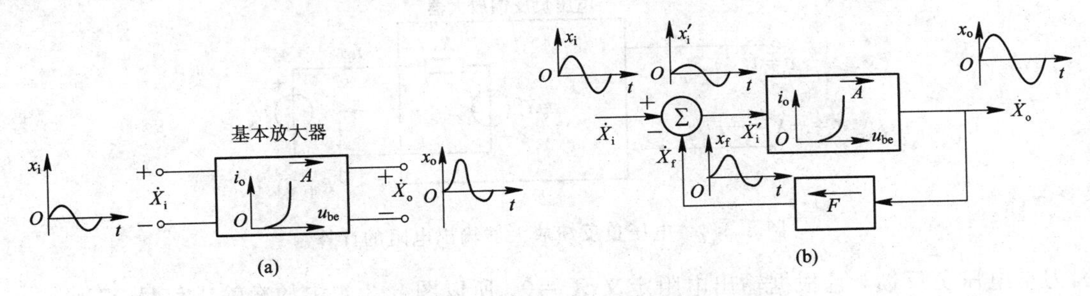

图 8.3.3 负反馈改善非线性失真的工作原理示意图
(a) 无反馈；(b) 负反馈使非线性失真减小

非线性失真的特征是输出信号中产生了输入信号 $\dot{X}_i$ 所没有的谐波分量。定义“全谐波失真率”(即非线性失真系数)为

$$\text{THD}=\frac{\sqrt{X_{2m}^2+X_{3m}^2+\cdots+X_{nm}^2}}{X_{1m}} \tag{8.3.9}$$

式中，X_{nm} 为器件非线性产生的输出高次谐波分量，X_{1m} 为基波分量。

引入负反馈后的输出谐波分量 X_{nmf} 为

$$X_{nmf}=\frac{X_{nm}}{1+AF} \tag{8.3.10}$$

引入负反馈后的全谐波失真率 THD_f 为

$$\text{THD}_f=\frac{\text{THD}}{1+AF} \tag{8.3.11}$$

可见，负反馈使非线性失真减小至原来的 $1/(1+AF)$。失真减小，意味着线性动态范围的拓宽。

以上分析也有一个前提，即非线性失真的减小只限于反馈环内放大器产生的非线性失真，对外来信号已有的非线性失真，负反馈将无能为力；而且，只在输入信号有增大的余地，非线性失真也不是十分严重的情况下才是正确的。

8.3.4　对放大器内部产生的噪声与干扰的影响

利用负反馈抑制放大器内部噪声及干扰的机理与减小非线性失真是一样的。负反馈输出噪声下降至原来的 $1/(1+AF)$。如果输入信号本身不携带噪声和干扰，且其幅度可以增大，输出信号分量保持不变，那么放大器的信噪比将提高至原来的 $1+AF$ 倍。

8.3.5　电压负反馈和电流负反馈对输出电阻的影响

图 8.3.4 给出分析电压负反馈输出电阻的等效电路。其中，R_o为基本放大器的输出电阻，即开环输出电阻，$A_o\dot{X}_i'$为等效开路电压（A_o为负载开路时的放大倍数）。反馈放大器的输出电阻定义为

$$R_{of}=\left.\frac{\dot{U}_o}{\dot{I}_{of}}\right|_{\dot{X}_i=0,\ R_L\to\infty} \tag{8.3.12}$$

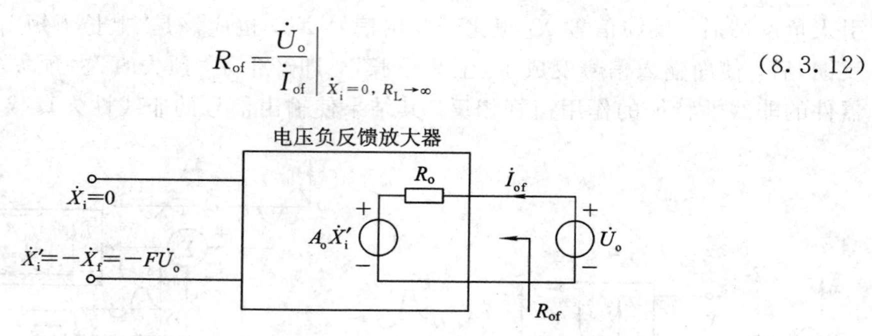

图 8.3.4　电压负反馈放大器输出电阻的计算

因为是电压负反馈，且根据输出电阻定义 $\dot{X}_i=0$，所以图 8.3.4 中的净输入信号 $\dot{X}_i'$为

$$\dot{X}_i'=\dot{X}_i-\dot{X}_f=-\dot{X}_f=-F\dot{U}_o \tag{8.3.13}$$

图 8.3.4 中的输出电流 $\dot{I}_{of}$为

$$\dot{I}_{of}=\frac{\dot{U}_o-A_o\dot{X}_i'}{R_o}=\frac{\dot{U}_o+A_oF\dot{U}_o}{R_o}=\frac{\dot{U}_o}{\dfrac{R_o}{1+A_oF}}$$

所以

$$R_{of}=\left.\frac{\dot{U}_o}{\dot{I}_{of}}\right|_{\dot{X}_i=0,\ R_L\to\infty}=\frac{R_o}{1+A_oF} \tag{8.3.14}$$

可见，电压负反馈使放大器输出电阻减少至原来的 $1/(1+A_oF)$。输出电阻减小，意味着负载 R_L变化时，输出电压 $\dot{U}_o$ 的稳定度提高了。这与 8.3.1 小节中的分析结果是一致的。

对于电流负反馈，由于反馈信号 $\dot{X}_f$ 与输出电流成正比，所以我们采用电流源等效电路，如图 8.3.5 所示。输出电阻 R_{of}为

$$R_{of}=\left.\frac{\dot{U}_o}{\dot{I}_{of}}\right|_{\dot{X}_i=0,\ R_L\to\infty}$$

因为是电流负反馈，且根据输出电阻定义 $\dot{X}_i=0$，所以净输入信号 $\dot{X}_i'$为

$$\dot{X}_i'=\dot{X}_i-\dot{X}_f=-F\dot{I}_{of}$$

图 8.3.5 中的输出电流 $\dot{I}_{of}$为

$$\dot{I}_{of}=\frac{\dot{U}_o}{R_o}+A\dot{X}_i'=\frac{\dot{U}_o}{R_o}-AF\dot{I}_{of}$$

所以

$$\dot{I}_{of}=\frac{\dot{U}_o}{R_o(1+AF)} \tag{8.3.15}$$

故

$$R_{of}=\left.\frac{\dot{U}_o}{\dot{I}_{of}}\right|_{\dot{X}_i=0,\ R_L\to\infty}=R_o(1+AF) \tag{8.3.16}$$

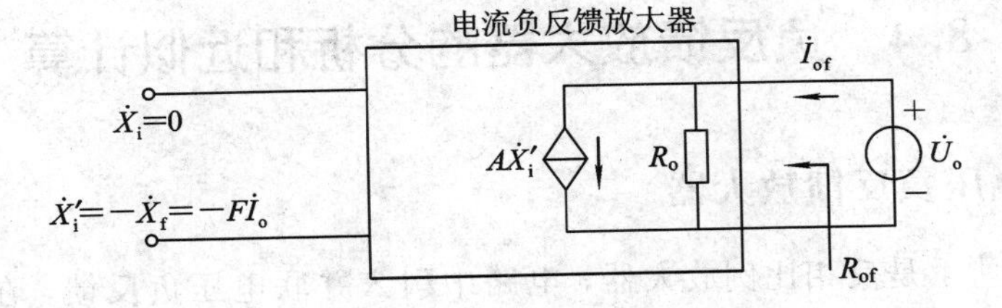

图 8.3.5　电流负反馈放大器输出电阻的计算

式(8.3.16)表明，电流负反馈使放大器输出电阻增大至原来的 $1+AF$ 倍。输出电阻增大，意味着负载变化时，输出电流稳定。这与 8.3.1 小节中的分析结果也是一致的。

8.3.6　串联负反馈和并联负反馈对放大器输入电阻的影响

如图 8.2.3(a)所示的串联负反馈电路中 $\dot{I}_i=\frac{\dot{U}_i'}{R_i}$，$R_i$为开环输入电阻。因为

$$\dot{U}_i'=\dot{U}_i-\dot{U}_f=\dot{U}_i-F\dot{U}_o=\dot{U}_i-FA\dot{U}_i'$$

$$\dot{U}_i'=\frac{\dot{U}_i}{1+AF},\quad \dot{I}_i=\frac{\dot{U}_i}{R_i(1+AF)}$$

所以闭环输入电阻为

$$R_{if}=\frac{\dot{U}_i}{\dot{I}_i}=R_i(1+AF) \tag{8.3.17}$$

式(8.3.17)表明，串联负反馈使放大器输入电阻增大至原来的 $1+AF$ 倍。

图 8.2.3(b)引入了并联负反馈，其输入电流 $\dot{I}_i=\dot{I}_f+\dot{I}_i'$，式中 $\dot{I}_i'=\frac{\dot{U}_i}{R_i}$，$\dot{I}_f$ 为反馈电流。因为 $\dot{I}_f=F\dot{X}_o=FA\dot{I}_i'$，所以 $\dot{I}_i=(1+FA)\dot{I}_i'$，反馈放大器的输入电阻 R_{if}为

$$R_{if}=\frac{\dot{U}_i}{\dot{I}_i}=\frac{\dot{U}_i}{(1+FA)\dot{I}_i'}=\frac{R_i}{1+AF} \tag{8.3.18}$$

式(8.3.18)表明，并联负反馈使放大器的输入电阻减小至原来的 $1/(1+AF)$。

综上所述，负反馈有以下特点：

(1) 负反馈使放大器的放大倍数下降，但增益稳定度提高，频带展宽，非线性失真减小，内部噪声干扰得到抑制，且所有性能改善的程度均与反馈深度 $(1+AF)$ 有关。

(2) 被改善的对象就是被取样的对象。即引入电流反馈，则有关输出电流的性能得到改善；反之，引入电压反馈，则有关输出电压的性能得到改善。

(3) 负反馈只能改善包含在负反馈环节以内的放大器性能，对反馈环以外的，与输入信号一起进来的失真、干扰、噪声及其他不稳定因素是无能为力的。

(4) 串联负反馈使放大器输入电阻增大为无反馈时输入电阻的 $1+AF$ 倍，并联负反馈使放大器输入电阻减小为无反馈时输入电阻的 $1/(1+AF)$。

(5) 电流负反馈使放大器输出电阻增大为无反馈时输出电阻的 $1+AF$ 倍，电压负反馈使放大器输出电阻减小为无反馈时输出电阻的 $1/(1+AF)$。

8.4 负反馈放大器的分析和近似计算

8.4.1 并联电压负反馈放大器

如图 8.4.1 所示是反相比例放大器，电路中引入并联电压负反馈，在深反馈条件下，其闭环增益 A_{uf} 为

$$A_{uf}=\frac{\dot{U}_o}{\dot{U}_i}=-\frac{R_f}{R_1}$$

闭环输入电阻：$R_{if}\approx R_1$ （理想运放）

闭环输出电阻：$R_{of}=0$ （理想运放）

图 8.4.2 中是单级共射放大器，电路引入并联电压负反馈，在深反馈条件下，有

$$\dot{I}_i=\dot{I}_f+\dot{I}'_i\approx\dot{I}_f$$

式中：

$$\dot{I}_i=\frac{\dot{U}_i-\dot{U}'_i}{R_1}\approx\frac{\dot{U}_i}{R_1},\ \dot{I}_f=\frac{\dot{U}'_i-\dot{U}_o}{R_2}\approx-\frac{\dot{U}_o}{R_2}$$

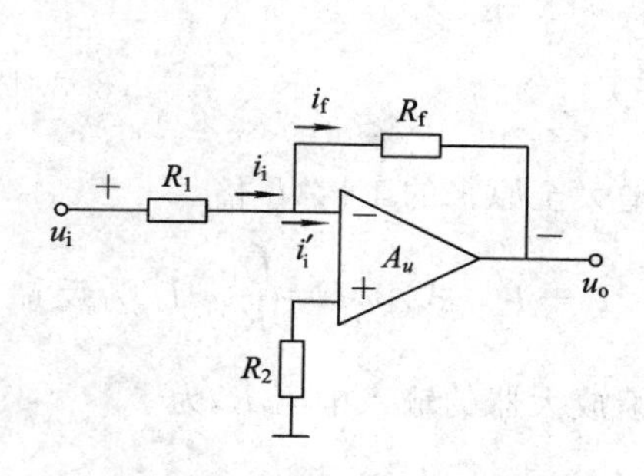

图 8.4.1 反相比例放大器

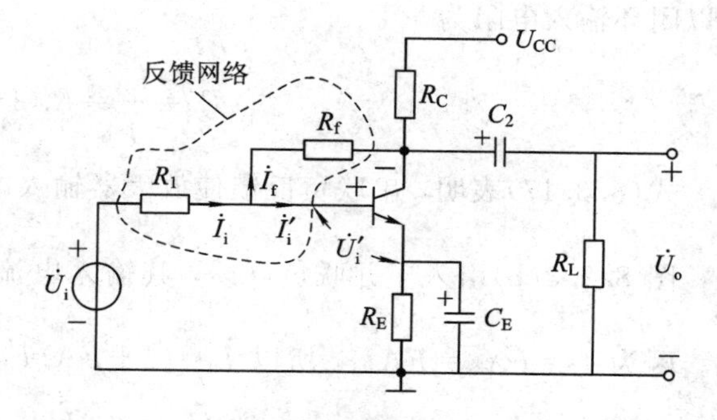

图 8.4.2 单级并联电压负反馈放大器

所以有

$$A_{uf}=\frac{\dot{U}_o}{\dot{U}_i}\approx-\frac{R_2}{R_1}$$

单级放大器的开环增益较小，较难满足深反馈条件，以上估算有一定误差。

图 8.4.3(a)是一个三级并联电压负反馈放大器。R_8 与 R_1 构成反馈网络，设输入信号 $\dot{U}_i$ 瞬时极性为正，即 b_1 为正，则 c_1 为负，c_2 为正，c_3 为负，反馈电流 $\dot{I}_f$ 从 b_1 流向 c_3，净输入电流 $\dot{I}_i'=\dot{I}_i-\dot{I}_f<\dot{I}_i$，是负反馈。在深反馈条件下，有

$$\dot{I}_i\approx\dot{I}_f$$

$$\dot{I}_i\approx\frac{\dot{U}_i}{R_1},\ \dot{I}_f\approx-\frac{\dot{U}_o}{R_8}$$

所以闭环电压放大倍数 A_{uf} 为

$$A_{uf}=\frac{\dot{U}_o}{\dot{U}_i}=-\frac{R_8}{R_1}$$

若将图 8.4.3(a)中标注放大器的虚线框内电路等效为集成运放，则该电路也可以等效为反相比例放大器，如图 8.4.3(b)所示，该等效电路与图 8.4.1 相类似。

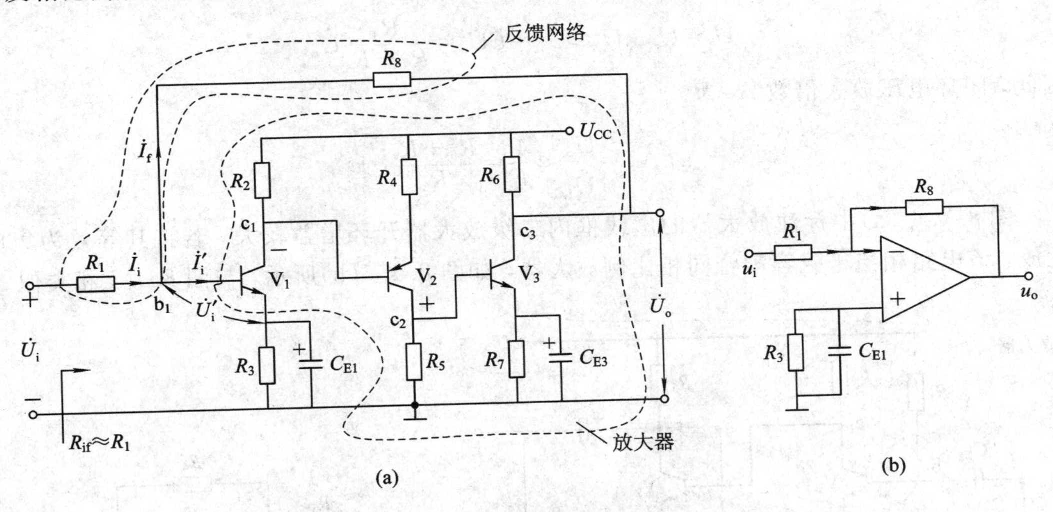

图 8.4.3 三级并联电压负反馈电路

(a) 电路；(b) 等效反相比例放大器

8.4.2 串联电压负反馈放大器

如图 8.4.4 所示是同相比例放大器，电路引入了串联电压负反馈，深反馈下，其闭环增益 A_{uf} 为

$$A_{uf}=\frac{\dot{U}_o}{\dot{U}_i}=\frac{R_1+R_2}{R_1}=1+\frac{R_2}{R_1}$$

闭环输入电阻：$R_{if}=\infty$(理想运放)；

闭环输出电阻：$R_{of}=0$(理想运放)。

图 8.4.5 为共集放大器，即射极跟随器。电路引入 100%的串联电压负反馈，反馈系数 $F=\dot{U}_f/\dot{U}_o=1$，$\dot{U}_o=\dot{U}_f\approx\dot{U}_i$，故 $A_{uf}=\dot{U}_o/\dot{U}_i\approx1$，与第 5 章中等效电路计算法计算结果 $\left(A_u=\dfrac{U_o}{U_i}=\dfrac{(1+\beta)R'_L}{r_{be}+(1+\beta)R'_L}\approx1\right)$吻合。

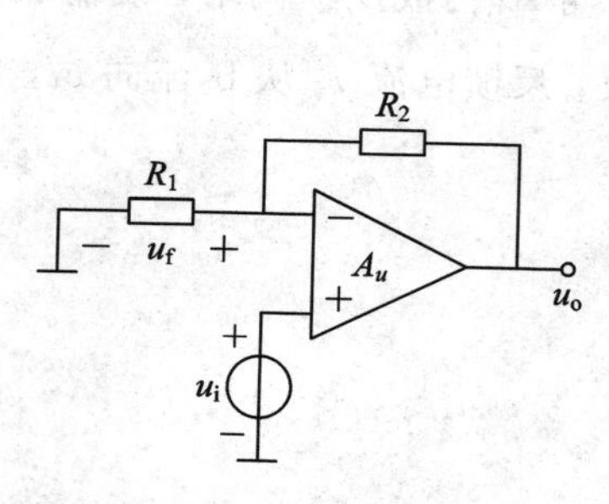

图 8.4.4　同相比例放大器

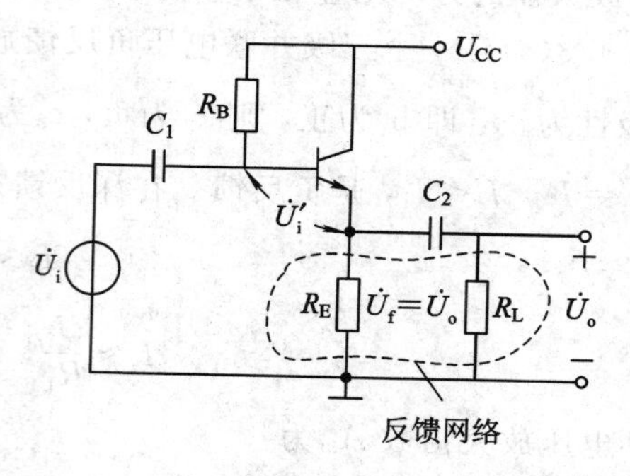

图 8.4.5　共集放大器－F=1 的串联电压负反馈电路

图 8.4.6(a)中是一个二级级联的共射-共射放大电路。反馈网络 R_4 和 R_3 引入两级间的串联电压负反馈，电路总的性能指标主要取决于两级之间的大闭环反馈。在深反馈下，有

$$\dot{U}_i=\dot{U}_f+\dot{U}'_i\approx\dot{U}_f=F\dot{U}_o=\frac{R_3}{R_3+R_4}\dot{U}_o$$

因此，闭环电压放大倍数 A_{uf} 为

$$A_{uf}=\frac{\dot{U}_o}{\dot{U}_i}\approx\frac{1}{F}=\frac{R_3+R_4}{R_3}$$

图 8.4.6 (a)中标注放大器的虚线框内二级放大器开环增益较大，若将其等效为集成运放，该电路相当于阻容耦合同相比例放大器，如图 8.4.6(b)所示，与图 8.4.4 相类似。

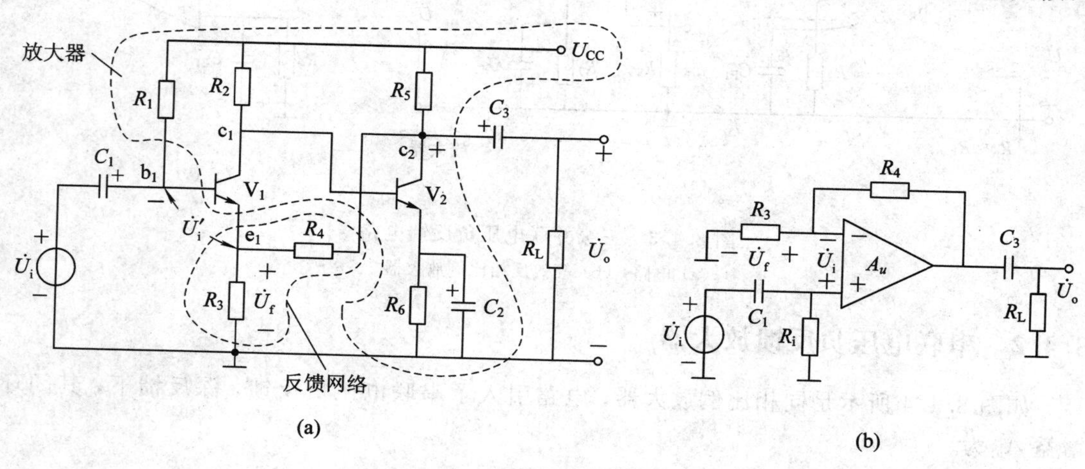

图 8.4.6　二级串联电压负反馈电路

(a) 电路；(b) 等效同相比例放大器

8.4.3　串联电流负反馈放大器

图 8.4.7 电路中负载 R_L 不接地，即悬浮输出，应用“输出短路法”，令 $R_L=0$，则输出电压 $U_o=0$，反馈电压 $U_-=U_{R1}\neq 0$，所以为电流反馈。输入信号加到同相端，反馈加到反相端，净输入信号 $\dot{U}_i'=\dot{U}_i-\dot{U}_f$，为串联负反馈。

闭环增益 A_{uf} 为

$$A_{uf}=\frac{\dot{U}_o}{\dot{U}_i}=\frac{R_L}{R_1}$$

图 8.4.8 所示的电路为共射放大器。R_E 引入串联电流负反馈。深反馈条件下，有

$$\dot{U}_i\approx\dot{U}_f=\dot{I}_eR_E\approx\dot{I}_cR_E$$

输出电压为

$$\dot{U}_o=-\dot{I}_c(R_C/\!/R_L)=-\dot{I}_cR_L'$$

所以电压放大倍数为

$$A_{uf}=\frac{\dot{U}_o}{\dot{U}_i}\approx-\frac{R_L'}{R_E}$$

可见，这与第 5 章的等效电路法计算结果 $A_{uf}=-\dfrac{\beta(R_c/\!/R_L)}{r_{be}+(1+\beta)R_E}\approx-\dfrac{R_c/\!/R_L}{R_E}=-\dfrac{R_L'}{R_E}$ 一致。

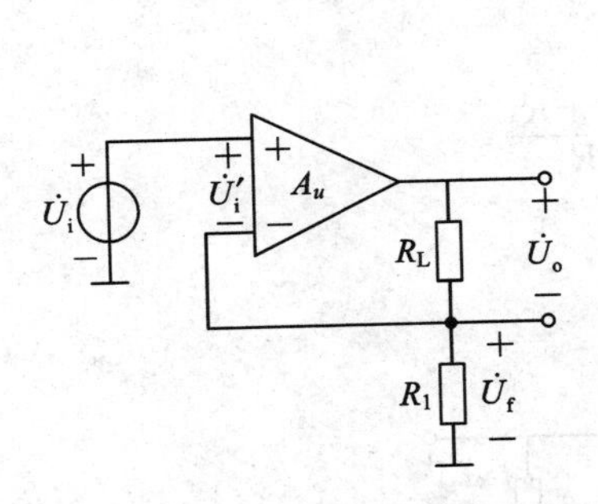

图 8.4.7　串联电流负反馈放大器

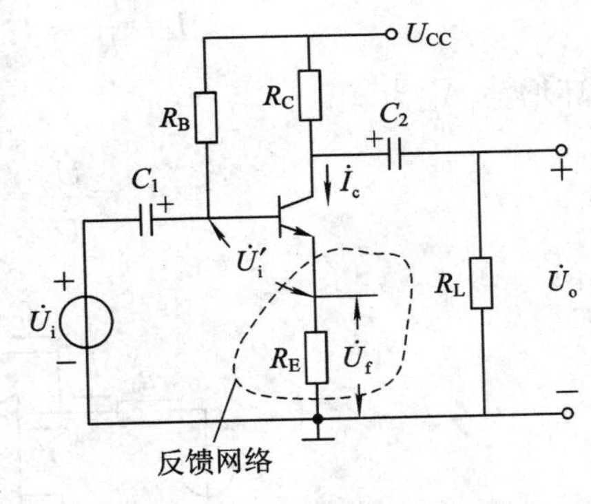

图 8.4.8　单级串联电流负反馈放大

图 8.4.9 中输入电压加在 V_1 基极，R_8 将 V_3 发射极电压反馈到 V_1 发射极，信号从 V_3 集电极输出，所以该电路是一个三级串联电流反馈电路。设信号极性以 b_1 为正，则 c_1 为负，c_2 为正，e_3 为正，该信号电压经 R_8 与 R_3 分压得反馈电压 $\dot{U}_f$ 也为正，净输入电压 $\dot{U}_i'=\dot{U}_i-\dot{U}_f<\dot{U}_i$，是负反馈。由图可见，反馈电压 $\dot{U}_f$ 为

$$\dot{U}_f=\dot{I}_{e3}\frac{(R_3+R_8)/\!/R_7}{R_3+R_8}\cdot R_3=\dot{I}_{e3}\frac{R_7}{R_3+R_8+R_7}\cdot R_3$$

在深反馈条件下 $\dot{U}_i\approx\dot{U}_f$，输出电压 $\dot{U}_o=\dot{I}_{c3}(R_6/\!/R_L)\approx\dot{I}_{e3}R_L'$，又根据图中瞬时极性可知 $\dot{U}_o$ 与 $\dot{U}_i$ 相位相反，故闭环电压放大倍数 A_{uf} 为

$$A_{uf}=\frac{\dot{U}_o}{\dot{U}_i}\approx\frac{\dot{U}_o}{\dot{U}_f}=-\frac{R_3+R_8+R_7}{R_3}\cdot\frac{R'_L}{R_7}$$

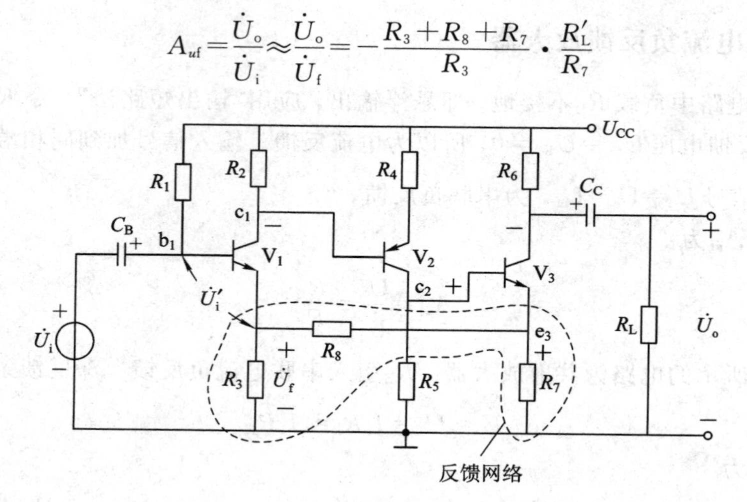

图 8.4.9 三级串联电流负反馈电路

8.4.4 并联电流负反馈放大器

图 8.4.10 电路中的负载 R_L 悬浮输出，应用“输出短路法”，令 $R_L=0$，则输出电压 $U_o=0$，反馈电流 $i_f=i_{R6}\neq0$，为电流反馈；输入信号加到反相端，反馈也加到反相端，净输入信号 $\dot{I}'_i=\dot{I}_i-\dot{I}_f<\dot{I}_i$，为并联负反馈。

$$\dot{I}_i=\frac{\dot{U}_i}{R_1}\approx\dot{I}_f=-\frac{\dot{U}_o}{R_L}\cdot\frac{R_5/\!/R_6}{R_6}$$

所以闭环增益 A_{uf} 为

$$A_{uf}=\frac{\dot{U}_o}{\dot{U}_i}=-\frac{R_L}{R_1}\cdot\frac{R_5+R_6}{R_5}$$

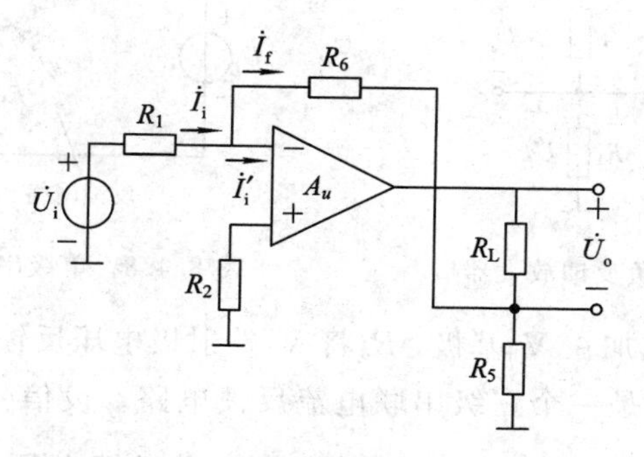

图 8.4.10 并联电流负反馈放大器

如图 8.4.11 所示，R_1、R_6 和 R_5 构成两级间的反馈网络。输入信号与反馈信号都接到 V_1 管基极，是并联反馈。反馈信号取自 V_2 发射极，输出信号取自 V_2 集电极，是电流反馈。信号极性以 b_1 为正，c_1 为负，e_2 为负，故反馈电流 $\dot{I}_f$ 的方向是从 b_1 流向 e_2，$\dot{I}'_i=\dot{I}_i-\dot{I}_f<\dot{I}_i$，是负反馈。在深反馈条件下，有

$$\dot{I}'_i\ll\dot{I}_i,\ \dot{U}'_i\approx0,\ \dot{I}_i\approx\dot{I}_f$$

式中：

$$\dot{I}_{\mathrm{f}} \approx \dot{I}_{\mathrm{e2}} \frac{R_5}{R_5+R_6} \approx \dot{I}_{\mathrm{c2}} \frac{R_5}{R_5+R_6}，\quad \dot{I}_{\mathrm{i}} = \frac{\dot{U}_{\mathrm{i}} - \dot{U}_{\mathrm{i}}'}{R_1} \approx \frac{\dot{U}_{\mathrm{i}}}{R_1}$$

输出电压为

$$\dot{U}_{\mathrm{o}} = \dot{I}_{\mathrm{c2}}(R_4 /\!/ R_{\mathrm{L}}) = \dot{I}_{\mathrm{c2}} R_{\mathrm{L}}' \approx \dot{I}_{\mathrm{f}} \left(\frac{R_5+R_6}{R_5}\right) R_{\mathrm{L}}'$$

所以有

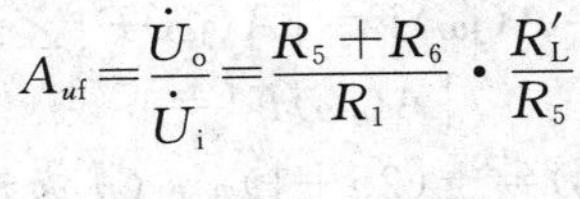

$$A_{uf} = \frac{\dot{U}_{\mathrm{o}}}{\dot{U}_{\mathrm{i}}} = \frac{R_5+R_6}{R_1} \cdot \frac{R_{\mathrm{L}}'}{R_5}$$

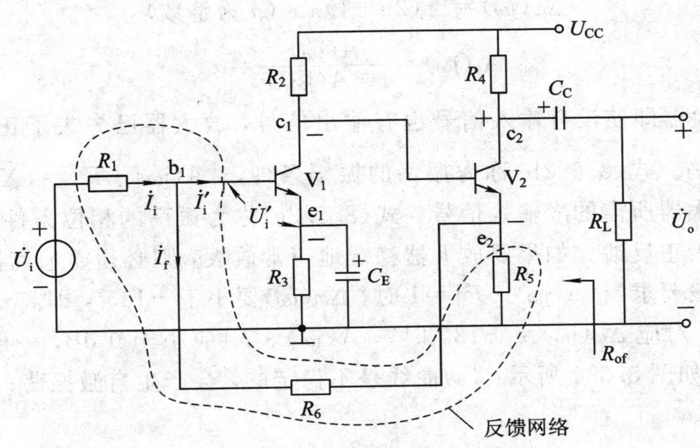

图 8.4.11 二级并联电流负反馈电路

8.5 负反馈放大器的自激振荡

前面曾经提到：负反馈深度越大，放大器性能改善越明显。但反馈深度过大将引起放大器工作不正常及不稳定，甚至产生自激振荡。放大器输出不受输入控制，即使输入端不加信号，也产生一定频率和振幅的输出波形，这就是自激振荡现象。

8.5.1 产生自激振荡现象的原因和条件

产生自激振荡现象的原因很多很复杂，有可能是布局布线不合理引入的寄生正反馈，也可能是通过公共电源内阻引入的寄生正反馈，还可能是接地线和接地点不合理引入的寄生正反馈。这里重点讨论由放大器附加相移引起的正反馈导致的自激振荡。

考虑频率响应时，负反馈放大器基本方程为

$$A_{\mathrm{f}}(\mathrm{j}\omega) = \frac{A(\mathrm{j}\omega)}{1+A(\mathrm{j}\omega)F(\mathrm{j}\omega)} \tag{8.5.1}$$

前文分析中，均默认 A 与 F 是常数，即 $A(\mathrm{j}\omega)F(\mathrm{j}\omega)=AF$，所以 $A_{\mathrm{f}}(j\omega)=A_{\mathrm{f}}=\frac{A}{1+AF}$。实际上，$F$ 一般与频率关系不大，而基本放大器的放大倍数 $A(\mathrm{j}\omega)$ 在高频区与频率关系极大。在高频区，不仅放大倍数绝对值下降，而且出现了附加相移 $\Delta\varphi(\mathrm{j}\omega)$。附加相

移的存在，是引起放大器不稳定的主要因素。因为，原来设计的负反馈放大器，反馈信号 $\dot{X}_f(=F\dot{X}_o)$ 与输入信号 $\dot{X}_i$ 反相，净输入信号 $\dot{X}_i'$ 减小，闭环放大倍数减小。而当 $A(j\omega)$ 的附加相移越来越大时，$\dot{X}_o$、$\dot{X}_f$ 的相位也随之而变，原来设计的负反馈电路就有可能演变为正反馈电路。此时，$\dot{X}_f$ 与 $\dot{X}_o$ 变为同相相加，使净输入信号 $\dot{X}_i'$ 增大，放大倍数不仅不减小，反而增大。当 $A(j\omega)$ 的附加相移增大到 $-180°$，而且反馈足够强时，环路增益 $A(j\omega)\cdot F(j\omega)$ 为

$$A(j\omega)F(j\omega)=A(j\omega)F=|A(j\omega)F|\angle\Delta\varphi(j\omega)=-1 \tag{8.5.2a}$$

$$|A(j\omega)F|=1 \tag{8.5.2b}$$

$$\Delta\varphi(j\omega)=\pm(2n+1)\pi \quad (n\text{ 为整数}) \tag{8.5.2c}$$

则

$$A_f(j\omega)=\frac{A(j\omega)}{1-A(j\omega)F}=\infty \tag{8.5.3}$$

这说明，放大器即使没有输入信号也有输出信号，放大器已失去了正常的放大功能，而产生了自激振荡。式(8.5.2b)称为振荡的振幅条件，$|A(j\omega)\cdot F|=|\dot{X}_f/\dot{X}_i'|=1$，表示反馈信号等于放大器所需的净输入信号。式(8.5.2c)称为振荡的相位条件，它表示附加相移使负反馈演变为正反馈。如果要放大器稳定地正常放大，则必须要远离振荡的振幅条件和相位条件。一般要求当 $|A(j\omega)\cdot F|=1$ 时，$\Delta\varphi(j\omega)$ 要小于 $-135°$，即离 $-180°$ 还有 $45°$ 的相位裕度。同理，对应 $\Delta\varphi(j\omega)=\pm180°$ 时，$|A(j\omega)\cdot F|$ 应小于 0 dB，一般应保证有 -10 dB 的幅度裕度。如图 8.5.1 所示：(a)曲线是不稳定的，会产生自激振荡；(b)曲线是稳定的，能正常放大。

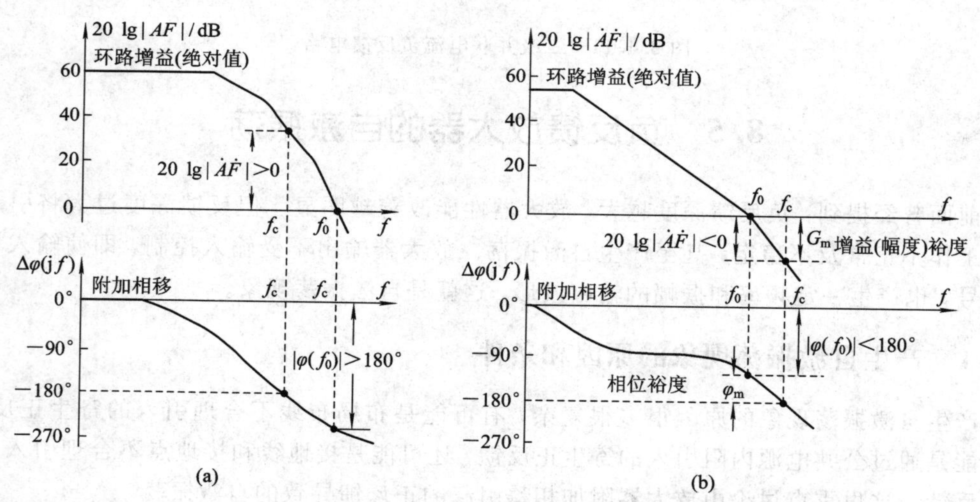

图 8.5.1 用环路增益来判断系统是否稳定

(a) 不稳定，会产生自激振荡；(b) 稳定，能正常放大

8.5.2 放大器的稳定性判别

通常集成运算放大器芯片数据表都会给出开环增益频率特性曲线及相移频率特性曲线，而不是环路增益的频响曲线，所以利用运放开环增益特性曲线及相移特性曲线判别放大器的稳定性具有实际应用价值。例如：图 8.5.2(a)给出了运放 OP37AH 的开环幅频特

性与相频特性，其闭环增益 $A_{uf} \approx \frac{1}{F} = 1 + \frac{75}{8.2} \approx 10(20\ \text{dB})$，$1/F$ 线与开环增益曲线交于 M 点，此点表示 $AF=1$，这一点对应的相移为 115°，离 180°还有 65°的相位裕度，故该放大器能稳定工作，不会发生自激现象。仿真结果如图 8.5.2(b)所示。

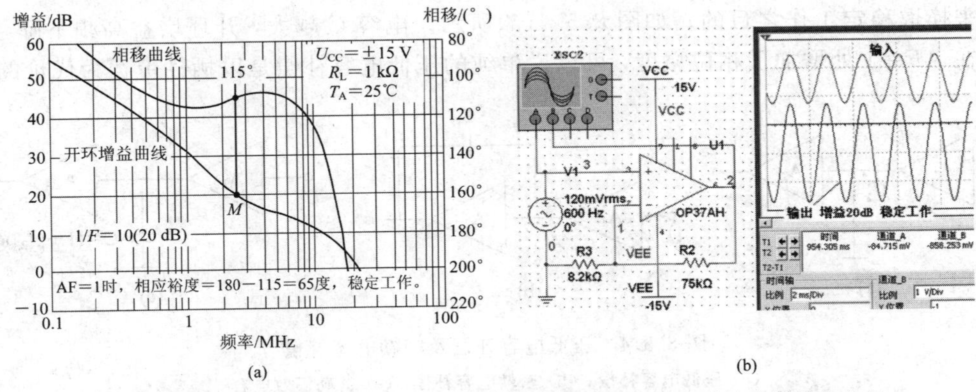

(a) (b)

图 8.5.2 利用运放开环增益特性曲线及相移特性曲线判别放大器的稳定性

(a) 运放 OP37AH 的开环幅频特性及相频特性；(b) 电路图及仿真波形

又如：图 8.5.3(a)同样是运放 OP37AH 的开环幅频特性与相频特性，但将负反馈加强(反馈系数 F 增大，闭环增益减小，$|A_f| = \frac{1}{F} = 1 + \frac{75}{75} = 2$(即 6 dB)，$1/F$ 线与开环幅频特性相交点为 N，此处 $AF=1$，但相移已超过 180°，可见该放大器不稳定，仿真结果如图 8.5.3(b)中输出波形所示，放大器产生了自激振荡。

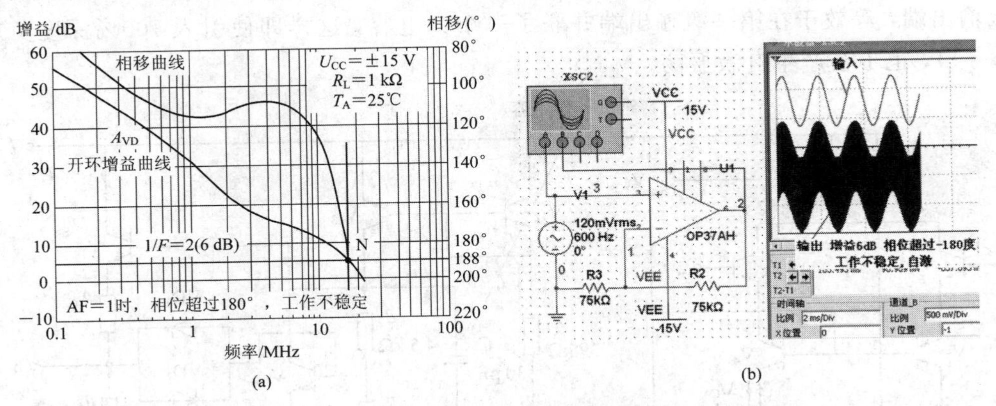

(a) (b)

图 8.5.3 放大器不稳定(产生自激)的原理及仿真波形

(a) OP37AH 的开环幅频特性、相频特性及闭环增益；(b) OP37AH 产生自激的电路及输入、输出波形

由前分析和仿真结果可知，负反馈越深，闭环增益越小，放大器性能改善越多，但也越容易发生自激振荡。消振最简单的方法就是减小负反馈系数即负反馈深度，使 $AF=1$ 处，附加相移小于 180°。但是负反馈深度下降不利于放大器性能改善，为了使放大器既有足够的反馈深度又能稳定工作而不产生自激，一般采用消振方法是相位补偿法，即外加一些校正元件来破坏自激振荡条件，以保证闭环稳定工作。实际上许多运放在设计和制作中已经采取了消振措施。

8.5.3 常用的消振方法

1. 压低电容补偿

压低电容补偿是在放大器时常数最大的那一级的输出端并接补偿电容 C，以压低高频增益来换取稳定工作之目的。如图 8.5.4(a)所示。电容 C 越大，开环增益高频下降越快，从而在 $AF=1$ 处增加了相位裕度，可以说单纯的压低电容补偿是以牺牲带宽为代价的。

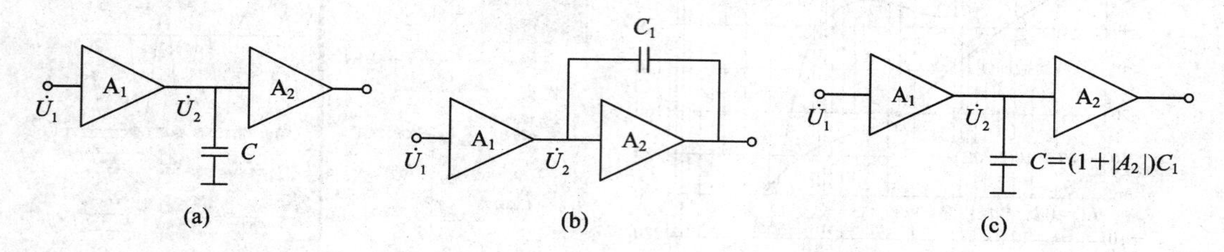

图 8.5.4 压低电容补偿及密勒电容补偿

(a) 压低电容补偿；(b) 密勒电容补偿；(c) 密勒等效电容

2. 密勒效应补偿

因为集成电路工艺不宜制作大容量电容，根据密勒定理可知，跨接在放大器输入、输出端的电容等效到输入端时，其容量将增大为 $C'=(1+|A_2|)C$(具体分析参考 7.3 节内容)。若 $C_1=30$ pF，$|A_2|=1000$，则 $C=30\ 000$ pF，如图 8.5.4(b)、(c)所示。密勒效应补偿可使小电容发挥大电容作用，所以密勒效应补偿在集成电路中有着广泛的应用。运放 F007 就是密勒电容补偿的典型例子，如图 8.5.5 所示，30 pF 电容跨接在第二级放大器的输入输出端，等效于在第一级输出端并联了一个大电容，这样即使引入 100%深度负反馈($A_{uf}=1$)，也不会产生自激振荡。

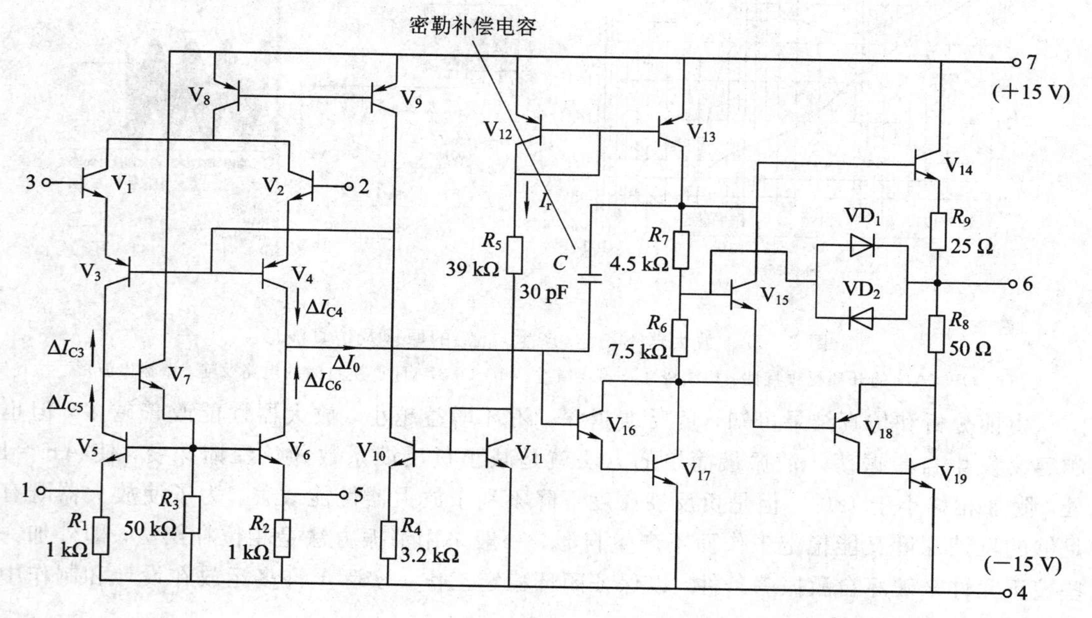

图 8.5.5 F007 的密勒补偿电容

3. *RC* 串联补偿

RC 串联补偿电路如图 8.5.6 所示，其与单纯的压低电容补偿不同，在电容支路上串联了一个电阻。*RC* 串联补偿可使补偿后的放大器带宽不至于变窄太多，使其在消振后的带宽损失小一些。

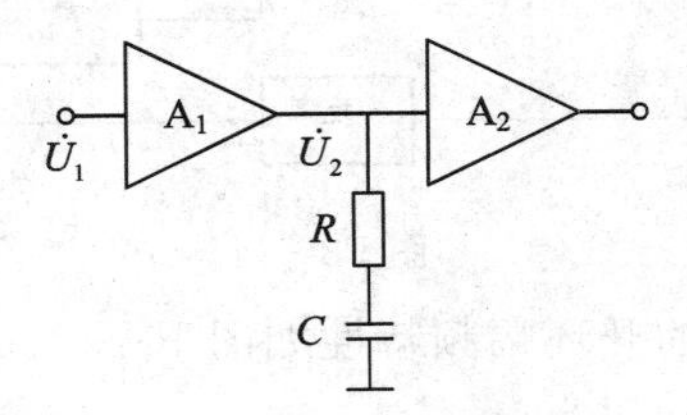

图 8.5.6 *RC* 串联补偿电路

4. 导前补偿

负反馈自激振荡的条件为环路增益 $|A(j\omega)\cdot F(j\omega)|=1$，相移 $\Delta\varphi=\Delta\varphi_A+\Delta\varphi_F=-180°$。前面分析中，我们都是假设 F 不是频率的函数，用校正和改变开环增益 $A(j\omega)$的办法来消振的。导前补偿是将反馈系数 F 设计成频率的函数，即在 $F(j\omega)$的表达式中引入一“导前相移”，与 $A(j\omega)$的滞后相移相抵消，而使总相移小于$-180°$，同样可以达到消振的目的，其电路如图 8.5.7 所示。仿真电路及输出波形如图 8.5.8 所示，对比图 8.5.3，加了 100 pF 电容导前补偿后，自激振荡消除了，放大器恢复了稳定、正常放大状态。

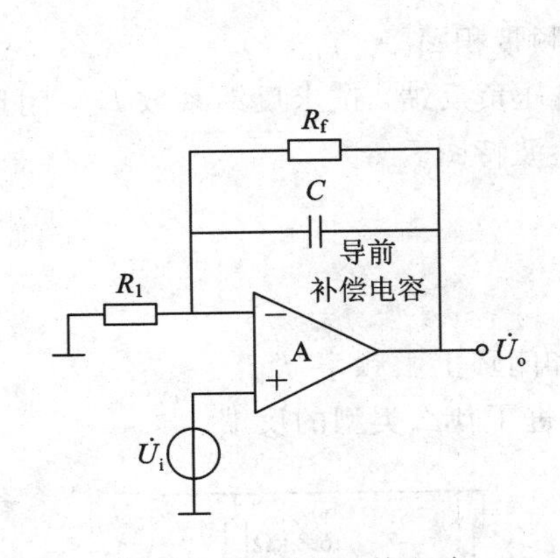

图 8.5.7 导前补偿电路

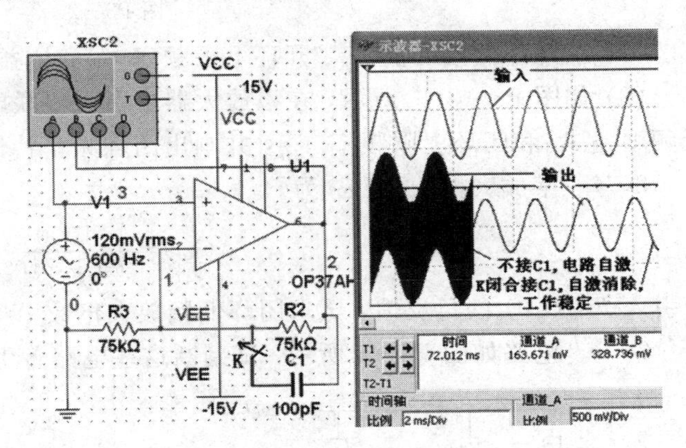

图 8.5.8 导前补偿仿真电路及输出波形

思考题与习题

8-1 已知放大器开环增益为 2000，开环增益稳定度为 10%，若按 $F=1\%$引入负反馈，则闭环增益=____________，闭环增益稳定度=____________。

8-2 如果要求开环放大倍数 A 变化 25%时，闭环放大倍数的变化不超过 1%。又要求闭环放大倍数 $A_f=100$，试问开环放大倍数 A 应选多大？这时反馈系数又应该选多大？

8-3 一放大器的电压放大倍数 A_u 在 150～600 之间变化(变化四倍)，现加入负反馈，反馈系数 $F_u=0.06$，试问闭环放大倍数的最大值和最小值之比是多少？

8-4　一反馈放大器框图如图 P8-1 所示，试求总闭环增益 $A_f=\dot{X}_o/\dot{X}_i=$？

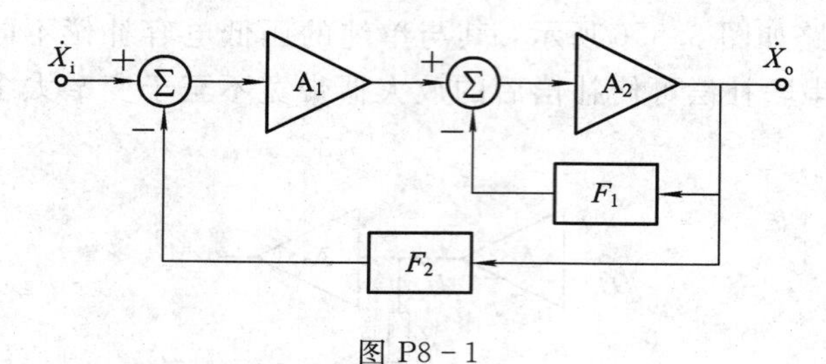

图 P8-1

8-5　设集成运算放大器的开环幅频特性如图 P8-2(a)所示。

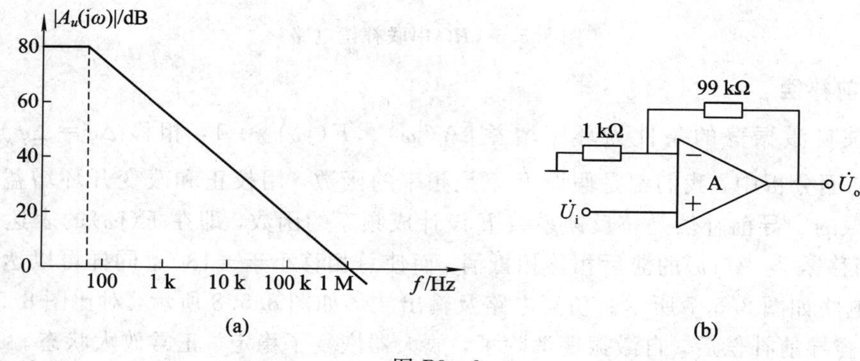

图 P8-2

(1) 求开环低频增益 A_u、开环上限频率 f_H 和增益频带积 $A_u \cdot f_H$；

(2) 如图 P8-2(b)所示，在该放大器中引入串联电压负反馈，试求反馈系数 F_u，闭环低频增益 A_{uf} 和闭环上限频率 f_{Hf}，并画出闭环频率特性波特图。

8-6　某放大器的 $A(j\omega)$ 为

$$A(j\omega)=\frac{1000}{1+j\omega/10^6}$$

若引入 $F=0.01$ 的负反馈，试求闭环低频放大倍数 A_f 和闭环上限频率 f_{Hf}。

8-7　电路如图 P8-3 所示，试判断这些电路各引进了什么类型的反馈。

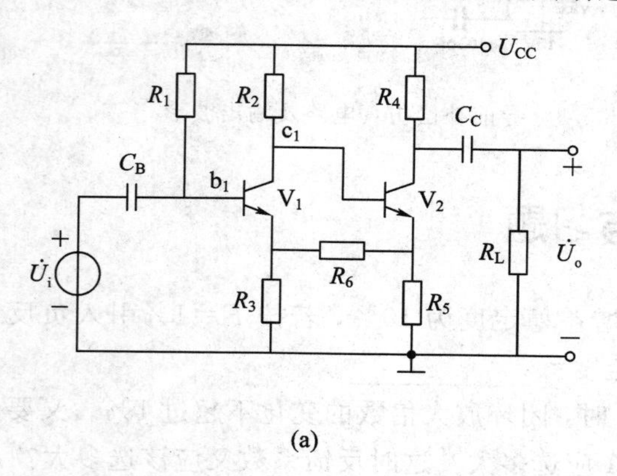

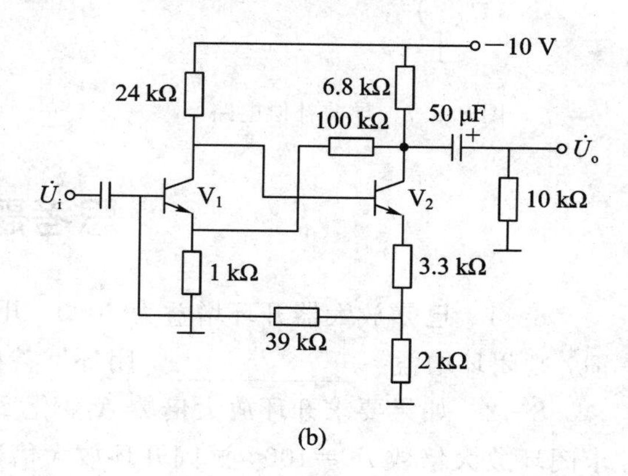

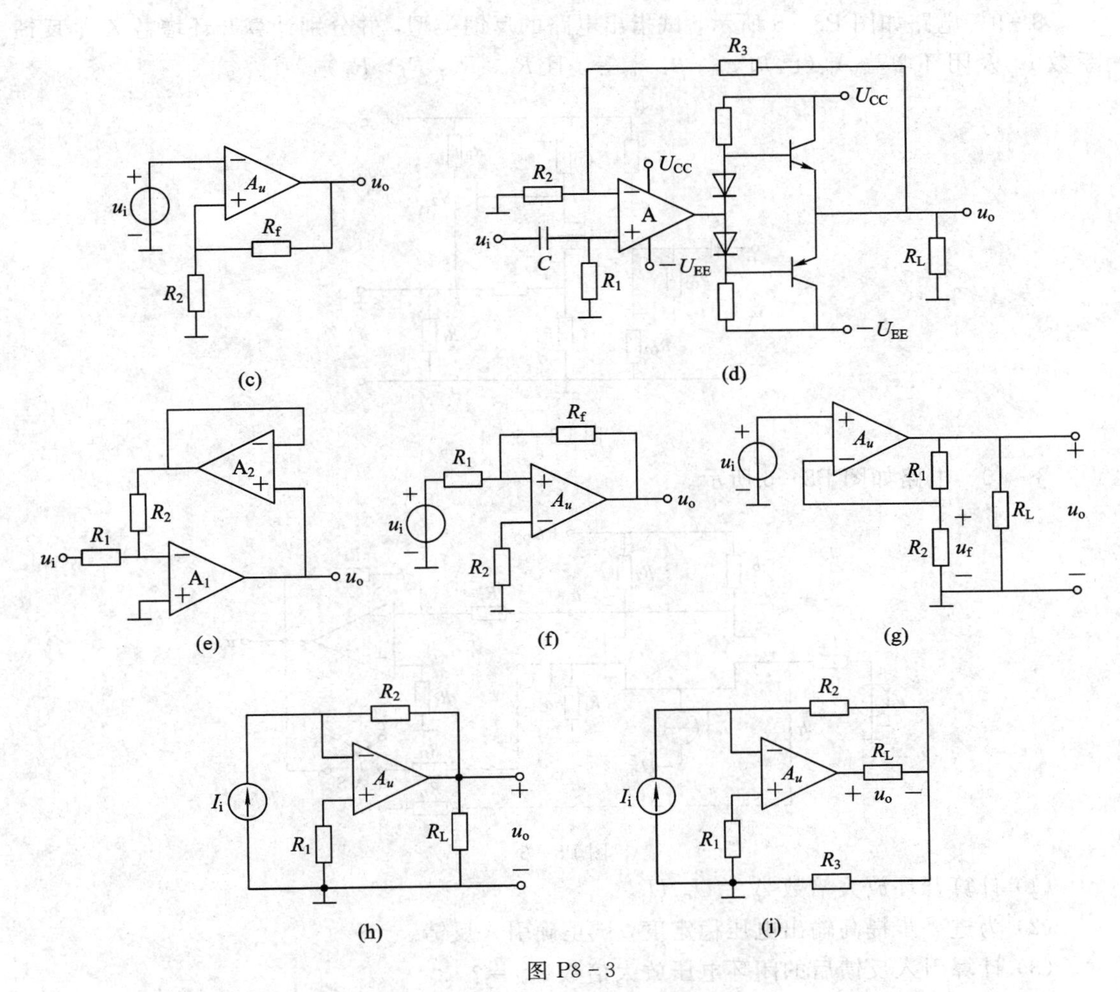

图 P8-3

8-8　集成运放应用电路如图 P8-4 所示。

(1) 为保证(a)、(b)电路为负反馈放大器，请分别指出运放的两个输入端①、②哪个是同相输入端，哪个是反相输入端。

(2) 若分别从 u_{o1} 和 u_{o2} 输出，则分别判断电路各引入何种反馈。

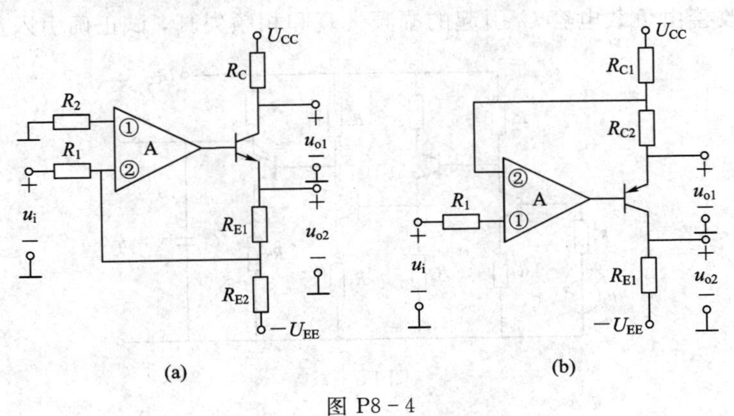

图 P8-4

8-9　电路如图 P8-5 所示，试指出电路的反馈类型，并分别计算开环增益 A_u、反馈系数 F_u 及闭环增益 A_{uf}（已知 g_m、β、r_{be} 等，且 $R_f \gg R_s$，$R_f \gg R_L$）。

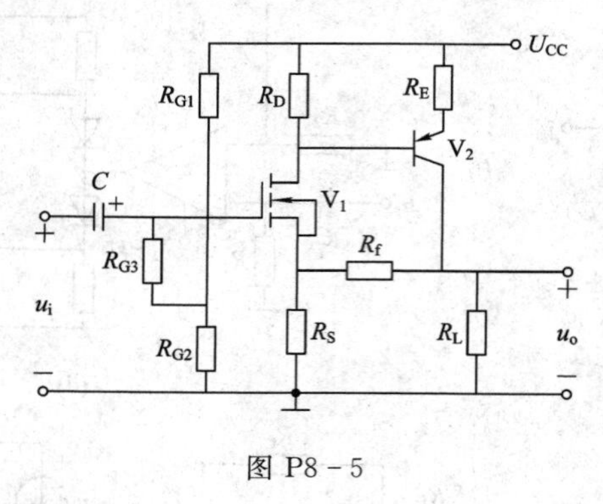

图 P8-5

8-10　电路如图 P8-6 所示。

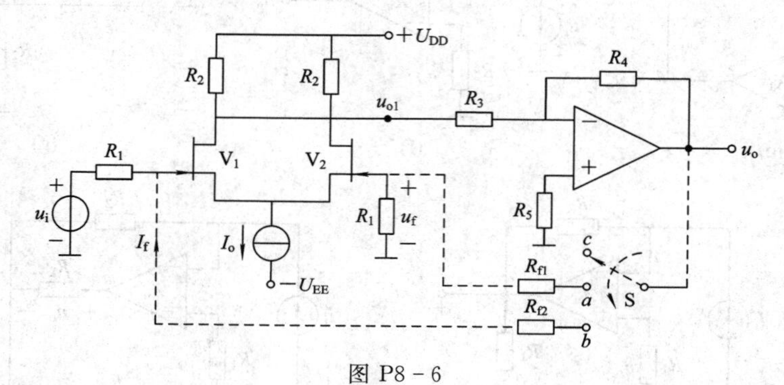

图 P8-6

(1) 计算开环放大倍数 $A_u = \dot{U}_o / \dot{U}_i$。

(2) 为进一步提高输出电压稳定度，试正确引入反馈。

(3) 计算引入反馈后的闭环电压放大倍数 A_{uf}=？

(4) 若一定要求引入并联电压负反馈，电路应如何改接？

8-11　电路如图 P8-7 所示。

(1) 要求输入阻抗增大，试正确引入负反馈；

(2) 要求输出电流稳定，试正确引入负反馈；

(3) 要求改善由负载电容 C_L 引起的幅频失真和相频失真，试正确引入负反馈。

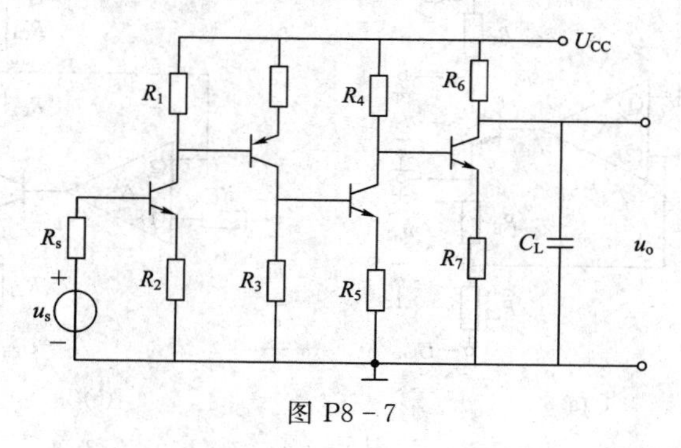

图 P8-7

第 9 章 波形的变换和产生电路

本章讲述放大器的非线性应用电路，包括应用于整流和峰值检波的精密二极管电路、电压比较器和弛张振荡器，以及正弦波振荡器。引入非线性器件和正反馈后，放大器扩展出波形变换和产生功能，极大地丰富了应用范围。

9.1 精密二极管电路

9.1.1 精密二极管整流电路

二极管整流电路需要输入电压 u_i 提供二极管的导通电压 $U_{D(on)}$，二极管的状态不随着 u_i 过零立即变化，而要等到 $|u_i|$ 超过 $U_{D(on)}$ 才改变，使整流产生误差。为了解决这个问题，可以先将 u_i 输入集成运算放大器，并用集成运放的输出电压控制二极管的状态。经过放大，u_i 过零时集成运放的输出电压也随之过零并立刻超过 $U_{D(on)}$，二极管的工作状态随着 u_i 过零立即变化，这样就去除了 $U_{D(on)}$ 造成的误差，实现了精密整流。

精密半波整流电路如图 9.1.1(a)所示。当输入电压 $u_i>0$ 时，二极管 VD_1 截止，VD_2 导通，电路等效为反相比例放大器，$u_o=-(R_2/R_1)u_i$；当 $u_i<0$ 时，VD_1 导通，VD_2 截止，$u_o=u_-=u_+=0$。据此可以根据 u_i 的波形作出 u_o 的波形和电路的传输特性，如图 9.1.1(b)所示。

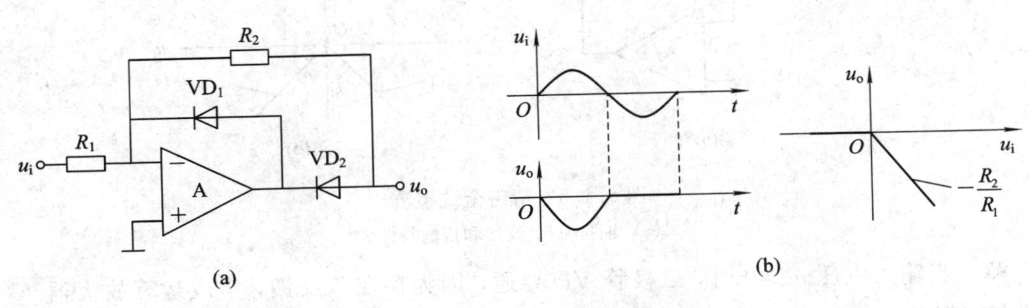

图 9.1.1 精密半波整流
(a) 电路；(b) 波形和传输特性

在精密半波整流的基础上，利用集成运放加法器，将半波整流的输出电压与原输入电压加权相加，可以实现精密全波整流。电路如图 9.1.2 所示，集成运放 A_1 对输入电压 u_i 做精密半波整流，集成运放 A_2 将整流得到的输出电压 u_{o1} 与 u_i 相加，$u_o=-u_i-2u_{o1}$。当 $u_i>0$ 时，$u_{o1}=-u_i$，$u_o=u_i$；当 $u_i<0$ 时，$u_{o1}=0$，$u_o=-u_i$。因此，在任意时刻有 $u_o=|u_i|$，所以该电路也称为绝对值电路。

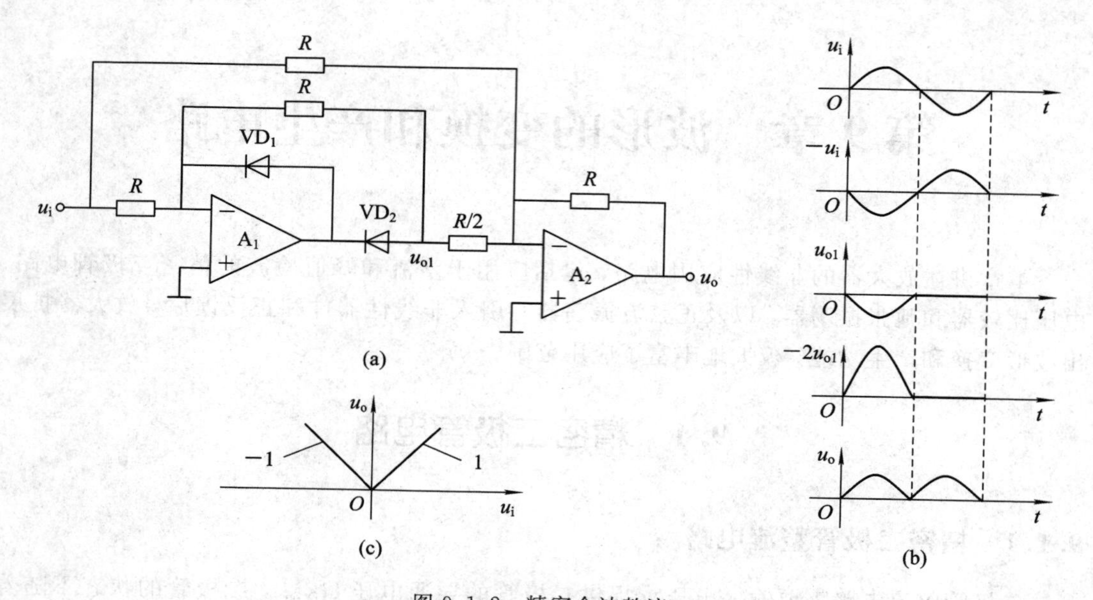

图 9.1.2 精密全波整流

(a) 电路；(b) 波形；(c) 传输特性

【例 9.1.1】 电路如图 9.1.3(a)所示，画出输出电压 u_o的波形和电路的传输特性。

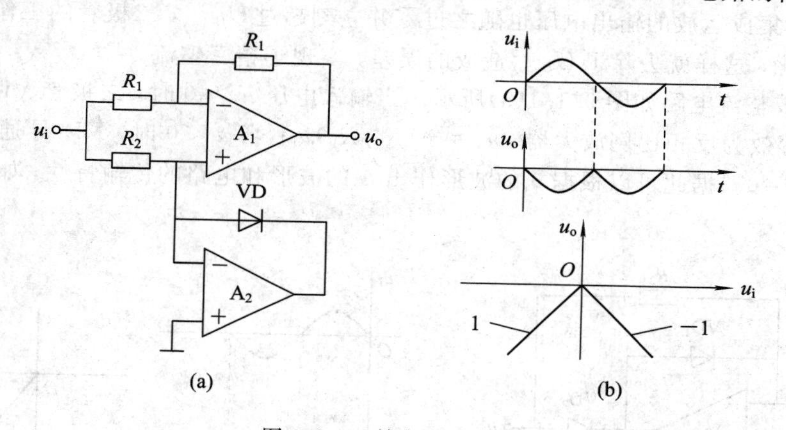

图 9.1.3 精密全波整流

(a) 电路；(b) 波形和传输特性

解 当输入电压 $u_i>0$ 时，二极管 VD 导通，因为存在负反馈，集成运算放大器 A_2工作在线性放大区，根据“虚短”，集成运放 A_2的反相端电压即 A_1的同相端电压都为零，由此计算出输出电压 $u_o=-u_i$；当 $u_i<0$ 时，VD 截止，因为没有负反馈，A_2工作在限幅区，反相端和同相端的电压不等，根据“虚断”，电阻 R_2上没有电流，A_1的同相端电压为 u_i，由此计算出 $u_o=u_i$。因此，在任意时刻有 $u_o=-|u_i|$。据此可以根据 u_i的波形画出 u_o的波形和电路的传输特性，如图 9.1.3(b)所示，电路实现了精密全波整流。

9.1.2 峰值检波电路

峰值检波电路把输入电压的峰值作为输出，实现方法是设计电路对电容只充电不放电，使电容电压保持在输入电压的峰值。如图 9.1.4(a)所示，电路中集成运算放大器 A_2 用作电压跟随器。当输入电压 u_i 大于输出电压 u_o 时，集成运放 A_1 的输出电压 $u_{o1}>0$，二极管 VD 导通，u_{o1} 对电容 C 充电。因为存在负反馈，A_1 工作在线性放大区，根据“虚短”，反相端和同相端电压相等，$u_o=u_C=u_i$，即充电使 u_o 随 u_i 增大。当 $u_i<u_o$ 时，$u_{o1}<0$，VD 截止，C 不放电，$u_o=u_C$ 保持不变。因为没有负反馈，A_1 工作在限幅区，反相端的 u_o 和同相端的 u_i 不等。图 9.1.4(b)所示为 u_i 和 u_o 的波形。

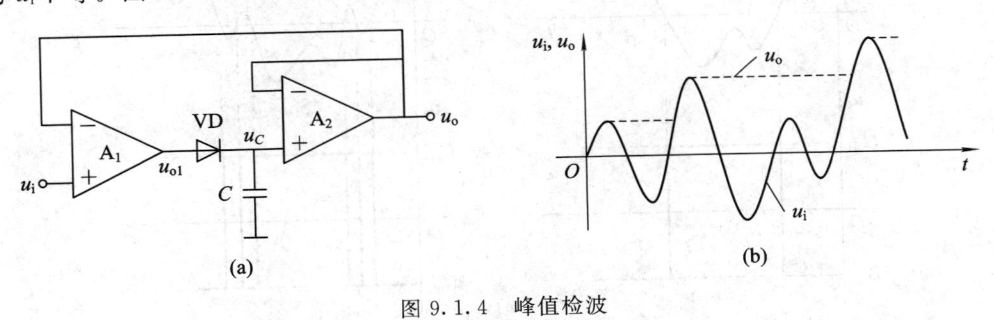

图 9.1.4　峰值检波

(a) 电路；(b) 波形

9.2　电压比较器

9.2.1　简单电压比较器

开环使用或引入正反馈时，集成运算放大器主要工作在限幅区，输出的高电平 U_{oH} 和低电平 U_{oL} 反映了同相端和反相端两个电压的大小关系，实现了电压比较。为了提高工作速度，可以采用专用电压比较器。专用电压比较器的 $U_{oH}\approx3.4$ V，$U_{oL}\approx-0.4$ V，与数字电路的高低电平兼容。

集成运放用作电压比较器时，输出的高低电平接近电压源的电压，即 $U_{oH}\approx U_{CC}$，$U_{oL}\approx-U_{EE}$。简单电压比较器的电路符号和传输特性如图 9.2.1 所示，反相端的输入信号 u_i 与同相端的参考电压 u_r 比较。当 $u_i>u_r$ 时，输出电压 u_o 为 U_{oL}；当 $u_i<u_r$ 时，u_o 为 U_{oH}。如果将 u_i 和 u_r 对调位置，则比较的结果相反。

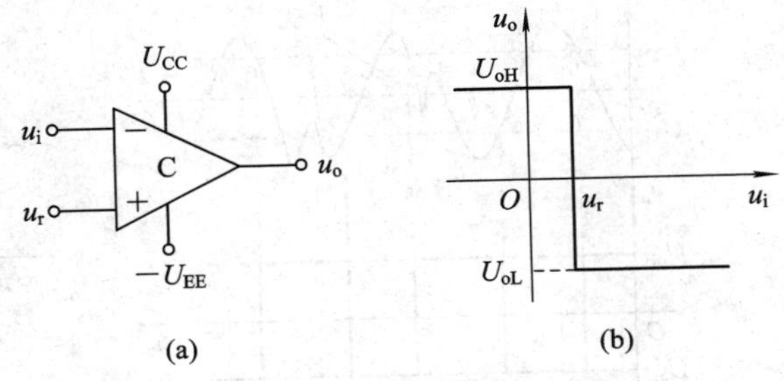

图 9.2.1　简单电压比较器

(a) 电路符号；(b) 传输特性

当参考电压 $u_r=0$ 时，简单电压比较器可以实现过零比较，输出电压 u_o 表示输入电压 u_i 的正负。过零比较可以将不规则的 u_i 波形整理成规则的矩形波 u_o，如图 9.2.2(a)所示。

如果 u_i 在过零时受到干扰，波形反复过零，则 u_o 会产生错误跳变，如图 9.2.2(b)所示。同时，受到压摆率的影响，简单比较器的翻转速度有限，u_o 在 U_{oH} 和 U_{oL} 之间渐变而非跳变，当 u_i 过零的速率比较高时，u_o 波形的上升沿和下降沿不够陡峭，影响波形质量。

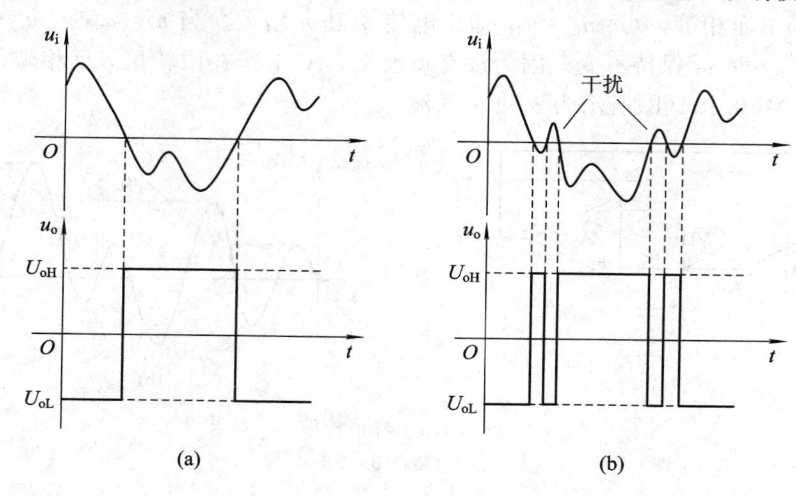

图 9.2.2　过零比较

(a) 无干扰的波形；(b) 有干扰的波形

9.2.2　引入正反馈的迟滞比较器

在简单比较器的基础上引入正反馈，即可比较输入电压 u_i 与反馈网络提供的参考电压 u_r。u_r 非零且随着 u_o 的变化改变取值，避免了 u_i 中的干扰造成的误差。同时，正反馈可以加速比较器的翻转速度，改善高速比较时 u_o 的波形质量。因为 u_o 的跳变时刻滞后于 u_i 的过零时刻，所以这种电路称为迟滞比较器。

1. 反相迟滞比较器

反相迟滞比较器如图 9.2.3(a)所示，比较器的输出电压 u_o 为高电平 U_{oH} 或低电平 U_{oL}，电阻 R_1 和 R_2 构成正反馈网络，对 u_o 进行分压，用于提供参考电压 u_r。输入电压 u_i 从反相端输入，与 u_r 比较，决定 u_o 的取值。

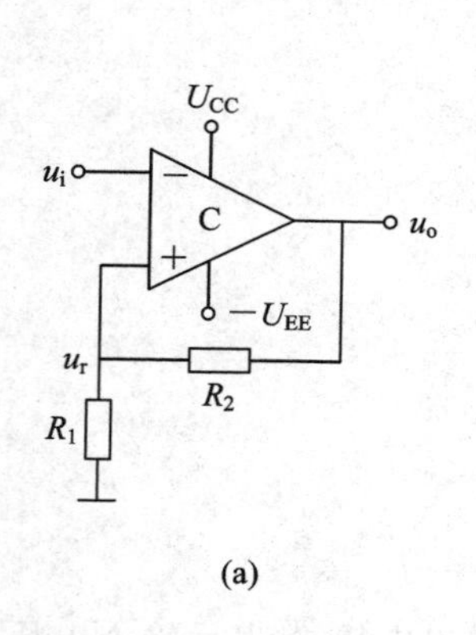

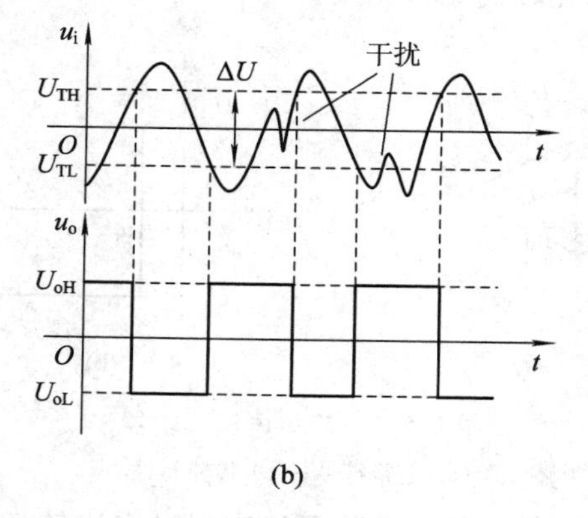

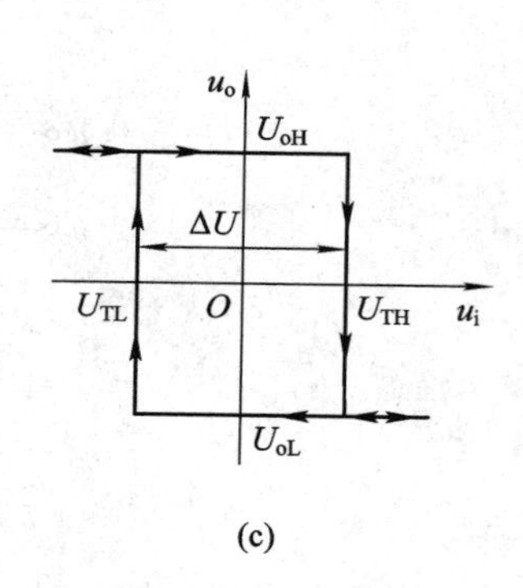

图 9.2.3　反相迟滞比较器

(a) 电路；(b) u_i 和 u_o 的波形；(c) 传输特性

u_i和 u_o的波形如图 9.2.3(b)所示。开始时，$u_i<0$，由于其从反相端输入，因此 $u_o=U_{oH}$，而

$$u_r=\frac{R_1}{R_1+R_2}U_{oH}\approx\frac{R_1}{R_1+R_2}U_{CC}$$

u_i与 u_r比较，$u_i<u_r$时，比较器的输出不变；$u_i=u_r$时，比较结果将改变，即 u_o会从 U_{oH}跳变为 U_{oL}。u_i的这个门限值称为上门限电压，记为 U_{TH}，即

$$U_{TH}=u_r\approx\frac{R_1}{R_1+R_2}U_{CC} \tag{9.2.1}$$

接下来，$u_o=U_{oL}$，而参考电压变为

$$u_r=\frac{R_1}{R_1+R_2}U_{oL}\approx-\frac{R_1}{R_1+R_2}U_{EE}$$

u_i继续与变化后的 u_r比较，只有当 u_i减小到再次等于 u_r时，比较结果才再次改变，即 u_o从 U_{oL}跳变为 U_{oH}。u_i的这个门限值称为下门限电压，记为 U_{TL}，即

$$U_{TL}=u_r\approx-\frac{R_1}{R_1+R_2}U_{EE} \tag{9.2.2}$$

假设 u_i受到了如图 9.2.3(b)所示的干扰。第一个干扰发生在 u_i过零时，由于干扰后 u_i的波形没有超过门限电压，因此没有造成 u_o的错误跳变。第二个干扰发生时，u_i与$u_r=U_{TL}$比较，干扰使 u_i提前超过U_{TL}，u_o提前从 U_{oL}跳变为U_{oH}。接下来，u_i与 $u_r=U_{TH}$比较，干扰没有使 u_o再次跳变。所以，第二个干扰只能造成 u_o提前跳变，而不造成多次跳变，前提是干扰幅度不超过$U_{TH}-U_{TL}$，此上、下门限电压之差表征了迟滞比较器抗干扰的能力，称为回差，记为

$$\Delta U=U_{TH}-U_{TL}\approx2\frac{R_1}{R_1+R_2}U_{CC} \tag{9.2.3}$$

反相迟滞比较器的传输特性如图 9.2.3(c)所示，其中包含两条关系曲线，箭头代表了 u_i增大和 u_i减小两个变化方向。

2. 同相迟滞比较器

与反相迟滞比较器相比，同相迟滞比较器保留了正反馈网络结构，把输入电压 u_i和接地端对调了位置，电路如图 9.2.4(a)所示。电阻 R_1和 R_2构成的正反馈网络右端接输出电压 u_o，左端接 u_i，同相端的电压 u_+由 u_o和 u_i共同决定，可以根据叠加原理计算。比较器将 u_+与反向端的 0 电压比较，决定 u_o的取值。

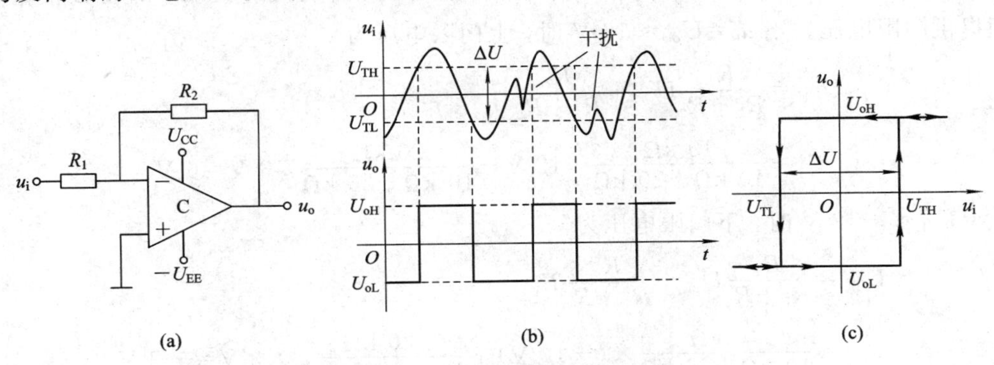

图 9.2.4　同相迟滞比较器

(a) 电路；(b) u_i 和 u_o 的波形；(c) 传输特性

u_i和u_o的波形如图 9.2.4(b)所示。开始时，$u_i<0$，由于其从同相端输入且小于两个门限电压，因此$u_o=U_{oL}$。u_+过 0 时u_o跳变，根据

$$u_+=\frac{R_2}{R_1+R_2}u_i+\frac{R_1}{R_1+R_2}U_{oL}=0$$

得到上门限电压：

$$u_i=U_{TH}=-\frac{R_1}{R_2}U_{oL}\approx\frac{R_1}{R_2}U_{EE} \tag{9.2.4}$$

当u_i超过U_{TH}时，u_o从U_{oL}跳变为U_{oH}。u_o再次跳变时，需要

$$u_+=\frac{R_2}{R_1+R_2}u_i+\frac{R_1}{R_1+R_2}U_{oH}=0$$

由此得到下门限电压：

$$u_i=U_{TL}=-\frac{R_1}{R_2}U_{oH}\approx-\frac{R_1}{R_2}U_{CC} \tag{9.2.5}$$

传输特性如图 9.2.4(c)所示。不难看出，同相迟滞比较器也具备用回差ΔU表征的抗干扰能力。

【例 9.2.1】 迟滞比较器和输入电压u_i的波形分别如图 9.2.5(a)、(b)所示，作出输出电压u_o的波形。

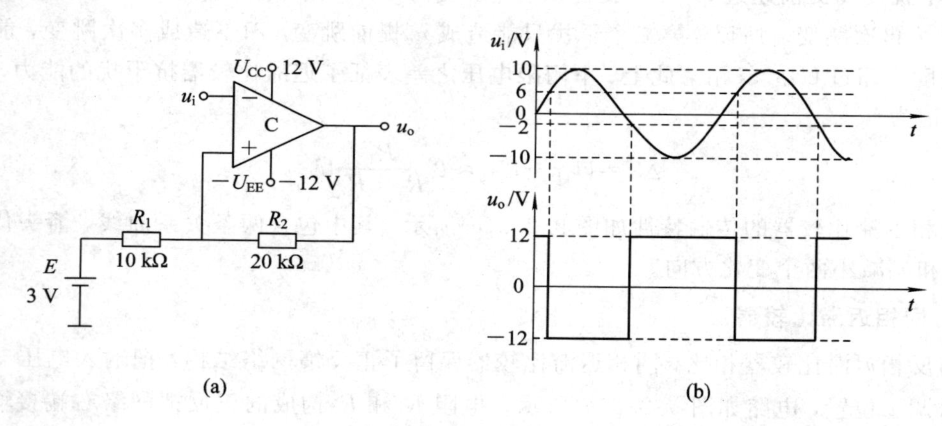

图 9.2.5　迟滞比较器的电路与波形

解　电阻R_1和R_2构成的正反馈网络两端分别是u_o和电压源电压E，u_o和E根据叠加原理提供门限电压。当$u_o=U_{oH}\approx12$ V 时，上门限电压为

$$\begin{aligned}U_{TH}&=\frac{R_1}{R_1+R_2}U_{oH}+\frac{R_2}{R_1+R_2}E\\&\approx\frac{10\ \text{k}\Omega}{10\ \text{k}\Omega+20\ \text{k}\Omega}\times12\ \text{V}+\frac{20\ \text{k}\Omega}{10\ \text{k}\Omega+20\ \text{k}\Omega}\times3\ \text{V}=6\ \text{V}\end{aligned}$$

当$u_o=U_{oL}\approx-12$ V 时，下门限电压为

$$\begin{aligned}U_{TL}&=\frac{R_1}{R_1+R_2}U_{oL}+\frac{R_2}{R_1+R_2}E\\&\approx\frac{10\ \text{k}\Omega}{10\ \text{k}\Omega+20\ \text{k}\Omega}\times(-12\ \text{V})+\frac{20\ \text{k}\Omega}{10\ \text{k}\Omega+20\ \text{k}\Omega}\times3\ \text{V}=-2\ \text{V}\end{aligned}$$

因为u_i输入反相端，所以当u_i超过U_{oH}或U_{oL}时，u_o反相跳变，波形如图 9.2.5(b)所示。

9.3　方波、三角波产生器——弛张振荡器

9.3.1　单运放弛张振荡器

单运放弛张振荡器电路如图 9.3.1(a)所示，电路由一个反相迟滞比较器和一个 RC 积分器构成。RC 积分器的充放电电压为比较器的输出电压 u_o，即高电平 U_{oH} 或低电平 U_{oL}。充放电过程中，电容 C 上的电压 u_C 随时间变化，又作为比较器的输入电压，与门限电压 U_{TH} 或 U_{TL} 比较，决定 u_o 是否变化。其中：

$$U_{TH}=\frac{R_1}{R_1+R_2}U_{oH}\approx\frac{R_1}{R_1+R_2}U_{CC}$$

$$U_{TL}=\frac{R_1}{R_1+R_2}U_{oL}\approx-\frac{R_1}{R_1+R_2}U_{EE}$$

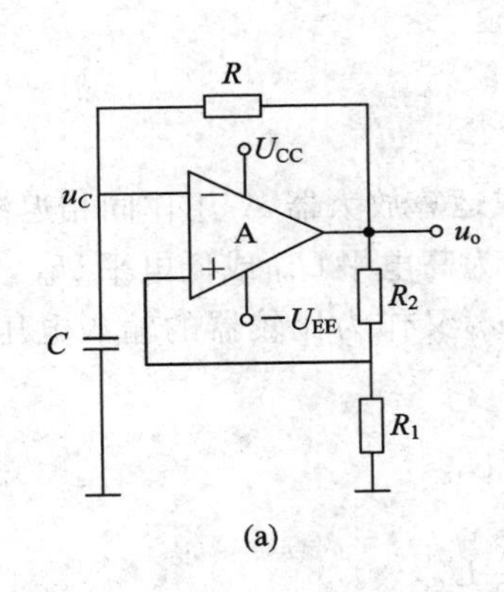

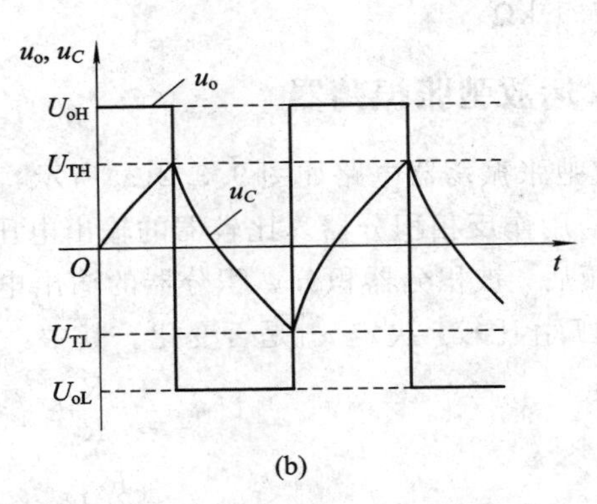

图 9.3.1　单运放弛张振荡器
(a) 电路；(b) 输出波形

单运放弛张振荡器的输出波形如图 9.3.1(b)所示。开始时，$u_o=U_{oH}$，C 的电量为零，U_{oH} 通过电阻 R 对 C 充电，u_C 上升，并与 U_{oH} 提供的 U_{TH} 比较。如果 $u_C<U_{TH}$，则 $u_o=U_{oH}$ 维持不变，C 继续充电，u_C 继续上升；当 u_C 超过 U_{TH} 时，u_o 从 U_{oH} 跳变为 U_{oL}。U_{oL} 为负电压，因此接下来 C 通过 R 放电，u_C 下降。当 $u_C<0$ 时，U_{oL} 通过 R 对 C 反向充电，u_C 继续下降。下降过程中，u_C 与 U_{oL} 提供的 U_{TL} 比较。如果 $u_C>U_{TL}$，则 $u_o=U_{oL}$ 维持不变；当 u_C 超过 U_{TL} 时，u_o 从 U_{oL} 跳变为 U_{oH}，完成一个周期的振荡。

u_o 的波形是一个方波，其峰峰值为

$$U_{opp}=U_{oH}-U_{oL}\approx 2U_{CC} \tag{9.3.1}$$

u_C 的波形则是一个近似的三角波，其峰峰值为

$$U_{Cpp}=U_{TH}-U_{TL}\approx 2\frac{R_1}{R_1+R_2}U_{CC} \tag{9.3.2}$$

根据三要素法，可以得到单运放弛张振荡器的振荡频率：

$$f_{OSC}=\frac{1}{2RC\ln\left(1+2\dfrac{R_1}{R_2}\right)} \tag{9.3.3}$$

改变时间常数 RC 或者 R_1/R_2，都可以调节 f_{OSC}。从图 9.3.1 中可以看出，如果减小 RC，u_C上升和下降就更快，到达门限电压的时间缩短，f_{OSC}就会上升。或者，如果增加 R_1/R_2，则 U_{TH}上升而 U_{TL}下降，增加了 u_C上升和下降的电压范围，u_C到达门限电压的时间延长，f_{OSC}就会下降。

【例 9.3.1】 图 9.3.1(a)所示电路中，电压源电压 $U_{CC}=15$ V，$-U_{EE}=-15$ V，$C=0.1$ μF。要求 u_C的幅度为 9 V，振荡频率 $f_{OSC}=100$ Hz，计算电阻 R。

解 u_C的幅度为

$$U_{Cm}=U_{TH}=|U_{TL}|\approx\frac{R_1}{R_1+R_2}U_{CC}=\frac{R_1}{R_1+R_2}\times 15\text{ V}=9\text{ V}$$

所以 $R_1=1.5R_2$。振荡频率为

$$f_{OSC}=\frac{1}{2RC\ln\left(1+2\dfrac{R_1}{R_2}\right)}=\frac{1}{2\times R\times 0.1\mu\text{F}\times\ln(1+2\times 1.5)}=100\text{ Hz}$$

解得 $R=36.1$ kΩ。

9.3.2 双运放弛张振荡器

双运放弛张振荡器电路如图 9.3.2(a)所示，集成运算放大器 A_1用作同相迟滞比较器，集成运放 A_2用作反相积分器。比较器的输出电压 u_{o1}为高电平 U_{oH}或低电平 U_{oL}，经过电位器 R_P的分压后，被积分器积分。积分器的输出电压 u_{o2}又作为比较器的输入电压，与门限电压 U_{TH}或 U_{TL}比较，决定 u_{o1}是否变化。其中：

$$U_{TH}=-\frac{R_1}{R_2}U_{oL}\approx\frac{R_1}{R_2}U_{EE}$$

$$U_{TL}=-\frac{R_1}{R_2}U_{oH}\approx-\frac{R_1}{R_2}U_{CC}$$

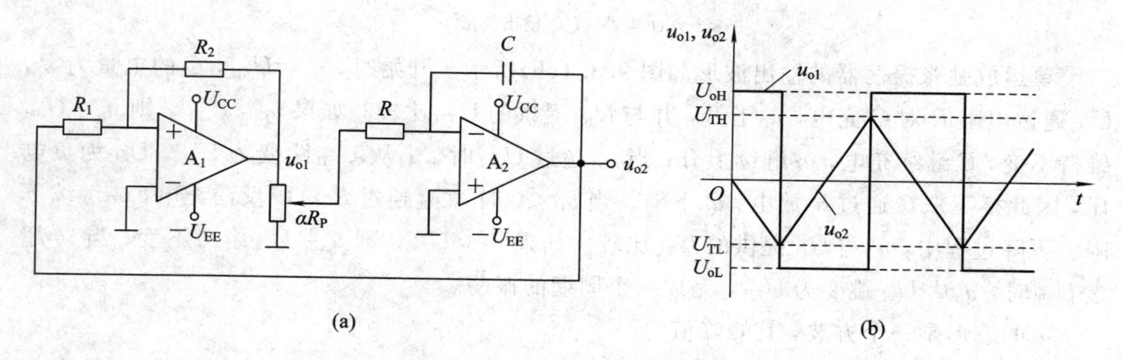

图 9.3.2 双运放弛张振荡器

(a) 电路；(b) 输出波形

双运放弛张振荡器的输出波形如图 9.3.2(b)所示。开始时，$u_{o1}=U_{oH}$，C 的电量为零，设 R_P的分压比为 α，则分压后 αU_{oH}被积分器积分，u_{o2}下降，并与 U_{oH}提供的 U_{TL}比较。如果 $u_{o2}>U_{TL}$，则 $u_{o1}=U_{oH}$维持不变，积分器继续积分，u_{o2}继续下降；当 u_{o2}超过 U_{TL}时，u_{o1}会从 U_{oH}跳变为 U_{oL}。U_{oL}为负电压，接下来对 αU_{oL}的积分使 u_{o2}上升，上升过程中，u_{o2}与 U_{oL}提供的 U_{TH}比较。如果 $u_{o2}<U_{TH}$，则 $u_{o1}=U_{oL}$维持不变；当 u_{o2}超过 U_{TH}时，u_{o1}从 U_{oL}跳

变为 U_{oH}，完成一个周期的振荡。

u_{o1}的波形是一个方波，其峰峰值为

$$U_{o1pp}=U_{oH}-U_{oL}\approx 2U_{CC} \tag{9.3.4}$$

u_{o2}的波形则是一个三角波，其峰峰值为

$$U_{o2pp}=U_{TH}-U_{TL}\approx 2\frac{R_1}{R_2}U_{CC} \tag{9.3.5}$$

设 u_{o2}上升的时间即半个周期为 T_1，这段时间 u_{o2}上升一个峰峰值，根据反相积分器的电压传输关系，有

$$U_{o2pp}\approx 2\frac{R_1}{R_2}U_{CC}=\frac{1}{RC}\int_0^{T_1}\alpha U_{CC}\mathrm{d}t=\frac{\alpha U_{CC}T_1}{RC}$$

于是，振荡频率为

$$f_{OSC}=\frac{1}{2T_1}=\frac{\alpha R_2}{4RCR_1} \tag{9.3.6}$$

合适的时间常数 RC、R_1和 R_2决定了 f_{OSC}的基准取值，调节电位器 R_P的分压比 α，则可以在很大范围内线性改变 f_{OSC}。

【例 9.3.2】 图 9.3.2(a)所示电路中，如果 $U_{CC}=12$ V，$-U_{EE}=-12$ V，$R=100$ kΩ，$C=0.01$ μF。要求 u_{o2}的幅度为 10 V，振荡频率 $f_{OSC}=150$ Hz，计算电位器 R_P的分压比 α。

解　u_{o2}的幅度为

$$U_{Cm}=U_{TH}=|U_{TL}|\approx\frac{R_1}{R_2}U_{CC}=\frac{R_1}{R_2}\times 12\text{ V}=10\text{ V}$$

所以 $R_2=1.2R_1$。振荡频率为

$$f_{OSC}=\frac{\alpha R_2}{4RCR_1}=\frac{\alpha}{4\times 100\text{ k}\Omega\times 0.01\ \mu\text{F}}\times 1.2=150\text{ Hz}$$

解得 $\alpha=0.5$。

单运放弛张振荡器在 RC 串联支路的两端用比较器的高、低电平作恒压充放电，所以电容电压随时间按指数规律变化，其波形是近似的三角波，线性不好。双运放弛张振荡器利用积分器，对其中的电容进行恒流充放电，电容电压随时间线性变化，明显提高了三角波的质量。

弛张振荡器与电子开关配合使用，可以发展出其他波形产生电路。图 9.3.3 所示电路

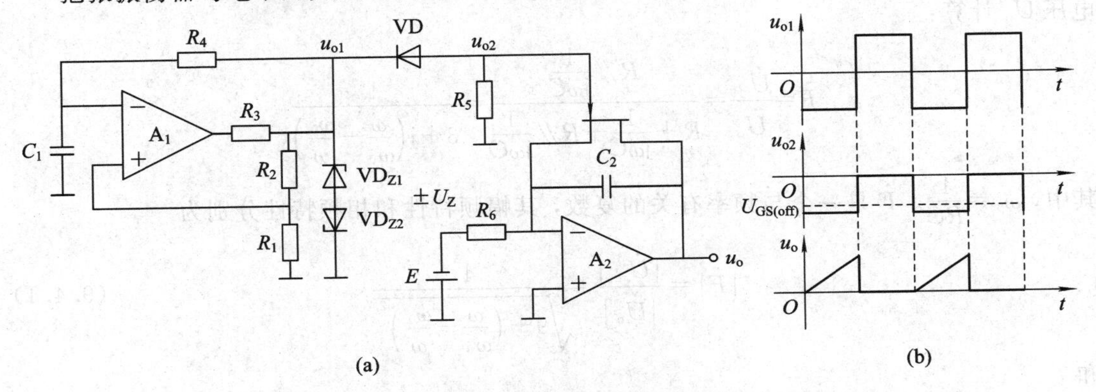

图 9.3.3　锯齿波产生电路及波形

用来产生锯齿波。集成运放 A_1 构成驰张振荡器，A_2 构成反相积分器。振荡器的输出电压 u_{o1} 经过二极管 VD 和电阻 R_5 整流后，得到 u_{o2}。$u_{o2}=u_{GS}$，控制场效应管开关的状态。当 u_{o1} 为低电平时，开关打开，电压 E 通过电阻 R_6 对电容 C_2 充电，输出电压 u_o 随时间线性上升；当 u_{o1} 为高电平时，开关闭合，对 C_2 放电，u_o 瞬间减小到零。

9.4 正弦波振荡器

9.4.1 文氏桥振荡器

弛张振荡器输出的方波和三角波都包含许多频率分量。如果使电路具有选频功能，只对特定的频率形成正反馈，为放大器补充能量，则电路就只在单一频率上产生振荡，输出正弦波。

图 9.4.1(a)所示电路是用集成运算放大器设计的文氏桥振荡器，电阻 R_1 和 R_2 构成负反馈网络，又与集成运放构成同相比例放大器，正反馈网络是一个 RC 串并联选频网络，如图 9.4.1(b)所示。

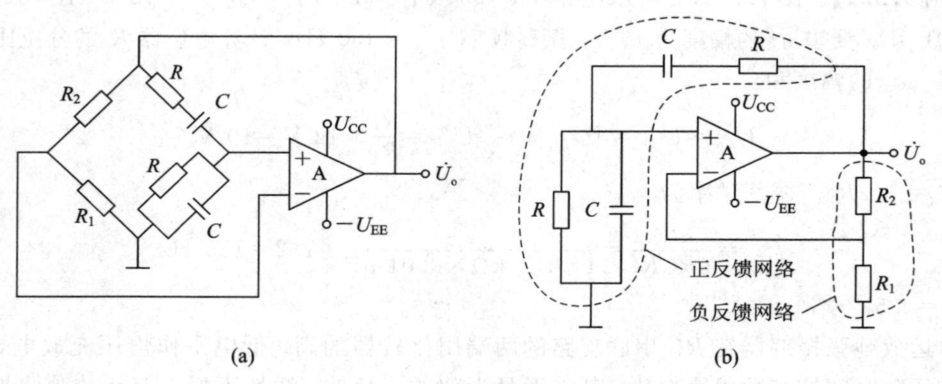

图 9.4.1 文氏桥振荡器

(a) 电桥结构；(b) 反馈网络结构

RC 串并联选频网络的正反馈系数根据反馈电压即集成运放的同相端电压 $\dot{U}_+$ 和输出电压 $\dot{U}_o$ 计算：

$$\dot{F}=\frac{\dot{U}_+}{\dot{U}_o}=\frac{R/\!/\frac{1}{\mathrm{j}\omega C}}{R+\frac{1}{\mathrm{j}\omega C}+R/\!/\frac{1}{\mathrm{j}\omega C}}=\frac{1}{3+\mathrm{j}\left(\frac{\omega}{\omega_0}-\frac{\omega_0}{\omega}\right)}$$

其中，$\omega_0=\frac{1}{RC}$。$\dot{F}$ 是一个与频率有关的复数，其幅频特性和相频特性分别为

$$|\dot{F}|=\frac{|\dot{U}_+|}{|\dot{U}_o|}=\frac{1}{\sqrt{9+\left(\frac{\omega}{\omega_0}-\frac{\omega_0}{\omega}\right)^2}} \tag{9.4.1}$$

和

$$\varphi_F=\angle\dot{U}_+-\angle\dot{U}_o=-\arctan\frac{\dfrac{\omega}{\omega_0}-\dfrac{\omega_0}{\omega}}{3} \tag{9.4.2}$$

$\dot{F}$ 的频率特性如图 9.4.2 所示。

振荡得以维持时，同相比例放大器正常工作，输出电压 $\dot{U}_o$ 和同相端电压 $\dot{U}_+$ 相位相同，由式(9.4.2)和图 9.4.2(b)可知 $\varphi_F=0$，$\omega\approx\omega_0=\dfrac{1}{RC}$，这给出了振荡频率 $f_{OSC}\approx\dfrac{\omega_0}{2\pi}=\dfrac{1}{2\pi RC}$。再从式(9.4.1)和图 9.4.2(a)可以得到 $|\dot{F}|=\dfrac{1}{3}$，即 $\dot{U}_+=\dfrac{1}{3}\dot{U}_o$，同相比例放大器又有 $\dot{U}_o=\left(1+\dfrac{R_2}{R_1}\right)\dot{U}_+$，所以 $R_2=2R_1$。

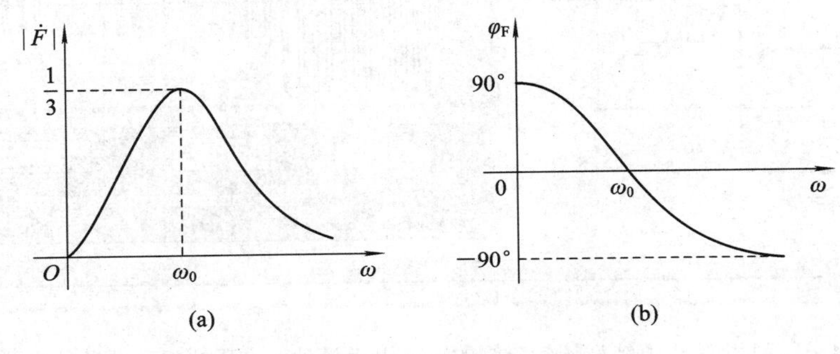

图 9.4.2　$\dot{F}$ 的频率特性

(a) 幅频特性；(b) 相频特性

在平衡阶段，$\dot{U}_o$ 的频率为 f_{OSC}，其 1/3 被 RC 串并联选频网络反馈到输入端，又被同相比例放大器放大 3 倍，到输出端恢复为原来的振幅。在起振阶段，振幅需要逐渐增加，这要求同相比例放大器的电压放大倍数大于 3，即 $R_2>2R_1$。

起振阶段 $R_2>2R_1$ 和平衡阶段 $R_2=2R_1$ 的条件可以通过热敏电阻来实现：R_1 具有正温度系数，阻值随温度上升而增大；R_2 具有负温度系数，阻值随温度上升而减小。振荡器起振时 R_1 较小而 R_2 较大，满足 $R_2>2R_1$。随着电压振幅的增大，R_1 和 R_2 的电流增大，温度上升，R_1 增大，R_2 减小。当 $R_2=2R_1$ 时，振荡器进入平衡阶段。R_1 和 R_2 的变化还起到稳定电压振幅的作用。如果由于某种原因，电压振幅增大，则 R_1 增大而 R_2 减小，导致同相比例放大器的电压放大倍数小于 3，于是电压振幅在原来增大的基础上再减小，从而保持基本不变。

除了热敏电阻，还可以在电路中引入二极管、场效应管等器件，利用其可变电阻特性实现文氏桥振荡器的起振、平衡和稳定。

图 9.4.3 所示的 Workbench 仿真电路将一个工作在可变电阻区的 N 沟道结型场效应管接入电阻 R_1 的位置。同相比例放大器的输出电压经过二极管 VD、1 MΩ 电阻和 0.047 μF 的电容检波后，取出一个负直流电压，作为场效应管的栅源极电压，改变导电沟道的宽度，从而改变漏极和源极之间的电阻 r_{DS}。输出电压振幅越大，栅源极电压越小，r_{DS} 越大，由此调整等效电阻 R_1，即可实现电路的起振、平衡和稳定。

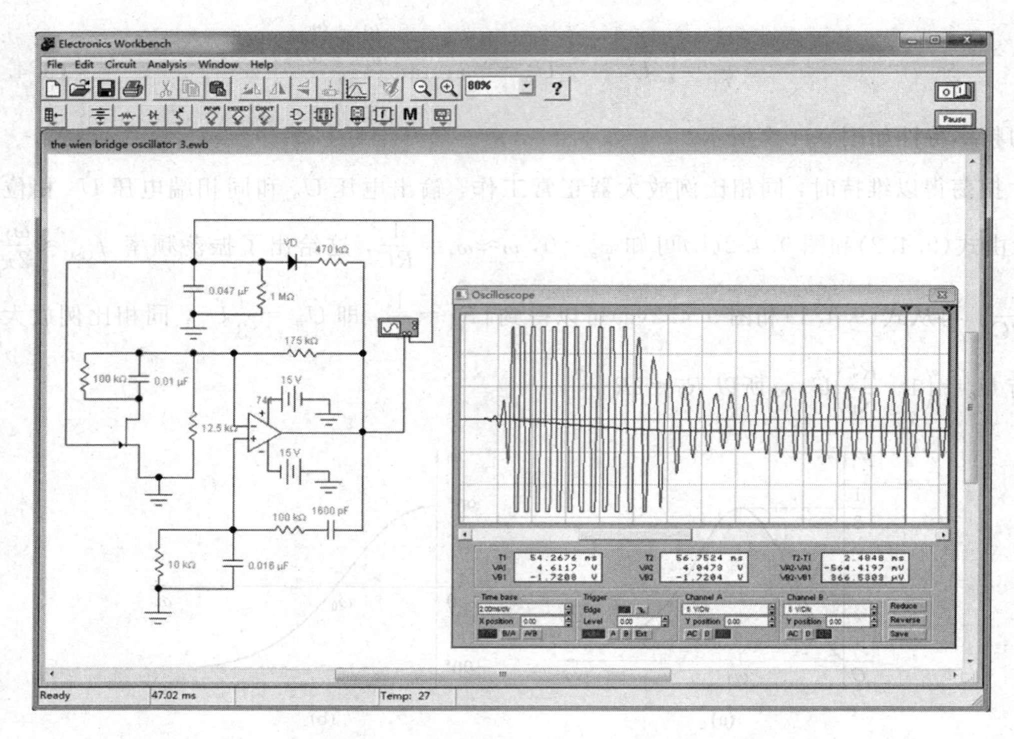

图 9.4.3　利用 N 沟道结型场效应管的可变电阻设计的文氏桥振荡器及仿真波形

9.4.2　*LC* 正弦波振荡器

文氏桥振荡器广泛用于产生频率在 200 kHz 以下的低频正弦波。在几十兆赫兹以上的高频范围，可以用电感和电容构成的 *LC* 并联谐振回路代替 *RC* 串并联选频网络，对放大器形成正反馈，产生高频正弦波，这样的电路称为 *LC* 正弦波振荡器。

与 *RC* 串并联选频网络相比，*LC* 并联谐振回路的品质因数较大，带宽较窄，选频滤波效果较好，所以，*LC* 正弦波振荡器产生的正弦波的波形质量优于文氏桥振荡器。

1. 三端式振荡器

LC 正弦波振荡器的典型设计是三端式振荡器，如图 9.4.4 所示。图中仅保留了晶体管和 *LC* 并联谐振回路的电抗，忽略了与正反馈无关的其他元件。*LC* 回路有两种结构：一

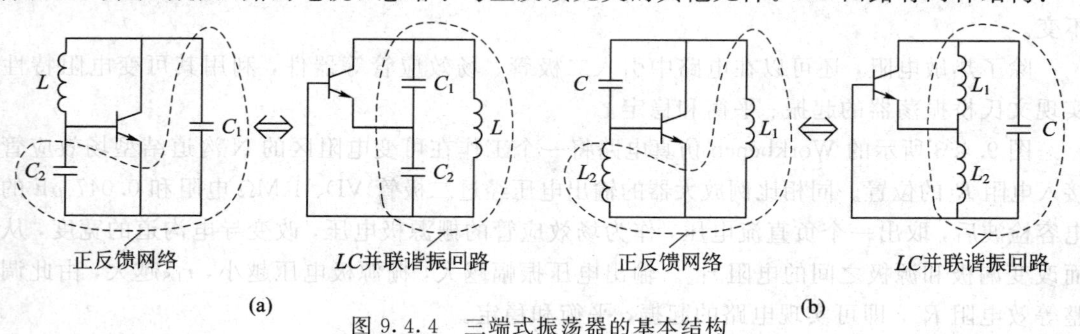

图 9.4.4　三端式振荡器的基本结构

(a) 电容三端式振荡器；(b) 电感三端式振荡器

种是用两个电容 C_1 和 C_2 串联，构成正反馈网络，再与电感 L 并联；另一种是用两个电感 L_1 和 L_2 串联，构成正反馈网络，再与电容 C 并联。采用这两种结构的振荡器分别称为电容三端式振荡器和电感三端式振荡器。晶体管为 LC 回路补充能量，维持振荡。从发射极到基极和发射极到集电极是两个性质相同的电抗，从基极到发射极和从基极到集电极是两个性质相反的电抗，这个特点称为“射同基反”，对场效应管则称为“源同栅反”。“射同基反”和“源同栅反”是 LC 回路对放大器形成正反馈的必要条件。

三端式振荡器的电容支路和电感支路并联，接近谐振时，回路中的电流远大于晶体管三个电极上的电流，忽略晶体管的影响和电感之间的互感，回路两端的阻抗为

$$\dot{Z}_e=\frac{(R+j\omega L)\cdot\dfrac{1}{j\omega C}}{(R+j\omega L)+\dfrac{1}{j\omega C}}$$

对电容三端式振荡器有 $C=\dfrac{C_1C_2}{C_1+C_2}$，对电感三端式振荡器有 $L=L_1+L_2$，$R=R_1+R_2$，R、R_1 和 R_2 分别为各个电感的内阻。引入谐振参数后，$\dot{Z}_e$ 的表达式为

$$\dot{Z}_e\approx\frac{R_{e0}}{1+jQ\dfrac{2(\omega-\omega_0)}{\omega_0}}$$

式中，$\omega_0=\dfrac{1}{\sqrt{LC}}$ 为谐振角频率，$R_{e0}=\dfrac{L}{CR}=\dfrac{Q}{\omega_0 C}$ 为谐振电阻，$Q=\dfrac{R_{e0}}{\omega_0 L}=\omega_0 CR_{e0}$ 为品质因数。

$\dot{Z}_e$ 的频率特性如图 9.4.5 所示，该频率特性具备选频滤波功能。

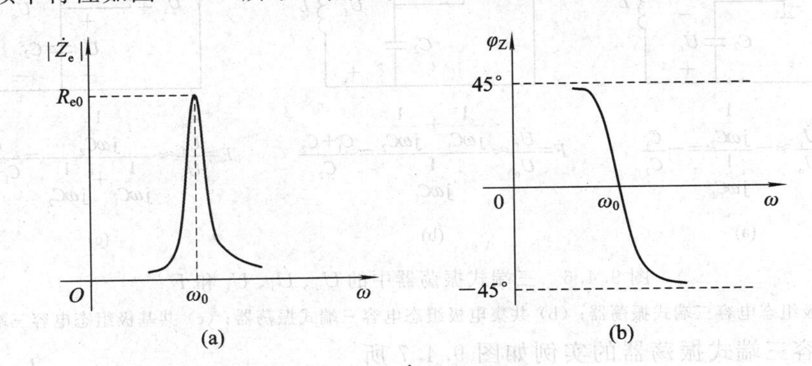

图 9.4.5　$\dot{Z}_e$ 的频率特性

(a) 幅频特性；(b) 相频特性

放大器的输出电流经过 LC 回路时，角频率为 ω_0 的频率分量遇到的阻抗较大，产生振幅较大的输出电压 $\dot{U}_o$，$\dot{U}_o$ 经过反馈系数为 $\dot{F}$ 的正反馈网络，得到反馈电压 $\dot{U}_f=\dot{F}\dot{U}_o$，$\dot{U}_f$ 成为净输入电压 $\dot{U}_i$，进入放大倍数为 $\dot{A}$ 的放大器，又经过选频滤波得到输出电压 $\dot{U}_o=\dot{A}\dot{U}_i$。在平衡阶段，$\dot{A}\dot{F}=1$，经过循环的 $\dot{U}_o$、$\dot{U}_f$ 和 $\dot{U}_i$ 的振幅维持不变，产生角频率为 ω_0 的正弦波。输出电流中其他频率分量遇到的 LC 回路的阻抗很小，产生的电压振幅也小，不足以维持这些频率的振荡，经过不断循环的反馈放大，这些频率分量会很快减弱并消失。所以，三端式振荡器的振荡频率近似为 LC 回路的谐振频率，即

$$f_{\text{OSC}}\approx\frac{\omega_0}{2\pi}=\frac{1}{2\pi\sqrt{LC}}=\begin{cases}\dfrac{1}{2\pi\sqrt{L\dfrac{C_1C_2}{C_1+C_2}}} & \text{(电容三端式振荡器)}\\[2ex]\dfrac{1}{2\pi\sqrt{(L_1+L_2)C}} & \text{(电感三端式振荡器)}\end{cases}\tag{9.4.3}$$

在起振阶段，角频率为 ω_0 的频率分量产生的 $\dot{U}_o$ 振幅逐渐增大，所以相应的条件可以描述为 $\dot{A}\dot{F}>1$。

振荡器从起振阶段的 $\dot{A}\dot{F}>1$ 到平衡阶段的 $\dot{A}\dot{F}=1$，一般是通过非线性放大器变化的 $\dot{A}$ 实现的。起振阶段，$\dot{A}$ 较大，$\dot{A}\dot{F}>1$。随着 $\dot{U}_o$ 振幅的增大，非线性放大产生的角频率非 ω_0 的频率分量越来越多，角频率为 ω_0 的 $\dot{U}_o$ 所占的比例逐渐减少，导致 $\dot{U}_o$ 振幅增大的趋势逐渐变缓，$\dot{A}$ 逐渐减小。当 $\dot{A}\dot{F}=1$ 时，振荡进入平衡阶段，$\dot{U}_o$ 的振幅不再变化。

$\dot{A}$ 随 $\dot{U}_o$ 振幅变化的规律也起到稳定 $\dot{U}_o$ 振幅的作用。如果由于某种原因，$\dot{U}_o$ 振幅增大，则 $\dot{A}$ 取值减小，$\dot{A}\dot{F}<1$，于是 $\dot{U}_o$ 振幅在原来增大的基础上再减小，从而基本保持不变。

图 9.4.6 以电容三端式振荡器为例，给出了三种组态的晶体管放大器中 $\dot{U}_o$、$\dot{U}_f$ 和 $\dot{U}_i$ 的位置和方向，以及由此决定的 $\dot{F}$。

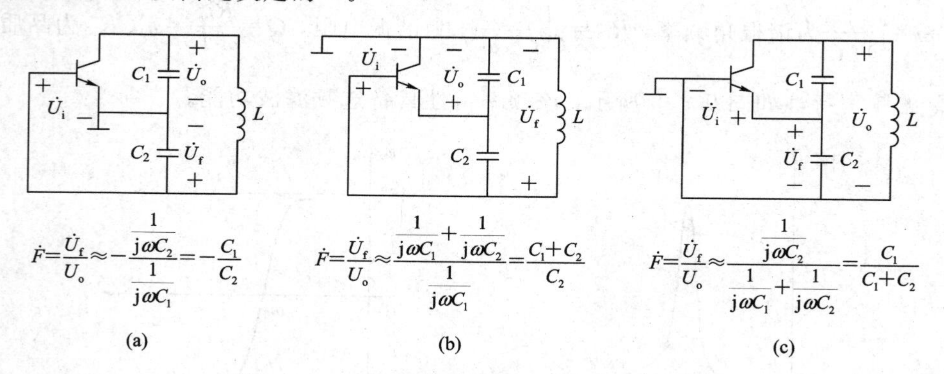

图 9.4.6 三端式振荡器中的 $\dot{U}_o$、$\dot{U}_f$、$\dot{U}_i$ 和 $\dot{F}$

(a) 共发射极组态电容三端式振荡器；(b) 共集电极组态电容三端式振荡器；(c) 共基极组态电容三端式振荡器

一个电容三端式振荡器的实例如图 9.4.7 所示。高频扼流圈 L_c 和旁路电容 C_4 构成电源滤波网络，阻挡交流电流流入电源并对其形成交流回路。电阻 R_1、R_2 和 R_3 为晶体管 2N3904 构成分压式偏置电路，集电极的直流电压通过电感 L 的直流短路取电压源电压 U_{CC}。放大器为共基极放大器，L 和电容 C_1、C_2 构成 LC 并联谐振回路。放大器的输出电压在 LC 回路两端，C_1 和 C_2 构成正反馈网络，串联分出的电压经过电容 C_3 成为反馈电压(即放大器的净输入电压)，通过反馈支路加到发射极。该电路输出 1 MHz 的正弦波，输出电

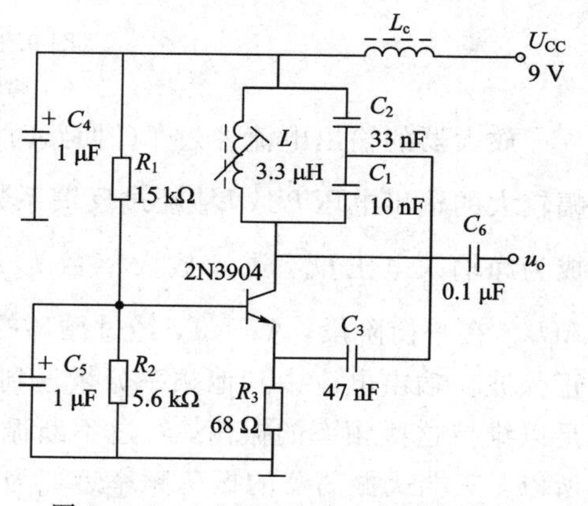

图 9.4.7 1 MHz 电容三端式振荡器

压 u_o 的峰峰值可以超过 9 V 的 U_{CC}，达到 12 V。

2. 石英晶体振荡器

正弦波振荡器的频率稳定度指由于元器件老化、温度变化等原因造成的振荡频率的相对变化。文氏桥振荡器的频率稳定度大约在 10^{-3} 量级，LC 正弦波振荡器的频率稳定度可以提高到 10^{-4} 量级。与它们相比，石英晶体振荡器不仅频率精度更高，频率稳定度更能达到 10^{-6} 量级。石英晶体振荡器普遍应用在单片机和计算机的时钟电路、测量仪器的信号发生电路、通信系统的主振荡电路等。

石英晶体振荡器在电路中引入了石英谐振器，石英谐振器起选频稳频的关键作用，其基础材料是石英晶体，如图 9.4.8(a)所示。按一定角度、一定大小和形状切割石英晶体，可得到石英晶体片，图 9.4.8(b)所示为 AT 切割的晶体片。晶体片可以产生高精度和高稳定度的机械振动，并通过一种称为“压电效应”的物理性质把机械振动表现为电谐振。为了把电谐振引入电路，需要在晶体片的两个侧面镀银，连接引线，并封装保护，这样就制成了石英谐振器，简称晶振。

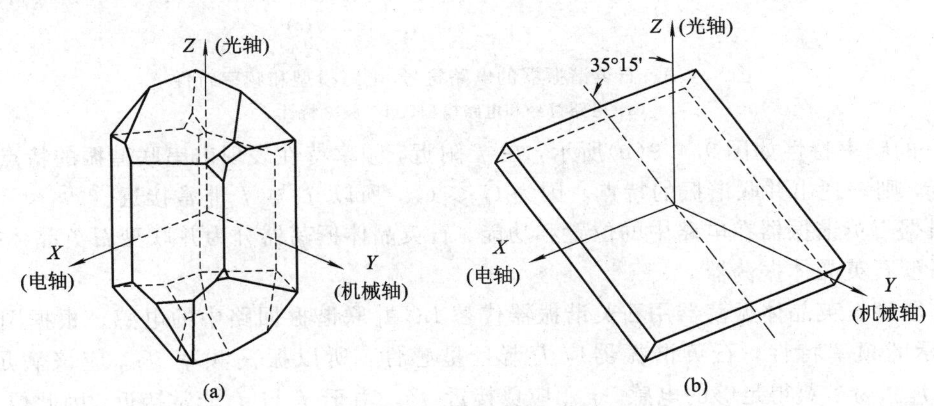

图 9.4.8　石英谐振器

(a) 石英晶体；(b) AT 切割的晶体片

石英谐振器的电路符号和电路模型如图 9.4.9(a)所示。石英谐振器可以在基音频率和近似为其整数倍的泛音频率上发生谐振，振荡器选用基音或奇次泛音频率工作。石英谐振器在所选频率附近的谐振特性等效为一个 LC 串并联谐振回路，其中包括四个元件。电容 C_0 是电极和引线的电容，取值一般为几皮法。与 C_0 并联的是电感 L_q、电容 C_q 和电阻 r_q 构成的串联支路。其中，L_q 取值在亨利量级，C_q 量级在 10^{-3} pF，r_q 则在一百欧姆左右。由于 L_q 很大，C_q 和 r_q 很小，因此石英谐振器的品质因数很高，由此决定了石英晶体振荡器具有很高的频率精度和稳定度。

根据电路模型，可以求得石英谐振器的阻抗 $\dot{Z}_e$。忽略很小的 r_q，有

$$\dot{Z}_e = jX_e = \frac{\dfrac{1}{j\omega C_0}\left(j\omega L_q + \dfrac{1}{j\omega C_q}\right)}{\dfrac{1}{j\omega C_0} + j\omega L_q + \dfrac{1}{j\omega C_q}} = \frac{1}{j2\pi f C_0}\frac{1-\dfrac{f_s^2}{f^2}}{1-\dfrac{f_p^2}{f^2}}$$

其中，串联谐振频率为

$$f_s=\frac{1}{2\pi\sqrt{L_q C_q}}$$

并联谐振频率为

$$f_p=\frac{1}{2\pi\sqrt{L_q\dfrac{C_0 C_q}{C_0+C_q}}}=f_s\sqrt{1+\frac{C_q}{C_0}}$$

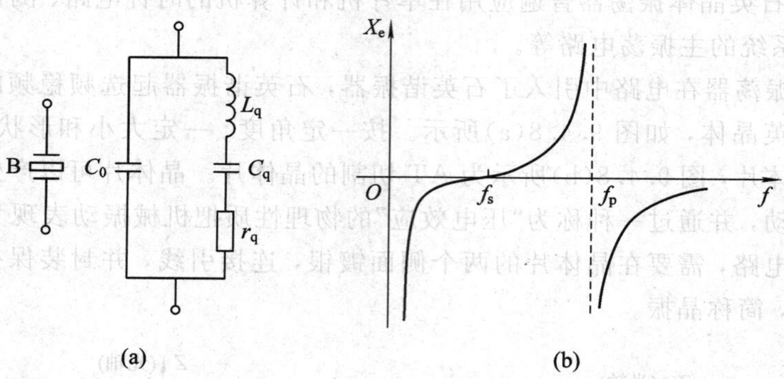

图 9.4.9　石英谐振器的电路符号、电路模型和频率特性

(a) 电路符号和电路模型；(b) 频率特性

X_e的频率特性如图 9.4.9(b)所示，在 f_s附近，频率特性表现出串联谐振的特点，而在 f_p附近，则表现出并联谐振的特点。因为 $C_q \ll C_0$，所以 f_s与 f_p非常接近。

根据石英谐振器在电路中的位置和功能，石英晶体振荡器分为并联型石英晶体振荡器和串联型石英晶体振荡器。

并联型石英晶体振荡器用石英谐振器代替 LC 并联谐振回路中的电感。根据图 9.4.9(b)所示的频率特性，石英谐振器应失谐且呈感性，所以振荡频率 f_{OSC}应该满足 $f_s<f_{OSC}<f_p$。为了获得足够的电感，f_{OSC}应更接近 f_p。由于 f_s与 f_p非常接近，因此位于其间的 f_{OSC}的变化范围很小，保证了振荡频率的精度和稳定度。

【例 9.4.1】　并联型石英晶体振荡器如图 9.4.10(a)、(b)所示，石英谐振器的基音频率为 1.4 MHz。计算振荡频率 f_{OSC}。

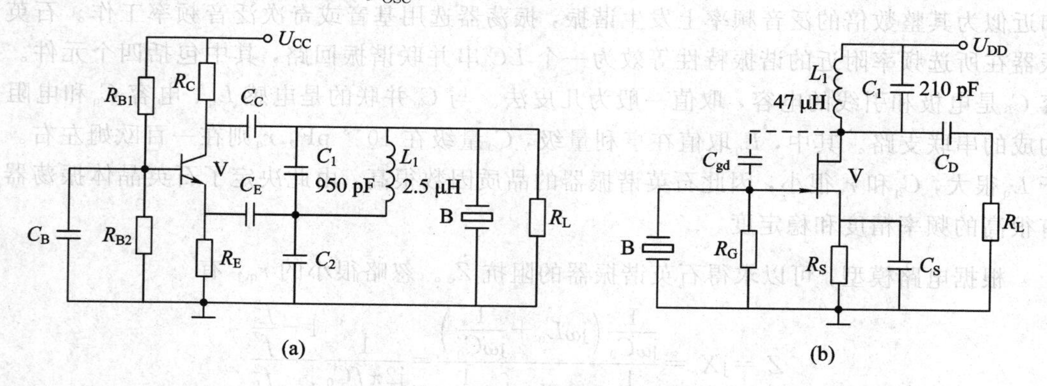

图 9.4.10　并联型石英晶体振荡器

(a) 皮尔斯振荡器；(b) 密勒振荡器

解　图 9.4.10(a)中的石英谐振器在直流通路中隔直流，在交流通路中用作电感，连接在晶体管的集电极和基极之间，构成电容三端式振荡器，该电路称为皮尔斯振荡器。电感 L_1 和电容 C_1 构成的局部 LC 并联谐振回路失谐工作，石英谐振器、L_1C_1 回路和电容 C_2 与晶体管的连接满足"射同基反"的设计要求，因此 L_1C_1 回路应该容性失谐。L_1C_1 回路的谐振频率 $f_0=1/(2\pi\sqrt{L_1C_1})=3.27$ MHz，容性失谐要求振荡频率 $f_{OSC}>f_0$，所以 f_{OSC} 取三次泛音频率 4.2 MHz。

石英谐振器用作电感，交流连接在晶体管的基极和发射极之间，构成的电感三端式振荡器称为密勒振荡器。为了避免晶体管较小的 r_{be} 影响石英谐振器的品质因数，可以用场效应管代替晶体管构成放大器，如图 9.4.10(b)所示。电感 L_1 和电容 C_1 构成局部的 LC 并联谐振回路并失谐工作，石英谐振器、L_1C_1 回路和场效应管的极间电容 C_{gd} 与场效应管的连接满足"源同栅反"的设计要求，因此 L_1C_1 回路应该感性失谐。L_1C_1 回路的谐振频率 $f_0=1/(2\pi\sqrt{L_1C_1})=1.60$ MHz，感性失谐要求振荡频率 $f_{OSC}<f_0$，所以 f_{OSC} 取基音频率 1.4 MHz。

串联型石英晶体振荡器中，石英谐振器添加在正反馈支路中，等效为一个谐振频率为串联谐振频率 f_s 的 LC 串联谐振回路。只有频率等于 f_s 的频率分量被谐振短路，通过反馈支路形成正反馈，其他的频率分量经过石英谐振器时，石英谐振器对其失谐开路，无法形成反馈。所以，电路的振荡频率 $f_{OSC}=f_s$。

【例 9.4.2】　串联型石英晶体振荡器如图 9.4.11 所示，石英谐振器的基音频率为 4.9 MHz。计算振荡频率 f_{OSC}。

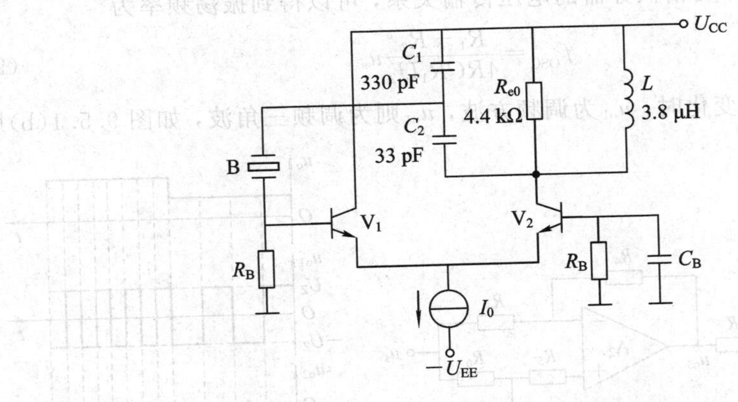

图 9.4.11　串联型石英晶体振荡器

解　电感 L 和电容 C_1、C_2 构成 LC 并联谐振回路，谐振频率为

$$f_0=\frac{\omega_0}{2\pi}=\frac{1}{2\pi\sqrt{L\dfrac{C_1C_2}{C_1+C_2}}}=\frac{93.7\times10^6\ \text{rad/s}}{2\ \pi\ \text{rad}}\approx14.9\ \text{MHz}$$

品质因数 $Q=R_{e0}/(\omega_0L)=4.4\ \text{k}\Omega/(93.7\times10^6\ \text{rad/s}\times3.8\ \mu\text{H})\approx12.4$，带宽 $BW_{BPF}=f_0/Q=14.9\ \text{MHz}/12.4\approx1.2$ MHz。LC 回路的第一次选频可以在 14.3～15.5 MHz 的通带内生成各个频率的电压，石英谐振器的三次泛音的串联谐振频率 f_{s3} 约为 14.7 MHz，落在 LC 回路的通带内，经过石英谐振器的第二次选频，f_{OSC} 取 f_{s3}，即 14.7 MHz。

9.5 工程应用实例

弛张振荡器的振荡频率取决于电路内部的元件参数，如果引入控制信号，调节积分器的输入电压，则可以改变积分出的三角波的上升和下降速度，使其更快或更慢地到达门限电压，从而改变振荡频率，得到频率随控制信号变化的调频方波和三角波。

基于双运放弛张振荡器的调频方波和三角波产生器如图 9.5.1(a)所示。集成运算放大器 A_1 构成反相迟滞比较器，经过变容二极管 VD_{Z1} 和 VD_{Z2} 的双向限幅，输出电压 u_{o1} 取值为稳定电压 U_Z 或 $-U_Z$。二极管 VD 构成半波整流电路，整流输出电压 $u_{o2}=0$ 或 $u_{o2}=-U_Z$。场效应管用作电子开关，由 u_{o2} 决定其闭合或打开。当 $u_{o1}=U_Z$ 时，$u_{o2}=0$，场效应管开关闭合，电阻 R_5 右端接地，集成运放 A_2 对控制信号 u_s 构成反向比例放大器，输出电压 $u_{o3}=-u_s$；当 $u_{o1}=-U_Z$ 时，$u_{o2}=-U_Z$，场效应管开关打开，电阻 R_5 右端悬空，A_2 的同相端电压是 u_s，$u_{o3}=u_s$。因此 VD 和 A_2 构成的局部电路在 u_s 前添加了正负号，又称为符号电路。集成运放 A_3 构成反相积分器，$u_{o1}=U_Z$ 时，$u_{o3}=-u_s$，输出电压 u_{o4} 上升，作为反向迟滞比较器的反相端电压，当 u_{o4} 超过上门限电压 $U_{TH}=\dfrac{R_1}{R_1+R_2}U_Z$ 时，比较结果变化，$u_{o1}=-U_Z$，这时 $u_{o3}=u_s$，输出电压 u_{o4} 下降，当 u_{o4} 超过下门限电压 $U_{TL}=-\dfrac{R_1}{R_1+R_2}U_Z$ 时，比较结果再次变化。周而复始，u_{o1} 成为方波，u_{o4} 则为三角波。

根据 u_{o2} 的峰峰值和反相积分器的电压传输关系，可以得到振荡频率为

$$f_{OSC}=\frac{R_1+R_2}{4RCR_1U_Z}u_s \tag{9.5.1}$$

f_{OSC} 与 u_s 成正比，当 u_s 变化时，u_{o1} 为调频方波，u_{o4} 则为调频三角波，如图 9.5.1(b)所示。

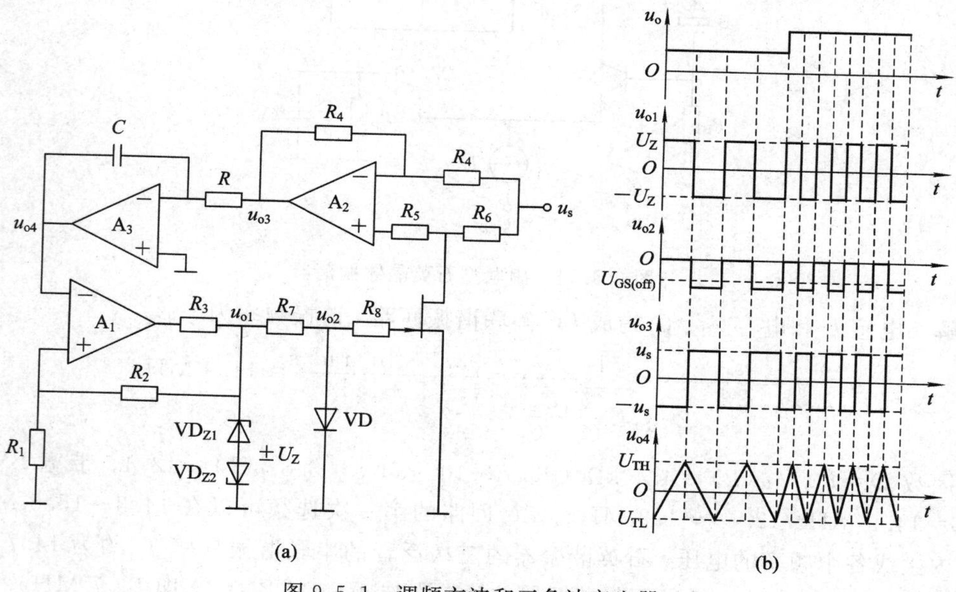

图 9.5.1　调频方波和三角波产生器

(a) 电路；(b) 波形

思考题与习题

9-1　高输入阻抗绝对值电路如图 P9-1 所示，$R_1=R_2=R_{f1}=0.5R_{f2}$。推导输出电压 u_o与输入电压 u_i的关系表达式。

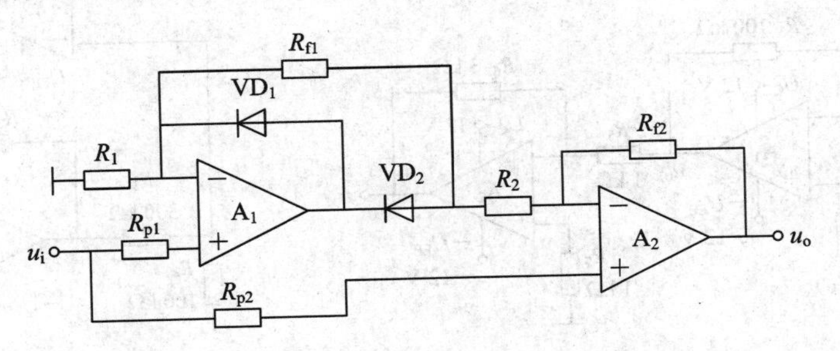

图 P9-1

9-2　电路如图 P9-2 所示，电容 C 的初始电压为零。

(1) 说明集成运算放大器 A_1、A_2和 A_3各自组成的电路的功能。

(2) 当输入电压 $u_i=8\sin\omega t$ V 时，作出各级输出电压 u_{o1}、u_{o2}和 u_{o3}的波形。

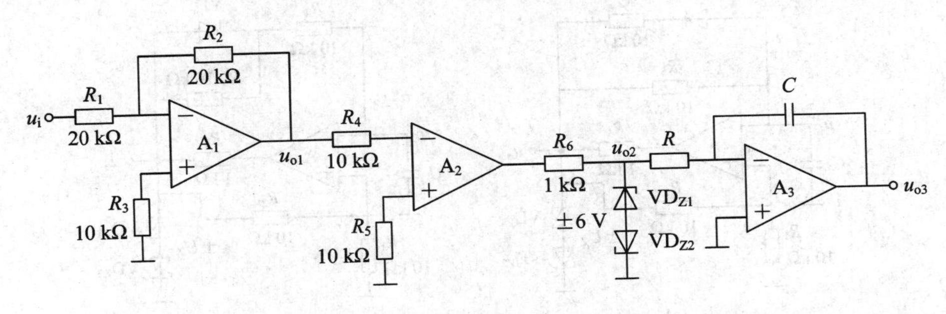

图 P9-2

9-3　电路如图 P9-3 所示。

(1) 说明集成运算放大器 A_1、A_2各自组成的电路的功能。

(2) 设 $t=0$ 时，电容 C 的电量为零，$u_{o2}=-12$ V，输入电压 u_i为 1 V 的阶跃信号。作出各级输出电压 u_{o1}和 u_{o2}的波形，确定 u_{o2}产生跳变的时刻 t_1。

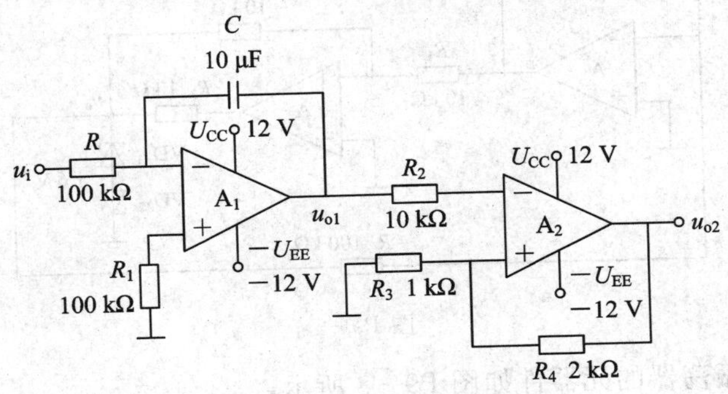

图 P9-3

9－4　电路如图 P9－4 所示，输入电压 $u_i=0.8\sin\omega t$ V。

（1）说明集成运算放大器 A_1、A_2 各自组成的电路的功能。

（2）作出各级输出电压 u_{o1} 和 u_{o2} 的波形。

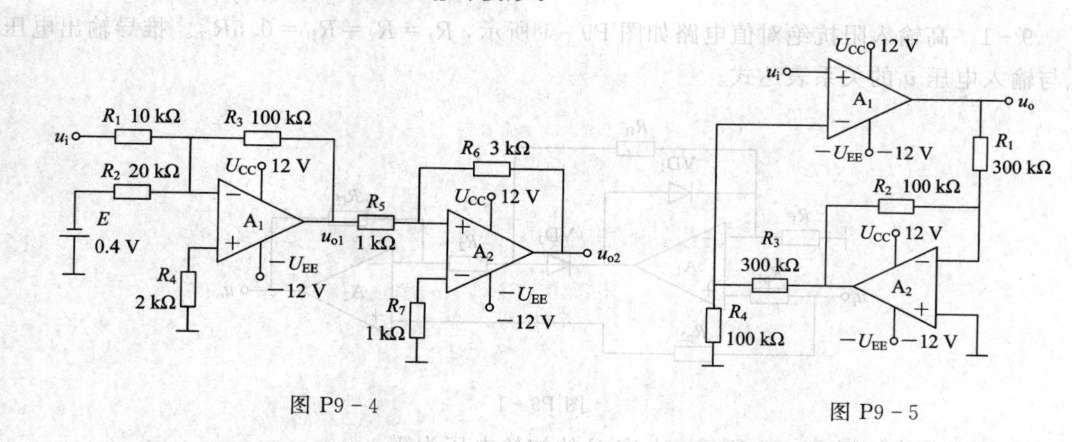

图 P9－4　　　　图 P9－5

9－5　电路如图 P9－5 所示，输入电压 $u_i=2\sin\omega t$ V，画出输出电压 u_o 的波形。

9－6　定性画出图 P9－6 中弛张振荡器的输出电压 u_o 和电容电压 u_C 的波形。

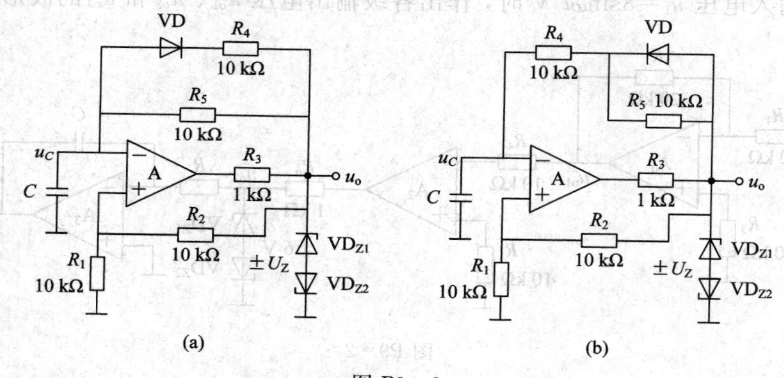

图 P9－6

9－7　电路如图 P9－7 所示，作出输出电压 u_o 和电容电压 u_C 的波形，计算振荡频率 f_{OSC}。

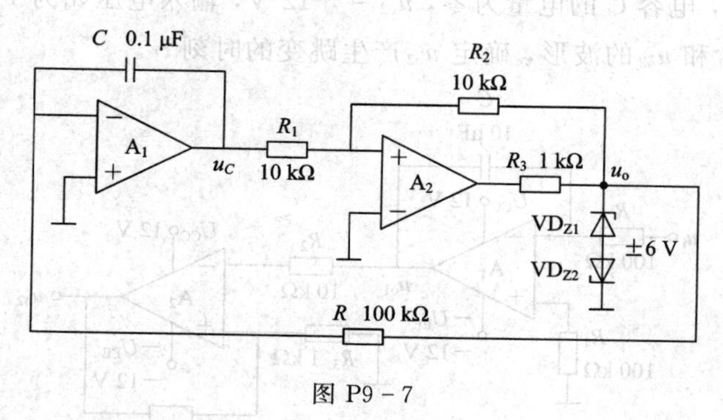

图 P9－7

9－8　文氏桥振荡器的元器件如图 P9－8 所示。

（1）连接元器件，构成正确电路。

(2) 标出集成运算放大器的同相端和反相端。

(3) 推导振荡频率 f_{OSC} 和振幅起振条件的表达式。

9-9 三端式振荡器如图 P9-9 所示。

(1) 判断振荡器的类型。

(2) 计算振荡频率 f_{OSC} 和正反馈系数 $\dot{F}$。

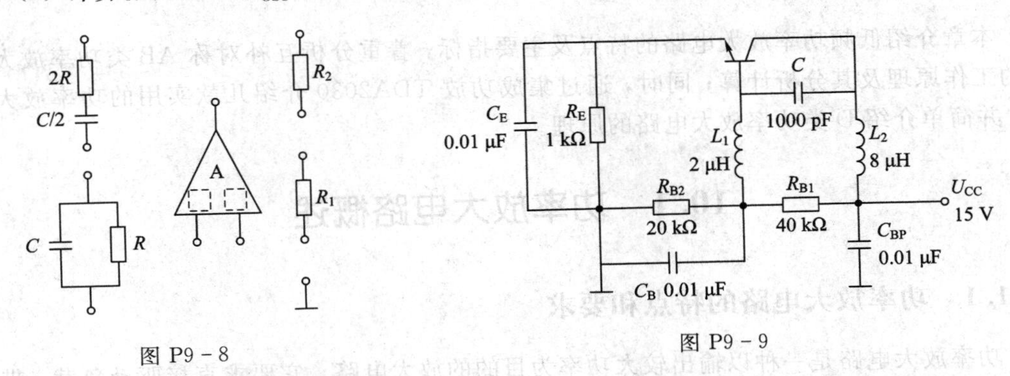

图 P9-8　　　　图 P9-9

9-10 石英晶体振荡器如图 P9-10 所示。

(1) 该电路属于何种类型的石英晶体振荡器？石英谐振器的功能是什么？

(2) 计算振荡频率 f_{OSC}。

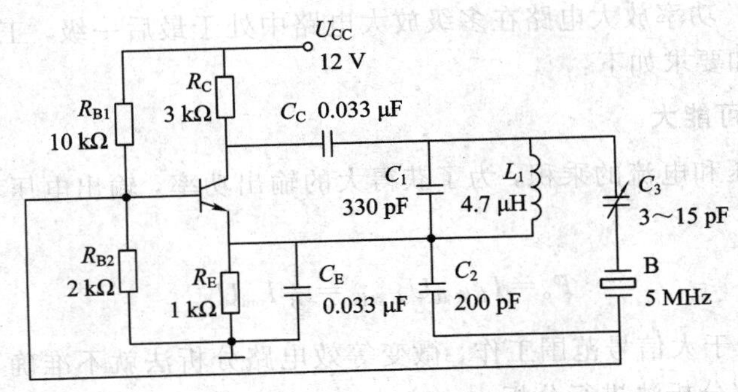

图 P9-10

9-11 石英晶体振荡器如图 P9-11 所示。

(1) 该电路属于何种类型的石英晶体振荡器？石英谐振器的功能是什么？

(2) 计算振荡频率 f_{OSC}。

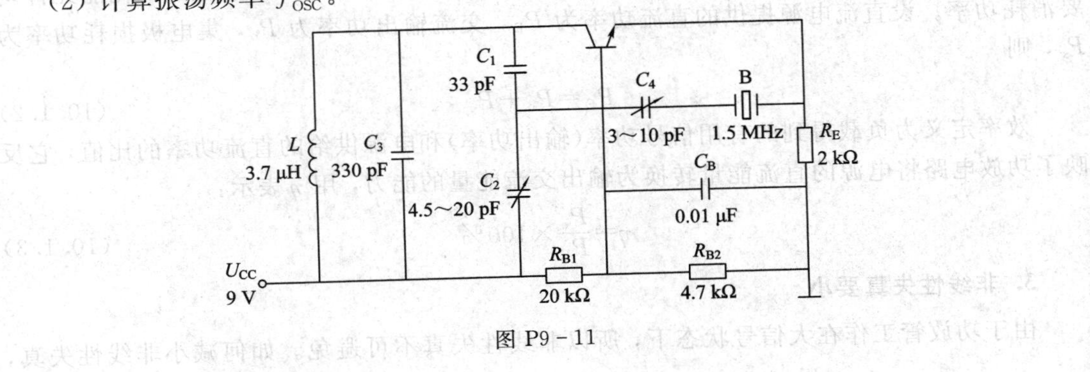

图 P9-11

第10章 低频功率放大电路

本章介绍低频功率放大电路的特点及主要指标，着重分析互补对称AB类功率放大电路的工作原理及其分析计算；同时，通过集成功放TDA2030介绍几款实用的功率放大电路，并简单介绍D类功率放大电路的原理。

10.1 功率放大电路概述

10.1.1 功率放大电路的特点和要求

功率放大电路是一种以输出较大功率为目的的放大电路。它要求直接驱动负载，带负载能力要强，其主要任务是不失真地给负载(如使喇叭发声、驱动电机运转等)提供足够大的输出可控的功率。从能量转换的观点看，功率放大电路与电压放大电路并无本质上的差别，只是考虑问题的侧重点不同，电压放大电路是放大输入信号电压，而功率放大电路是放大输入信号功率。功率放大电路在多级放大电路中处于最后一级，工作在大功率、大信号状态下，其特点和要求如下：

1. 输出功率尽可能大

由于功率是电压和电流的乘积，为了获得大的输出功率，输出电压和电流都要求有足够大的幅度，即

$$P_o = I_{有效值}U_{有效值} = \frac{1}{2}I_{om}U_{om} \tag{10.1.1}$$

显然，功放管处于大信号范围工作，微变等效电路分析法就不准确了，所以在功率放大电路中应采用图解分析法进行分析。

2. 效率要高

对功放电路来讲，由于负载得到的有用功率(输出功率)是在输入信号的控制下，通过功放管的作用由直流电源提供的能量转换而来。在转换时，功放管和电路中的耗能元件均要消耗功率。设直流电源提供的直流功率为P_E，交流输出功率为P_o，集电极损耗功率为P_c，则

$$P_E = P_o + P_c \tag{10.1.2}$$

效率定义为负载得到的有用信号功率(输出功率)和电源供给的直流功率的比值，它反映了功放电路将电源的直流能量转换为输出交流能量的能力，用η表示：

$$\eta = \frac{P_o}{P_E} \times 100\% \tag{10.1.3}$$

3. 非线性失真要小

由于功放管工作在大信号状态下，所以非线性失真不可避免。如何减小非线性失真，

同时又得到大的交流输出功率，这就使输出功率和非线性失真成为一对主要矛盾，这也是功放电路设计者必须要考虑的问题之一。

4. 功率器件的安全问题

在功放电路中，有相当多的功率消耗在功放管的集电结上，它使管子的结温和管壳温度升高。为了充分利用允许的管耗而使管子输出足够大的功率，同时也为了保证功放管要安全可靠地运行，必须要限制其功耗、最大电流和管子承受的反压，所以功放管要有良好的散热条件和适当的过流、过压保护措施。

综上所述，对功率放大电路的要求是：在高效率、非线性失真小、安全可靠工作的前提下，要向负载提供只够大的输出功率。

10.1.2　功率放大电路的工作状态

功率放大电路根据功放管在输入正弦信号的一个周期内的导通情况，可将功率放大电路分为下列三种工作状态，如图 10.1.1 所示。

1. A 类工作状态

如图 10.1.1 所示，在输入正弦信号的一个周期内功放管都导通，都有电流流过功放管。即 I_{CQ}不为零，功放管的导通角 $\theta=360°$。

特点：静态电流 I_{CQ}大。动态时，整个信号周期内有电流，非线性失真小，管耗大，且效率最低。该状态用于小信号放大，在功率放大电路中较少应用。

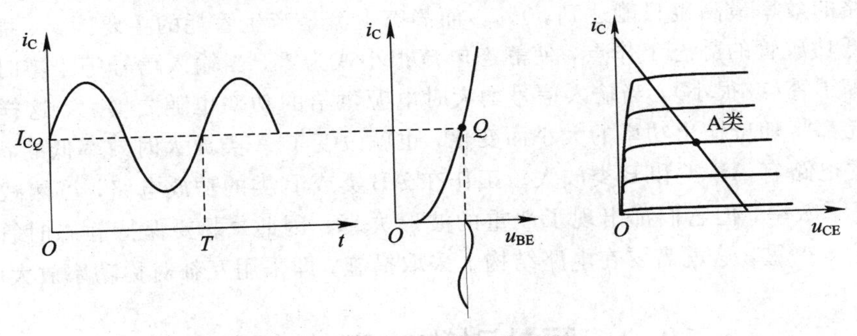

图 10.1.1　A 类工作状态

2. B 类工作状态

如图 10.1.2 所示，在输入正弦信号的一个周期内，只有信号半个周期功放管导通，另外半个周期功放管截止，导通角 $\theta=180°$。

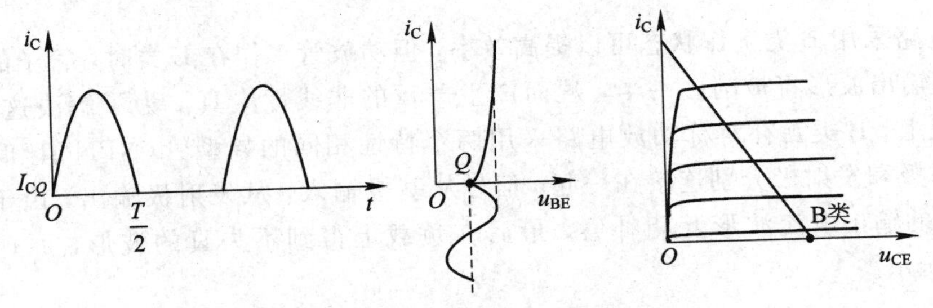

图 10.1.2　B 类工作状态

特点：静态电流 I_{CQ} 等于零。动态时，半个周期内无电流，效率较高，但非线性失真大。

3. AB 类工作状态

如图 10.1.3 所示，它介于 A 类与 B 类工作状态之间。在这种状态下，功放管中的电流流通时间大于信号的半个周期，而小于整个周期，静态电流 I_{CQ} 较小且不等于零，导通角 $180° < \theta < 360°$。

特点：静态电流 I_{CQ} 较小，静态功耗也较小。动态时，功放管中的电流流通时间大于信号的半个周期，而小于整个周期。这种工作状态兼有 A 类失真小和 B 类效率高的优点，是 A 类和 B 类的折中方案，用于低频功率放大电路。

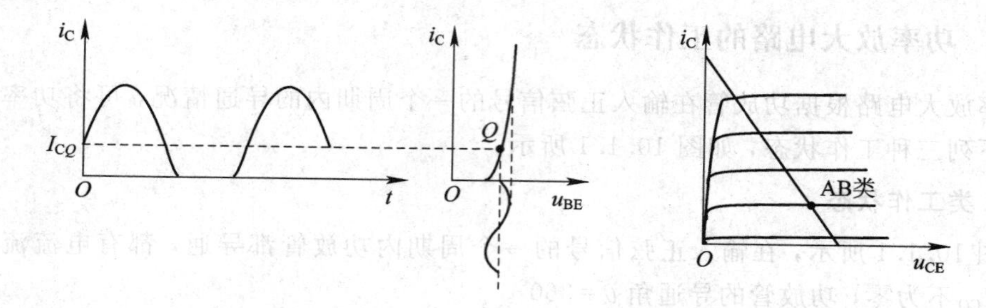

图 10.1.3 AB 类工作状态

由上面的分析可知，A 类功放电路的效率是较低的，可以证明，即使在理想情况下，A 类功放电路的效率最高也只能达到 50%。而静态电流是产生管耗的主要因素，提高效率应尽可能降低功放管的静态工作点，使静态电流很小或为零，当输入信号等于零时电源供给的功率也等于零(或很小)，当输入信号增大时电源供给的功率也随之增大，这样电源供给功率和管耗都将随着输出功率的大小而变化，也就改变了 A 类放大时效率低的状况，实现上述设想的电路有 AB 类和 B 类放大。工作在 AB 类或 B 类的功放电路，虽然减小了静态功耗，提高了效率，但它们都出现了严重的波形失真。因此，既要保持静态时管耗小，又要使失真不太严重，这就需要在电路结构上采取措施，即采用互补对称功率放大电路。

10.2 互补对称功率放大电路

10.2.1 B 类互补对称功率放大电路

1. 电路组成

功放电路采用 B 类工作状态可以提高效率，但功放管工作在 B 类时，管子的静态工作电流为零，输出波形将被削去一半，从而产生严重的非线性失真。为了解决这一对矛盾，在电路组成上，B 类互补对称功放电路采用两个特性相同的异型管(NPN 管和 PNP 管)，将两管的基极和发射极分别连接在一起，信号从基极输入，从发射极输出，由于电路结构对称，两管的输出电流波形互相补偿，最后在负载上得到不失真的波形，原理电路如图 10.2.1(a)所示。

2. 工作原理

静态($u_i=0$)时，由于该电路无基极偏置，两管基极的静态电位为零，所以 V_1、V_2 均不导通，处于截止状态，静态工作电流 $I_{CQ}=0$，所以该电路为 B 类功放电路。

动态($u_i\neq0$)时，假设两管发射结导通电压为零(不考虑结电压 0.7 V)，在输入信号正半周时($u_i>0$)，V_1 管发射结因加正向电压而导通，V_2 管截止，V_1 管工作承担放大任务，集电极电流 i_{C1} 流过负载 R_L；在输入信号负半周时($u_i<0$)，V_1 管截止，而 V_2 管加正向电压导通承担放大任务，集电极电流 i_{C2} 流过负载 R_L，但方向与正半周相反，电流波形如图 10.2.1(b)、(c)所示。

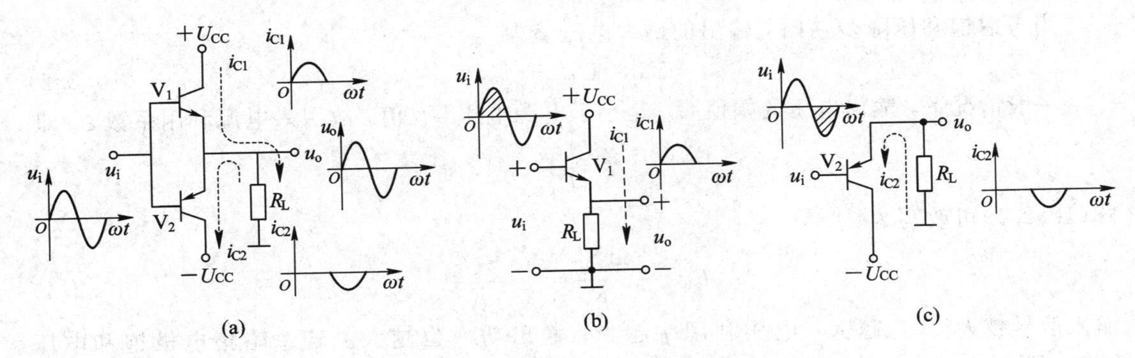

图 10.2.1　双电源互补对称功放电路

(a) 电路图；(b) 正半周；(c) 负半周

显然，在输入信号一个周期内，一个管子在正半周工作，而另一个管子则在负半周工作，两个管子互补对方不能导通的半个周期的波形，在负载 R_L 上得到一个完整的输出波形。该电路由于两异型管特性参数相同、结构对称，并且正负电源相等，故又称之为互补对称功率放大电路。互补电路解决了 B 类放大电路中效率与失真的矛盾。

3. 指标分析计算

双电源互补对称功率放大电路的集电极电流和电压波形如图 10.2.2 所示。它是将 V_2 管导通特性倒置后与 V_1 管导通特性画在一起，让静态工作点 Q 重合，形成两管合成曲线。

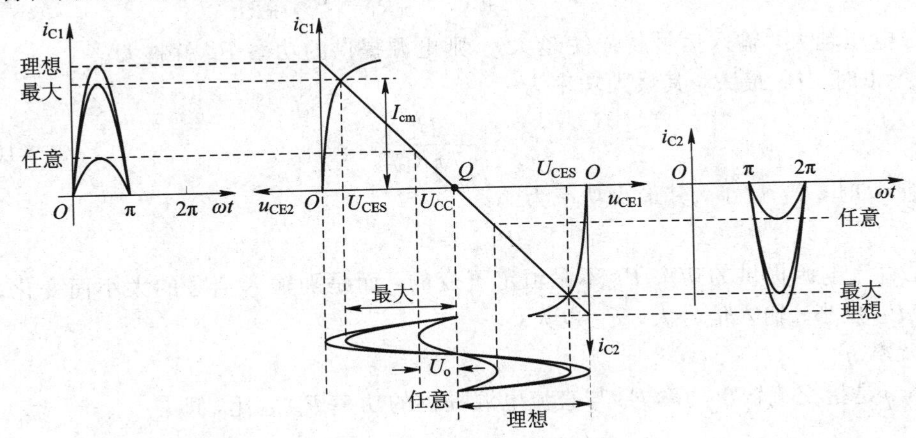

图 10.2.2　双电源互补对称电路的图解分析

图中分别画出了功放输出波形的三种情况。

(1) 任意状态：$U_{om}=U_{in}$(因为是共集组态 $A_u=U_{om}/U_{in}\approx 1$)；

(2) 最大状态：$U_{om}=U_{CC}-U_{CES}$(式中 U_{CES} 为集电极饱和电压)；

(3) 理想状态：$U_{om}\approx U_{CC}$(不考虑 U_{CES})。

下面介绍有关指标的计算。

1) 输出功率 P_o

负载 R_L 上获得的平均功率称为功放电路的输出功率，即

$$P_o=\frac{I_{om}}{\sqrt{2}}\cdot\frac{U_{om}}{\sqrt{2}}=\frac{1}{2}I_{om}U_{om}=\frac{1}{2}\frac{U_{om}^2}{R_L} \tag{10.2.1}$$

当考虑饱和压降 U_{CES} 时，输出的最大电压值为

$$U_{om}=U_{CC}-U_{CES} \tag{10.2.2}$$

一般情况下，输出电压的幅值 U_{om} 是小于电源电压 U_{CC} 值，故引入电源利用系数 ξ，即

$$\xi=\frac{U_{om}}{U_{CC}} \tag{10.2.3}$$

式(10.2.1)可改写为

$$P_o=\frac{1}{2}\frac{U_{om}^2}{R_L}=\frac{1}{2}\frac{\xi^2U_{CC}^2}{R_L} \tag{10.2.4}$$

输入信号越大，U_{om} 越大，电压利用率越大，输出功率也越大。若忽略集电极饱和电压 U_{CES}，则 $\xi_{max}=1$，故理想状态下的最大输出功率 P_{om} 为

$$P_{om}=\frac{1}{2}\frac{U_{CC}^2}{R_L} \tag{10.2.5}$$

2) 直流电源提供的功率 P_E

由于每个晶体管的集电极电流为半个周期的正弦波，用傅立叶级数展开，其电流的平均值 I_o 为

$$I_o=\frac{1}{2\pi}\int_0^{\pi}I_{cm}\sin\omega t\,d(\omega t)=\frac{I_{cm}}{\pi} \tag{10.2.6}$$

因此，两个电源提供的总平均功率为

$$P_E=2I_oU_{CC}=\frac{2I_{cm}U_{CC}}{\pi}=\frac{2U_{om}}{\pi R_L}U_{CC}=\frac{2U_{CC}^2}{\pi R_L}\xi \tag{10.2.7}$$

可见电源电压越大，输入信号越强(ξ 越大)，则电源提供的功率 P_E 就越大。

当 $\xi=1$ 时，P_E 最大，其最大功率为

$$P_{Emax}=\frac{2U_{CC}^2}{\pi R_L} \tag{10.2.8}$$

当 $\xi=0$ 时，P_E 最小，其最小功率为

$$P_{Emin}=0 \tag{10.2.9}$$

可见直流电源提供的功率 P_E 不是恒定不变的，而是随输入信号的大小而变化。输入信号小，P_E 也小；输入信号大，P_E 也大。

3) 效率 η

效率 η 是指交流输出功率 P_o 与直流电源提供的功率 P_E 之比，即

$$\eta=\frac{P_o}{P_E}\times 100\%=\frac{\pi\xi}{4}\times 100\% \tag{10.2.10}$$

在理想情况下($\xi=1$ 时)，效率达到最高：

$$\eta=\frac{\pi}{4}=78.5\% \tag{10.2.11}$$

考虑到管子的饱和压降和电阻等元件上的损耗，实际功放电路的效率一般在 60% 左右。

4) 最大管耗 P_C 与最大输出功率 P_o 的关系

每只管子的管耗 P_C 等于每管直流电源输入功率与每管输出交流功率之差。

单管管耗为

$$P_C=\frac{P_E}{2}-\frac{P_o}{2}=\frac{U_{CC}}{\pi}\frac{U_o}{R_L}-\frac{1}{4}\frac{U_o^2}{R_L} \tag{10.2.12}$$

可见，每个管子的管耗 P_C 是输出信号振幅的函数。无输入信号时，管子的管耗为零。当输入信号较小时，输出功率较小，管耗也小，这是容易理解的。但能否认为，输入信号愈大，输出功率也愈大，管耗就愈大呢？答案是否定的。那么，最大管耗发生在什么情况下呢？

由式(10.2.12)可知，管耗 P_C 是输出电压幅值 U_o 的函数，因此，可以用求极值的方法来求解。现将 P_C 对 U_o 求导，可得出最大管耗 P_{Cm}。

令

$$\frac{dP_C}{dU_o}=\frac{1}{R_L}\left(\frac{U_{CC}}{\pi}-\frac{1}{2}U_o\right)=0 \tag{10.2.13}$$

得出：当 $U_o=\frac{2}{\pi}U_{CC}$ 时，每管的管耗最大：

$$P_{Cm}=\frac{1}{R_L}\left[\frac{U_{CC}}{\pi}\cdot\frac{2}{\pi}U_{CC}-\frac{1}{4}\left(\frac{2}{\pi}U_{CC}\right)^2\right]=\frac{1}{\pi^2}\frac{U_{CC}^2}{R_L} \tag{10.2.14}$$

那么，我们可以得出一个重要结论，即最大管耗 P_{Cm} 与最大输出功率的关系为

$$\frac{P_{Cm}}{P_{om}}=\frac{\frac{1}{\pi^2}\frac{U_{CC}^2}{R_L}}{\frac{1}{2}\frac{U_{CC}^2}{R_L}}=\frac{2}{\pi^2}\approx 0.2 \tag{10.2.15}$$

式(10.2.15)提供了我们选择功率管管耗的依据。例如，若负载要求的最大功率 $P_{om}=10$ W，那么只要选一个管耗 P_{Cm} 大于 $0.2P_{om}=2$ W 的功率管就行了。当然，在实际选管子时，还应留有充分的安全余量，因为上面的计算是在理想情况下进行的。

5) 选择功率管

在功率放大电路中，为了输出较大的信号功率，功率放大管承受的电压要高，通过的电流要大，功率管损坏的可能性也就比较大，所以功率管的参数选择不容忽视。为保证功率管的安全和输出功率的要求，电源及功率管参数的选择原则如下：

(1) 电源电压的选择。已知 P_{om} 及 R_L，选 U_{CC}，则

$$P_{om}=\frac{1}{2}\frac{U_{CC}^2}{R_L}$$

$$U_{CC}\geqslant\sqrt{2P_{om}R_L} \tag{10.2.16}$$

(2) 功率管集电极的最大允许管耗的选择。对一个功率管而言，其最大管耗为

$$P_{CM}\geqslant P_{Cm}=0.2P_{om} \tag{10.2.17}$$

(3) 功率管的最大反压的选择。由图 10.2.1 可知，当信号最大时，一管趋于饱和，而另一管趋于截止，截止管承受的最大反压为电源电压的两倍。因此，功率管耐压必须大于 $2U_{CC}$，即

$$U_{(BR)CEO} \geqslant 2U_{CC} \tag{10.2.18}$$

(4) 功率管允许的最大集电极电流的选择。由图 10.2.1 知，V_1 管饱和导通时，V_2 管将截止，此时 V_1 管的射极电压为 U_{CC}，故

$$I_{CM} \geqslant I_{Cm} = \frac{U_{CC}}{R_L} \tag{10.2.19}$$

综上所述，对于 B 类互补对称功率放大电路两功率管的安全情况，在选择功率管时一般应考虑三个极限参数，即集电极最大允许功率损耗 P_{CM}（管耗）、集电极最大允许电流 I_{CM} 和集电极-发射极间的反向击穿电压 $U_{(BR)CEO}$。

4. 交越失真

实际的 B 类互补对称电路如图 10.2.3(a)所示，由于没有直流偏置，因此只有当输入信号 u_i 大于管子的门限结电压(NPN 硅管约为 0.7 V，PNP 锗管约为 0.3 V)时，管子才能导通。当输入信号 u_i 低于这个数值时，V_1 和 V_2 都截止，i_{C1} 和 i_{C2} 基本为零，负载 R_L 上无电流通过，出现一段死区，如图 10.2.3(b)所示，这种现象称为交越失真。

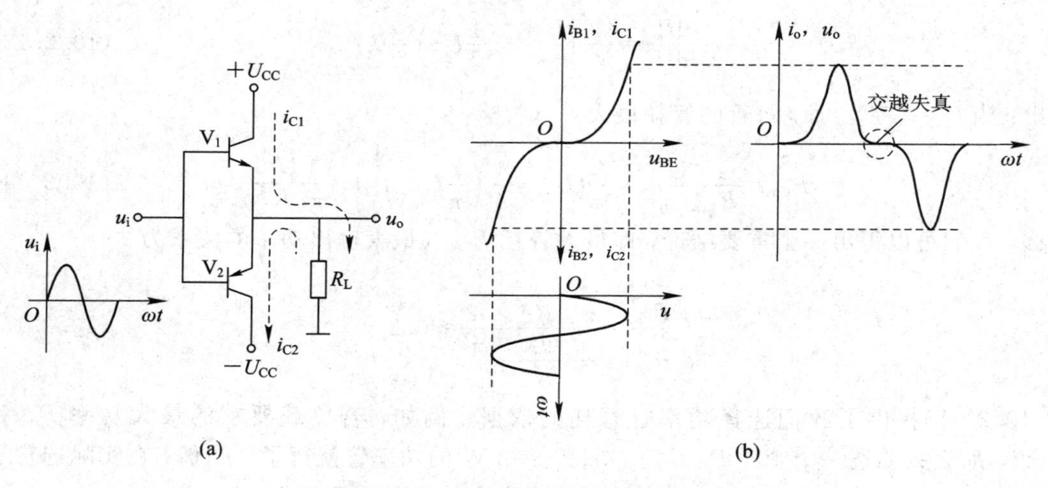

图 10.2.3　B 类互补对称功率放大电路的交越失真

(a) 电路图；(b) 波形图

10.2.2　AB 类互补对称功率放大电路

1. AB 类双电源互补对称功率放大电路

为了克服 B 类互补对称电路产生的交越失真，需要给两管发射结设置一个正向偏置电压，该值稍大于门限结电压，使每一个管子处于微导通状态，其工作在 AB 类状态，导通角 $\theta > 180°$，在靠近截止区附近有一小段两管是同时导通的，因此两管电流叠加后可消除交越失真，如图 10.2.4 所示。

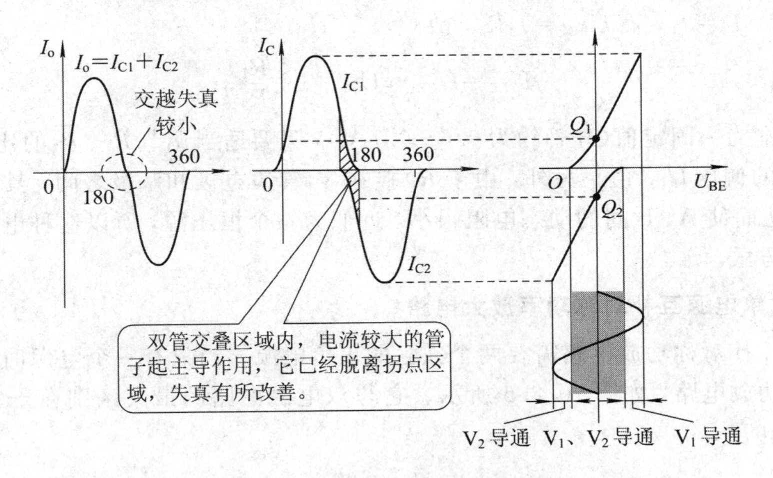

图 10.2.4　工作在AB类状态消除了交越失真

1）二极管偏置方式

图 10.2.5(a)电路利用二极管 VD_1、VD_2的正向压降，为 V_1、V_2管提供正向偏压，从而消除了交越失真。

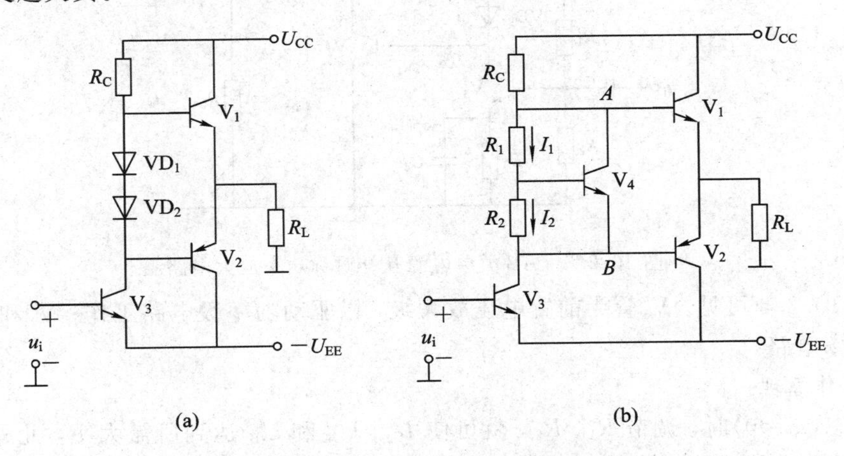

图 10.2.5　AB类双电源互补对称电路

(a) 二极管偏置方式；(b) 模拟电压源偏置方式

图 10.2.5(a)中，V_3组成前置放大器(注意，图中未画出 V_3的偏置电路)，给功放电路提供足够的偏置电流；V_1和 V_2组成互补对称功率放大电路。

静态时 V_1、V_2两管发射结电位分别为二极管 VD_1、VD_2的正向导通压降，致使两管均处于微弱导通状态，工作在 AB类。这样，即使 u_i 很小(VD_1和 VD_2的交流电阻也小)，基本上也能线性地进行放大。该偏置方式的缺点是偏置电压不易调整，改进方法是采用模拟电压源偏置方式。

2）模拟电压源偏置方式

模拟电压源偏置方式如图 10.2.5(b)所示。图中，流入 V_4的基极电流远小于流过 R_1、R_2的电流，则由图可求出：

$$U_{AB}=U_{CE4}=I_1R_1+U_{BE4} \tag{10.2.20}$$

当忽略 I_{B4} 时，$I_2=I_1$，而 $U_{BE4}=I_2R_2$，故

$$U_{AB}=U_{CE4}\approx U_{BE4}\left(1+\frac{R_1}{R_2}\right) \tag{10.2.21}$$

由于 U_{BE4} 基本为一固定值(硅管约为 0.6～0.7 V)，只要适当调节 R_1、R_2 的比值，就可改变 V_1、V_2 两管的偏压 U_{CE4} 值。另外，由于 R_1 接在 V_4 管集电极和基极之间，具有并联电压负反馈作用，从而使 A、B 间的动态电阻很小，近似为一个恒压源，所以这种电路也称为模拟电压源偏置方式。

2. AB 类单电源互补对称功率放大电路

双电源互补对称功放电路需要两个独立的正负电源。当只有一个电源时，可采用单电源互补对称功放电路，如图 10.2.6 所示。它与双电源电路的最大区别在于输出端要接一个大容量的电容 C_2。

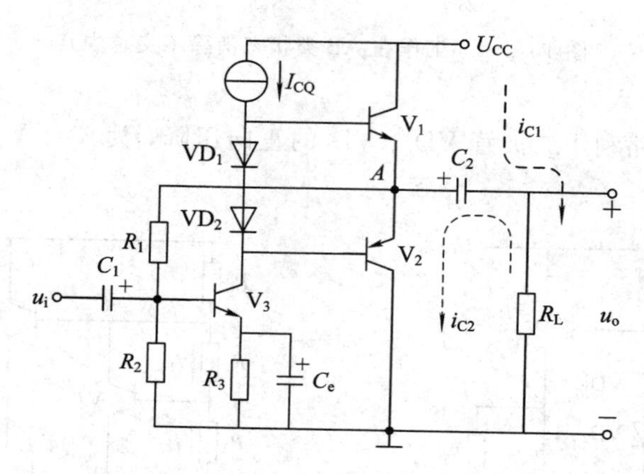

图 10.2.6　AB 类单电源互补对称功率放大电路

由图 10.2.6 可见，V_3 管为前置电压放大级，以驱动功率级电路工作；V_1 和 V_2 组成互补对称功率电路。

1) 工作原理

在静态($u_i=0$)时，调节 R_1、R_2，就可使 I_{C3}、U_{B2} 和 U_{B1} 达到所需大小，此外还有两个作用：一是给 V_1 和 V_2 提供一个合适的偏置电压，以消除交越失真；二是可使 A 点电位 $U_A=\frac{1}{2}U_{CC}$。因为 C_2 的充放电时间常数远大于交流信号的半个周期，所以两个功放管轮流导通时，大容量电容 C_2 两端的电压基本不变，电容 C_2 上的直流电位也为 $U_{CC}/2$。它取代了双电源功放电路中的负电源，充当电源角色。

在动态($u_i\neq0$)时，在输入信号的负半周，V_1 导通、V_2 截止，电流通过电源 U_{CC}、V_1 管的集电极和发射极、负载 R_L 向大电容 C_2 充电，在负载 R_L 上得正半周信号；在输入信号的正半周，大电容 C_2 放电代替电源向 V_2 提供电流，由于其容量很大，故放电时间常数远大于输入信号周期，其上的电压可视为恒定不变。此时 V_1 截止，V_2 导通，电流通过大电容 C_2、V_2 管的发射极和集电极、地与负载 R_L，在负载 R_L 上得到负半周信号。

2) 分析计算

采用一个电源的互补对称功率电路，由于每个管子的工作电压不是原来的 U_{CC}，而是 $U_{CC}/2$，即输出电压幅值 U_{om} 最大也只能达到约 $U_{CC}/2$，所以前面导出的功率电路相关参数

的计算公式，必须加以修正才能使用。修正的方法也很简单，只要以 $U_{CC}/2$ 代替原来公式中的 U_{CC} 即可。

负载得到的交流电压振幅的最大值为

$$U_{om}=\frac{U_{CC}}{2} \tag{10.2.22}$$

故该电路负载得到的最大交流功率 P_{om} 为

$$P_{om}=\frac{1}{2}\frac{U_{om}^2}{R_L}=\frac{1}{2}\frac{\left(\frac{U_{CC}}{2}\right)^2}{R_L}=\frac{1}{8}\frac{U_{CC}^2}{R_L} \tag{10.2.23}$$

为保证功率放大器良好的低频响应，电容 C_2 必须满足：

$$C_2\geqslant\frac{1}{2\pi f_L R_L} \tag{10.2.24}$$

式中，f_L 为功率放大器所要求的下限频率(忽略共集电路输出电阻)。

由于此电路的输出是通过大电容 C_2 与负载 R_L 相耦合，而不用变压器，因此称其为无输出变压器互补对称功率放大电路，简称 OTL(Output Transformer Less)电路。

双电源互补对称功放电路又称为无输出电容电路，简称 OCL(Output Capacitor Less)电路。

【例 10.2.1】 在图 10.2.7 所示功率放大电路中，已知 $U_{CC}=\pm15$ V，$R_L=8\ \Omega$，试问：

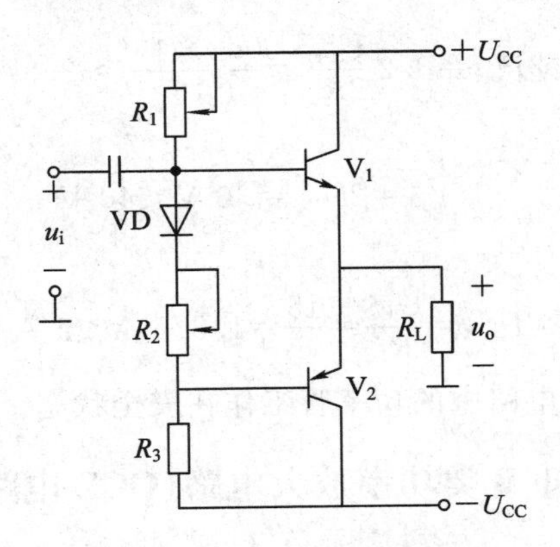

图 10.2.7 AB 类互补对称功率放大电路

(1) 静态时，调整哪个电阻可使 $u_o=0$ V；

(2) 当 $u_i\neq0$ 时，发现输出波形产生交越失真，应调节哪个电阻，如何调节；

(3) 二极管 VD 的作用是什么，若二极管反接，对 V_1、V_2 会产生什么影响；

(4) 当输入信号 u_i 为正弦波且有效值为 10 V 时，求电路最大输出功率 P_{om}、电源供给功率 P_E、单管的管耗 P_c 和效率 η；

(5) 若 V_1、V_2 功率管的极限参数为：$P_{CM}=10$ W，$I_{CM}=5$ A，$U_{(BR)CEO}=40$ V，验证功率管的工作是否安全。

解 (1) 静态时，调整电阻 R_1 可使 $u_o=0$ V。

(2) 调整电阻 R_2 并适当加大其值，以恰好消除交越失真为限。

(3) 正向导通的二极管和 R_2 在功率管的基极与发发射极之间提供了一个适当的正向偏置(微导通状态)，使之工作在 AB 类状态。若二极管反接，则流过电阻 R_1 的静态电流全

部成为 V_1、V_2 管的基极电流，这将导致 V_1、V_2 管的基极电流过大，甚至有可能烧坏功率管。

(4) 因输入信号 u_i 的有效值为 10 V，故其最大值 $U_{im}=10\sqrt{2}$ V，又因该功放电路是射极跟随器结构($A_u\approx1$)，则有 $U_{om}=U_{im}=10\sqrt{2}$ V。

故电路最大输出功率为

$$P_{om}=\frac{U_{om}^2}{2R_L}=\frac{200}{16}=12.5\ \text{W}$$

电源供给功率为

$$P_E=\frac{2U_{om}}{\pi R_L}U_{CC}=\frac{2\times10\sqrt{2}\times15}{3.14\times8}\approx16.9\ \text{W}$$

单管的管耗为

$$P_C=\frac{1}{2}(P_E-P_{om})=2.2\ \text{W}$$

效率为

$$\eta=\frac{P_{om}}{P_E}=74\%$$

(5) 验证功率管安全与否，须计算功率管的最大工作电压和电流。

最大管耗为

$$P_{CM}=0.2P_{om}=0.2\frac{U_{CC}^2}{2R_L}=\frac{0.2\times15^2}{16}\approx2.8\ \text{W}<10\ \text{W}$$

最大工作电压为

$$U_{omM}=2U_{CC}=30\ \text{V}<40\ \text{V}$$

最大工作电流为

$$I_{omM}=\frac{U_{CC}}{R_L}=\frac{15}{8}=1.875\ \text{A}<5\ \text{A}$$

通过上述分析，该功放电路中的功率管工作在安全状态。

10.2.3 复合管及准互补 B 类功率放大电路(OCL 电路)

在互补 B 类功率放大电路中，如要求输出功率 $P_{om}=10$ W，负载电阻为 10 Ω，那么，功率管的电流峰值 $I_{Cm}=1.414$ A，则必须选择大功率的 NPN、PNP 管，但是特性相同的大功率异型管很难匹配，而特性相同的同型号小功率管却容易挑选。若选 $\beta=30$ 的功率管，则要求其基极驱动电流 $I_{Bm}=47.1$ mA。若前置级放大器或运算放大器，不能输出这样大的电流来驱动后级功率管，则需要引入复合管来解决问题，也就是用易配对的小功率管去推动大功率管工作。

复合管又称达林顿管(Darlington Transistor)，它是由两只三极管组成的一只等效三极管。在接法上，前一只三极管 C-E 极(或 FET 的 D-S 极)跨接在后一只三极管的 B-C 极之间，为后一只三极管的基极电流提供通路。其中前一只三极管为小功率推动管，后一只三极管为大功率输出管。复合管的总 β 值约为 $\beta_{总}=\beta_1\cdot\beta_2$。

1. 复合管的组成原则

(1) 电流流向要一致。

(2) 各极电压必须保证所有管子工作在放大区，即保证 e 结正偏，c 结反偏。

(3) 因为复合管的基极电流 i_B 等于第一个管子的 i_{B1}，所以复合管的性质取决于第一个晶体管的性质。若第一个管子为 PNP，则复合管也为 PNP，反之为 NPN。正确的复合管连接方式有四种，如图 10.2.8 所示，其中图(a)、(b)为同型管复合，图(c)、(d)为异型管复合。

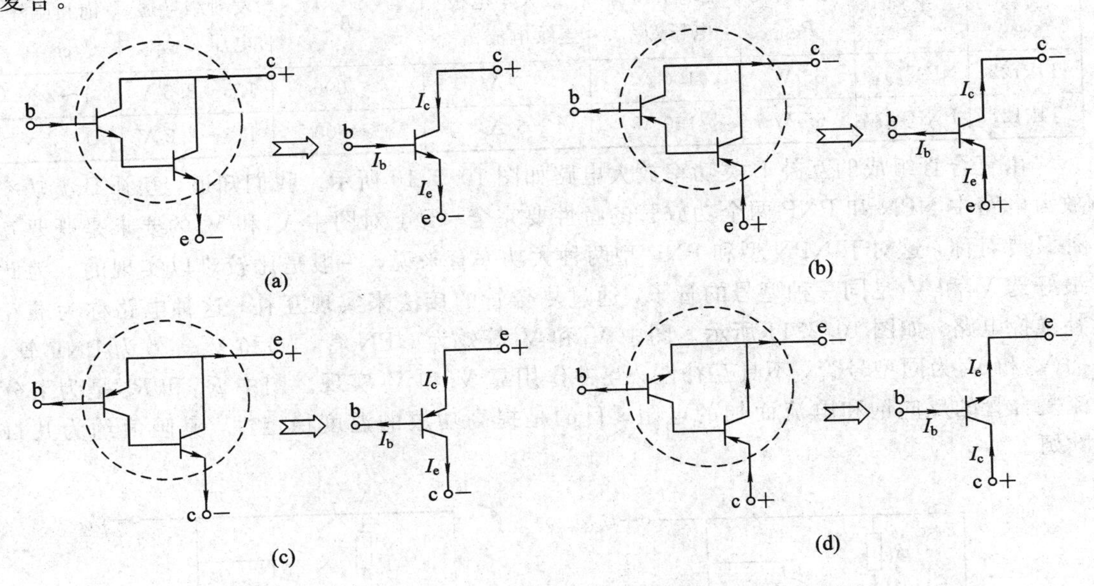

图 10.2.8　复合管的几种接法

2. 复合管的等效电流放大倍数 β

由图 10.2.9 可得

$$I_B = I_{B1}$$
$$I_{B2} = I_{E1} = (1+\beta) I_{B1}$$
$$I_C = \beta I_B$$
$$I_E = (1+\beta) I_B$$
$$\beta = \beta_1 + \beta_2 + \beta_1 \beta_2 \approx \beta_1 \beta_2$$

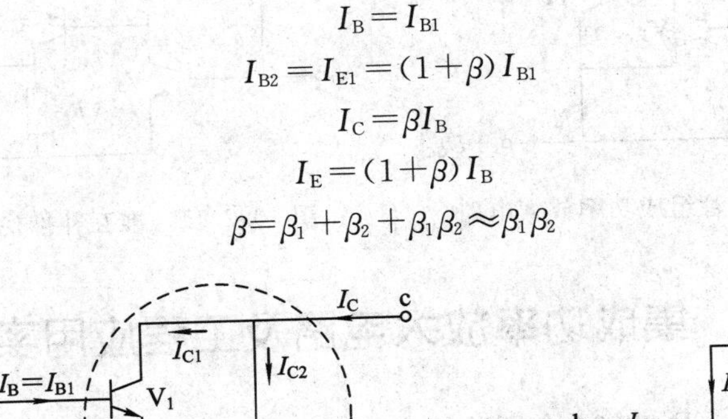
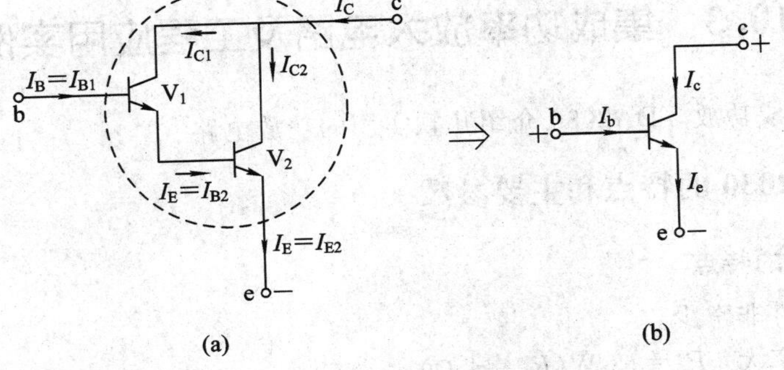

图 10.2.9　复合管的构成

(a) 复合管的组成；(b) 等效三极管

β是复合管的电流放大倍数，它近似地等于两管电流放大倍数的乘积，比单管的增益要高1～2个数量级。因此，在工作电流 I_C 相同时，输入基极电流 I_B 也要降低1～2个数量级。表10.2.1给出两个达林顿管的主要参数

表10.2.1 两个集成达林顿管的主要参数

型号	类型	最大功耗 P_{CM}	集电极击穿电压 U_{CE0}	最大集电极连续电流 I_{Cmax}	β	发射结导通电压 $U_{BE(on)}$	饱和压降 $U_{CE(sat)}$
TIP122	$NPN_{达林顿}$	65 W	100 V	5 A	>1000	1.5～2.5 V	1～2 V
TIP127	$PNP_{达林顿}$	65 W	100 V	5 A	>1000	1.5～2.5 V	1～2 V

由复合管组成的互补B类功率放大电路如图10.2.10所示。我们知道，互补B类功率放大电路中NPN和PNP两个功放管的特性要完全一致，对图中 V_3 和 V_4 的要求是既要互补又要对称，这对于NPN型和PNP型两种大功率管来说，一般是比较难以实现的。为此最好选 V_3 和 V_4 是同一种型号的管子，通过复合管的接法来实现互补，这种电路称为准互补推挽电路，如图10.2.11所示。图中 V_1 和 V_3 等效为NPN管，V_2 和 V_4 等效为PNP管，而 V_3 和 V_4 为同型号管，不具互补性，互补作用靠 V_1 和 V_2 实现。图中 R_{e1} 和 R_{e2} 是为了分流复合管的反向饱和电流而加的电阻，目的是提高功放的温度稳定性，其阻值约为几百欧姆。

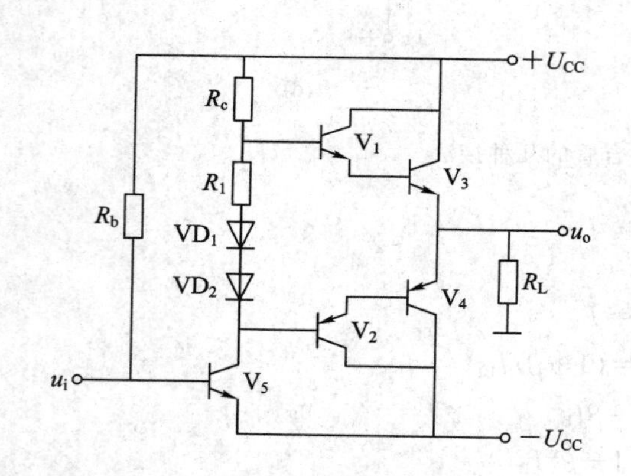

图10.2.10 复合管组成功率放大电路

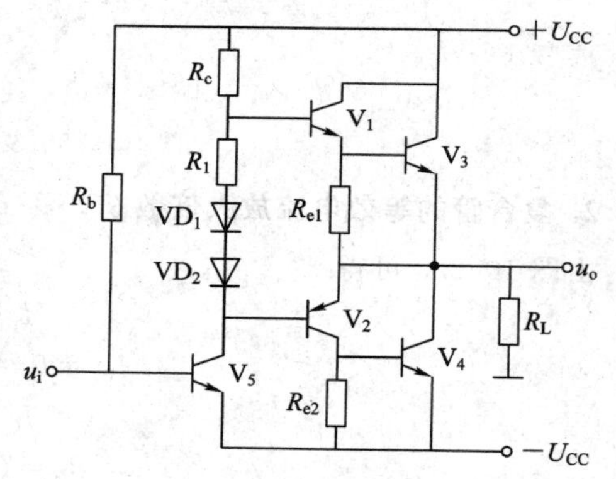

图10.2.11 准互补推挽功率放大电路

10.3 集成功率放大电路及工程应用实例

本节选用集成功放TDA2030介绍几款实用的功放电路。

10.3.1 TDA2030的特点和主要参数

1. TDA2030的特点

(1) 外接元件非常少。

(2) 输出功率大，$P_o=18$ W($R_L=4\ \Omega$)。

(3) 采用超小型封装(TO-220)，可提高组装密度。

(4) 开机冲击极小。

(5) 内含各种保护电路，因此工作安全可靠。主要保护电路有：短路保护、热保护、地线偶然开路、电源极性反接($U_{smax}=12$ V)等。

2. TDA2030的主要参数

参数名称	电源范围	最高电源	输出功率典型值	开环电压增益	总谐波失真率	频响	输入电阻
参数符号及单位	U_{CC}/V	U_{sm}/V	P_o/W	GVO/dB	THD/%	BW/Hz	R_i/kΩ
TDA2030A	±6～±20	±22	12($R_L=8$ Ω) 18($R_L=4$ Ω) ($U_{CC}=\pm16$ V)	80	0.8($P_o=2$ W)	10～15 000	500

3. TDA2030的使用注意事项

TDA2030具有负载泄放电压反冲保护电路，如果电源的峰值电压为40 V，那么在5脚与电源之间必须插入*LC*滤波器，以保证5脚上的脉冲串维持在规定的幅度内。

设计印制板时必须考虑地线与输出的去耦合，因为这些线路可能有大的电流通过。

10.3.2 单电源供电音频功率放大器(OTL)

图10.3.1是采用单电源供电的音频功率放大电路。由一块TDA2030和较少元件组成，装置调整方便，性能指标好，特别是集成电路内部设计有完整的保护电路，能自我保护。该电路的优点是只需要一组电源供电；缺点是电路末端输出通过电容与喇叭耦合，由于耦合电容存在，使音质变差。

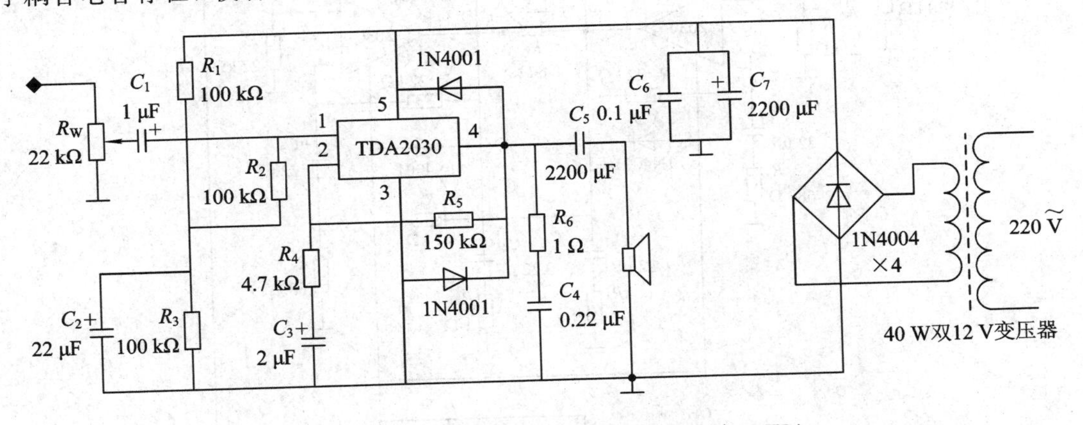

图10.3.1 单电源供电音频功率放大电路(OTL)

10.3.3 双电源供电音频功率放大器(OCL)

图10.3.2是采用双电源供电的音频功率放大电路。该电路末端输出直接与喇叭连接，无大容量的输出耦合电容，比起有用输出电容的功放电路，在音质方面有了一定提升。该电路的优点是没有输出电感和输出电容，音质有所提高；缺点是负载与放大器采用直接藕合，电路稍一失去平衡就容易损坏功率管及负载。

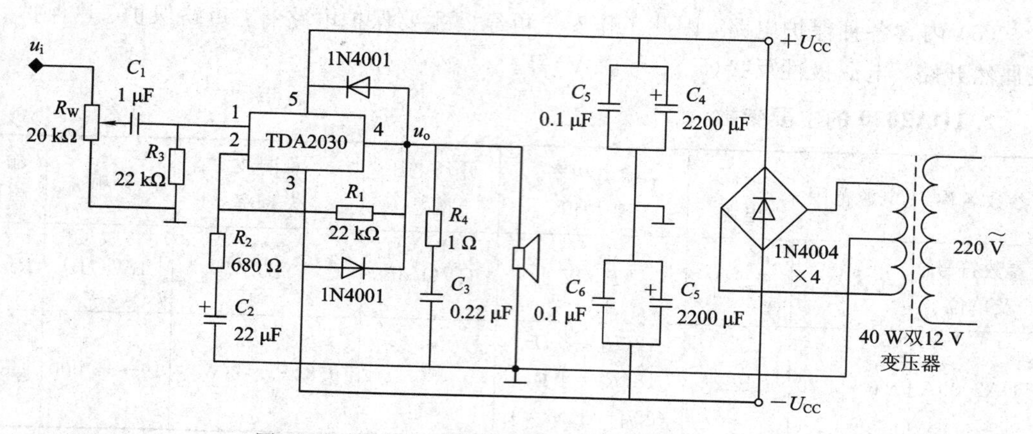

图 10.3.2 双电源供电音频功率放大电路(OCL)

10.3.4 双电源供电 BTL 音频功率放大器

如图 10.3.3 所示，双电源供电 BTL 音频功率放大器是用两个相同 OTL 或 OCL 组成的复合放大器，即用一个功放对信号进行正常放大，另一个功放对信号进行反向放大，最后进行合成。所以在相同电压下，BTL 的输出功率是这几种中最大的，它的输出功率比单个 OTL 或 OCL 电路在理论上要大四倍。BTL 的形式不同于推挽形式，BTL 的每一个放大器放大的信号都是完整的信号，只是两个放大器的输出信号反相而已。

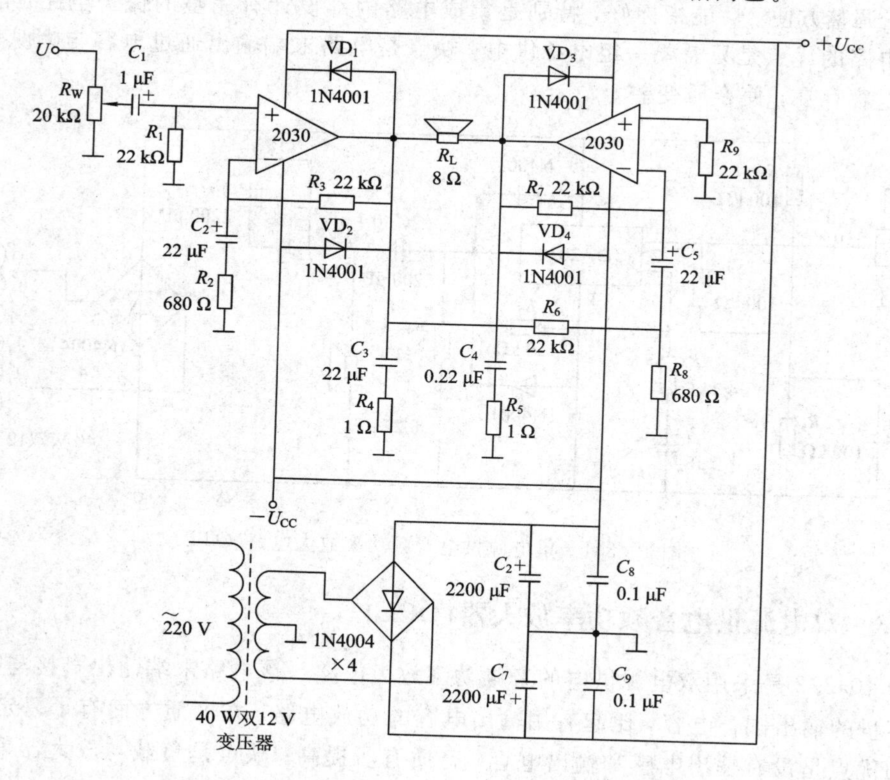

图 10.3.3 双电源供电 BTL 音频功率放大电路

BTL 电路能充分利用系统电压，因此 BTL 结构常应用于低电压系统或电池供电系统中。例如在汽车音响中，当每声道功率超过 10 W 时，大多采用 BTL 形式。用集成功放电路构成一个 BTL 放大器需要一个双声道或两个单声道的集成功放模块，但是并不是所有的集成功放模块都适用于 BTL 形式，BTL 形式的几种接法也各有优劣。典型的集成功放模块有 TDA2030A、LM1875、LM4766、LM3886、TDA1514、TDA1521、TDA2009、TDA2004 等。

10.4　D 类功率放大电路

无论是 A 类、B 类还是 AB 类功率放大电路，当它们的输出功率小于额定输出功率时，效率就会明显降低，特别是在播放动态的语言、音乐时，平均工作效率只有 30%左右。功率放大电路的效率低就意味着工作时有相当多的电能转化成热能，也就是说，这些类型的功率放大电路要有足够大的散热器。因此 A 类、B 类、AB 类音频功率放大电路的效率低，体积大，并不是人们理想中的音频功率放大器。为了解决节能和大功率音频输出之间的矛盾，D 类功率放大电路较之 AB 类在效率上有了很大的提升，目前已逐步应用在一些高端电子产品中。

D 类功率放大电路也称丁类功率放大电路或数字式功率放大电路，它是一种利用极高频率转换的开关技术来放大音频信号的音频功率放大电路。它具有效率高、体积小的优点。下面简单介绍 D 类功率放大电路的工作原理。

D 类功率放大电路的工作原理是基于脉冲宽度调制技术(PWM)。图 10.4.1 是这种放大电路的原理框图，把放大以后的音频信号和一个 250 kHz 的三角波相比较后形成一个 250 kHz 脉宽调制的方波信号，每个脉冲的宽度实时体现了输入信号的幅度，将此信号送到由开关管所组成的功率放大器进行脉冲功率放大，输出的信号再经过一个低通滤波器，其作用是从 PWM 信号中滤出音频信号，故其带宽要略高于输入音频信号的带宽，对于高电感的扬声设备，在设计电路的时候，还可以省去低通滤波器。

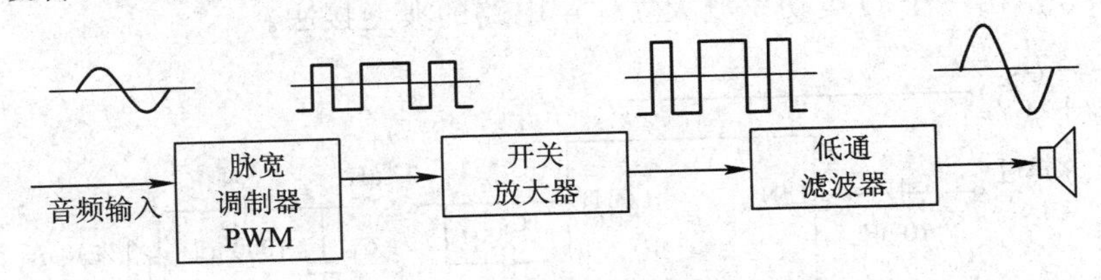

图 10.4.1　D 类功率放大电路组成框图

D 类功率放大电路中的功率管工作在开关状态，理论效率可达 100%，实际的效率也可达 80%以上。图 10.4.2 给出 AB 类和 D 类功率放大器的效率比较图。

D 类功率放大电路中功率器件的耗散功率小，产生热量少，可以大大减小散热器的尺寸，连续输出功率很容易达到数百瓦。

D 类功率放大电路的缺点是保真度比 A 类和 AB 类差，这是因为开关管不可能是理想的，且在动态条件下使多个开关管完全匹配是很困难的，另外，低通滤波器也不可能完全滤除高频噪声。所以，D 类功率放大电路的设计需要合理地选择低通滤波器元件数值以及采用集成产品。

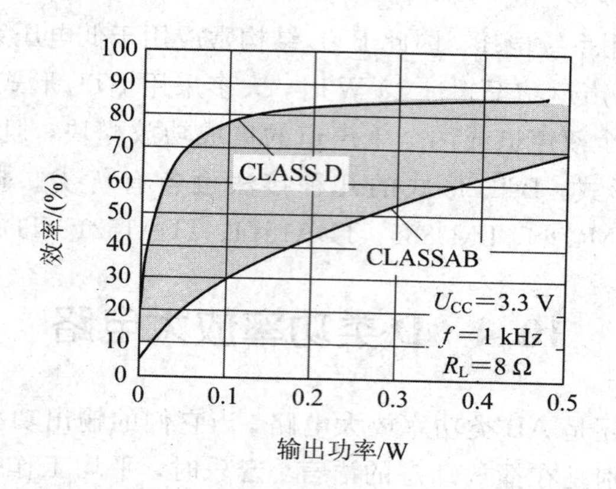

图 10.4.2 AB类和D类功率放大电路的效率比较图

由于D类功率放大电路具有高效、节能、数字化的显著特点，是当前研究与应用的热点，目前已有许多集成产品。表10.4.1给出一些常用的集成D类功率放大电路的参数，供读者参考。

表 10.4.1 常用的集成D类功率放大电路参数

型号	通道	每通道最大不失真输出功率	工作电压	总谐波失真 THD	PWM 频率	效率	静态电流
TPA3122	2	15 W (THD=10%)	10～30 V	0.1%(1 W)	250 kHz	88%	23 mA
TPA3120	2	25 W (THD=10%)	10～30 V	0.15%(5 W)	250 kHz	90%	23 mA
TDA8922	2	50 W(THD=10%)	±12～±30 V	0.5%(20 W)	300 kHz	90%	50 mA
TDA8920	2	110 W (THD=10%)	±12～±30 V	0.5%(36 W)	300 kHz	90%	50 mA
TDA8954	2	210 W (THD=10%)	±12～±42 V	0.5%(160 W)	300 kHz	93%	50 mA

图10.4.3给出一个D类功率放大立体声电路的典型接法。

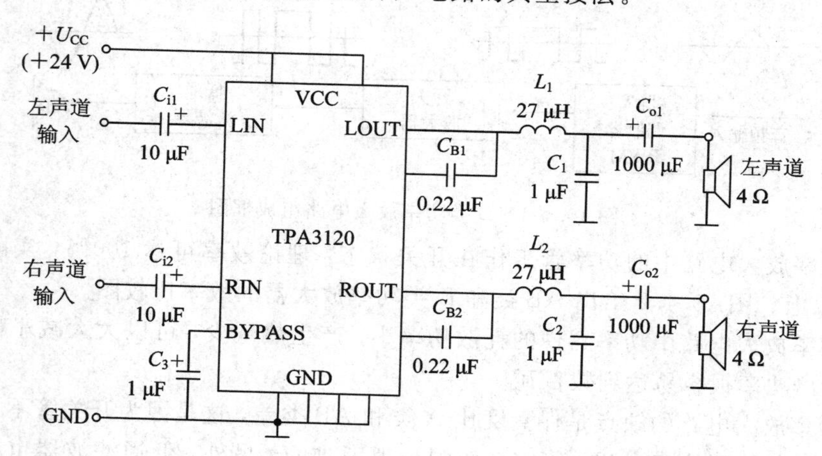

图 10.4.3 一个D类功率放大立体声电路的典型接法

思考题与习题

10-1　功率放大电路如图P10-1所示。已知$U_{CC}=U_{EE}=15$ V，负载$R_L=8$ Ω，忽略功率管饱和压降。

(1) 测得负载电压有效值等于10 V，问电路的最大输出功率、管耗、直流电源供给功率以及能量转换的效率各为多少？

(2) 当负载变为$R_L=16$ Ω时，要求最大输出功率为8 W，并重新选择功率管型号时，试确定功放电路的电源及功率管的极限参数P_{CM}、$U_{(BR)CEO}$及I_{CM}应满足什么条件？

10-2　在图P10-2所示功率放大电路中，已知$U_{CC}=\pm 15$ V，$R_L=8$ Ω，忽略功率管的饱和压降。

(1) 静态时，调整哪个电阻可使$u_o=0$ V？

(2) 二极管VD的作用是什么？

(3) 当输入信号u_i为正弦波且有效值为10 V时，求电路输出功率P_{om}。

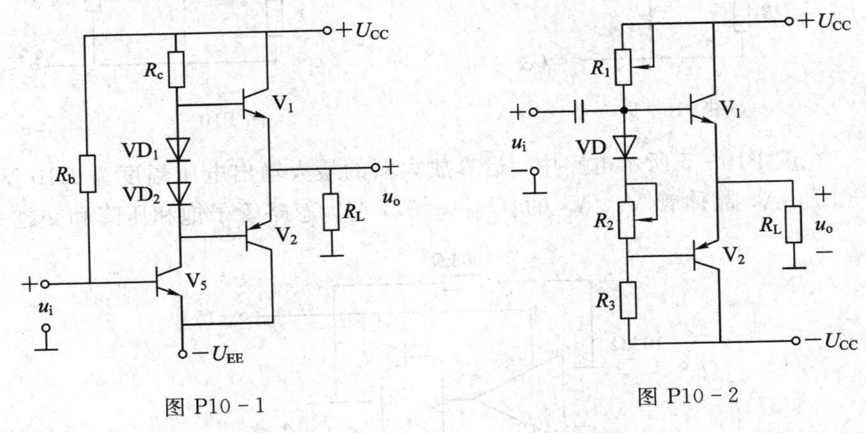

图P10-1　　　　图P10-2

10-3　某互补对称电路如图P10-3所示，已知三极管V_1、V_2的饱和压降为$U_{CES}=1$ V，$U_{CC}=18$ V，$R_L=8$ Ω。

(1) 电阻R_1和VD_1、VD_2的作用是什么？

(2) 电位器R_P的作用是什么？

(3) 计算电路的最大不失真输出功率P_{om}。

(4) 计算电路的效率η。

(5) 求每个三极管的最大管耗P_C。

(6) 为保证电路正常工作，所选三极管$U_{(BR)CEO}$和I_{CM}应为多大？

10-4　单电源供电OTL电路如图P10-4所示。已知电源电压$U_{CC}=12$ V，负载$R_L=8$ Ω，忽略功率管饱和压降。

(1) 负载可能得到的最大输出功率$P_{omax}=$？

(2) 电源供给的最大功率$P_E=$？

(3) 能量转换的效率$\eta=$？

(4) 管子的允许功耗$P_{CM}\geqslant$？

(5) 管子的击穿电压 $U_{(BR)CEO}\geqslant$?

(6) 集电极最大允许电流 $I_{CM}\geqslant$?

(7) 静态时，电容 C_2 两端的直流电压应为多少？调整哪个电阻能满足这一要求？

(8) 若要求电容 C_2 引入的下限频率 $f_{L2}=10$ Hz，则 $C_2=$？

(9) 动态时，若输出波形产生交越失真，应调整哪个电阻？如何调整？

(10) 若 $R_1=R_3=1.2$ kΩ，V_1、V_2 管的 $\beta=30$，$|U_{BE}|=0.7$ V，如果 R_2 或 VD 断开，则管子 V_1、V_2 会产生什么危险？

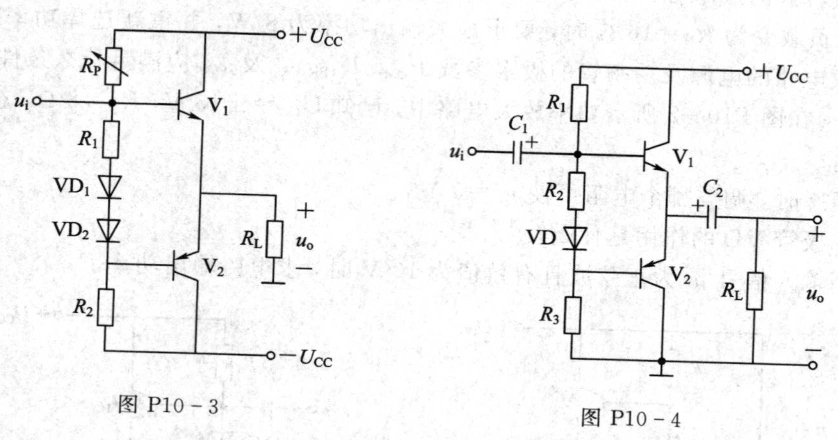

图 P10-3　　图 P10-4

10-5　在图 P10-5 所示电路中，运算放大器的最大输出电压幅度为±10 V，最大负载电流为±10 mA，晶体管 V_1、V_2 的 $|U_{BE}|=0.7$ V。忽略管子饱和压降和交越失真。

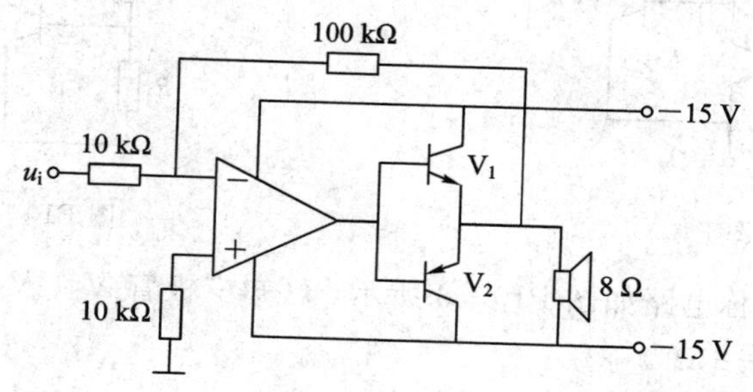

图 P10-5

(1) 为了能得到尽可能大的输出功率，晶体管 V_1、V_2 的 β 值至少应为多大？

(2) 电路得到最大输出功率是多少？

(3) 能量转换的效率 η 是多少？

(4) 每只管子的管耗有多大？

(5) 输出最大时输入信号 u_i 的振幅应为多少？

(6) 判断电路引入的反馈类型是什么？

10-6　单电源供电的互补对称功率放大电路如图 P10-6 所示。已知负载电流振幅值 $I_{Lm}=0.45$ A，试求：

(1) 负载上所获得的功率 P_o；

(2) 电源供给的直流功率 P_E；

(3) 每管的管耗及每管的最大管耗；

(4) 放大电路的效率 η。

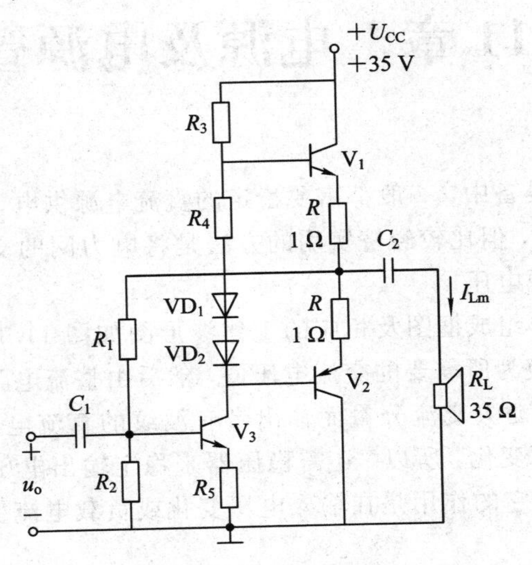

图 P10－6

10－7　电路如图 P10－7 所示，已知 $|U_{BE}|=0.7$ V，忽略晶体管饱和压降。

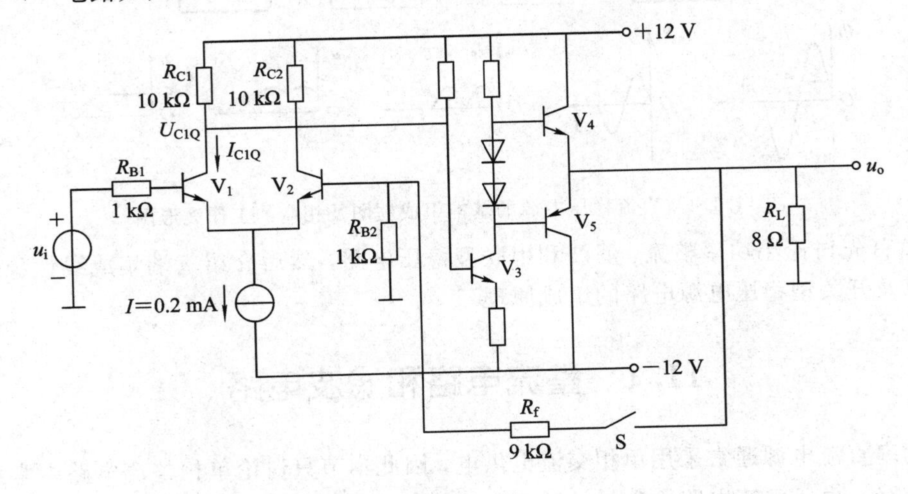

图 P10－7

(1) 计算 I_{C1Q}、U_{C1Q}；

(2) 计算负载 R_L 可能得到的最大交流功率 P_{omax}；

(3) S 闭合后，判断电路引入何种反馈；

(4) 计算在深反馈条件下的闭环电压增益 A_{uf}，为得到最大交流输出功率，输入电压 u_i 的幅度应为多大？

第 11 章　电源及电源管理

在电子电路及电子设备中，一般都需要稳定的直流电源供电。获得直流电源的方法很多，如蓄电池、锂电池等，但比较经济实用的方法是将电力网的交流电压转换为电子设备所需要的稳定的直流电源电压。

直流稳压电源的基本组成框图及相应的工作波形图如图 11.1.1 所示。图中电源变压器将 220 V 交流电压变换为所需要的交流电压值，然后由整流电路将交流电压变换为单向脉动电压，再经滤波电路滤去交流分量而输出带有波纹的直流电压。该电压是不稳定的，其值将随电网电压变化而变化，所以，还需稳压器来稳定输出电压。稳压电源是用途最广泛的功率电子电路之一，它的作用是在输入电压变化或负载电流变化时，始终能提供稳定的输出电压。

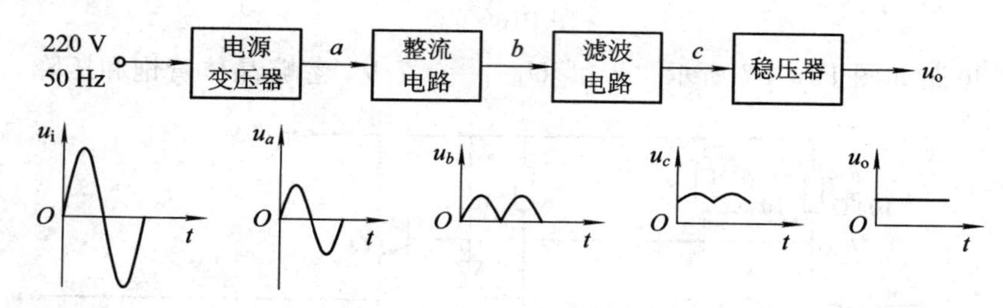

图 11.1.1　直流稳压电源的基本组成框图及相应的工作波形图

本章首先讨论小功率整流、滤波和串联型稳压电路，然后介绍三端集成线性稳压器的应用，以及开关型稳压电源电路的组成原理。

11.1　整流电路和滤波电路

小功率直流电源通常采用单相交流电供电，因此本节只讨论单相整流电路中常用的几种整流电路。由于整流电路输出的是脉动直流电，其中含有大量交流成分，为了获得平滑的直流电压，在整流电路后还要加接滤波电路，以滤除交流成分。

11.1.1　整流电路

利用二极管的单向导电特性可以实现整流功能，常用的整流电路有半波整流、全波整流、桥式整流等，如图 11.1.2 所示。

半波整流电路简单，但因只有半周导通，故滤波效果差，波纹大。

全波整流电路由两个二极管和带有中心抽头的变压器组成，负载电流由两个二极管轮流导通来提供，波纹较小。

桥式整流电路由四个二极管和一个没有中心抽头的变压器组成。在 U_2 正半周时，

VD_1、VD_4导通，VD_2、VD_3截止；反之，在U_2负半周时，VD_2、VD_3导通，VD_1、VD_4截止，负载电流由两路二极管轮流提供，波纹较小。桥式整流电路是最常用的整流电路。

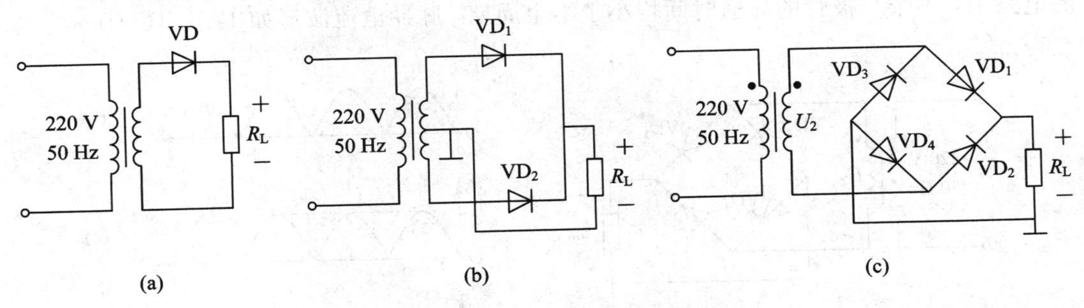

图 11.1.2　常用的整流电路

(a) 半波整流；(b) 全波整流；(c) 桥式整流

11.1.2　滤波电路

滤波电路的功能是滤去整流器输出的交流分量，进一步减小输出电压的脉动成分，使其更加平滑。常用的滤波电路如图 11.1.3 所示。在小功率直流电源中，负载电阻R_L较大，用电容滤波效果好，且更方便；电感滤波一般用在大功率大电流直流电源中。由于电网电压频率很低(50 Hz，二次谐波为 100 Hz)，故滤波电容一般取值很大(几百微法至几千微法)。

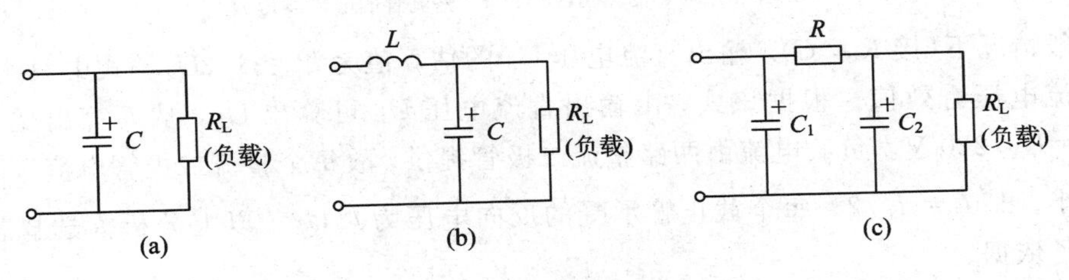

图 11.1.3　常用滤波电路

(a) 电容滤波；(b) 电感-电容 Γ 型滤波；(c) 电容-电阻 π 型滤波

下面以桥式整流电容滤波电路为例，进一步说明整流滤波的原理。电路如图 11.1.4(a)所示，在分析中，特别要注意滤波电容两端电压对整流二极管导通角的影响。

(1) 负载为纯电阻(无滤波电容)时，输出波形如图 11.1.4(b)所示，输出电压平均值约为$0.9U_2$。

(2) 负载为纯电容($R_L\to\infty$)时，设电容C的初始电压为零，接通电源后电容C被充电直到峰值$\sqrt{2}U_2$($1.4\,U_2$)，此后桥路中二极管因反偏而截止，电容无放电回路，输出电压保持为$\sqrt{2}U_2$，如图 11.1.4(c)所示。

(3) 滤波电容C与负载R_L同时存在，在u_2正半周时，VD_1、VD_4导通，VD_2、VD_3截止，电容被充电至峰值$\sqrt{2}U_2$，如图 11.1.4(d)所示；此后u_2开始下降，但电容电压不能突变，导致VD_1、VD_4因反偏而截止，电容C通过负载R_L放电，输出电压下降，由于R_L比二极管导通电阻大得多，故放电速度远小于充电速度。只有等到负半周输入信号$|u_2|>u_C(u_o)$，且VD_2、VD_3导通时，才再次向电容C充电，直到$|u_2|<u_C(u_o)$，VD_2、VD_3因反

偏而截止，电容 C 又通过负载 R_L 放电，如此循环往复，得到比较平滑的输出直流电压($U_o \approx 1.2U_2$)。电容 C 和负载 R_L 越大，输出直流电压中锯齿状的波纹越小。在有滤波电容存在的电路中，每个二极管的导通时间均小于半个周期，脉冲电流波形如 11.1.4(e)所示。

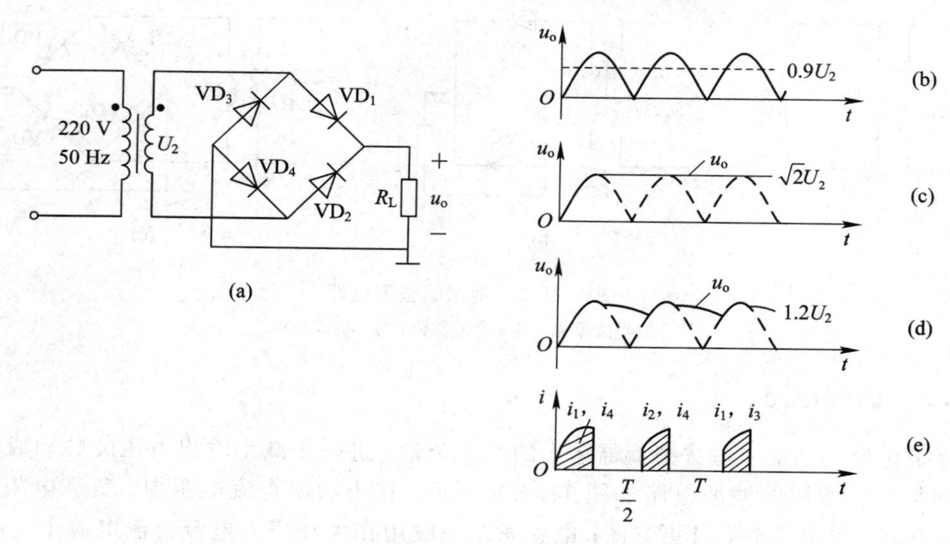

图 11.1.4　桥式整流电容滤波电路及电压电流波形

(a) 电路；(b) 无滤波电容时的输出波形；(c) $R_L \to \infty$ 且仅有滤波电容时的输出波形；(d) 接 R_L 时 C 的输出波形；(e) 整流管的电流波形 u_o

一般情况下(接 R_L，C)，输出直流电压 U_o 的估算值为 $U_o \approx 1.2U_2$。式中 U_2 为变压器次级交流电压有效值。根据该式，由输出直流电压 U_o 可算出 U_2，从而算出变压比 $n = N_2/N_1 = U_2/220\ \text{V}$。负载电流由两路整流二极管提供，故每个整流二极管电流等于负载电流的一半，即 $I_D = I_L/2$。每个截止管承受的反向电压为 $\sqrt{2}U_2$。以上分析为选择整流二极管提供了依据。

滤波电容取值尽量大，且满足：

$$R_L C_L \geqslant (3\sim5)\frac{T}{2}\ (T\ 为电网电压周期)$$

一般滤波电容取值为几百微法至几千微法。

11.2　线性稳压电源

线性稳压电源(Linear Regulator)是指其中的功率管工作在线性状态(放大区或恒流区)的一类电源。它具有稳压效果好、纹波小、结构简单等优点；缺点是效率较低。

11.2.1　稳压电源的主要指标

稳压电源框图如图 11.2.1 所示，其功能是当输入电压 U_i 或负载．电阻 R_L 变化时，保持输出电压 U_o 稳定。衡量稳压电源优劣的主要指标及参数如下：

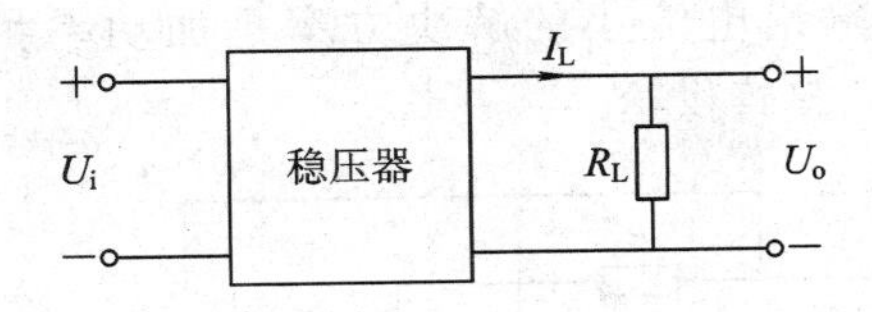

图 11.2.1　稳压电源框图

1. 电压调整率

电压调整率又称稳压系数 S_V，定义为当负载满载且不变时，输出电压相对变化量与输入电压相对变化量之比，即

$$S_V = \left.\frac{\Delta U_o/U_o}{\Delta U_i/U_i}\right|_{R_L=\text{常数}} \tag{11.2.1}$$

稳压系数 S_V 越小，表征稳压电源抗输入电压变化的能力越强，输出电压稳定度越高。

2. 负载调整率

负载调整率表示当输入电压不变时，负载电流从零变化到额定值引起的输出电压相对变化量，即

$$S_L = \left.\frac{\Delta U_o}{U_o}\right|_{U_i=\text{常数},\ I_L=0\to I_{Lmax}} \tag{11.2.2}$$

有时直接用输出电阻 R_o 表示负载电流变化对输出电压稳定性的影响，定义为当输入电压不变时，输出电压变化与负载电流变化之比，即

$$R_o = \left.\frac{\Delta U_o}{\Delta I_L}\right|_{U_i=\text{常数}} \tag{11.2.3}$$

输出电阻 R_o 越小，输出电压稳定度越高。稳压电源的输出电阻非常小，为毫欧姆量级(mΩ)。

3. 波纹

波纹(Ripple)指的是叠加在输出稳定电压 U_o 上的交流分量，可用绝对值或相对值表示。例如，稳压电源的输出电压和输出电流分别为 100 V、5 A，测得波纹有效值为 50 mV，则波纹绝对值为 50 mV，相对值为 50 mV/100 V=0.05%。

11.2.2　串联型线性稳压电源

如图 11.2.2 所示，稳压管稳压电路有以下三个问题：

(1) 输出电流小，带负载能力差；

(2) 输出电压不可调节；

(3) 稳压系数和输出电阻等指标不理想。

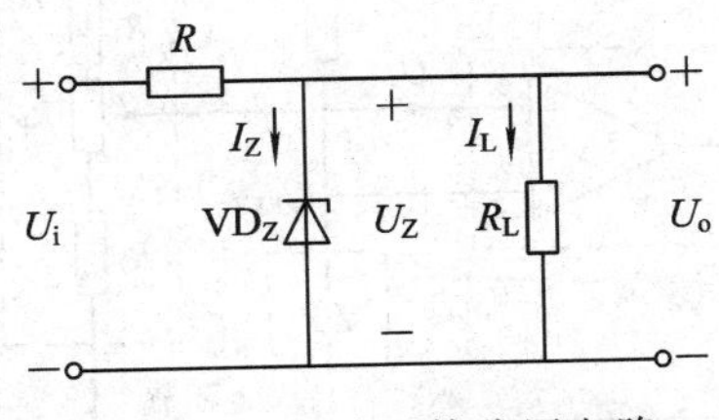

图 11.2.2　稳压管稳压电路

针对带负载能力差、输出电流小的解决方案是加功率**扩流管**（也称**调整管**），如图 11.2.3 所示，负载电流由调整管供给。

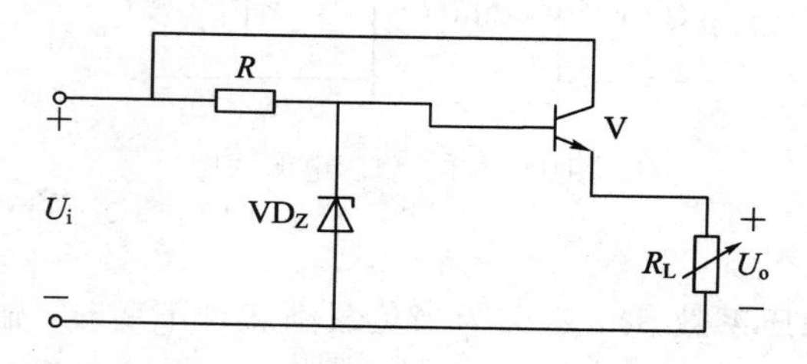

图 11.2.3　加调整管解决输出电流小的缺点

针对输出电压不可调节和稳压性能不够好的解决方案是**引入增益可调的深度电压负反馈**，如图 11.2.4 所示。首先将输出电压经 R_1、R_2、R_P 分压，采样输出电压的变化信息，并加到放大器 A 的反相端，与放大器的同相端稳压管电压 U_Z（作为电压基准）相比较产生误差信号，此信号经放大器 A 放大后控制调整管的基极电压，从而构成电压负反馈的闭环使输出电压稳定。其稳压过程如图 11.2.5 所示。实现上述过程的电路称为串联型线性稳压电源，它由**取样、基准、误差放大和调整管**等四个环节组成。将图 11.2.4 重新整理为图 11.2.6，图中各环节要点说明如下：

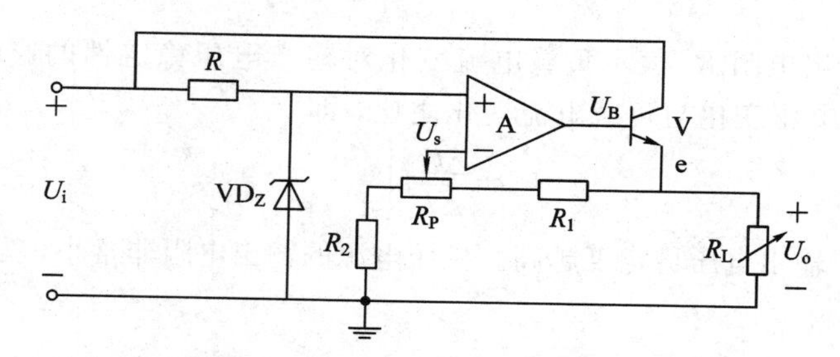

图 11.2.4　引入增益可调深度电压电源

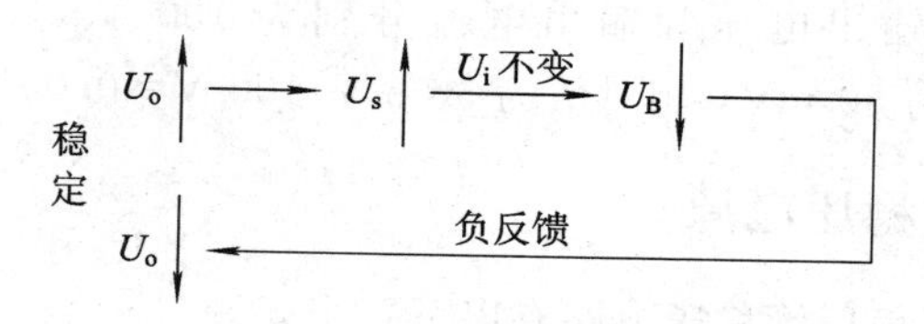

图 11.2.5　稳压过程

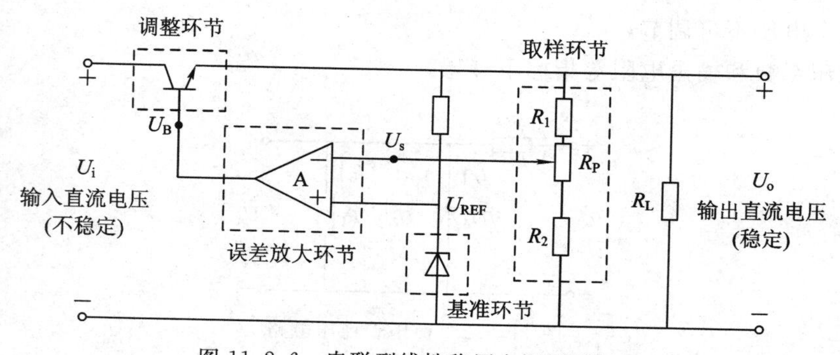

图 11.2.6　串联型线性稳压电源原理框图

1. 取样环节

取样环节是用来提取输出电压变化信息的环节，由分压电阻和电位器组成，调节电位器 R_P，即可调节取样比，从而实现在一定范围内连续调节输出电压值的目的。

$$U_s=\frac{R_2+\Delta R_P}{R_1+\Delta R_P+R_2}U_o=U_+=U_{REF}$$

即

$$U_o=\frac{R_1+\Delta R_P+R_2}{R_2+\Delta R_P}U_{REF} \tag{11.2.4}$$

输出电压最大值和最小值分别为

$$U_{omax}=\frac{R_1+R_P+R_2}{R_2}U_{REF}$$

$$U_{omin}=\frac{R_1+R_P+R_2}{R_2+R_P}U_{REF}$$

2. 基准环节

基准环节用来作为系统的基准电压源，将取样电压 U_s 与基准电压比较，产生误差信号。只要基准电压 U_{REF} 稳定，输出电压 U_o 也稳定不变，因此它的稳定度将直接影响电源的稳定度，通常要求基准环节电压 U_{REF} 几乎不受温度、输入电压、负载变化影响，具有高度稳定性。提供这种高稳定电压的器件被称为基准源或参考源，它们广泛用于稳压电源、计量仪表，以及一切需要高稳定度电压信号的场合。需要注意的是它们的带载能力很弱，最大输出电流通常仅能达到毫安级，不能直接作为电源使用。常见的基准源可以分齐纳基准源(Zener)、带隙基准源(Bandgap)、掩埋齐纳基准源(Buried Zener)三类。齐纳基准源就是稳压二极管，规格丰富、成本最低，但性能较差；带隙基准源性能好、成本较低，应用十分广泛；掩埋齐纳基准源是一种特殊工艺的齐纳管，温度特性极佳但成本较高。半导体厂商通常将基准源以集成IC器件的形式提供，根据实际的指标要求来选择，在选型时一般关注初始误差、温度系数 T_C 和输出阻抗 R_o 等指标，常用的型号有1N47XX、TL431、LM385、LM336、AD584、MC1403、LM399等。

3. 误差放大环节

误差放大环节的任务是放大误差信号，并将其输出加到调整管基极，以控制调整管的管压降。一般采用具有高共模抑制比的差动放大器来作为误差放大环节。

4. 调整环节

无论是输入电压变化还是负载电流变化，都要保证输出电压稳定，那么变化部分完全靠调整管承受。对调整管的要求是：

(1) 一定要工作在放大区，一般要保证其管压降 $U_{CE}\geqslant 3\sim 4$ V；

(2) 所有电流都流过调整管，所以一定要采用大功率管，如负载电流 $I_L=2$ A，$\beta=50$，则要求基极驱动电流 $I_B\geqslant\frac{2}{50}=40$ mA，为减小驱动电流，一般调整管采用复合管($\beta=\beta_1\times\beta_2$)。

(3) 调整管功耗大，最大功耗发生在输入电压最大、输出电压最小、负载电流最大时，即

$$P_{Cmax}=(U_{imax}-U_{omin})\times I_{Lmax} \tag{11.2.5}$$

调整管允许功耗一定要大于实际最大功耗，即 $P_{CM}\geqslant P_{Cmax}$。

可见，串联型线性稳压器的效率是很低的，一般 $\eta\approx30\%\sim50\%$。通常调整管必须外加散热器，以利良好地散热。

11.3 三端集成线性稳压器

集成线性稳压器是将线性稳压电源的全部器件，包括功率调整管、基准源、运放、采样，以及过流保护、超温保护等电路全部集成在一片芯片上。各大半导体厂商都推出了多种规格、适用于各个应用领域的专用集成稳压器，以及可调输出的通用稳压器。它们大多采用三端接法，使用非常方便。常用的三端集成线性稳压器有 78×× 和 79×× 两个系列，78××为正压输出，79××为负压输出，“××”一般有 5、6、9、12、15、18、24 V 等 7 种值，7805 表示输出为 +5 V，7912 表示输出为 −12 V。两个系列稳压器的引脚接法与外形如图 11.3.1 所示。

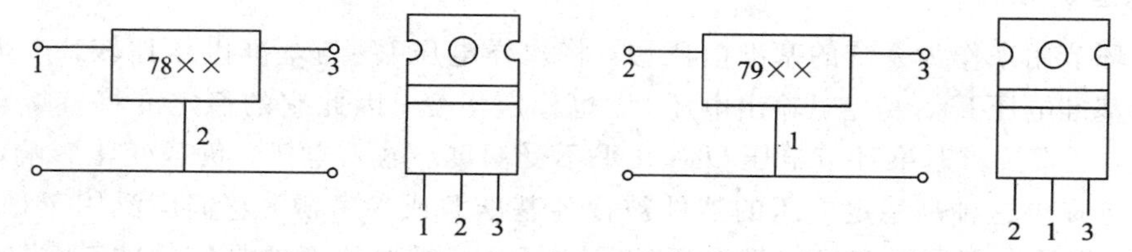

图 11.3.1 两个系列稳压器的引脚接法与外形图

三端集成线性稳压器应用很广泛，下面介绍几种常用电路。

(1) 固定电压输出的典型接法：如图 11.3.2 所示，其中电容 C_1 的作用是防止输入引线较长带来的电感效应而可能产生的自激；C_2 用来减小负载电流瞬时变化而引起的高频干扰；C_3 为容量较大的电解电容，用来进一步减小输出脉动和低频干扰。

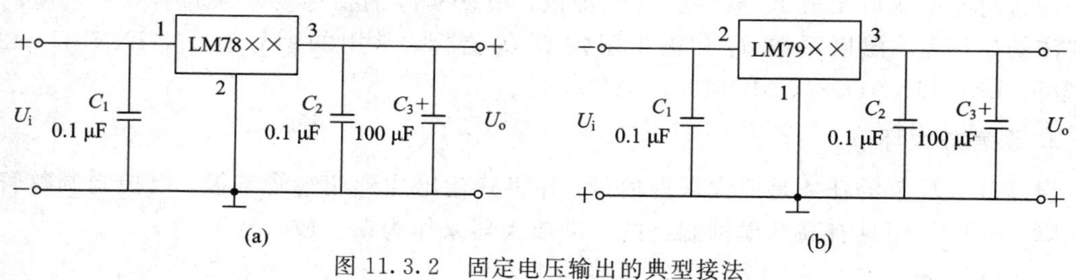

图 11.3.2 固定电压输出的典型接法

(a) 78××典型接法；(b) 79××典型接法

(2) 电流扩展电路：如果三端稳压器的输出电流不够大，不能满足负载电流的要求，则可以外加扩流管，如图 11.3.3 所示。此时，负载得到的电流为三端稳压器输出电流与扩流管集电极电流之和。

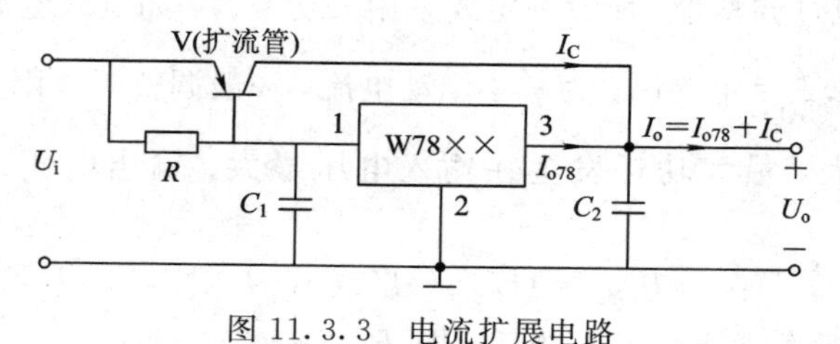

图 11.3.3 电流扩展电路

(3) 电压扩展电路：当负载需要的电压高于三端稳压器的标称输出电压时，可采用电压扩展电路，如图 11.3.4 所示。由图可见，输出电压 U_o 为

$$U_o=\left(\frac{U_{\times\times}}{R_1}+I_Q\right)R_2+U_{\times\times}\approx\left(1+\frac{R_2}{R_1}\right)U_{\times\times} \tag{11.3.1}$$

式中，$U_{\times\times}$ 表示三端稳压器的输出电压，并忽略 I_Q。如果需要输出电压可调，则可采用图 11.3.5 所示的电路。

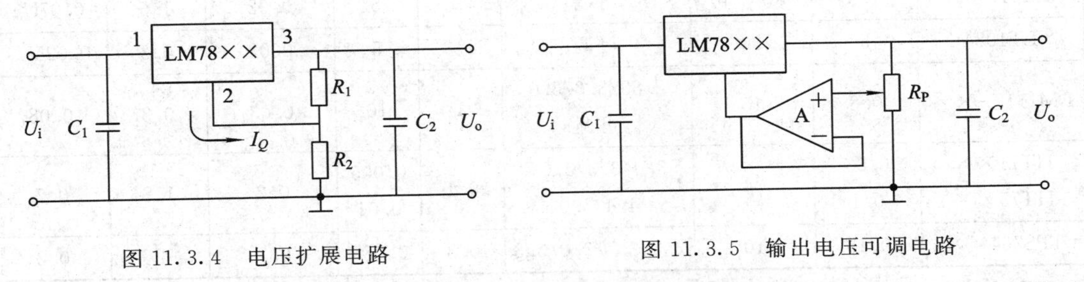

图 11.3.4　电压扩展电路　　图 11.3.5　输出电压可调电路

(4) 输出电压可调的三端稳压器电路：芯片 W117/W317 为正电压输出的可调三端稳压器，调节范围为 1.25～37 V，最大输出电流为 1.5 A(需加散热器)。该电路如图 11.3.6(a)所示，令输出端和调整端的电压为 U_{OA}，则输出电压为

$$U_o=\left(1+\frac{R_2}{R_1}\right)U_{OA}+I_{ADJ}\times R_2\approx\left(1+\frac{R_2}{R_1}\right)U_{REF}=\left(1+\frac{R_2}{R_1}\right)\times 1.25\ \text{V} \tag{11.3.2}$$

芯片 W137/W337 为负电压输出的可调三端稳压器，调节范围为－1.25～－37 V，如图 11.3.6(b)所示。

输出电压可调的三端稳压器性能优越，内置有各种保护电路，调整端使用滤波电容 C_2 可改善波纹抑制比(一般取 10 μF 左右)。二极管起保护作用，其中 VD_1 提供 C_3 的放电通路，以免当输入端意外短路时 C_3 向稳压器放电而损坏稳压器。VD_2 提供 C_2 的放电通路，以避免输出端意外短路时损坏稳压器。当输出电压较小(如 U_o＜25 V)，C_2 也较小时，可省去二极管保护电路。

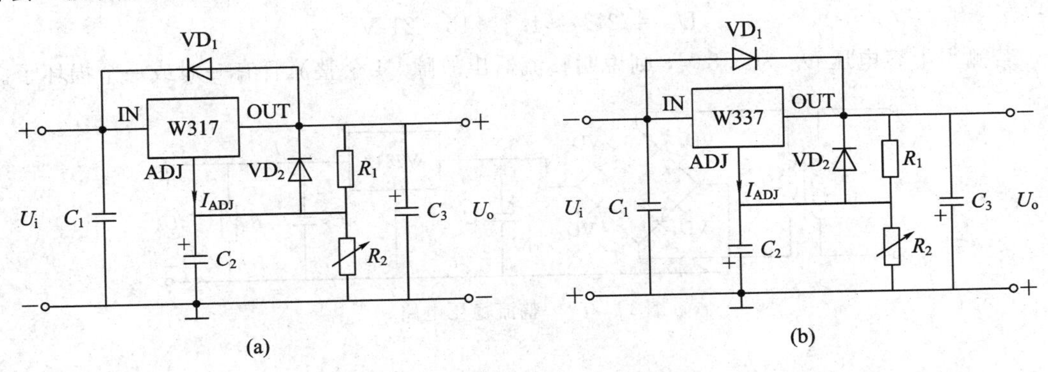

图 11.3.6　输出电压可调的三端稳压器电路

(a) 正压输出可调的三端稳压器电路；(b) 负压输出可调的三端稳压器电路

表 11.3.1 给出一些常用的三端集成线性稳压器的参数。

表 11.3.1 常用集成线性稳压器

型号	输出电流/A	最大输入电压/V	输出电压规格/V	压差/V	静态电流/mA	电压调整率/(%/V)	负载调整率/%	温度系数/(mV/℃)
78××/79××	1.5	36/−36	±5/6/9/12/15/18/24	2	8	0.1	1	0.6～1.8
LM317/337	1.5	40/−40	可调	3	5	0.02	1.5	$0.07U_o$
LT1084	5	30	可调	1.3	5	0.02	0.3	$0.025U_o$
LM1117-××	0.8	15	2.85/3.3/5.0 可调	1	10	0.03	0.3	0.08
HT71×× HT75××	0.03 0.1	24	3.0/3.3/3.6/4.4/5.0	0.1	0.005 0.01	0.2	1.8	0.7
TPS764××	0.15	10	2.5/2.7/3.0/3.3	0.3	0.085	0.1	2	0.2

【例 11.3.1】 直流稳压电源如图 11.3.7 所示。已知 $U_2=15$ V，$R_L=20\ \Omega$，试问：

(1) 负载电流 $I_L=$?

(2) 三端稳压器的耗散功率 $P_C=$?

(3) 分别测得电容电压 U_C 为 13.5 V、21 V 和 6.8 V，分析电路分别出现何种故障。

解 (1) 负载电流为

$$I_L=\frac{U_o}{R_L}=\frac{12}{20}=0.6\ \text{A}$$

(2) 三端稳压器的耗散功率为

$$P_C=(U_i-U_o)\times I_L=(1.2\times15-12)\times0.6=3.6\ \text{W}$$

(3) 若测得电容电压 U_C 为 13.5 V，说明滤波电容 C 开路，此时该点电压平均值为

$$0.9U_2=0.9\times15=13.5\ \text{V}$$

若测得电容电压 U_C 为 21 V，则说明稳压器未接，相当于整流器负载开路，有

$$U_C=\sqrt{2}U_2\approx1.4\times15=21\ \text{V}$$

若测得电容电压 U_C 为 6.8 V，则说明整流器出故障，4 个整流管有一对或一个损坏了。

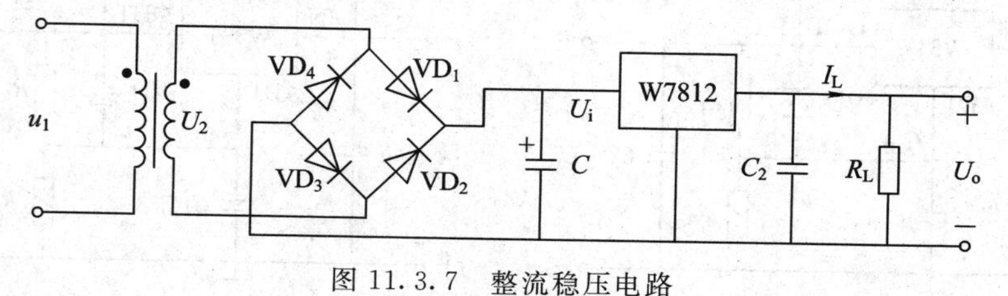

图 11.3.7 整流稳压电路

11.4 开关型稳压电源

线性稳压电源主要存在两个问题：一是效率低，二是体积大、重量大(主要是工频变压器)。克服第一个缺点的关键是将调整管的工作由线性状态转换为开关状态；克服第二个缺点的关键是将工作频率由工频(50 Hz)提高到几十千赫兹，甚至几兆赫兹。开关型稳压

电源应运而生。开关型稳压电源简称为“开关电源”(Switch Mode Power Supply，SMPS)，指的是功率管工作于开关状态的一类稳压电源。相比线性稳压电源，开关型稳压电源具有以下的优点：

(1) 效率高。开关电源的效率通常能达到75%～90%，在大电流输出、输入和输出电压悬殊的情况下，效率远高于线性稳压电路。

(2) 可以实现多种电源变换。开关电源能够实现降压、升压、负压等多种电压变换形式，而线性稳压电源只能实现降压。

(3) 体积小，重量轻。开关电源的工作频率提高，从而减小了变压器、滤波器体积，减轻了重量；开关电源的效率提高，也减小了散热器的体积和重量。

因此，开关电源被广泛用于对效率、体积及重量有较高要求的场合，如笔记本电脑、手机充电器、平板电视等。常用规格的开关电源也被作为标准模块出售，使用方便。它的缺点是纹波及噪声比线性稳压电源要大得多，所以一般不直接用于对电源稳定度、纹波和噪声要求高的场合(如高保真音响系统、高精度信号调理、弱信号放大等)。

开关电源种类繁多，按开关信号产生的方式可分为自激式、它激式和同步式三种；按调制方式可分为脉宽调制(PWM)、脉频调制(PFM)和混合调制三种方式；按开关管与负载的连接方式可分为串联型和并联型；按开关电路的结构形式可分为降压型、升压型、极性反转型、隔离型等。

11.4.1　开关型稳压电源的原理和基本组成

开关电源与线性电源的区别在于，调整管被高效率的PWM发生器与开关管所替代。图11.4.1给出了一个典型的开关电源原理结构图。图中，取样反馈控制电路与线性稳压电源类似，由取样环节、基准环节和误差放大环节组成。PWM控制与驱动电路由三角波或锯齿波发生器和电压比较器组成，三角波与来自误差放大器的信号比较后产生占空比可变的方波信号，驱动开关管的导通或截止。储能滤波电路由储能电感、滤波电容及续流二极管组成，开关管导通时，给电感充电，存储能量，开关管截止时，通过续流二极管释放能量，从而使负载得到连续的直流电流。

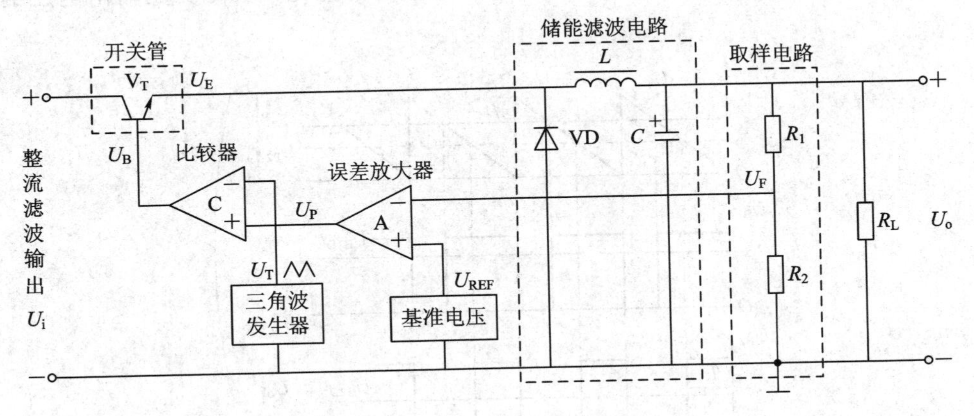

图 11.4.1　开关电源的原理结构图

1. 取样-基准-误差放大环节

图 11.4.1 所示开关电源的取样-基准-误差放大环节与线性稳压类似：若 U_o因某种原因升高，导致采样点 U_F高于基准电压 U_{REF}，运放输出 U_P 将降低，从而使 PWM 信号的占空比减小，导致输出电压 U_o降低，最终使输出电压 U_o 稳定，反之亦然。在深度负反馈条件下，$U_F \approx U_{REF}$，则

$$U_o = \left(1+\frac{R_1}{R_2}\right)U_{REF} \tag{11.4.1}$$

与线性电源一致，只要基准电压 U_{REF}稳定，则输出电压也稳定。

2. 脉宽调制(PWM)控制器

1) 占空比与输出平均功率的关系

脉宽调制(Pulse Width Modulation，PWM)是一种频率固定但占空比可变的调制方式。占空比(Duty Cycle)指的是方波高电平时间 T_H与总周期 T 的比值，常用符号 D 来表示：

$$D = \frac{T_H}{T} \times 100\% \tag{11.4.2}$$

利用脉宽调制和功率开关电路，可以实现高效率地调节负载功率。假设负载是线性的，其额定功率为 P，在开关导通(T_H)期间其功率为 P，开关关断($T-T_H$)期间功率为 0。即一个周期内负载的平均功率为

$$\overline{P} = \frac{T_H P}{T} = DP \tag{11.4.3}$$

可见，不改变供电电压，仅调节占空比 D，即可调节负载的平均功率。

2) PWM 与反馈控制稳压的原理

下面以图 11.4.1 所示的应用最为广泛的电压控制模式(Voltage-Mode Control)为例进一步说明 PWM 与反馈控制稳压的原理。它由一个三角波或锯齿波电压发生器和比较器构成可变占空比的 PWM 发生器，该 PWM 发生器的占空比受控于误差放大器的输出。即利用反馈电压与基准之间的误差来改变 PWM 信号的占空比，从而实现输出电压的自动调节。

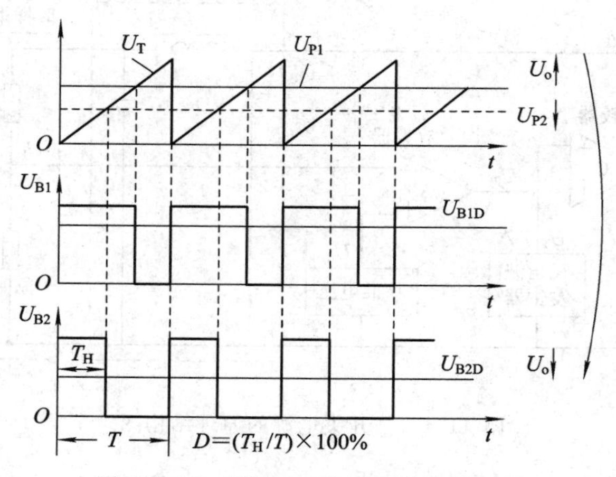

图 11.4.2 PWM 工作原理及稳压过程

图 11.4.2 给出了 PWM 调制器的各点波形，图中，锯齿波 U_T 加到比较器的反相端，放大后的误差信号 U_P 加到比较器的同相端，当 $U_P=U_{P1}$ 时，比较器输出波形为 U_{B1}，其平均值为 U_{B1D}，假如由于某种原因使 U_o 增大，则 U_F 增大，U_P 减小为 U_{P2}（如虚线所示），那么，比较器的输出波形变为 U_{B2} 所示，占空比 D 减小了，其平均值也随之下降为 U_{B2D}，导致输出 U_o 减小，最终达到输出电压稳定之目的。整个反馈控制调节过程如图 11.4.3 所示。

$U_o\uparrow \longrightarrow U_F\uparrow \longrightarrow U_P\downarrow \longrightarrow$ 占空比$D\downarrow$ $\longrightarrow U_o\downarrow$

图 11.4.3　反馈调节过程

用 PWM 方式调节功率，开关管自身的损耗很小（当开关管导通时，电流大，但管压降很小；而当开关管截止时，管压降很大，但电流趋于零）。PWM 技术不仅实现了高效率开关电源，而且也是许多机电控制、D 类放大器、逆变等技术的基础。

3）储能滤波电路

如图 11.4.1 所示，储能滤波电路由储能电感 L、滤波电容 C 和续流二极管 VD 组成，功率开关管的输出为占空比可变的矩形波，经储能滤波电路平滑后负载得到的是连续的直流。因为当开关管导通时，电流给电感 L 充电而存储能量，并供给负载电流，电容 C 起旁路滤波作用，此时，续流二极管 VD 反偏而截止。当开关管截止时，电感 L 电流不能突变，并产生反电势使二极管 VD 导通，电感 L 通过二极管和负载释放能量，维持流过负载的电流方向不变，从而使负载得到一脉动的直流电流。不同于线性稳压电源，储能滤波电路是开关电源不可缺少的部件之一。

11.5.2　开关变换器的基本拓扑结构

开关电源的类型取决于开关变换器的拓扑结构。所谓拓扑结构（Topology），指的是开关、电感、电容、续流二极管等四类元件的连接关系。开关变换器主要有以下三种基本类型，即降压型、升压型，极性反转型，其他的拓扑结构大多可以由它们衍生而来。由于各种类型的开关电源 PWM 控制与驱动电路以及取样反馈控制电路基本一致，故在以下电路中不予画出。

1. 降压型(Buck)拓扑结构

降压型拓扑结构如图 11.4.4 所示。如前所述，当开关 S 接通时，$U_D=U_i$，续流二极管反偏截止，电源通过电感 L 向电容 C 充电，并且为负载供电，期间电感上的电流 I_L 逐渐增大，电感储存磁能。当开关 S 断开时，由于电感上的电流不能突变，I_L 由经电容和二极管构成闭合回路，释放电感上存储的磁能，期间 $U_D\approx0$。当电感量足够大时，由于电感电流的连续性，无论开关处于导通或截止，负载都能得到连续的电流和电压，实际上输出电压就是 U_D 的平均值，即 $U_o=DU_i$，其中 D 为占空比，由于 $D\leqslant1$，故只能实现降压。

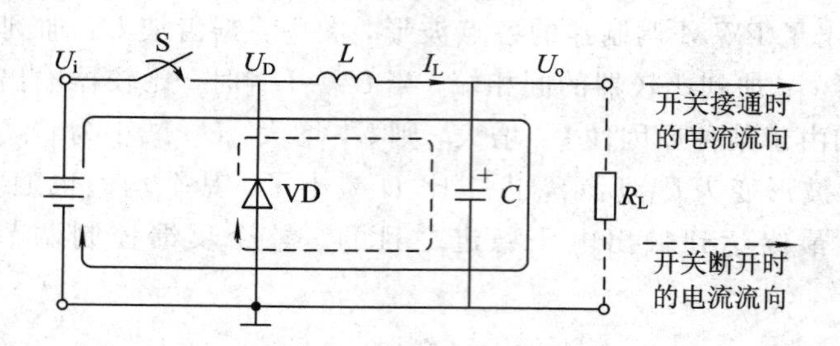

图 11.4.4 降压型(Buck)拓扑结构

2. 升压型(Boost)拓扑结构

升压型拓扑结构如图 11.4.5 所示。当开关 S 接通时，$U_D=0$，续流二极管反偏截止，电源直接向电感 L 储存磁能，电感电流 I_L增大，直到开关断开前达到峰值。当开关断开后，由于电感上的电流不能突变，I_L由经电容和二极管构成闭合回路给电容 C 充电，释放电感上存储的磁能，I_L逐渐下降至 0。电感上的能量释放至电容 C 上，输出电压等于输入电压与电感电压叠加，使得输出电压总高于输入电压，从而实现了升压。

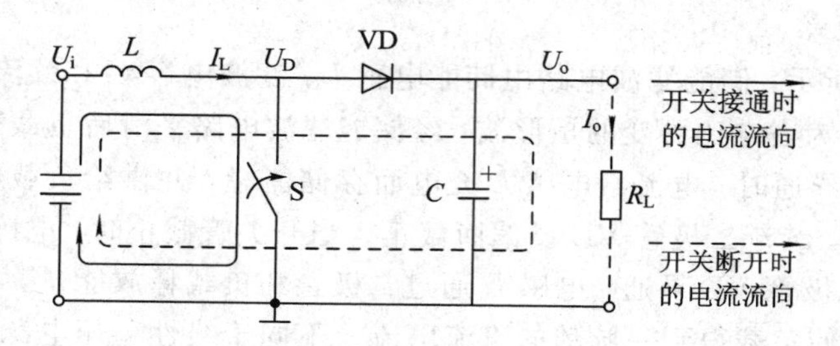

图 11.4.5 升压型(Boost)拓扑结构

3. 极性反转型(Inverting)拓扑结构

所谓极性反转型，指的是开关电源的输出电压与输入电压极性相反，其拓扑结构如图 11.4.6 所示，设输入为正压，当开关 S 接通时，$U_D=U_i$，电感 L 储能，当开关 S 断开后，电感上的能量经二极管释放至电容 C，得到负压输出，故也称此类开关电源为“负压型”开关电源。随着占空比 D 的变化，输出电压$|U_o|$既可以高于输入电压，也可以低于输入电压，所以负压型拓扑结构也被称为升/降压型(Buck-Boost)拓扑。

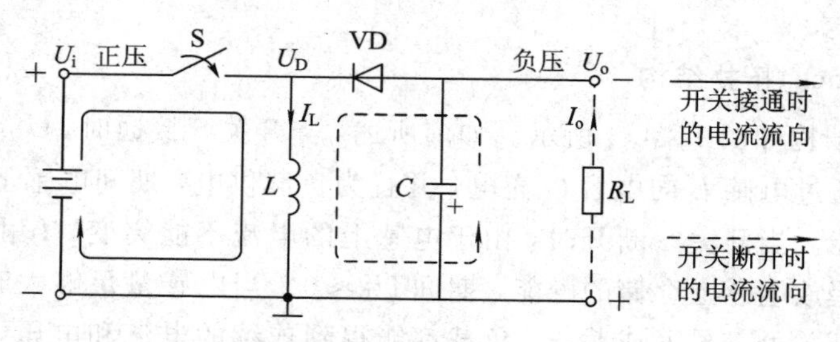

图 11.4.6 极性反转型拓扑结构

目前，半导体厂商们提供了大量的集成开关稳压器件可供选用。根据用途的不同，集成开关稳压器可以分为两大类：一类是单片式开关电源，它几乎包含了开关电源的所有部件，只需增加电容等少量外围元件即可构成特定用途的开关电源；另一类是通用PWM控制器，它不含功率开关管以及反馈取样等部分，所需的外围器件较多，但可以灵活地构成各种拓扑结构，或实现某些特殊指标。常用的单片式开关电源以及PWM控制器参数见表11.4.1。

表11.4.1 常用集成开关稳压器参数

(1) 单片式开关电源

型号	拓扑结构	最大输出电流/功率	最大输入电压/V	输出电压/V	电压调整率	输出纹波/mV_{p-p}	效率/%
MC34063	升/降/反	1 A	40	可调	0.02%/V	120～500	60～80
LTM4623	降压	3 A	20	可调	0.04%/V	5 mV	70～90
LM2576	降压	3 A	40	5/12/15	0.03%/V	<50	75～88
LM2674	降压	0.5 A	40	3.3/5/12	0.02%/V	<60	86～94
LM2577	升压	3 A	40	12/15/可调	0.07%/V	<100	80
TOP-221～TOP-227	单端反激	12～150 W	700	可调	外围电路决定	外围电路决定	90

(2) 通用PWM控制器

型号	控制模式	开关频率/kHz	工作电压/V	其他控制功能
UC3842/3	电流	50	16/9～30	单周期过流保护、欠压锁闭
TL494	电压/双环	<300	7～40	可调死区、单端/双端模式选择、双环反馈
SG3525	电压	<400	8～40	可调死区时间、软启动、推挽驱动
MC34066 MC34067	可变频率（软开关）	<1100	9～20	软启动、零电压/零电流开关(高效率)

【例11.4.1】 LM2576是一款大功率单片式开关电源，具有3 A的电流输出能力。图11.4.7和图11.4.8是由LM2576构成的两种开关电源，分析其原理并计算输出电压值。

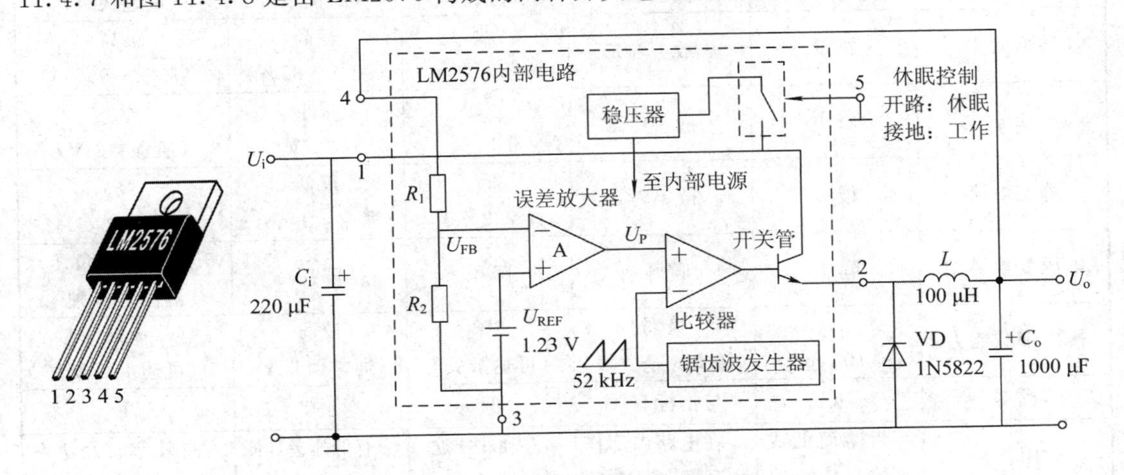

图11.4.7 用LM2576构成的降压型开关电源

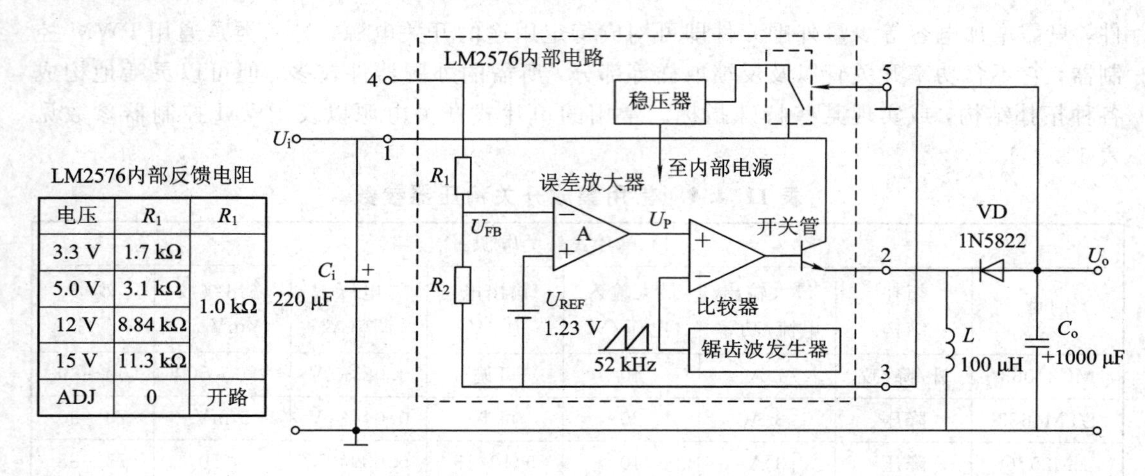

LM2576内部反馈电阻

电压	R_1	R_1
3.3 V	1.7 kΩ	1.0 kΩ
5.0 V	3.1 kΩ	
12 V	8.84 kΩ	
15 V	11.3 kΩ	
ADJ	0	开路

图 11.4.8　用 LM2576 构成负压型开关电源

分析　LM2576 内部包含了可变占空比的 PWM 发生器、误差放大器、1.23 V 基准源以及大功率开关管。该芯片工作于电压控制模式，且属于降压型拓扑结构，根据 $U_{FB}\approx U_{REF}$，有 $U_o=(1+R_1/R_2)\times1.23$ V。图 11.4.8 的电路属于负压型拓扑结构，根据 $U_{FB}\approx U_{REF}$，有 $U_o=-(1+R_1/R_2)\times1.23$ V。反馈电阻 R_1 与 R_2 集成在了 LM2576 的内部，具有 3.3 V、5 V、12 V、15 V 以及可调输出 5 种规格可供选择。

以上分别介绍了稳压管电路、线性稳压电源、开关稳压电源，基准电压源，这 4 种稳压电路各有特点和不同的应用，它们之间的性能对比参照表 11.4.2，实际应用中应合理选择最适用的电路。

表 11.4.2　各类稳压电路指标对比

类型 指标	稳压管	基准电压源	线性稳压电源		开关电源
			常规稳压器	低压差稳压器	
电压稳定性	很差	极好	较好	较好	较差
输出纹波、噪声	大 （宽带噪声）	极小 （微伏级）	小 （毫伏级）	小 （毫伏级）	很大 （百毫伏级）
转换效率	很低	一般不考虑	低 （30%～70%）	较高 （30%～85%）	很高 （75%～95%）
压差	较小	一般不考虑	大 （通常 2～3 V）	很小 （<1 V）	大 （通常>2 V）
静态电流	很高	一般不考虑	低 （毫安级）	很低 （通常<1 mA）	高 （数十毫安）
电压变换类型	降压	降压	降压	降压	升压/降压/负压/隔离等多种
输出带载能力	弱 （<100 mA）	极弱 （微安～毫安级）	中 （可达数安）	较弱 （通常<1 A）	极强 （可达上百安）
成本	低	与指标有关	低	中	高
适用场合	粗略而低成本的简易稳压	在电路内部作为高稳定基准	一般用途，成本较低	有低压差、低功耗需求的应用	高效率、大功率小体积的应用

思考题与习题

11-1　直流电源通常由哪几部分组成？各部分的作用是什么？

11-2　在变压器副边电压相同的情况下，比较桥式整流电路与半波整流电路的性能，回答如下问题：

(1) 输出直流电压哪个高？

(2) 若负载电流相同，则流过每个二极管的电流哪个大？

(3) 每个二极管承受的反压哪个大？

(4) 输出波纹哪个大？

11-3　采用 5 V 三端稳压器 7805/7905 的双路电源如图 P11-1 所示。

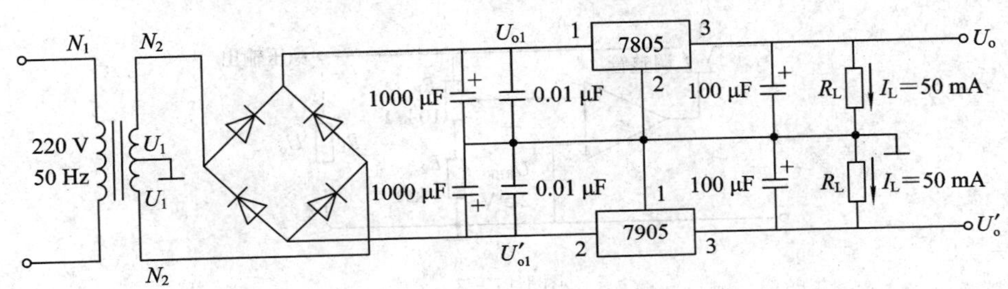

图 P11-1

(1) 判断该整流电路的类型；

(2) 要求整流输出电压为 $U_{o1}=10$ V，则变压器的副边电压 U_1 的有效值应为多少？变压比 $n=\frac{N_1}{N_2}=$？每个二极管的击穿电压 U_{BR} 应大于多少？

(3) 输出电压 U_o、U'_o 各等于多少？

(4) 要求负载电流 $I_L=50$ mA，则三端稳压器的功耗 $P_C=$？

11-4　整流及稳压电路如图 P11-2 所示。

(1) 整流器的类型是什么？整流器输出电压约为多少伏？

(2) LM7812 中调整管所承受的电压约为多少伏？

(3) 若负载电流 $I_L=100$ mA，则 LM7812 的功耗 $P_C=$？

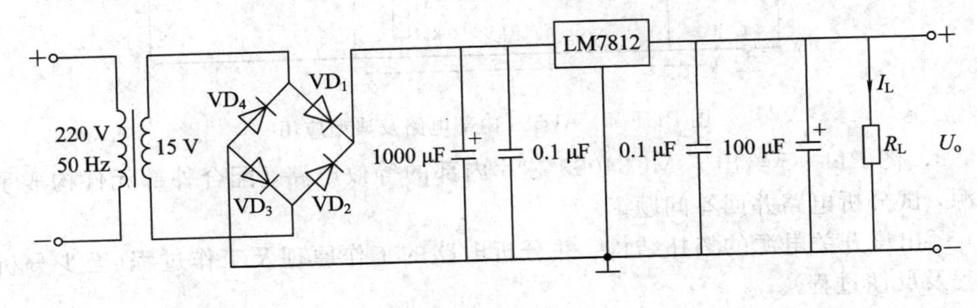

图 P11-2

11-5　请根据应用场合选择最恰当的电源类型，并说明理由(填线性稳压器、低压差稳压器、开关电源、稳压管、基准源)：

(1) 将锂电池(3.7～4.2 V)降压至 3.3 V，为数字逻辑器件供电，应选择__________；

(2) 便携式计算机、平板电视的电源，应优先考虑采用__________；

(3) 为运放提供 12 V/10 mA 电源供电，为降低成本可选择__________；

(4) 产生精密的 5.000 V 参考电压，应选择__________；

(5) 电子捕蝇器中，将 6 V 电池的电压升至 3 kV，应选择__________；

(6) 智能手机中，从锂电池(3.7～4.2 V)降压，为 CPU 提供 1.8 V/1 A 的内核电压，应选择__________；

(7) LED 手电筒中，为了延长电池寿命，驱动 LED 应该选用__________；

11-6　某电源电路如图 P11-3 所示，假设运放是理想的，且输入电压 U_i 足够高。

(1) 标出运放＋、－输入端，以及三极管发射极箭头，使负反馈成立。

(2) 计算输出电压 U_{o1} 的范围。

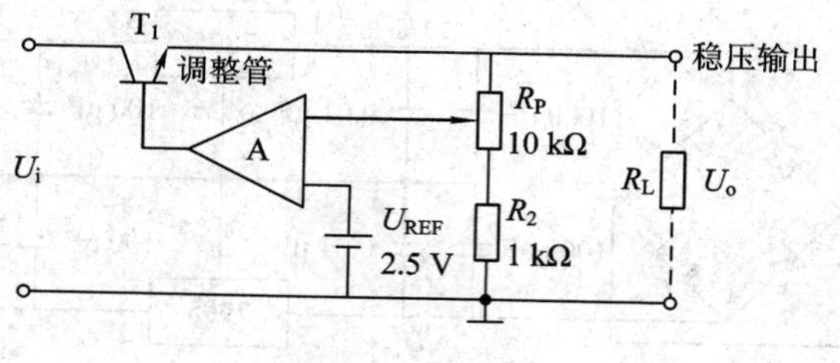

图 P11-3

11-7　AD584 是一款高性能基准源 IC，其内部等效电路及应用如图 P11-4 所示，计算 S_1、S_2 和 S_3 分别闭合以及全部断开时的输出电压值。

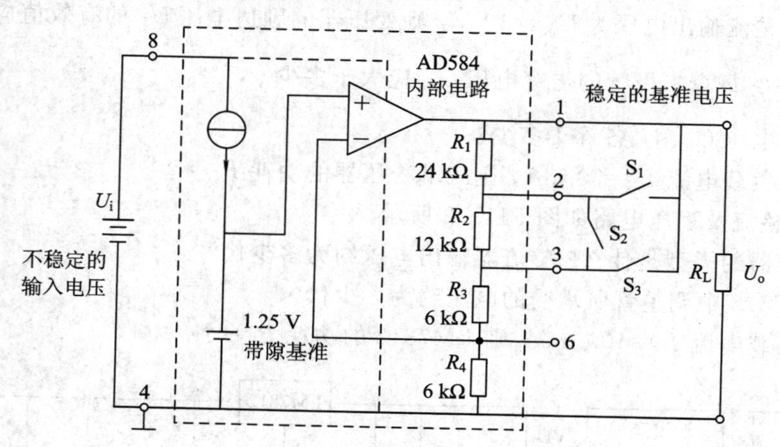

图 P11-4　AD584 内部电路及典型应用

11-8　图 P11-5 给出了 MC34063 芯片内部的等效电路，配合外部元件构成了某种开关电源，试分析电路并回答问题。

(1) 画出该开关电源的拓扑结构，并分析电路的工作原理及工作过程(至少分析说明开关过程及反馈过程)。

(2) 根据图中标注参数计算输出电压。

(3) 如何减小输出电压纹波？试举两种可行方案。

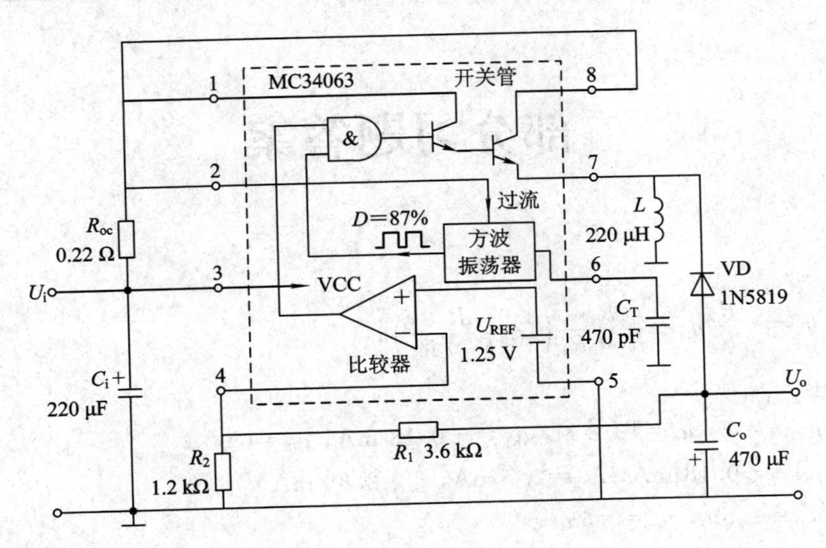

图 P11-5

11-9　图 P11-6 是采用 AD584 作为电压基准的精密恒流源电路，求输出电流 I_o。

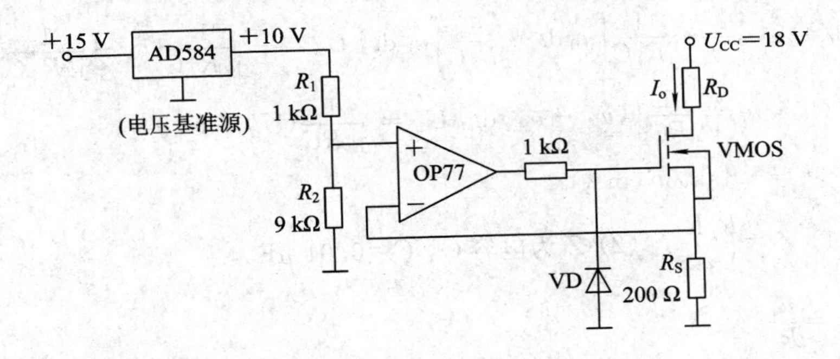

图 P11-6

部分习题答案

第2章

2-1 $u_o=-\frac{R_5}{R_1}u_{i1}+\frac{R_4}{R_1+R_4}\left(1+\frac{R_5}{R_1 /\!/ R_3}\right)u_{i2}$

2-2 $u_o=u_{i1}+2u_{i2}$

2-4 $u_o/u_i=6$，$u_o=10.8$ V，$i_{R1}=-0.18$ mA，$i_{R2}=0$，

$i_{Rf}=-0.18$ mA，$i_{RL}=2.7$ mA，$i_o=2.88$ mA

2-5 $u_{o1}=1.5u_i$，$u_o=0.5u_i$

2-6 $u_o=5$ V

2-7 (2) $A_{u\max}=205$，$A_{u\min}=25$

2-8 图(a)：$u_o=-\frac{1}{R_1C}\int u_{i1}\,dt-\frac{1}{R_2C}\int u_{i2}\,dt$，$U_o=-\frac{1}{j\omega R_1C}U_{i1}-\frac{1}{j\omega R_2C}U_{i2}$

图(b)：$u_o=\frac{1}{RC}\int(u_{i2}-u_{i1})\,dt$，$U_o=\frac{1}{j\omega RC}(U_{i2}-U_{i1})$

2-10 $i_L=-0.4\sin\omega t$ (mA)

2-12 (1) $Z_i=\frac{R_1R_2}{Z}$ (2) Z为电容C，$C=0.01$ μF

2-13 $i_L=\frac{u_s}{R_2}$

2-14 $U_A=3.33$ V

2-15 (1) $u_o=-u_i$ (2) $u_o=u_i$ (3) $u_o=u_i$

2-16 (1) 带阻滤波器 (2) 带通滤波器 (3) 低通滤波器 (4) 高通滤波器

2-17 (1) $A_u(j\omega)=\frac{A(0)}{1+j\frac{\omega}{\omega_H}}$，$A(0)=-\frac{R_2}{R_1}$，$\omega_H=\frac{1}{R_2C}$

(2) $A_u=20$ dB (3) $C=318$ nF

第3章

3-1 等于，掺杂浓度

3-2 载流子浓度梯度，电场强度，变窄，大于

3-3 $R_{DA}=200\ \Omega$，$r_{DA}=8.67\ \Omega$，$R_{DB}=100\ \Omega$，$r_{DB}=4.33\ \Omega$

3-4 $475\ \Omega\leqslant R\leqslant 528\ \Omega$

3-5 $I=5.4$ mA，$I_D=18$ mA

3-6 $I_D=14.1$ mA

3-9 (1) $14.2\text{ V}\leqslant U_i\leqslant 24$ V (2) $84.7\ \Omega\leqslant R_L\leqslant 500\ \Omega$

第 4 章

4-1 (1) NPN 型晶体管，I_1——集电极，I_2——基极，I_3——发射极，$\bar{\beta}=125$，$\bar{\alpha}=0.992$

(2) PNP 型晶体管，I_4——发射极，I_5——集电极，I_6——基极，$\bar{\beta}=63.3$，$\bar{\alpha}=0.984$

4-2 (1) NPN 型晶体管，U_1——发射极，U_2——集电极，U_3——基极

(2) PNP 型晶体管，U_4——基极，U_5——发射极，U_6——集电极

4-3 $I_{C1}\approx I_{E1}=\dfrac{U_Z}{R_3}$，$I_{C2}\approx I_{E2}\approx-\dfrac{R_2}{R_3R_4}U_Z$，$U_o=\dfrac{R_2R_5}{R_3R_4}U_Z$

4-4 $r_{be}=1.5\ k\Omega$，$\beta=100$，$r_{ce}\approx 60\ k\Omega$

4-5 图(a)：放大区　图(b)：饱和区

4-6 (1) $I_{CQ}=1.14\ mA$，$U_{CEQ}=4.25\ V$　(2) $R_B=1.14\ M\Omega$，$R_C=12\ k\Omega$

4-7 (1) $I_{CQ}=-1.98\ mA$，$U_{CEQ}=-5.44\ V$

(2) R_{B1} 开路，$U_C=0$，截止状态，R_{B2} 开路，$U_C=7.3\ V$，饱和状态

(3) $R_{B1}=454\ k\Omega$

4-8 (1) $I_{CQ}=1.39\ mA$，$U_{CEQ}=3.28\ V$

(2) $A_u=-1.29$，$R_i=6.98\ k\Omega$，$R_o=3.3\ k\Omega$

4-9 (1) $I_{CQ}=1.4\ mA$，$U_{CEQ}=6.21\ V$

(2) $A_u=0.984$，$R_i=51.4\ k\Omega$，$R_o=22\ \Omega$

4-10 (1) $R_i=19\ k\Omega$　(2) $A_{u1}=-0.99$，$A_{u2}=0.99$，$R_{o1}=3\ k\Omega$，$R_{o2}=27\ \Omega$

4-11 $A_u=75$，$R_i=19.4\ \Omega$，$R_o=3\ k\Omega$

4-12 $U_{opp}=14.1\ V$

4-13 $U_{CC}=12\ V$，$R_B=283\ k\Omega$，$R_C=4\ k\Omega$，$R_L=1.3\ k\Omega$，$U_{opp}=4\ V$

4-16 $A_u=-5.76$，$R_i=7.42\ k\Omega$，$R_o=43\ \Omega$

4-17 $u_o=-U_T\ln\left(\dfrac{u_{i1}}{I_SR_1}+\dfrac{u_{i2}}{I_SR_2}\right)$

第 5 章

5-1 反偏；$U_{GS(off)}$，0；0，$U_{GS(off)}$

5-2 栅源极 PN 结反偏；栅极与导电沟道隔离；发射结正偏

5-3 多子和少子同时参与导电；只有多子参与导电

5-4 前者需用栅源极电压建立导电沟道，后者存在原始导电沟道

5-5 栅源极电压，漏极电流，越大

5-6 漏源极电压，漏极电流，很大

5-7 图(a)：N 沟道 JFET，$I_{DSS}=4\ mA$，$U_{GS(off)}=-3\ V$

图(b)：N 沟道增强型 MOSFET，$U_{GS(th)}=2\ V$

图(c)：N 沟道耗尽型 MOSFET，$I_{DSS}=1\ mA$，$U_{GS(off)}=-6\ V$

5-8 $I_{DQ}=-4\ mA$，$U_{DSQ}=-8\ V$

5-9 $A_u=-3.33$，$R_i=1.08\ M\Omega$，$R_o=10\ k\Omega$

5-10 $A_u=0.984$，$R_i=400\ k\Omega$，$R_o=100\ \Omega$

5-11 $A_u=\dfrac{g_m\beta R_4(R_7\parallel R_8)}{(1+g_mR_5)[R_4+r_{be}+(1+\beta)R_6]}$，$R_i=R_3+R_1/\!/R_2$，$R_o=R_7$

第 6 章

6-2 直流偏置，用做有源负载，电平移位

6-4 (1) $U_{id}=4$ mV，$U_{ic}=2$ mV (2) $U_{id}=0$，$U_{ic}=4$ mV (3) $U_{id}=8$ mV，$U_{ic}=0$ (4) $U_{id}=5$ mV，$U_{ic}=-1$ mV

6-9 (1) $I_{C4}=0.365$ mA (2) $R_1=3.3$ kΩ

6-10 $A_i=6$

6-11 (1) $I_{CQ}=1$ mA，$U_{CEQ}=9.7$ V (2) $A_{ud}=-71.4$，$R_{id}=5.6$ kΩ，$R_{od}=12$ kΩ

6-12 (1) $u_o=1.96\sin\omega t$ (V)

6-13 (1)$R_r=29.3$ kΩ (2) $A_{ud}=-50$

6-15 (1)$I=1$ mA (2) $A_{ud}=210$

第 7 章

7-1 (1) $A_{uI}=200$，$\omega_H=10^6$ rad/s，$G\cdot BW=31.85$ MHz

7-3 $A_{uI}=40$ dB，$f_H=10$ kHz，$f_L=100$ Hz，BW=9.9 kHz，$G\cdot BW=990$ kHz

7-4 接 a 点，$A_{uI}=-\dfrac{\beta R_C}{r_{be}+(1+\beta)R_E}$，$f_{H1}=\dfrac{1}{2\pi R_L C_L}$；

接 b 点，$A_{uI}=\dfrac{(1+\beta)R_E}{r_{be}+(1+\beta)R_E}$，$f_{H2}=\dfrac{1}{2\pi\left(R_E /\!/ \dfrac{r_{be}}{1+\beta}\right)C_L}$

7-5 (1) $A_{uI}=1000$ (60 dB)

(2) $|A_u(j\omega)|=\dfrac{1000}{\sqrt{\left[1+\left(\dfrac{\omega}{10^7}\right)^2\right]^3}}$，$\Delta\varphi(j\omega)=-3\arctan\dfrac{\omega}{10^7}$ (4) $f_H=812$ kHz

7-6 (1) $r_{b'e}=2.6$ kΩ，$C_{b'e}=20.4$ pF，$g_m=38.5$ mS (2) $C_M=40.4$ pF (3) $A_{uIs}=-17.9$ (4) $f_{H1}=14.1$ MHz，$\Delta\varphi(jf_{H1})=-45°$

7-7 $C_1\geqslant 7.66\ \mu$F，$C_2\geqslant 2.12\ \mu$F，$C_3\geqslant 766\ \mu$F

7-9 (1) $A_{uI}=11$，$f_L=15.9$ Hz (2) 图(b)：$A_{uI}=11$，$f_H=15.9$ kHz (3) 图(b)：$A_{uI}=-10$，$f_H=1.59$ kHz

第 8 章

8-1 100，0.476%

8-2 $A=2500$，$F=0.96\%$

8-3 $\dfrac{A_{uf\max}}{A_{uf\min}}=1.08$

8-4 $A_f=\dfrac{A_1A_{2f}}{1+F_2A_1A_{2f}}$ $\left(A_{2f}=\dfrac{A_2}{1+A_2F_1}\right)$

8-5 (1) $A_u=80$ dB(10 000 倍)，$f_H=100$ Hz，$A_u\cdot f_H=10^6$ Hz (2) $F_u=0.01$，$A_{uf}=100$ (40 dB)，$f_{Hf}=10$ kHz

8-6 $A_f=90.9$，$f_{Hf}=1.75$ MHz

8-9 $A_u=A_{u1}\cdot A_{u2}$

$\left[A_{u1}=-\dfrac{g_m(R_D /\!/ R_{i2})}{1+g_mR_s}，A_{u2}=-\dfrac{\beta R_L}{r_{be2}+(1+\beta)R_E}，R_{i2}=r_{be2}+(1+\beta)R_E\right]$

$$F_u = \frac{R_s}{R_s + R_f},\ A_{uf} = 1 + \frac{R_f}{R_s}$$

8-10 (1) $A_u = \frac{1}{2} g_m (R_2 // R_3) \frac{R_4}{R_3}$ (3) $A_{uf} = 1 + \frac{R_{f1}}{R_1}$

第 9 章

9-1 $u_o = |u_i|$

9-3 (2) $t_1 = 4$ s

9-7 $f_{OSC} = 25$ Hz

9-8 (3) $\omega_{OSC} = \frac{1}{RC}$, $R_2 > 4R_1$

9-9 (2) $f_{OSC} = 1.59$ MHz, $\dot{F} = 0.25$

9-10 (2) $f_{OSC} = 5$ MHz

9-11 (2) $f_{OSC} = 4.5$ MHz

第 10 章

10-1 (1) $P_o = 12.5$ W, $P_C = 2.2$ W, $P_E = 16.9$ W, $\eta = 74\%$

(2) $U_{CC} = U_{EE} = 16$ V, $P_{CM} = 1.6$ W, $U_{(BR)CEO} \geqslant 32$ V, $I_{CM} \geqslant 1$ A

10-2 (3) $P_o = 12.5$ W

10-3 (3) $P_{om} = 18.1$ W (4) $\eta = 74.2\%$ (5) $P_C = 4.1$ W

(6) $U_{(BR)CEO} \geqslant 35$ V, $I_{CM} \geqslant 2.13$ A

10-4 (1) $P_{omax} = 2.25$ W (2) $P_{Emax} = 2.87$ W (3) $\eta = 78.5\%$ (4) $P_{CM} = 0.45$ W

(5) $U_{(BR)CEO} \geqslant 12$ V (6) $I_{CM} \geqslant 0.75$ A (7) $U_{C2} = 6$ V

10-5 (1) $\beta \geqslant 125$ (2) $P_o = 6.25$ W (3) $\eta = 52.3\%$ (4) $P_C = 2.85$ W

(5) $U_{im} = 1$ V

10-6 (1) $P_o = 3.54$ W (2) $P_E = 5.01$ W (3) $P_C = 0.74$ W, $P_{CM} = 0.862$ W

(5) $\eta = 70.7\%$

10-7 (1) $I_{C1Q} = 0.1$ mA, $U_{C1Q} = 11$ V (2) $P_{omax} = 9$ W (4) $A_{uf} = 10$, $U_{im} = 1.2$ V

第 11 章

11-3 (2) $U_1 = 8.3$ V, $n = 13.2$, $U_{BR} > 23.5$ V (3) $U_o = 5$ V, $U'_o = -5$ V

(4) $P_C = 250$ mW

11-4 (1) $U_{o1} = 18$ V (2) 6 V (3) $P_C = 600$ mW

11-6 (2) $2.5\text{ V} \leqslant U_o \leqslant 27.5\text{ V}$

11-7 S_1闭合时，$U_o = 5$ V；S_2闭合时，$U_o = 7.5$ V；S_3闭合时，$U_o = 2.5$ V；

S_1、S_2和S_3全部断开时，$U_o = 10$ V

11-8 (2) $U_o = 5$ V

11-9 $I_o = 45$ mA

参 考 文 献

[1] 孙肖子，赵建勋，等. 模拟电子电路及技术基础. 3 版. 西安：西安电子科技大学出版社，2017

[2] 江晓安，付少锋，杨振江. 模拟电子技术. 4 版. 西安：西安电子科技大学出版社，2016

[3] 王水平，周佳社，李丹，等. 开关电源原理及应用设计. 北京：电子工业出版社，2015

[4] 孙肖子，楼顺天，任爱锋，等. 模拟及数模混合器件的原理与应用(上册). 北京：科学出版社，2009

[5] 孙肖子，邓建国，陈南，等. 电子设计指南. 北京：高等教育出版社，2006

[6] 孙肖子，徐少莹，李要伟，等. 现代电子线路及技术实验简明教程. 2 版. 北京：高等教育出版社，2007

[7] Allen P E，Holberg D R. CMOS Analog Circuit Design. 2th ed. USA：Oxford University Press Inc，2002

中译本：[美]Allen P E，Holberg D R. CMOS 模拟集成电路设计. 2 版. 冯军，李智群，译. 北京：电子工业出版社，2005

[8] Sedra A S，Smith K C. Microelectronic Circuits. 4th ed. New York：Oxford University Press，1998

[9] 王淑娟，蔡维铮，齐明，等. 模拟电子技术基础. 北京：高等教育出版社，2009

[10] 康华光. 电子技术基础(模拟部分). 5 版. 北京：高等教育出版社，2006

[11] 童诗白. 华成英. 模拟电子技术基础. 3 版. 北京：高等教育出版社，2001

[12] 赵修科. 实用电源技术手册. 辽宁：辽宁科学技术出版社，2005

[13] 林欣. 功率电子技术. 北京：清华大学出版社，2009

[14] [英]邓肯. 高性能音频功率放大器. 钟旋，薛国雄，译. 北京：人民邮电出版社，2010